# 建筑节能工程质量检测

## ——材料·实体·幕墙

崔国庆　主编

中国建筑工业出版社

图书在版编目（CIP）数据

建筑节能工程质量检测——材料·实体·幕墙/崔国庆主编. —北京：中国建筑工业出版社，2018.6
ISBN 978-7-112-22235-3

Ⅰ.①建… Ⅱ.①崔… Ⅲ.①建筑-节能-质量检验 Ⅳ.①TU111.4

中国版本图书馆 CIP 数据核字（2018）第 103099 号

责任编辑：王　磊　田启铭
责任校对：王雪竹

建筑节能工程质量检测
——材料·实体·幕墙
崔国庆　主编

\*

中国建筑工业出版社出版、发行（北京海淀三里河路 9 号）
各地新华书店、建筑书店经销
霸州市顺浩图文科技发展有限公司制版
天津翔远印刷有限公司印刷

\*

开本：787×1092 毫米　1/16　印张：24¼　字数：602 千字
2018 年 8 月第一版　　2019 年 5 月第二次印刷
定价：**76.00** 元
ISBN 978-7-112-22235-3
（32027）

# 本书编委会

主　　编：崔国庆

副 主 编：白召军　冷元宝　马清华

参编人员：刘志伟　曹　伟　张　巍　张　珂　高耀宾　李文涛

　　　　　冯海亮　王　超　崔子鸣　郑聚才　崔子岩　张新慧

# 前　言

　　近年来，我国建筑节能工作迅速开展，技术水平不断提高，节能理念日益深入人心，建筑节能已在缓解能源、环境压力方面发挥了重要作用，且必将持续发挥更大的作用。从战略高度来讲，大力发展节能省地环保型建筑，注重能源、资源节约和合理利用，全面推广和普及节能技术，制定并强制推行更加严格的节能、节水、节材标准。建筑行业推行"节地、节能、节水、节材"的"四节"工作是落实科学发展观，缓解人口、资源、环境矛盾的重大举措，意义重大。

　　建筑在使用过程中，其供暖、空调、通风、照明、热水供应等方面不断地消耗大量的能源。建筑能耗已占全国总能耗的近 30%。据预测，到 2020 年，我国城乡还将新增建筑 300 亿 $m^2$，能源问题已经成为制约经济和社会发展的重要因素，建筑能耗必将对我国的能源消耗造成长期的、巨大的影响，要解决能耗问题，根本出路是坚持开发与节约并举、节约优先的方针，大力推进节能降耗，提高能源利用效率。

　　建筑节能是一项复杂的系统工程，涉及规划、设计、施工、使用维护和运行管理等方面，影响因素复杂，单独强调某一个方面，都难以综合实现建筑节能目标。通过建筑节能标准的制定并严格贯彻执行，可以统筹考虑各种因素，在节能技术要求和具体措施上做到全面覆盖、科学合理和协调配套。

　　建筑节能检测是我国建筑节能领域一项十分重要的工作。节能检测能够为新材料、新技术、新工艺、新方法的研究和开发提供重要的技术数据，保证和监测节能产品与工程质量，同时它也是新能源开发和应用不可缺少的工具与技术手段。作为检验检测机构和人员，有必要掌握建筑节能的基本技术要点和检验检测方法的基本要素，不断丰富建筑节能知识，开阔技术视野，提高检验检测技术水平，促进检验检测工作更好地开展。这就需要我们在不断努力学习技术知识的同时，积累实践经验和教训，既要重视从实践中学习，又不要忽略从书本中学习。

　　为了使检验检测试验人员能系统地了解和掌握建筑工程节能检验检测的相关要求、检验检测项目的具体操作方法以及检验检测过程中需要注意的问题，本书根据我国开展建筑节能工作的实际情况，以现行的建筑节能工程施工质量验收规范、技术规程和标准为主线，以规范要求的检验检测项目为重点，以检验检测方法为工作面，全面介绍了建筑节能材料的试验室检测、工程现场检测以及对节能建筑的评价等内容，并结合作者多年的工作实践编写而成。从建筑节能材料检测试验到外墙外保温系统，从幕墙门窗到围护结构，从供暖到通风与空调，从配电照明到建筑节能现场实体检验等多个章节出发，分别对常用建筑节能材料、设备的基本概念、试验原理、检验检测试验标准、检验批的划分、检测设备、检验检测方法、结果判定等方面作了详尽的描述，具有知识性、实用性、技术性和针对性。

　　本书共分上下两篇，包括建筑节能工程检测技术、建筑幕墙检测技术。第一篇共分八

4

章，包括绪论、建筑绝热材料检测方法、建筑绝热材料及辅助材料检测、保温系统材料检测、外墙外保温系统材料及现场试验方法、建筑外门窗检测技术、供暖通风与空气调节系统检测技术、围护结构现场检测技术等。第二篇共分三章，包括绪论、建筑幕墙物理性能检测技术、幕墙相关材料检测技术等。书中内容与现行国家标准和现行行业标准保持一致，对涉及检验检测方法的内容进行了详尽的介绍。

本书作为建筑节能检验检测行业和检验检测技术人员的培训教材，是一个新的尝试。根据多年来的培训经验，对检验检测行业战线上的一个老兵来说，也是重新学习和提高的一个过程。由于时间仓促，经验不足，书中难免存在一些疏漏和缺陷，恳请专家和使用者多提意见，以便进一步完善和提高。

本书在编写过程中得到河南省建筑科学研究院吴玉杰、河南省建筑材料研究院张茂亮的指导，一并表示感谢。

本书可供检验检测试验人员、建筑节能工程设计、施工图审查、施工、监理、监督以及土建专业的师生使用和参考。

# 目　　录

## 第一篇　建筑节能工程检测技术

## 第二篇　建筑幕墙检测技术

# 第一篇　建筑节能工程检测技术

# 第1章 绪　　论

建筑节能是三大重点节能领域之一，是在满足居住舒适性要求的前提下，在建筑工程中使用保温隔热的新型墙体材料和高能效比的供暖空调设备，达到节约能源、降低能源消耗、提高能源利用以及减少对大气环境的污染、二氧化碳气体排放以及地球温室效应的影响的目的。

为了贯彻科学发展观，加强建筑节能工程的施工质量管理，统一建筑节能工程施工质量验收，提高建筑工程节能效果，《建筑节能工程施工质量验收规范》GB 50411 依据国家现行法律法规和相关标准，总结了近年来我国建筑工程中节能工程的设计、施工、验收和运行管理的实践和研究成果，借鉴了国外的先进经验和做法，充分考虑了我国现阶段的实际情况，突出了验收中的基本要求和重点，是一部涉及多专业、以达到建筑节能要求为目的的施工验收规范。

《建筑节能工程施工质量验收规范》GB 50411，适用于新建、改建和扩建的民用建筑中墙体、幕墙、门窗、屋面、地面、供暖、通风与空调、空调与供暖系统的冷热源及管网、配电与照明、监测与控制等建筑节能工程的质量验收。

## 1.1　概　　述

### 1.1.1　建筑节能分项工程划分

1. 按施工质量验收统一标准划分

建筑工程各专业验收规范编制的统一准则《建筑工程施工质量验收统一标准》GB 50300 规定了建筑工程的分部工程、分项工程划分要求。其中，对建筑节能工程划分为 5 个子分部工程、17 个分项工程。

1) 建筑节能工程的子分部工程

(1) 围护系统节能。

(2) 供暖空调设备及管网节能。

(3) 电气动力节能。

(4) 监控系统节能。

(5) 可再生能源。

2) 建筑节能工程的分项工程

(1) 围护系统节能，包括墙体节能、幕墙节能、门窗节能、屋面节能、地面节能。

(2) 供暖空调设备及管网节能，包括供暖节能、通风与空调设备节能、空调与供暖系统冷热源系统节能、空调与供暖系统管网节能。

(3) 电气动力节能，包括配电节能、照明节能。

（4）监控系统节能，包括监测系统节能、控制系统节能。

（5）可再生能源，包括地源热泵系统节能、太阳能光热系统节能、太阳能光伏节能。

2. 按施工质量验收规范划分

1）建筑节能工程分项工程

《建筑节能工程施工质量验收规范》GB 50411 规定，建筑节能工程分项工程划分为 10 个，内容如下：墙体节能工程、幕墙节能工程、门窗节能工程、屋面节能工程、地面节能工程、供暖节能工程、通风与空调节能工程、空调与供暖系统冷热源及管网节能工程、配电与照明节能工程、监测与控制节能工程等。

2）分项工程和检验批的划分

（1）建筑节能工程应按照规定的分项工程进行验收。

（2）当建筑节能分项工程的工程量较大时，可以将分项工程划分为若干个检验批进行验收。当建筑节能工程验收无法按照上述要求划分分项工程或检验批时，可由建设、监理、施工等各方协商进行划分。

（3）在同一个工程项目中，建筑节能分项工程和检验批的验收内容与其他分项工程和检验批的验收内容相同且验收结果合格时，可采用其验收结果，不必进行重复检验。

### 1.1.2　材料和设备的复验项目

建筑节能工程进场材料和设备的复验项目如下所示。

1. 墙体节能工程

（1）保温隔热材料的导热系数、密度、抗压强度或压缩强度。

（2）粘结材料的粘结强度。

（3）增强网的力学性能、抗腐蚀性能。

2. 幕墙节能工程

（1）保温材料：导热系数、密度。

（2）幕墙玻璃：可见光透射比、传热系数、遮阳系数、中空玻璃露点。

（3）隔热型材：抗拉强度、抗剪强度。

3. 门窗节能工程

（1）严寒、寒冷地区：气密性能、传热系数和中空玻璃露点。

（2）夏热冬冷地区：气密性能、传热系数、玻璃遮阳系数、可见光透射比、中空玻璃露点。

（3）夏热冬暖地区：气密性能、玻璃遮阳系数、可见光透射比、中空玻璃露点。

4. 屋面节能工程

保温隔热材料的导热系数、密度、抗压强度或压缩强度。

5. 地面节能工程

保温隔热材料的导热系数、密度、抗压强度或压缩强度。

6. 供暖节能工程

（1）散热器的单位散热量、金属热强度。

（2）保温材料的导热系数、密度、吸水率。

7. 通风与空调节能工程

（1）风机盘管机组的供冷量、供热量、风量、出口静压、噪声及功率。

（2）绝热材料的导热系数、密度、吸水率。

8. 空调与供暖系统冷热源及管网节能工程

绝热材料的导热系数、密度、吸水率。

9. 配电与照明节能工程

电缆、电线截面积和每芯导体电阻值。

### 1.1.3 材料、构件和设备验收

1. 墙体节能工程

1）型式检验

墙体节能工程当采用外保温定型产品或成套技术时，其型式检验报告应包括安全性和耐候性检验。

2）检验批的划分

（1）采用相同材料、工艺和施工做法的墙面，每 500～1000m² 面积划分为一个检验批，不足 500m² 也为一个检验批。

（2）检验批的划分也可根据与施工流程相一致且方便施工与验收的原则，由施工单位与监理（建设）单位共同商定。

3）进场复验报告

墙体节能工程使用的保温隔热材料，其导热系数、密度、抗压强度或压缩强度、燃烧性能应符合设计要求。

4）复验内容

墙体节能工程采用的保温材料和粘结材料等，进场时应对其下列性能进行复验，复验应为见证取样送检：

（1）保温隔热材料的导热系数、密度、抗压强度或压缩强度。

（2）粘结材料的拉伸粘结强度。

（3）增强网的力学性能、抗腐蚀性能。

检查数量：

同一厂家同一品种的产品，当单位工程建筑面积在 20000m² 以下时各抽查不少于 3 次；当单位工程建筑面积在 20000m² 以上时各抽查不少于 6 次。

5）冻融试验

严寒和寒冷地区外保温使用的粘结材料，其冻融试验结果应符合该地区最低气温环境的使用要求。

6）施工规定

（1）保温隔热材料的厚度必须符合设计要求。

（2）保温板材与基层及各构造层之间的粘结或连接必须牢固。粘结强度和连接方式应符合设计要求。保温板材与基层的粘结强度应进行现场拉拔试验。

（3）保温浆料应分层施工。当采用保温浆料做外保温时，保温浆料与基层之间及各层之间的粘结必须牢固，不应脱层、空鼓和开裂。

（4）当墙体节能工程的保温层采用预埋或后置锚固件固定时，锚固件数量、位置、锚

固深度和拉拔力应符合设计要求。后置锚固件应进行锚固力现场拉拔试验。

检查数量：

每个检验批抽查不少于3处。

7）保温浆料检验

当外墙采用保温浆料做保温层时，应在施工中制作同条件养护试件，检测其导热系数、干密度和压缩强度。保温浆料的同条件养护试件应见证取样送检。

检查数量：

每个检验批应抽样制作同条件养护试块不少于3组。

8）外墙饰面砖

外墙外保温工程不宜采用粘贴饰面砖作为饰面层；当采用时，其安全性和耐久性必须符合设计要求。饰面砖应做粘结强度拉拔试验，试验结果应符合设计和相关标准的规定。

9）预制保温墙板

保温墙板应有型式检验报告，型式检验报告中应包含安装性能的检验。

检查数量：

型式检验报告、出厂检验报告全数核查。

2. 幕墙节能工程

1）隔热型材检验

2）检验批划分

（1）相同设计、材料、工艺和施工条件的幕墙工程每500～1000m² 应划分为一个检验批，不足500m² 也应划分为一个检验批。

（2）同一单位工程的不连续的幕墙工程应单独划分检验批。

（3）对于异形或有特殊要求的幕墙，检验批的划分应根据幕墙的结构、工艺特点及幕墙工程规模，由监理单位（或建设单位）和施工单位协商确定。

3）复验报告内容

幕墙工程使用保温隔热材料，其导热系数、密度、燃烧性能应符合设计要求。幕墙玻璃的传热系数、遮阳系数、可见光透射比、中空玻璃露点应符合设计要求。

4）材料进场

幕墙节能工程使用的材料、构件等进场时应进行复验，复验应为见证取样送检：

（1）保温材料：导热系数、密度。

（2）幕墙玻璃：可见光透射比、传热系数、遮阳系数、中空玻璃露点。

（3）隔热型材：抗拉强度、抗剪强度。

检查数量：

同一厂家的同一产品抽查不少于一组。

5）气密性能检测

（1）幕墙的气密性能应符合设计规定的等级要求。当幕墙面积大于3000m² 或建筑外窗面积的50%时，应现场抽取材料和配件，在检测试验室安装制作试件进行气密性能检测，检测结果应符合设计规定的等级要求。

（2）气密性能检测试件应包括幕墙的典型单元、典型拼缝、典型可开启部分。试件应按照幕墙工程施工图进行设计。试件应经建筑设计单位项目负责人、监理工程师同意并确认。气密性能的检测应按照国家现行有关标准的规定执行。

检查数量：

气密性能检测应对一个单位工程中面积超过 1000m² 的每一种幕墙均抽取一个试件进行检测。

3. 门窗节能工程

1）检验批

（1）同一厂家的同一品种、类型、规格的门窗及门窗玻璃每 100 樘划分为一个检验批，不足 100 樘也为一个检验批。

（2）同一厂家的同一品种、类型、规格的特种门每 50 樘划分为一个检验批，不足 50 樘也为一个检验批。

（3）对于异形或有特殊要求的门窗，检验批的划分应根据其特点和数量，由监理单位（或建设单位）和施工单位协商确定。

2）检查数量

（1）建筑门窗每个检验批应抽查 5%，并不少于 3 樘，不足 3 樘时应全数检查；高层建筑的外窗，每个检验批应抽查 10%，并不少于 6 樘，不足 6 樘时应全数检查。

（2）特种门每个检验批应抽查 50%，并不少于 10 樘，不足 10 樘时应全数检查。

3）复验报告内容

建筑外窗的气密性、保温性能、中空玻璃露点、玻璃遮阳系数和可见光透射比应符合设计要求。

4）外窗进场复验

建筑外窗进入施工现场时，应按地区类别对其下列性能进行复验，复验应为见证取样送检：

（1）严寒、寒冷地区：气密性能、传热系数和中空玻璃露点。

（2）夏热冬冷地区：气密性能、传热系数、玻璃遮阳系数、可见光透射比、中空玻璃露点。

（3）夏热冬暖地区：气密性能、玻璃遮阳系数、可见光透射比、中空玻璃露点。

检查数量：

同一厂家、同一品种、同一类型的产品抽查不少于 3 樘（件）。

5）气密性现场实体检验

严寒、寒冷、夏热冬冷地区的建筑外窗，应对其气密性能作现场实体检验，检测结果应满足设计要求。

检查数量：

同一厂家、同一品种、同一类型的产品各抽查不少于 3 樘。

4. 屋面节能工程

1）复验报告内容

屋面节能工程使用的保温隔热材料，其导热系数、密度、抗压强度或压缩强度、燃烧性能应符合设计要求。

2）进场复验

屋面节能工程使用的保温隔热材料，进场时应对其导热系数、密度、抗压强度或压缩强度、燃烧性能进行复验，复验应为见证取样送检。

检查数量：

同一厂家、同一品种的产品各抽查不少于 3 组。

5. 地面节能工程

1) 复验报告内容

地面节能工程使用的保温材料，其导热系数、密度、抗压强度或压缩强度、燃烧性能应符合设计要求。

2) 进场复验

地面节能工程使用的保温材料，进场时应对其导热系数、密度、抗压强度或压缩强度、燃烧性能进行复验，复验应为见证取样送检。

检查数量：

同一厂家、同一品种的产品各抽查不少于 3 组。

6. 供暖节能工程

供暖系统节能工程采用的散热器和保温材料等进场时，应对其下列技术性能参数进行复验，复验应为见证取样送检：

(1) 散热器的单位散热量、金属热强度。

(2) 保温材料的导热系数、密度、吸水率。

检查数量：

(1) 同一厂家同一规格的散热器按其数量的 1% 进行见证取样送检，但不得少于 2 组。

(2) 同一厂家同材质的保温材料见证取样送检的次数不得少于 2 次。

7. 通风与空调节能工程

风机盘管机组和绝热材料进场时，应对其下列技术性能参数进行复验，复验应为见证取样送检：

(1) 风机盘管机组的供冷量、供热量、风量、出口静压、噪声及功率。

(2) 绝热材料的导热系数、密度、吸水率。

检查数量：

(1) 同一厂家的风机盘管机组按其数量复验 2%，但不得少于 2 台。

(2) 同一厂家同材质的绝热材料复验次数不得少于 2 次。

8. 空调与供暖系统冷热源及管网节能工程

空调与供暖系统冷热源及管网节能工程的绝热管道、绝热材料进场时，应对绝热材料的导热系数、密度、吸水率等技术性能参数进行复验，复验应为见证取样送检。

检查数量：

同一厂家同材质的绝热材料复验次数不得少于 2 次。

9. 配电与照明节能工程

低压配电系统选择电缆、电线截面不得低于设计值，进场时应对其截面及每芯导体电阻值进行见证取样送检。

检查数量：

同一厂家各种规格总数的 10%，且不少于 2 个规格。

# 1.2　建筑节能基础知识

为了加强建筑节能等相关工作的推进和进一步的发展，国家相关部门出台了一系列的法律法规、政策文件以及标准规范。由于建筑节能知识的开始更新，我国地域差异和历史原因，以及译者对国外资料翻译理解的不同等原因，出现了建筑节能术语差异化的现象。在一定程度上妨碍了我国建筑节能的发展，也妨碍了我国建筑节能信息的交流、成果推广、文献检索等工作。因此，建筑节能术语的规范化，对于我国建筑节能发展是一项重要的基础性工作，是一项支撑性的系统工程。

1. 规范建筑节能用语

为了规范建筑节能用语，统一各标准规范、文件中建筑节能的相关术语及其定义，并为今后出台的标准规范搭建起统一的平台，促进国外建筑节能技术、政策的交流，促进建筑节能行业的发展，实现专业术语的标准化，颁布了《建筑节能基本术语标准》GB/T 51140 标准。该标准包含了建筑节能技术与建筑管理相关的最基本的术语，重点对建筑节能领域较为基础的术语进行了详细阐述。

2. 建筑节能工程内容

建筑节能工程主要包括新建、扩建和改建的民用建筑工程中的墙体、幕墙、门窗、屋面、地面、供暖、通风与空调、空调与供暖系统冷热源及管网、配电与照明、监测与控制等。

3. 建筑节能专项审查

2000 年建设部以《建设工程质量管理条例》（国务院 279 号令）和《建设工程勘察设计管理条例》（国务院 293 号令）的法律形式，强制规定了我国所有建筑工程的施工图必须经过审图后方可用于施工。2013 年 4 月 27 日住房和城乡建设部以第 13 号部令颁发的《房屋建筑和市政基础设施工程施工图设计文件管理办法》明确规定国家实施施工图设计文件审查制度。施工图审查机构按照有关法律、法规，对施工图涉及公共利益、公众安全和工程建设强制性标准的内容进行审查。建筑节能工程作为单位工程的分部工程，其施工图设计文件应由具备资质的施工图审查机构进行建筑节能专项审查。

4. 建筑节能工程的检验

建筑节能施工涉及建筑围护结构、供暖、通风、空气调节、热水供给、照明、动力等 10 个分项工程。施工工程则是针对节能措施，采取合适的施工技术，将节能措施付诸实施。建筑节能工程检验是建筑节能工程验收的主要内容，不仅涉及建筑节能工程施工过程中的材料、产品、设备的进场检验，还包括建筑节能工程现场实体检验（围护结构现场实体检验、系统节能性能检测）。

5. 建筑能源的消耗

与建筑相关的能源消耗包括建筑材料生产用能、建筑材料运输用能、房屋建造和维修过程中的用能以及建筑使用过程中的建筑运行能耗。在建筑的全生命周期中，建筑材料和建造过程所消耗的能源一般只占其总能源消耗的 20％ 左右。建筑运行的能耗，即建筑物照明、供暖、空调和各类建筑内使用电器的能耗，将一直伴随建筑物的使用而发生，大部分能耗消耗发生在建筑物的运行过程中。因此，建筑运行能耗是建筑节能任务中最主要的关注点。

建筑能耗是指建筑运行能耗，即在建筑使用过程中所产生的建筑能源的消耗量，是指一定时间段内（一般为一年）运行某个目标建筑物所需要的各种能源的总量。能源主要包括电、燃料（煤、气、油等）集中供热（冷）、建筑直接使用的可再生能源等，也包括低热值燃料、生物质能等的利用。

另外，建筑可分为工业建筑和民用建筑。由于工业建筑的能耗在很大程度上与生产要求有关，并且一般都统计在生产用能中，因此，一般所说的建筑能耗均为民用建筑的运行能耗。

**6. 建筑能源审计**

建筑能源审计是一种建筑节能的科学管理和服务方法，其主要内容是对用能单位建筑能源使用的效率、能源消耗水平和能源利用的经济效果进行客观考察，对用能单位的用能管理和能源利用状况进行分析判断，从而发现建筑节能所存在的问题和节能潜力。它的主要依据是，建筑能量平衡和能源梯级利用原理、能源成本分析原理、工程经济与环境分析原理以及能源利用系统优化配置原理等。

建筑能源审计的内容分为三级，第一级：基础项；第二级：规定项；第三级：选择项。

1）基础项

基础项，由被审计建筑的所有权人或业主自己或由其委派的责任人完成，包括：提供被审计建筑的基本信息；提供能源审计所需要的各种资料数据；配合能源审计工作的开展。

2）规定项

规定项，由各地建设主管部门委托的审计组完成，由被审计建筑的所有权人或业主自己或委托人配合完成。与建筑物所有权人或业主指定的责任人和联络人，以及主要运行管理人员举行工作会议，了解建筑物运营情况及建筑能耗存在的问题，逐项核实基本信息表。审阅并记录1～3年（以自然年为单位）的能源费用账单。包括用电量及电费、燃气消耗量及燃气费、水耗及水费、排污费、燃油耗量及费用、燃煤耗量及费用、热网蒸汽（热水）耗量及费用、其他为建筑所用的能源消耗量及费用。分析能源费用账单，计算出能源实耗值。

3）选择项

选择项，由经建设主管部门资质认定的第三方专业机构或按合同由能源管理模式服务公司完成。选择项可以包括：室内环境品质检测、空调制冷机房能效检测、供热锅炉房能效检测、通风系统能效检测以及双方商定的其他详细检测项目。

**7. 建筑节能诊断**

建筑节能诊断的目的是为建筑节能优化运行和建筑节能改造提供依据和针对性的措施。建筑节能诊断分为现场调查、检测和对比分析三个阶段。

现场调查、检测的主要对象和内容包括建筑物围护结构的热工性能、暖通空调、生活热水供应系统、照明系统等的能源利用效率、供配电系统的功率因数、负荷率、三相平衡、谐波以及监控系统的有效性等。

现场调查、检测工作后，对获得的数据进行处理，与相关的建筑节能标准进行对比分析。有条件或需要的情况下可进行进一步的模拟分析。

### 1.2.1　基本术语

1. 通用术语

1）建筑节能

在建筑规划、设计、施工和使用维护过程中，在满足规定的建筑功能要求和室内环境质量的前提下，通过采取技术措施和管理手段，实现降低运行能耗、提高能源利用效率的过程。

2）建筑能耗

建筑在使用过程中所消耗的各类能源的总量。

3）建筑节能率

基准建筑年能耗与设计建筑年能耗的差占基准建筑年能耗的百分比。

4）绿色建筑

在建筑的全寿命周期内，最大限度地节约资源（节能、节地、节水、节材）、保护环境、减少污染，为人们提供健康、适用和高效的使用空间，与自然和谐共生的建筑。

5）建筑热工设计气候分区

为使建筑热工设计与气候条件相适应而作出的气候区划。

6）室内环境质量

建筑室内的热湿环境、光环境、声环境和室内空气品质的总体水平。

7）城市热岛效应

同一时期内，城市区域空气温度值大于郊区的现象。

8）建筑用能规划

以城市规划为依据，对建设区域内的建筑用能需求进行预测并对能源供应方式进行优化配置的活动。

9）可再生能源建筑应用

在建筑物中合理利用太阳能、浅层地热能等非化石能源，改善用能结构，降低常规能源消耗量的活动。

10）建筑合同能源管理

通过为用户提供节能诊断、融资、改造等服务，减少建筑运行中的能源费用，分享节能效益以实现回收投资和获得合理利润的一种市场化服务方式。

11）建筑节能工程

在建筑的规划、设计、施工和使用过程中，各种节能措施的总称。

12）行为节能

通过人为设定或采用一定技术手段或做法，使供电、供暖、供水等能耗系统按每天每个家庭的起居规律适时调整运行、以人为本、按需分配的一种节能方式。

2. 建筑

1）被动式建筑节能技术

充分利用自然条件和建筑设计手段实现降低建筑物能耗的节能措施。

2）建筑热工设计

从建筑物室内外热湿作用对建筑围护结构和室内热环境的影响出发，为改善建筑室内热环境，以满足人们工作和生活的需要或降低供暖、通风、空气调节等负荷而进行的专项设计。

3）建筑热工计算

按建筑节能相关标准规定的方法对建筑围护结构的规定性指标或性能性指标进行计算的活动。

4）外保温系统

由保温层、防护层和固定材料构成，位于建筑围护结构外表面的非承重保温构造总称。

5）内保温系统

由保温层、防护层和固定材料构成，位于建筑围护结构内表面的非承重保温构造总称。

6）自保温系统

以墙体材料自身的热工性能来满足建筑围护结构节能设计要求的构造系统。

7）保温结构一体化

保温层与建筑结构同步施工完成的构造技术。

8）保温隔热屋面

采用了保温、隔热措施，能够在冬季防止热量散失、夏季防止热量流入的屋面。

9）体形系数

建筑物与室外大气接触的外表面积与其所包围的体积之比。

10）窗墙面积比

窗户洞口面积与房间立面单元面积之比。

11）遮阳

为减少从外围护结构的透明或洞口部分进入建筑物内部的太阳辐射而采取的遮挡措施。

12）围护结构

建筑物及房间各面的围挡物的总称。

13）建筑保温

为减少室内外温差传热，在建筑围护结构上采取的技术措施。

14）建筑隔热

为减少太阳辐射热量向室内传递，在建筑外围护结构上采取的技术措施。

15）垂直绿化

沿建筑物高度方向布置植物的绿化方式。

16）屋顶绿化

在建筑物屋顶布置植物的绿化方式。

17）围护结构热工参数

用于描述围护结构热工性能的物理量，主要包括导热系数、蓄热系数、热阻、传热系数、热惰性指标等。

18）遮阳系数

在给定条件下，太阳辐射透过玻璃、门窗或玻璃幕墙构件所形成的室内得热量，与相同条件下透过标准玻璃（3mm 厚透明玻璃）所形成的太阳辐射得热量之比。

19）太阳得热系数

通过玻璃、门窗或透光幕墙成为室内得热量的太阳辐射部分与投射到玻璃、门窗或透光幕墙构件上的太阳辐射照度的比值。成为室内得热量的太阳辐射部分包括太阳辐射通过辐射透射的得热量和太阳辐射被构件吸收再传入室内的得热量两部分。也称太阳光总透射比，简称 $SHGC$。

20）热桥

围护结构中局部的传热系数明显大于主体传热系数的部位。

21）建筑物耗能量指标

为满足室内环境设计条件，单位时间内单位建筑面积消耗的需由能源设备供给的能量。

22）度日数

指某一时段内，日平均温度低于或高于某一基准温度时，日平均温度与基准温度之差的代数和。

23）天然采光

利用自然光进行建筑采光的方法。

24）自然通风

依靠室外风力造成的风压和室内外空气温差造成的热压，促使空气流动与交换的通风方式。

3. 供暖、通风与空气调节

1）供暖

用人工方法通过消耗一定能源向室内供给热量，使室内保持生活或工作所需温度的技术、装备、服务的总称。供暖系统由热媒制备（热源）、热媒输送和热媒利用（散热设备）三部分组成。

2）集中供暖

热源和散热设备分别设置，用热媒管道相连接，由热源向多个热用户供给热量的供暖系统，又称为集中供暖系统。

3）热电联产

热电厂同时生产电能和可用热能的联合生产方式。

4）冷热电三联供

以一次能源用于发电，并利用发电余热制冷和供热，向用户输送电能、热（冷）的分布式能源供应方式。

5）热计量

对供热系统的热源供热量、热用户的用热量进行的计量。

6）分户热计量

以用户为单位，采用直接计量或分摊计量方式计量用户的供热量。

7）锅炉运行效率

锅炉实际运行中产生的有效利用的热量与其燃烧的燃料所含热量的比值。

8）室外管网输送效率

管网输出总热量与输入管网的总热量的比值。

9）空调冷（热）水系统耗电输冷（热）比

设计工况下，空调冷（热）水系统循环水泵总功耗与设计冷（热）负荷的比值。

10）集中供暖系统耗电输热比

设计工况下，集中供暖系统循环水泵总功耗与设计热负荷的比值。

11）空气调节

使服务空间内的空气温度、湿度、洁净度和气流速度和空气压力梯度等参数，达到给定要求的技术。

12）空调系统能效比

以建筑整个空调系统为对象，空调系统的制冷量或制热量与系统总输入能量之比。

13）通风

采用自然或机械方法对建筑空间进行换气，以使室内空气环境满足卫生和安全等要求的技术。

4. 可再生能源建筑应用

1）可再生能源替代率

建筑中使用可再生能源所形成的常规能源替代量或节约量的总和在建筑总能源消费中所占的比率。

2）太阳能建筑一体化

太阳能系统与建筑功能、建筑结构和建筑用能需求有机结合，与建筑外观相协调，并与建筑工程同步设计、施工和验收。

3）太阳能光热系统

将太阳能辐射能转换成热能并在必要时与辅助热源配合使用以提供热需求的系统。

4）太阳能光热保证率

太阳能光热系统中由太阳能提供的热量占该系统总负荷的百分率。

5）太阳能光伏系统

利用太阳能电池的光伏效应将太阳辐射能直接转换成电能的系统。

6）太阳能光伏系统效率

太阳能光伏系统输出功率占入射到电池板受光平面几何面积上的全部光功率的百分比。

7）被动式太阳房

通过建筑朝向和周围环境的合理布置、内部空间和外部形体的处理以及建筑材料和结构的匹配选择，使其在冬季能集取、蓄存和分配太阳热能的一种建筑物。

8）热泵

以能量消耗为代价，使热能从低温热源向高温热源传递的一种装置。

9）热泵系统能效比

热泵系统制热量（或制冷量）与系统总耗能量的比值，系统总耗电能量包括热泵主机、各级循环泵的耗能量。

5. 电气、设备与材料

1）绿色照明

在满足建筑基本功能要求的前提下，采用能耗低、效率高、安全稳定的照明方式。

2）照明节能

在满足建筑室内视觉舒适度要求的前提下，通过采用节能灯具、智能控制等措施有效降低照明能耗的活动。

3）电梯节能

通过改进机械传动和电力拖动系统、照明系统和控制系统等技术有效降低电梯能耗的活动。

4）遮阳装置

安装在建筑围护结构上，用于遮挡或调节进入室内的太阳辐射热或自然光透过量的装置。

5）热回收装置

在空调、供暖、通风设备或系统上所加装的，并能将运行时排出的热量进行回收利用的装置。

6）蓄能设备和装置

充分利用某些物质的物理化学性能，对冷、热、电等能量进行存储、释放的设备和装置。

7）冷/热量计量装置

冷/热量表以及对冷/热量表的计量值进行分摊的、用以计量用户消耗能量的仪表。

8）给水排水节能技术

在充分满足建筑用水和排水要求的基础上，能够有效降低建筑给水和排水日常运行能耗的技术。

9）变频调速技术

通过改变电动机工作电源频率从而改变电机转速，以达到节能效果的设备。

10）建筑保温材料

导热系数小于 0.3 W/(m·K)、用于建筑围护结构对热流具有显著阻抗性的材料或复合材料。

11）建筑隔热材料

表面太阳辐射反射率较高、用于建筑围护结构外表面减少太阳辐射热量进入室内的材料。

12）绿色建材

采用清洁生产技术、不用或少用天然资源和能源、大量使用工农业或城市固态废弃物生产的无毒害、无污染、无放射性，且使用周期后可回收再利用、有利于环境保护和人体健康的建筑材料。

6. 建筑节能管理

1）建筑节能设计

在保证建筑功能和室内环境质量的前提下，通过采取节能措施，提高围护结构保温隔热性能，降低机电系统的能耗所开展的活动。

2）建筑节能设计专项审查

对建筑工程施工图设计文件是否满足相关建筑节能法规政策和标准规范要求所进行的审查活动。

3）建筑节能工程施工

按建筑工程施工图设计文件和施工方案要求，针对建筑节能措施所开展的建造活动。

4）建筑节能工程检验

对建筑节能工程中的材料、产品、设备、施工质量及效果等进行检查和测试，并将结果与设计文件和标准进行比较和判定的活动。

5）建筑节能工程验收

在施工单位自行质量检查评定的基础上，由参与建设活动的有关单位共同对建筑节能工程的检验批、分项工程、分部工程的质量进行抽样复验，并根据相关标准以书面形式对工程质量是否合格进行确认的活动。

6）建筑能耗统计

按统一的规定和标准，对民用建筑使用过程中的能源消耗数据进行采集、处理分析和报送的活动。

7）建筑能源审计

依据国家有关节能法规和标准对建筑能源利用效率、能源消耗水平、能源经济和环境效果进行检测、核查、分析和评价的活动。

8）建筑节能诊断

通过现场调查、检测以及对能源消费账单和设备历史运行记录的统计分析等，发掘再节能的空间，为建筑物的节能优化运行和节能改造提供依据的过程。

9）建筑能耗监测

通过能耗计量装置实时采集建筑能耗数据，并对采集数据进行在线监测、查看和动态分析等的活动。

10）建筑能耗分类分项计量

针对建筑物使用能源的种类和建筑物用能系统类型实施的能源消费计量方式。

11）用能系统调适

通过设计、施工、验收和运行维护阶段的全过程监督和管理，保证建筑物能够按设计和用户要求，实现安全、高效地运行和控制的工作程序和方法。

12）建筑能效测评

对反映建筑物能源消耗量及建筑物用能系统效率等性能指标进行检测、计算，并给出其所处水平的活动。

13）建筑节能量评估

对建筑采取节能措施而减少能源消耗量进行评价的活动。

14）建筑能效标识

依据建筑能效标识技术标准，对反映建筑物能源消耗量及建筑物用能系统等性能指标以信息标识的形式进行明示的活动。

15）绿色建筑标识

依据绿色建筑评价标准，对建筑物达标等级进行评定，并以信息标识的形式进行明示的活动。

16）建筑能耗基准线

为评价建筑物用能水平，以建筑能耗实测值或模拟值为基础，而设置的一种情景能耗水平。

17）建筑能耗限额

在所规定的时期内（通常为一年或一个月），依据同类型建筑能源消耗的社会水平所确定的、实现使用功能所允许消耗的建筑能源数量的限值。

### 1.2.2 设计术语

为了方便检验检测人员理解和使用有关居住建筑节能设计、公共建筑节能设计等标准中的相关名词术语、符号和解释，分列如下。

1. 严寒和寒冷地区节能设计

1）供暖度日数（$HDD18$）

一年中，当某天室外日平均温度低于18℃时，将该日平均温度与18℃的差值乘以1d，并将此乘积累加，得到一年的供暖度日数。

2）空调度日数（$CDD26$）

一年中，当某天室外日平均温度高于26℃时，将该日平均温度与26℃的差值乘以1d，并将此乘积累加，得到一年的空调度日数。

3）计算供暖期天数（$Z$）

采用滑动平均法计算出的累年日平均温度低于或等于5℃的天数。计算供暖期天数仅供建筑节能设计计算时使用，与当地法定的供暖天数不一定相等。

4）计算供暖期室外平均温度（$t_e$）

计算供暖期室外平均温度的算术平均值。

5）建筑体形系数（$S$）

建筑物与室外大气接触的外表面积与其所包围的体积的比值。外表面积中，不包括地面和不供暖楼梯间内墙及户门的面积。

6）建筑物耗热量指标（$q_H$）

在计算供暖期室外平均温度条件下，为保持室内设计计算温度，单位建筑面积在单位时间内消耗的需由室内供暖设备供给的热量。

7）围护结构传热系数（$K$）

在稳态条件下，围护结构两侧空气温差为1℃，在单位时间内通过单位面积围护结构的传热量。

8）外墙平均传热系数（$K_m$）

考虑了墙上存在的热桥影响后的外墙传热系数。

9）围护结构传热系数的修正系数（$\varepsilon_i$）

考虑太阳辐射对围护结构传热的影响而引进的修正系数。

10）窗墙面积比

窗户洞口面积与房间立面单元面积（即建筑层高与开间定位线围成的面积）之比。

11）锅炉运行效率（$\eta_2$）

供暖期内锅炉实际运行工况下的效率。

12）室外管网热输送效率（$\eta_1$）

管网输出总热量与输入管网的总热量的比值。

13）耗电输热比（$EHR$）

在供暖室内外计算温度下，全日理论水泵输送耗电量与全日系统供热量的比值。

2. 夏热冬冷地区节能设计

1）热惰性指标（$D$）

表征围护结构抵御温度波动和热流波动能力的无量纲指标，其值等于各构造层材料热阻与蓄热系数的乘积之和。

2）典型气象年（TMY）

以近 10 年的月平均值为依据，从近 10 年的资料中选取 1 年各月接近 10 年的平均值作为典型气象年。由于选取的月平均值在不同的年份，资料不连续，还需要进行月间平滑处理。

3）参照建筑

参照建筑是一栋符合节能标准要求的假想建筑。作为围护结构热工性能综合判断时，与设计建筑相对应的，计算全年供暖和空气调节能耗的比较对象。

3. 夏热冬暖地区节能设计

1）外窗综合遮阳系数

用以评价窗本身和窗口的建筑外遮阳装置综合遮阳效果的系数，其值为窗本身的遮阳系数 $SC$ 与窗口的建筑外遮阳系数 $SD$ 的乘积。

2）建筑外遮阳系数

在相同的太阳辐射条件下，有建筑外遮阳的窗口（洞口）所受到的太阳辐射照度的平均值与该窗口（洞口）没有建筑外遮阳时受到的太阳辐射照度的平均值之比。

3）挑出系数

建筑外遮阳构件的挑出长度与窗（高）宽之比，挑出长度系指窗外表面距水平（垂直）建筑外遮阳构件端部的距离。

4）单一朝向窗墙面积比

窗（含阳台门）洞口面积与房间立面单元面积（即房间层高与开间定位线围成的面积）之比。

5）平均窗墙面积比

建筑物地上居住部分外墙面上的窗及阳台门（含露台、晒台等出入口）的洞口总面积与建筑物地上居住部分外墙立面的总面积之比。

6）房间窗地面积比

所有房间外墙面上的门窗洞口的总面积与房间地面面积之比。

7）平均窗地面积比

建筑物地上居住部分外墙面上的门窗洞口总面积与地上居住部分的总建筑面积之比。

8）对比评定法

将所设计建筑物的空调供暖能耗和相应参照建筑物的空调供暖能耗对比，根据对比结果来判定所设计的建筑物是否符合节能要求。

9）空调供暖年耗电量

根据设定的计算条件，计算出的建筑单位面积空调和供暖设备每年所要消耗的电能。

10）空调供暖年耗电指数

实施对比评定法时需要计算的一个空调供暖能耗无量纲指数，其值与空调供暖年耗电量相对应。

11）通风开口面积

外围护结构上自然风气流通过开口的面积。用于进风者为进风开口面积，用于出风者为出风开口面积。

12）通风路径

自然通风气流经房间的进风开口进入，穿越房门，户内（外）公用空间及其出风开口至室外时可能经过的路线。

4．公共建筑节能设计

1）透光幕墙

可见光可直接透射入室内的幕墙。

2）太阳得热系数（SHGC）

通过透光围护结构（门窗或透光幕墙）的太阳辐射室内得热量与投射到透光围护结构（门窗或透光幕墙）外表面上的太阳辐射量的比值。太阳辐射室内得热量包括太阳辐射通过辐射透射的得热量和太阳辐射被构件吸收再传入室内的得热量两部分。

3）可见光透射比

透过透光材料的可见光光通量与投射在其表面上的可见光光通量之比。

4）围护结构热工性能权衡判断

当建筑设计不能完全满足围护结构热工设计规定的指标要求时，计算并比较参照建筑和设计建筑的全年供暖和空气调节能耗，判定围护结构的总体热工性能是否符合节能设计要求的方法，简称权衡判断。

5）参照建筑

进行围护结构热工性能权衡判断时，作为计算满足标准要求的全年供暖和空气调节能耗用的基准建筑。

6）综合部分负荷性能系数（IPLV）

基于机组部分负荷时的性能系数值，按机组在各种负荷条件下的累积负荷百分比进行加权计算获得的表示空气调节用冷水机组部分负荷效率的单一数值。

7）集中供暖系统耗电输热比（HER-h）

设计工况下，集中供暖系统循环水泵总功耗（kW）与设计热负荷（kW）的比值。

8）空调冷（热）水系统耗电输冷（热）比

设计工况下，空调冷（热）水系统循环水泵总功耗（kW）与设计冷（热）负荷（kW）的比值。

9）电冷源综合制冷性能系数（SCOP）

设计工况下，电驱动的制冷系统的制冷量与制冷机、冷却水泵及冷却塔净输入能量之比。

10）风道系统单位风量耗功率（$W_s$）

设计工况下，空调、通风的风道系统输送单位风量（$m^3/h$）所消耗的电功率（W）。

### 1.2.3　热工知识

1. 相关术语

1) 建筑热工

研究建筑室外气候通过建筑围护结构对室内热环境的影响、室内外热湿作用对围护结构的影响，通过建筑设计改善室内热环境方法的学科。

2) 围护结构

分隔建筑室内与室外，以及建筑内部使用空间的建筑部件。

3) 热桥

建筑围护结构中热流强度显著增大的部位。

4) 围护结构单元

围护结构的典型组成部分，由围护结构平壁及其周边梁、柱等节点共同组成。

5) 导热系数

在稳态条件和单位温差作用下，通过单位厚度、单位面积匀质材料的热流量。

6) 热阻

表征围护结构本身或其中某层材料阻抗传热能力的物理量。

7) 传热阻

表征围护结构本身加上两侧空气边界层作为一个整体的阻抗传热能力的物理量。

8) 传热系数

在稳态条件下，围护结构两侧空气为单位温差时，单位时间内通过单位面积传递的热量。传热系数与传热阻互为倒数。

9) 热惰性

受到波动热作用时，材料层抵抗温度波动的能力，用热惰性指标来描述。

10) 露点温度

在大气压力一定、含湿量不变的条件下，未饱和空气因冷却而达到饱和时的温度。

11) 冷凝

围护结构内部存在空气或空气渗透过围护结构，当围护结构内部的温度达到或低于空气露点温度时，空气中的水蒸气析出形成凝结水的现象。

12) 结露

围护结构表面温度低于附近空气露点温度时，空气中的水蒸气在围护结构表面析出形成凝结水的现象。

13) 建筑遮阳

在建筑门窗洞口室外侧与门窗洞口一体化设计的遮挡太阳辐射的构件。

14) 水平遮阳

位于建筑门窗洞口上部，水平伸出的板状建筑遮阳构件。

15) 垂直遮阳

位于建筑门窗洞口两侧，垂直伸出的板状建筑遮阳构件。

16) 建筑遮阳系数

在照射时间内，同一窗口（或透光围护结构部件外表面）在有建筑外遮阳和没有建筑外遮阳的两种情况下，接收到的两个不同太阳辐射量的比值。

2. 建筑热工设计气候区

建筑热工设计气候区是根据建筑热工设计的实际需要，以及与现行有关标准、规范相协调，分区名称要直观、贴切等要求制定的。由于目前建筑热工设计涉及冬季保温、夏季隔热，主要与冬季和夏季的温度状况有关。因此，用累积最冷月（即 1 月）和最热月（7 月）平均温度作为分区主要指标，累积日平均温度≤5℃和≥25℃的天数作为辅助指标，将全国划分为 5 个气候区，即严寒、寒冷、夏热冬冷、夏热冬暖和温和地区，并提出相应的设计要求。

3. 建筑节能热工计算

建筑节能热工计算，包括规定性指标和性能性指标。规定性指标指用数值明确给定的直接影响建筑物供暖、通风、空气调节、照明、动力等负荷或能耗的各项参数的限值，全部符合这些限值的建筑可以直接认定符合节能设计的要求。性能性指标指用于判定建筑整体综合能耗是否满足节能设计要求的判别参数，如建筑物耗热量指标、供暖空调耗电量指标等。

围护结构的热工性能是影响建筑能耗的主要因素之一。用于描述围护结构热工性能的物理量很多，可以将其统称为"围护结构热工参数"。主要包括以下参数：

（1）导热系数：在稳态条件和单位温差作用下，通过单位厚度、单位面积匀质材料的热流量，符号：$\lambda$，单位：$W/(m \cdot K)$。

（2）蓄热系数：当某一足够厚度的匀质材料层一侧受到谐波热作用时，通过表面热流波幅与表面温度波幅的比值，符号：$S$，单位：$W/(m^2 \cdot K)$。

（3）热阻：表征围护结构本身或其中某层材料阻抗传热能力的物理量，符号：$R$ 单位：$m^2 \cdot K/W$。

（4）传热系数：在稳态条件下，围护结构两侧空气为单位温差时，单位时间内通过单位面积传递的热量，符号：$K$，单位：$W/(m^2 \cdot K)$。

（5）平均传热系数：在某个表面上，考虑了其中包含的热桥影响后得到的传热系数值，符号：$K_m$，单位：$W/(m^2 \cdot K)$。

（6）热惰性指标：表征围护结构抵御温度波动和热流波动能力的无量纲指标，其值等于各构造层材料热阻与蓄热系数的乘积之和，符号：$D$，无量纲。

4. 建筑热工设计原则

建筑热工设计是指从建筑物室内外热湿作用对建筑围护结构和室内热环境的影响出发，为改善建筑室内热环境，以满足人们工作和生活的需要或降低供暖、通风、空气调节等负荷而进行的专项设计。

1）热工设计分区

（1）建筑热工设计区划分为两级。

（2）建筑热工设计一级区划指标及设计原则应符合表 1.2.3-1 的规定。

（3）建筑热工设计二级区划指标及设计原则应符合表 1.2.3-2 的规定。

2）保温设计

保温系统按照保温材料与围护结构之间的关系可以分为外保温系统、内保温系统、自保温系统等。各种系统之间并无绝对的优劣之分，只有适合与否。使用中，应当考虑项目所在的气候区、使用功能、供暖空调形式和运行模式等选用，以确保保温系统形式与建筑节能需求相适应。

建筑热工设计一级区划指标及设计原则 　表 1.2.3-1

| 一级区划名称 | 区划指标 | | 设计原则 |
|---|---|---|---|
| | 主要指标 | 辅助指标 | |
| 严寒地区(1) | $t_{min \cdot m} \leqslant -10℃$ | $145 \leqslant d_{\leqslant 5}$ | 必须充分满足冬季保温要求,一般可以不考虑夏季防热 |
| 寒冷地区(2) | $-10℃ < t_{min \cdot m} \leqslant 0℃$ | $90 \leqslant d_{\leqslant 5} < 145$ | 应满足冬季保温要求,部分地区兼顾夏季防热 |
| 夏热冬冷地区(3) | $0℃ < t_{min \cdot m} \leqslant 10℃$ $25℃ < t_{max \cdot m} \leqslant 30℃$ | $0 < d_{\leqslant 5} < 90$ $40 \leqslant d_{\geqslant 25} < 110$ | 必须满足夏季防热要求,适当兼顾冬季保温 |
| 夏热冬暖地区(4) | $10℃ < t_{min \cdot m}$ $25℃ < t_{max \cdot m} \leqslant 29℃$ | $100 \leqslant d_{\geqslant 25} < 200$ | 必须充分满足夏季防热要求,一般可不考虑冬季保温 |
| 温和地区(5) | $0℃ < t_{min \cdot m} \leqslant 13℃$ $18℃ < t_{max \cdot m} \leqslant 25℃$ | $0 < d_{\leqslant 5} < 90$ | 部分地区应考虑冬季保温,一般可不考虑夏季防热 |

建筑热工设计二级区划指标及设计原则 　表 1.2.3-2

| 二级区划名称 | 区划指标 | | 设计要求 |
|---|---|---|---|
| 严寒 A 区(1A) | $6000 \leqslant HDD18$ | | 冬季保温要求极高,必须满足保温设计要求,不考虑防热设计 |
| 严寒 B 区(1B) | $5000 \leqslant HDD18 < 6000$ | | 冬季保温要求非常高,必须满足保温设计要求,不考虑防热设计 |
| 严寒 C 区(1C) | $3800 \leqslant HDD18 < 5000$ | | 必须满足保温设计要求,可不考虑防热设计 |
| 寒冷 A 区(2A) | $2000 \leqslant HDD18 < 3800$ | $CDD26 \leqslant 90$ | 应满足保温设计要求,可不考虑防热设计 |
| 寒冷 B 区(2B) | | $CDD26 > 90$ | 应满足保温设计要求,宜满足隔热设计要求,兼顾自然通风、遮阳设计 |
| 夏热冬冷 A 区(3A) | $1200 \leqslant HDD18 < 2000$ | | 应满足保温、隔热设计要求,重视自然通风、遮阳设计 |
| 夏热冬冷 B 区(3B) | $700 \leqslant HDD18 < 1200$ | | 应满足隔热、保温设计要求,强调自然通风、遮阳设计 |
| 夏热冬暖 A 区(4A) | $500 \leqslant HDD18 < 700$ | | 应满足隔热设计要求,宜满足保温设计要求,强调自然通风、遮阳设计 |
| 夏热冬暖 B 区(4B) | $HDD18 < 500$ | | 应满足隔热设计要求,可不考虑保温设计,强调自然通风、遮阳设计 |
| 温和 A 区(5A) | $CDD26 < 10$ | $700 \leqslant HDD18 < 2000$ | 应满足冬季保温设计要求,可不考虑防热设计 |
| 温和 B 区(5B) | | $HDD18 < 700$ | 宜满足冬季保温设计要求,可不考虑防热设计 |

　　建筑保温一般在建筑围护结构表面采用保温材料提高其热阻,减少室内外温差传热。根据建筑围护结构不同部位可以分为外墙保温、屋面保温、地面保温和门窗保温等。

（1）建筑外围护结构应具有抵御冬季室外气温作用和气温波动的能力，非透光外围护结构内表面温度与室内空气温度的差值应控制在规范允许的范围内。

（2）严寒、寒冷地区建筑设计必须满足冬季保温要求，夏热冬冷地区、温和A区建筑设计应满足冬季保温要求，夏热冬暖A区、温和B区宜满足冬季保温要求。

（3）建筑物的总平面布置、平面和立面设计、门窗洞口设置应考虑冬季利用日照并避开冬季主导风向。

（4）建筑物宜朝向南北，体形设计应减小外表面积，平立面的凹凸不宜过多。

（5）严寒和寒冷地区的建筑不应设开敞式的楼梯和开敞式的外廊，夏热冬冷A区不宜设开敞式的楼梯和开敞式的外廊。

（6）严寒地区建筑出入口应设门斗或热风幕等避风设施，寒冷地区建筑出入口宜设门斗或热风幕等避风设施。

（7）外墙、屋面、直接接触室外空气的楼板、分隔供暖房间与非供暖房间的内围护结构应按规范的要求进行。

（8）外窗、透光幕墙、采光顶等透光外围护结构的面积不宜过大，应降低透光围护结构的传热系数值、提高透光部分的遮阳系数值，减少周边缝隙的长度，且应按规范的要求进行保温设计。

（9）建筑的地面、地下室外墙应按规范的要求进行保温验算。

（10）围护结构的保温形式应根据建筑所在地的气候条件、结构形式、供暖运行方式、外饰面层等因素选择，并应按规范的要求进行防潮设计。

（11）围护结构中的热桥部位应进行表面结露验算，并应采取保温措施，确保热桥内表面温度高于房间空气露点温度。

（12）围护结构热桥部位的表面结露验算应符合规范的规定。

（13）建筑及建筑构件应采取密闭措施，保证满足建筑的气密性要求。

（14）日照充足地区宜在建筑南向设置阳光间，阳光间与房间之间的围护结构应具有一定的保温能力。

（15）对于南向辐射温差比大于等于 $4W/(m^2 \cdot K)$，且1月南向垂直面冬季太阳辐射强度大于等于 $60W/m^2$ 的地区，可按规范的规定采用"非平衡保温"方法进行围护结构保温设计。

3）防热设计

建筑隔热一般在建筑围护结构表面采用隔热材料提高其抵抗太阳辐射热量的能力，减少太阳辐射热量向室内传递。根据建筑围护结构不同部位可以分为外墙隔热、屋面隔热、门窗隔热等。

（1）建筑外围护结构应具有抵御夏季室外气温和太阳辐射综合热作用的能力。自然通风房间的非透光围护结构内表面温度与室外累年日平均温度最高日的最高温度的差值，以及空调房间非透光围护结构内表面温度与室内空气温度的差值应控制在规范允许的范围内。

（2）夏热冬暖和夏热冬冷地区建筑设计必须满足夏季防热要求，寒冷B区建筑设计宜考虑夏季防热要求。

（3）建筑物防热应综合采取有利于防热的建筑总平面布置与形体设计、自然通风、建筑遮阳、围护结构隔热和散热、环境绿化、被动蒸发、淋水降温等措施。

（4）建筑朝向宜采用南北向或接近南北向，建筑平面、立面设计和门窗设置应有利于自然通风，避免主要房间受东、西向的日晒。

（5）非透光围护结构（外墙、屋面）应按规范的要求进行隔热设计。

（6）建筑围护结构外表面宜采用浅色饰面材料，屋面宜采用绿化、涂刷隔热涂料、遮阳等隔热措施。

（7）透光围护结构（外窗、透光幕墙、采光顶）隔热设计应符合规范的要求。

（8）建筑设计应综合考虑外廊、阳台、挑檐等的遮阳作用。建筑物的向阳面，东、西向外窗（透光幕墙），应采取有效的遮阳措施。

（9）房间天窗和采光顶应设置建筑遮阳，并宜采取通风和淋水降温措施。

（10）夏热冬冷、夏热冬暖和其他夏季炎热的地区，一般房间宜进行防潮设计。

4）防潮设计

（1）建筑构造设计应防止水蒸气渗透进入围护结构内部，围护结构内部不应产生冷凝。

（2）围护结构内部冷凝验算应符合规范的要求。

（3）建筑设计时，应充分考虑建筑运行时的各种工况，采取有效措施确保建筑外围护结构内表面温度不低于室内空气露点温度。

（4）建筑围护结构的内表面结露验算应符合规范的要求。

（5）围护结构防潮设计应遵循下列基本原则：

① 室内空气湿度不宜过高。

② 地面、外墙表面温度不宜过低。

③ 可在围护结构的高温侧设置隔汽层。

④ 可采用具有吸湿、解湿等调节空气湿度功能的围护结构材料。

⑤ 应合理设置保温层，防止围护结构内部冷凝。

⑥ 与室外雨水或土壤接触的围护结构应设置防水（潮）层。

⑦ 夏热冬冷长江中、下游地区、夏热冬暖沿海地区建筑的通风口、外窗应可以开启和关闭。室外或与室外连通的空间，其顶棚、墙面、地面应采取防止返潮的措施或采用易于清洗的材料。

# 1.3 节能建筑的评价标准

建筑与人们的生活休戚相关，也与我国的环境、资源、能源等密切相关。我国已经发布了严寒和寒冷地区、夏热冬冷地区和夏热冬暖地区的居住建筑节能设计标准、公共建筑节能设计标准，建筑节能施工质量验收规范也已经颁布实施，这些标准对建筑的节能设计和施工给出了最低的要求。为了对建筑的节能性进行综合评价，鼓励建造更低能耗的节能建筑，2011年中华人民共和国住房和城乡建设部颁布了我国第一个《节能建筑评价标准》GB/T 50668。

节能建筑评价是指按照建筑采用的节能技术措施和节能管理措施，采取定量和定性相结合的方法，对建筑的节能性能进行分析判断并确定出节能建筑的等级。

## 1.3.1　评价规定及体系

1. 节能建筑评价规定

（1）节能建筑的评价应包括建筑及其用能系统，涵盖设计和运营管理两个阶段。

（2）节能建筑的评价应在达到适用的室内环境的前提下进行。

规划和建筑设计以及运营管理是建筑的两个重要阶段，都与建筑的节能性密切相关，必须统筹考虑，漏掉任何一个阶段都不能称之为节能建筑。

2. 节能建筑评价指标体系

节能建筑评价指标体系由建筑规划、建筑围护结构、供暖通风与空气调节、给水排水、电气照明、室内环境和运营管理七类指标组成。通过对七类指标的评价，体现建筑的综合节能性能。

建筑是一个复杂的、特殊的产品，不像冰箱、房间空调器等产品可以在实验室的标准工况下进行检测并给出额定工况下的能耗。为了提高节能建筑评价的科学性和可操作性，把建筑节能的因素分为七类指标体系，每类指标体系中又分为具体的节能技术措施或节能管理措施。根据建筑采用的节能技术措施或节能管理措施，采取定量和定性相结合的方法来评估建筑的节能性能。这种方法兼顾了评价的科学性和可操作性，简单易用，有利于节能建筑的推广。

3. 节能建筑的因地制宜和遵循标准

由于建筑节能涉及多个专业和多个阶段，不同专业和不同阶段都制定了相应的节能标准。在进行节能建筑的评价时，除应符合《节能建筑评价标准》GB/T 50668 的规定外，尚应符合国家现行标准规范的规定。对于某些地区，如果执行了高于国家标准和行业标准规定的、更严格的地方标准，尚应符合当地的节能标准的要求。

节能建筑的主要指标有建筑规划、建筑围护结构、供暖通风与空气调节、给水排水、电气照明、室内环境，并且具有良好的运行管理手段和制度并落到实处。节能建筑一定要因地制宜，遵循当地的气候条件和资源条件。节能建筑不仅要满足国家和行业标准的节能要求，同时也要符合当地的节能标准。

4. 评价的范围

评价标准适用于新建、改建和扩建的居住建筑和公共建筑。

由于不同类型的建筑因使用功能的不同，其耗能存在较大的差异。考虑到我国目前建筑市场的实际情况，侧重评价总量大的居住建筑和公共建筑中能耗较大的办公建筑（包括写字楼、政府部门办公楼等）、商业建筑（包括如商场建筑、金融建筑等）、旅游建筑（如旅游饭店、娱乐建筑等）、科教文卫建筑（包括文化、教育、科研、医疗、卫生、体育建筑等）。其他公共建筑也可以参照执行。

## 1.3.2　基本要求

什么叫节能建筑？节能建筑是指遵循当地的地理环境和节能的基本方法，设计和建造的达到或优于国家有关节能标准的建筑。节能建筑的评价分为节能建筑设计评价和节能建筑工程评价两个阶段。

1. 节能建筑的评价对象

节能建筑的评价应以单栋建筑或建筑小区为对象。

（1）单栋建筑的节能评价，凡涉及室外部分的指标应以该栋建筑所处的室外条件的评价结果为准。

（2）建筑小区的节能评价应在单栋建筑评价的基础上进行，建筑小区的节能等级应根据小区中全部单栋建筑均达到或超过的节能等级来确定。

2. 评价的时间

（1）节能建筑的设计评价应在建筑设计图纸通过相关部门的节能审查并合格后进行。

（2）节能建筑的工程评价应在建筑通过相关部门的节能竣工验收并运行一年后进行。

3. 申请节能建筑评价的资料要求

1）申请节能建筑设计评价的建筑应提供的资料

（1）建筑节能技术措施，包括所采用的全部建筑节能技术和相关技术参数。

（2）规划与建筑设计文件，包括规划批文、规划设计说明、建筑设计说明和相应的建筑设计施工图等。

（3）规划与建筑节能设计文件，包括规划、建筑设计与建筑节能有关的设计图纸、建筑节能设计专篇、节能计算书等。

（4）各地建设行政管理部门或建设行政管理部门委托的建筑节能管理机构进行的建筑节能设计审查批复文件。

2）申请节能建筑工程评价的建筑应提供的资料

申请节能建筑工程评价除应提供设计评价阶段的资料外，尚应提供下列资料：

（1）材料质量证明文件或检测报告。材料主要包括建筑中采用的设备、部品、施工材料等。

（2）需要提供完整的建筑节能工程竣工验收报告。

（3）主要包括与建筑节能评价有关的如检测报告、专项分析报告、运营管理制度文件、运营维护资料等相关的资料。

### 1.3.3　评价与等级划分

1. 节能建筑评价指标体系

1）节能建筑设计评价指标体系

节能建筑设计评价指标体系由建筑规划、建筑围护结构、供暖通风与空气调节、给水排水、电气与照明、室内环境六类指标组成。

2）节能建筑工程评价指标体系

节能建筑工程评价指标体系由建筑规划、建筑围护结构、供暖通风与空气调节、给水排水、电气与照明、室内环境和运营管理七类指标组成。

节能建筑设计评价指标、节能建筑工程评价指标的评价包括控制项、一般项和优选项。控制项为节能建筑的必备条件，全部满足标准中控制项要求的建筑方可认为已经具备节能建筑评价的基本资格。优选项是难度大、节能效果较好的可选项。一般项和优选项是划分节能建筑等级的可选条件。

2. 节能建筑等级划分

节能建筑应满足《节能建筑评价标准》GB/T 50668的"居住建筑"或"公共建筑"

中所有控制项的要求，并应按满足一般项数和优选项数的程度，划分为 A、AA 和 AAA 三个等级。节能建筑等级划分应符合表 1.3.3-1 或表 1.3.3-2 的规定。

**居住建筑节能等级的划分**　　　　　　　　　　　　　　　　　表 1.3.3-1

| 等级 | 一般项数 | | | | | | | 一般项数<br>（共 42 项） |
|---|---|---|---|---|---|---|---|---|
| | 建筑规划<br>（共 7 项） | 围护结构<br>（共 7 项） | 暖通空调<br>（共 8 项） | 给水排水<br>（共 5 项） | 电气与照明<br>（共 4 项） | 室内环境<br>（共 4 项） | 运营管理<br>（共 7 项） | |
| A | 2 | 2 | 2 | 2 | 1 | 1 | 3 | |
| AA | 3 | 3 | 3 | 3 | 2 | 2 | 4 | |
| AAA | 5 | 5 | 4 | 4 | 3 | 3 | 5 | |
| 等级 | 优选项数 | | | | | | | 优选项数<br>（共 25 项） |
| | 建筑规划<br>（共 3 项） | 围护结构<br>（共 6 项） | 暖通空调<br>（共 7 项） | 给水排水<br>（共 2 项） | 电气与照明<br>（共 3 项） | 室内环境<br>（共 2 项） | 运营管理<br>（共 2 项） | |
| A | 5 | | | | | | | |
| AA | 9 | | | | | | | |
| AAA | 13 | | | | | | | |

**公共建筑节能等级的划分**　　　　　　　　　　　　　　　　　表 1.3.3-2

| 等级 | 一般项数 | | | | | | | 一般项数<br>（共 58 项） |
|---|---|---|---|---|---|---|---|---|
| | 建筑规划<br>（共 5 项） | 围护结构<br>（共 8 项） | 暖通空调<br>（共 15 项） | 给水排水<br>（共 6 项） | 电气与照明<br>（共 12 项） | 室内环境<br>（共 4 项） | 运营管理<br>（共 8 项） | |
| A | 2 | 2 | 4 | 2 | 3 | 1 | 3 | |
| AA | 3 | 4 | 6 | 3 | 5 | 2 | 4 | |
| AAA | 4 | 6 | 10 | 4 | 8 | 3 | 6 | |
| 等级 | 优选项数 | | | | | | | 优选项数<br>（共 34 项） |
| | 建筑规划<br>（共 3 项） | 围护结构<br>（共 6 项） | 暖通空调<br>（共 14 项） | 给水排水<br>（共 2 项） | 电气与照明<br>（共 4 项） | 室内环境<br>（共 2 项） | 运营管理<br>（共 3 项） | |
| A | 6 | | | | | | | |
| AA | 12 | | | | | | | |
| AAA | 18 | | | | | | | |

　　1）AAA 节能建筑还应符合的规定

　　（1）在围护结构指标方面，居住建筑满足的优选项数不应少于 2 项，公共建筑满足的优选项数不应少于 3 项。

　　（2）在暖通空调指标方面，居住建筑满足的优选项数不应少于 2 项，公共建筑满足的优选项数不应少于 3 项。

　　（3）在电气与照明指标方面，居住建筑满足的优选项数不应少于 1 项，公共建筑满足的优选项数不应少于 2 项。

　　2）不适应的条款

当标准中一般项数和优选项数中某条文不适应建筑所在地区、气候、建筑类型和评价阶段等条件时，该条文可不参与评价，参评的总项数可相应减少，等级划分时对项数的要求应按原比例调整确定。对项数的要求按原比例调整后，每类指标满足的一般项数不得少于1项。

3）评价结论

标准中各条款的评价结论应为通过或不通过。对有多项要求的条款，不满足各款的全部要求时评价结论不得为通过。

温和地区节能建筑的评价宜根据最邻近的气候分区的相应条款进行。

# 第2章　建筑绝热材料检测方法

## 2.1　泡沫塑料及橡胶

### 2.1.1　状态调节和标准环境

《塑料试样状态调节和试验的标准环境》GB/T 2918，提出了各种塑料及各类试样在相当于实验室平均环境条件的恒定环境条件下进行状态调节和试验的规范。

1. 定义

（1）标准环境：是指优先选用的、规定了空气温度和湿度且限制了大气压强和空气循环速度范围的恒定环境，该空气中不含明显的外加成分，且环境未受到任何明显的外加辐射影响。

（2）状态调节环境：进行试验前保存样品或试样的恒定环境。

（3）试验环境：在整个试验期间样品或试样所处的恒定环境。

（4）状态调节：为使样品或试样达到温度或湿度的平衡状态所进行的一种或多种操作。

2. 原理

如果把试样暴露在规定的状态调节环境或温度中，那么试样与状态调节环境或温度之间即可达到的温度和/或湿度的平衡状态。

3. 标准环境

除非另有规定，使用表 2.1.1-1 所给的条件作为标准环境。

标准环境　　　　　　　　　　　　　　　　　　　　　表 2.1.1-1

| 标准环境代号 | 空气温度 $t$(℃) | 相对湿度 $U$(%) | 备　　注 |
| --- | --- | --- | --- |
| 23/50 | 23 | 50 | 应该使用这种标准环境,除非另有规定 |
| 27/65 | 27 | 65 | 对于热带地区如各方商定,可以使用 |

注：表中数值适用于大气压强在 86~106kPa 之间的一般海拔高度及空气循环速度≤1m/s 的场合。

4. 标准环境的等级

表 2.1.1-2 给出了标准环境的两种不同等级，对应于温度和相对湿度的不同容差（即

对于不同容许偏差的标准环境等级　　　　　　　　　表 2.1.1-2

| 等级 | 温度容许偏差 $\Delta t$(℃) | 相对湿度容许偏差 $\Delta U$(%) | |
| --- | --- | --- | --- |
| | | 23/50 | 27/65 |
| 1(加严) | ±1 | ±5 | ±5 |
| 2(一般) | ±2 | ±10 | ±10 |

容许偏差）水平。给出的容差适用于试验环境内或状态调节环境内试样所处的空间并且包括了对时间和对环境内试样位置两方面的偏差。

5．标准温度和湿度

（1）如果湿度对所测性能没有影响或影响可以忽略不计，则不必控制相对湿度。相应的两个环境称作"温度23"和"温度27"。

（2）同样，如果温度和湿度对所测性能没有任何显著影响，则温度和相对湿度都不必控制。在这种情况下，该环境称为"室温"。

（3）"室温"指的是这样一种环境：其空气温度保持在一定范围内，而不考虑相对湿度、大气压或空气循环流速的影响。通常，空气温度范围为18~28℃，应称作"18~28℃的室温"。

6．程序

1）状态调节

（1）状态调节周期应在相关材料的标准中规定。

（2）当在相应标准中未规定状态调节周期时，应采用下列周期：

① 对于标准环境23/57和27/65，不少于88h。

② 对于18~28℃的室温，不少于4h。

2）试验

除非另有规定，状态调节后的试样应在与状态调节相同的环境或温度下进行试验。在任何情况下，试验都应在将试样从状态调节环境内取出后立即进行。

7．检测方法应用

1）绝热用模塑聚苯乙烯泡沫塑料

《绝热用模塑聚苯乙烯泡沫塑料》GB/T 10801.1中对"时效和状态调节"的规定如下：

型式检验的所有试验样品应去掉表皮并自生产之日起在自然条件下放置28d后进行测试。所有试验按《塑料试样状态调节和试验的标准环境》GB/T 2918—1998中23/50二级环境条件进行，样品在温度23±2℃，相对湿度45%~55%的条件下进行16 h状态调节。

2）绝热用挤塑聚苯乙烯泡沫塑料（XPS）

挤塑聚苯乙烯泡沫塑料是指以聚苯乙烯树脂或其共聚物为主要成分，添加少量添加剂，通过加热挤塑成型而制得的具有闭孔结构的硬质泡沫塑料。

《绝热用挤塑聚苯乙烯泡沫塑料（XPS）》GB/T 10801.2中对"时效和状态调节"的规定如下：

导热系数和热阻试验应将样品自生产之日起在环境条件下放置90d进行，其他物理机械性能试验应将样品自生产之日起在环境条件下放置45d后进行。试验前应进行状态调节，除试验方法中有特殊规定外，试验环境和试验状态调节，按《塑料试样状态调节和试验的标准环境》GB/T 2918—1998中23/50二级环境条件进行试验。

3）建筑绝热用硬质聚氨酯泡沫塑料

《建筑绝热用硬质聚氨酯泡沫塑料》GB/T 21558中对"状态调节"的规定如下：

试验按《塑料试样状态调节和试验的标准环境》GB/T 2918—1998中23/50二级环境条件进行，试样应在温度23±2℃，相对湿度40%~60%的条件下进行不少于48h的状态调节。

4）柔性泡沫橡塑绝热制品

柔性泡沫橡塑绝热制品是指以天然或合成橡胶和其他有机高分子材料的共混体为基材，加各种添加剂如抗老化剂、阻燃剂、稳定剂、硫化促进剂等，经混炼、挤出、发泡和冷却定型，加工而成的具有闭孔结构的柔性绝热制品。

《柔性泡沫橡塑绝热制品》GB/T 17794 中对"状态调节"的规定如下：

试验环境和试样状态调节，除试验方法中有特殊规定外，按《塑料试样状态调节和试验的标准环境》GB/T 2918 进行。

### 2.1.2　线性尺寸的测定

《泡沫塑料与橡胶　线性尺寸的测定》GB/T 6342 规定了测定软质或硬质泡沫材料片、块或其他形状试样的线性尺寸的量具的特性与选择以及测试的步骤。该标准适用于泡沫塑料与橡胶线性尺寸的测定。定义如下：

线性尺寸：泡沫材料试样的两特定点，两平行线或两个平行面之间由角、边或面确定的最短距离。

1. 仪器设备

（1）测微计：测量面积约为 $10cm^2$，测量压力为 $100\pm10Pa$，读数精度为 0.05mm。

（2）千分尺：测量面最小直径 5mm，但在任何情况下不得小于泡孔平均直径的 5 倍，允许读数精度为 0.05mm。千分尺仅适用于硬质泡沫材料。

（3）游标卡尺：允许读数精度为 0.1mm。

（4）金属直尺与金属卷尺：允许读数精度为 0.5mm。

2. 试验步骤

1）量具的选择

按照被测尺寸相应的精度选择量具，见表 2.1.2-1。

量具选择（mm）　　　　　　　　　　　　　　　　　　　　表 2.1.2-1

| 尺寸范围 | 精度要求 | 推荐量具 | | 读数的中值精确度 |
| --- | --- | --- | --- | --- |
| | | 一般用法 | 若试样形状许可 | |
| <10 | 0.05 | 测微计或千分尺 | — | 0.1 |
| 10～100 | 0.1 | 游标卡尺 | 千分尺或测微计 | 0.2 |
| >100 | 0.5 | 金属直尺或金属卷尺 | 游标卡尺 | 1 |

（1）当精度要求为 0.05mm 时，应使用测微计或千分尺。尺寸大于 10mm 的试样，通常不要求精确到 0.05mm。

（2）当精度要求为 0.1mm 时，使用游标卡尺。尺寸大于 100mm 时，通常不要求精确到 0.1mm。在这种情况下，也可使用测微计或千分尺。但其精度不必高于游标卡尺。

（3）当精度要求为 0.5mm 时，使用金属直尺或金属卷尺。在这种情况下，也可使用游标卡尺，但其精度不必高于金属直尺或金属卷尺。

2）测量的位置和次数

（1）测量的位置取决于试样的形状和尺寸，但至少 5 点，为了得到一个可靠的平均值，测量点尽可能分散些。

（2）取每一点上 3 个读数的中值，并用 5 个或 5 个以上的中值计算平均值。

3）用测微计测量

（1）通常，在一块基板上进行，基板必须大于其所支撑的试样的最大尺寸。测量时试样必须平置在基板上。

（2）读数应修约到 0.1mm。

4）用千分尺测量

（1）用千分尺测量时，千分尺的测量面要连续地靠拢直至恰好接触泡沫材料表面而又不使试样表面产生任何变形和损伤。将试样轻微地前后移动，感到轻微的阻力。

（2）在金属薄片或板上测量，可增大测量面的面积。

（3）读数应修约到 0.1mm。

5）用游标卡尺测量

（1）游标卡尺的读数应修约到 0.2mm。

（2）测量各种材料，应逐步将游标卡尺预先调节至较小尺寸，将其测量面对准试样，当游标卡尺的测量面恰好接触到试样表面而又不压缩或损伤试样时，调节完成。

6）金属直尺或金属卷尺测量

（1）用金属直尺或金属卷尺测量，不应使泡沫材料变形或损伤。

（2）读数应修约到 1mm。

3. 试验报告

试验报告包括下列各项：

（1）国家标准号。

（2）泡沫材料的种类和名称。

（3）所用的量具。

（4）尺寸（以毫米为单位）。

（5）试验方法与标准的规定有何差异。

4. 检测方法应用

1）绝热用模塑聚苯乙烯泡沫塑料

《绝热用模塑聚苯乙烯泡沫塑料》GB/T 10801.1 中对"尺寸测量"的规定如下：

尺寸测量按《泡沫塑料与橡胶线性尺寸的测定》GB/T 6342 的规定进行试验。

2）绝热用挤塑聚苯乙烯泡沫塑料（XPS）

《绝热用挤塑聚苯乙烯泡沫塑料（XPS）》GB/T 10801.2 中对"尺寸测量"的规定如下：

尺寸测量按《泡沫塑料与橡胶 线性尺寸的测定》GB/T 6342 的规定进行试验。长度、宽度和厚度分别取 5 个点测量结果的平均值。

3）建筑绝热用硬质聚氨酯泡沫塑料

《建筑绝热用硬质聚氨酯泡沫塑料》GB/T 21558 中对"尺寸偏差"的规定如下：

（1）按《泡沫塑料与橡胶 线性尺寸的测定》GB/T 6342 中的规定用最小分度值 1mm 的卷尺测量长度、宽度。长度、宽度各测 3 点。

（2）按《泡沫塑料与橡胶 线性尺寸的测定》GB/T 6342—1996 中的规定用最小分度

值 1mm 的卷尺测量长宽面上的对角线，计算两对角线之差。

（3）按《泡沫塑料与橡胶　线性尺寸的测定》GB/T 6342 中的规定用最小分度值 0.05mm 的卡尺测量厚度，在距边缘 30mm 处开始测量，测量点不少于 5 点，各测点之间间距应均匀。

4）柔性泡沫橡塑绝热制品

《柔性泡沫橡塑绝热制品》GB/T 17794 中对"尺寸测量"的规定如下：

尺寸测量试验按《泡沫塑料与橡胶 线性尺寸的测定》GB/T 6342 的规定进行。管的尺寸测量按《柔性泡沫橡塑绝热制品》GB/T 17794 附录 A（规范性附录）进行。

### 2.1.3　导热系数的测定

保温材料的导热系数是反映材料导热性能的物理量。导热系数不仅是评价材料热力学特性的依据，而且也是材料在工程应用时的重要设计依据。目前，测定材料导热系数的方法一般分两类，即稳态法和非稳态法。稳态法包括防护热板法、热流计法、圆管法和圆球法。非稳态法包括准稳态法、热线法、热带法、常功率热源法和其他方法。

《绝热材料稳态热阻及有关特性的测定 防护热板法》GB/T 10294 标准，规定了使用防护热板装置测定板状试件稳态传热性质的方法以及传热性质的计算。

（1）防护热板法是测量传热性质的绝对法和仲裁法，只需要测量尺寸、温度和电功率。

（2）符合该标准的试验方法的报告，试件的热阻不应小于 $0.1m^2 \cdot K/W$，且厚度不超过"试件最大厚度"的要求。

（3）试件的热阻下限可以低到 $0.02m^2 \cdot K/W$，但不一定在全部范围内达到"准确度和重复性"所述的准确度。

（4）如果试件满足"试件的平均导热系数"的要求，试验结果可表示被测试件的平均可测导热系数。

（5）如果试件满足"材料的导热系数、表观导热系数或热阻系数"的要求，试验结果可表示被测材料的导热系数或表观导热系数。

1. 定义

（1）试件的平均导热系数：由热匀质和各项同性（或具有垂直于表面的对称轴的各向异性）的、在测量的精度和测量时间内是热稳定的且导热系数为常数（或与温度成线性函数关系）的材料制成由两个平行的等温表面和与表面垂直的边缘形成的板状物体，在边缘绝热的边界条件下，在稳定状态下确定的传热性质。

（2）材料的表观导热系数：表观导热系数表征绝热材料与传导和辐射复合传热的关系。表观导热系数可看做是在传导和辐射复合传热情况下，传递系数在厚试件中达到的极限值，也常称为材料的等效或有效导热系数。

2. 意义

1）影响传热性能的因素

试件的传热性质可能：

（1）由于材料或其样品成分的改变而改变。

（2）受含湿量和其他因素的影响。

（3）随时间而改变。

（4）随平均温度而改变。

（5）取决于热经历。

因此，必须认识到，在特定应用下选用代表材料传热性质的典型数值时，应考虑以上影响因素，不应未作任何变化而应用到所有使用情况。

例如，使用本试验方法得到的是经干燥处理试件的热性能，然而实际使用时可能是不现实的。

更基本的是材料的传热性质与许多因素如平均温度和湿度差有关。这些关系应在典型的使用条件下测量或者试验。

2）取样

（1）确定材料传热性质需有足够数量的试验信息。只有样品能代表材料，且试件能代表样本时，才能以单次试验结果确定材料的传热性质。选择样品的步骤一般应在材料规范中规定。

（2）试样的选择也可在材料规范中作部分规定。

（3）当材料规范不包括取样时，应参考有关的文件。

3）准确度

评价防护热板法的准确度是复杂的，它与装置的设计、相关的测量仪器和被测试件的类型有关。然而，按照防护热板法建立装置和操作，当试验平均温度接近室温时，测量传热性质的准确度能达到±2%。

3. 原理

1）装置原理

在稳态条件下，在具有平行平面的均匀板状试件内，建立类似于以两个平行的温度均匀的平面为界的无限大平板中存在的一维的均匀热流密度。

2）装置类型

根据原理可建造两种形式的防护热板装置：

（1）双试件式（和一个中间加热单元）。

（2）单试件式。

3）导热系数的计算

当满足"试件的平均导热系数"的条件，已测定试件的厚度时，可计算出试件的平均导热系数。

4）试件的范围

防护热板法的应用亦受试件的形状、厚度和结构的均匀一致（当使用双试件装置时）、试件表面平整和平行度的限制。

4. 由于装置产生的限制

1）试件最大厚度

（1）任何一种构造形式的装置，由于受边缘绝热、辅助防护加热单元和环境温度的影响，试件边缘的边界条件将限制试件的最大厚度。

（2）对于非匀质的、复合的或层状试件，每层的平均导热系数应小于其他任何层的两倍。

2）试件最小厚度

(1) 试件的最小厚度受标准中指出的接触热阻的限制。

(2) 当要求测量导热系数、表观导热系数、热阻系数或传递系数时，还受到测厚仪表准确度的限制。

3）装置尺寸

防护热板装置的总尺寸受试件尺寸的控制。试件的尺寸或直径通常为 0.2～1m。小于 0.3m 的试件可能不代表整个材料的性质。当试件大于 0.5m 时，要维持试件和金属板的表面平整度、温度均匀性、平衡时间以及装置总造价在可接受的限度内都将发生困难。

为便于实验室之间比较和总体上改进合作测量，推荐标准系列如下：

(1) 直径或边长为 0.3m。

(2) 直径或边长为 0.5m。

(3) 直径或边长为 0.2m（仅用于测定均质材料）。

(4) 直径或边长为 1.0m（仅用于测定厚度超过 0.5m 装置允许厚度的试件）。

5. 试验步骤

1）试件

(1) 选择和尺寸

① 根据装置的形式从每个样品中选取一或两个试件。当需要两块试件时，它们应该尽可能地一样，厚度差别应小于 2%。

② 除叙述的特殊应用外，试件的尺寸应该完全覆盖加热单元的表面。

③ 试件的厚度应是实际使用的厚度或大于能给出被测材料热性质的最小厚度。

(2) 制备和状态调节

试件的制备和状态调节应按照被测材料的产品标准进行。

2）试验方法

(1) 厚度

试件在测定状态的厚度由加热单元和冷却单元位置确定或在开始测定时测得的试件的厚度。

(2) 温差选择

① 按照特定材料、产品或系统的技术规范的要求。

② 被测定的特定试件或样品的使用条件。

3）计算

导热系数按下式计算：

$$\lambda = \frac{\varPhi \cdot d}{A(T_1 - T_2)} \tag{2.1.3-1}$$

式中 $\lambda$——导热系数 [W/(m·K)]；

$\varPhi$——加热单元计量部分的平均加热功率（W）；

$T_1$——试件热面温度平均值（K）；

$T_2$——试件冷面温度平均值（K）；

$d$——试件平均厚度（m）；

$A$——计量面积（m²）。

6. 试验报告

若以防护热板法得到的结果出报告，那么标准方法所规定的相关要求都应满足。若某些条件未满足，应按规定所要求的增加符合性的声明。

每一试验结果的报告应包括下列各项（报告的数值应代表试验的两块试件的平均值或是单块试件装置的一个试件的值）。

（1）材料的名称、标志及制造商提供的物理描述。

（2）由操作人员提供的试件说明以及试件与样品的关系。如可应用时，满足材料产品标准。松散填充材料的试件制备方法。

（3）试件的厚度，标明是由热板和冷板位置强制确定的还是测量试件的厚度。确定强制厚度的方法（m）。

（4）状态调节的方法和温度。

（5）试验时的平均温度（K 或℃）。

（6）测定完成日期，整个试验的延续时间。

（7）装置的形式（单或双试件）、取向（垂直、水平或其他方向）。

（8）所用防护热板装置的形式，单或双试件。

（9）在情况或需要无法完全满足防护热板法所述测定过程时，可允许有例外，但必须在报告中特别说明。建议的写法是"本测定除……外符合《绝热材料稳态热阻及有关特性的测定　防护热板法》GB/T 10294 的要求，完整的例外清单如下"。

7. 检测方法应用

1）绝热用模塑聚苯乙烯泡沫塑料

《绝热用模塑聚苯乙烯泡沫塑料》GB/T 10801.1 标准，对"导热系数的测定"的规定：

导热系数的测定按《绝热材料稳态热阻及有关特性的测定　防护热板法》GB/T 10294 或《绝热材料稳态热阻及有关特性的测定 热流计法》GB/T 10295 的规定进行试验，试样厚度 25±1mm，温差 15～25℃，平均温度 25±2℃。仲裁时执行《绝热材料稳态热阻及有关特性的测定　防护热板法》GB/T 10294 的规定。

2）绝热用挤塑聚苯乙烯泡沫塑料（XPS）

《绝热用挤塑聚苯乙烯泡沫塑料（XPS）》GB/T 10801.2 标准，对"绝热性能试验"的规定如下。

（1）导热系数的测定：

按《绝热材料稳态热阻及有关特性的测定　防护热板法》GB/T 10294 进行试验，也可按《绝热材料稳态热阻及有关特性的测定 热流计法》GB/T 10295 的规定进行试验，测定平均温度 10±2℃和 25±2℃下的导热系数，试验温差为 15～25℃。仲裁时按《绝热材料稳态热阻及有关特性的测定　防护热板法》GB/T 10294 的规定。

（2）热阻值按下式计算：

$$R=\frac{h}{\lambda} \tag{2.1.3-2}$$

式中　$R$——热阻〔$m^2 \cdot K/W$〕；

　　　$h$——厚度（m）；

λ——导热系数［W/(m² · K)］。

3）建筑绝热用硬质聚氨酯泡沫塑料

《建筑绝热用硬质聚氨酯泡沫塑料》GB/T 21558—2008 标准，对"初期导热系数"的规定：

（1）初期导热系数

按《绝热材料稳态热阻及有关特性的测定　防护热板法》GB/T 10294—1988 或《绝热材料稳态热阻及有关特性的测定　热流计法》GB/T 10295 的规定进行。产品在大气中陈化应大于 28d。测试平均温度 23℃或 10℃，冷热板温差 23±2℃。

（2）长期热阻

按 ISO 11561：1999 的规定进行。产品在室温下陈化应大于 180d。冷热板温差 23±5℃。

4）柔性泡沫橡塑绝热制品

《柔性泡沫橡塑绝热制品》GB/T 17794—2008 标准，对"导热系数试验"的规定：

按《绝热材料稳态热阻及有关特性的测定　防护热板法》GB/T 10294 的规定进行，也可按《绝热材料稳态热阻及有关特性的测定　热流计法》GB/T 10295 或《绝热层稳态传热性质的测定　圆管法》GB/T 10296 进行，测定平均温度－20℃、0℃、40℃下的导热系数。仲裁时按《绝热材料稳态热阻及有关特性的测定　防护热板法》GB/T 10294 进行。

### 2.1.4　表观密度的测定

《泡沫塑料与橡胶　表观密度的测定》GB/T 6343，规定了测定泡沫塑料与橡胶的表观总密度和表观芯密度的试验方法。

（1）模制或自由发泡或挤出时形成表皮的材料表观总密度、表观芯密度可用该标准测试。

（2）定义"表观总密度"不适用于在模制时未形成表皮的材料。

（3）对于不规则的产品应采用浮力法等方法进行测定。

1. 定义

（1）表观总密度：单位体积泡沫材料的质量，包括模制时形成的全部表皮。

（2）表观芯密度：去除模制时形成的全部表皮后，单位体积泡沫材料的质量。

2. 仪器设备

（1）天平：称量精确度为 0.1%。

（2）量具：《泡沫塑料与橡胶　线性尺寸的测定》GB/T 6342 的规定。

3. 试样

1）尺寸

（1）试样的形状应便于体积计算。切割时，应不改变其原始泡孔结构。

（2）试样总体积至少为 100cm³，在仪器允许及保持原始状态不变的条件下，尺寸尽可能大。

（3）对于硬质材料，用从大样品上切下的试样进行表观总密度的测定时，试样和大样品的表皮面积与体积之比应相同。

2）数量

（1）至少测试 5 个试样。

（2）在测定样品的密度时会用到试样的总体积和总质量。试样应制成体积可精确测量的规整几何体。

3）状态调节

（1）测试样品材料生产后，应至少放置 72h，才能进行制样。

如果经验数据表明，材料制成后放置 48h 或 16h 测出的密度与放置 72h 测出的密度相差小于 10％，放置时间可减少至 48h 或 16h。

（2）样品应在标准环境或干燥环境（干燥器中）下至少放置 16h，这段状态调节时间可以是在材料制成后放置 72h 中的一部分。

标准环境条件应符合《塑料试样状态调节和试验的标准环境》GB/T 2918—1998：

（1）23±2℃，50％±10％；

（2）23±5℃，50％$^{+20\%}_{-10\%}$；

（3）27±5℃，65％$^{+20\%}_{-10\%}$。

干燥环境：23±2℃ 或 27±2℃。

4. 试验步骤

（1）按《泡沫塑料与橡胶 线性尺寸的测定》GB/T 6342 的规定测量试样尺寸，单位为毫米（mm）。每个尺寸至少测量 3 个位置，对于板状的硬质材料，在中部每个尺寸测量 5 个位置。分别计算每个尺寸平均值，并计算试样体积。

（2）称量试样，精确到 0.5％，单位为克（g）。

5. 结果计算

1）表观密度计算

表观密度计算按下式进行，取其平均值，精确至 0.1kg/m³。

$$\rho = \frac{m}{V} \times 10^6 \tag{2.1.4-1}$$

式中 $\rho$——表观密度（表观总密度或表观芯密度）（kg/m³）；

$m$——试样的质量（g）；

$V$——试样的体积（mm³）。

对于一些低密度闭孔材料（如密度小于 15kg/m³ 的材料），空气浮力可能会导致测量结果产生误差，在这种情况下表观密度应用下式计算：

$$\rho_a = \frac{m + m_a}{V} \times 10^6 \tag{2.1.4-2}$$

式中 $\rho_a$——表观密度（表观总密度或表观芯密度）（kg/m³）；

$m$——试样的质量（g）；

$m_a$——排出空气的质量（g）；

$V$——试样的体积（mm³）。

说明：

$m_a$ 指在常压和一定温度时的空气密度（g/mm³）乘以试样体积（mm³）。当温度为 23℃、大气压为 101325Pa（76mm 汞柱）时，空气密度为 1.220×10⁻⁶ g/mm³；当温度为 27℃、大气压为 101325Pa（76mm 汞柱）时，空气密度为 1.1955×10⁻⁶ g/mm³。

2）标准偏差估计值

标准偏差估计值按下式计算，取 2 位有效数字。

$$S=\sqrt{\frac{\sum x^2-n\overline{x}^2}{n-1}}$$ （2.1.4-3）

式中　　$S$——标准偏差估计值；

$x$——单个测试值；

$\overline{x}$—— 一组试样的算术平均值；

$n$——测定个数。

6. 精确度

（1）本章给出的值只来自于使用硬质材料并经 72h 状态调节后得到的数据。对于其他材料和其他状态调节时间，其数值的有效性还有待于确定。

（2）对个别材料本试验方法在实验室间与实验室内精确度预计不同。对于特定材料而言，5 个实验室的对比结果显示，在实验室内所测的绝对密度误差可以控制在 1.7％（置信水平为 95％）内。在不同实验室间，对同一试样测量出的绝对密度误差可控制在 2.6％（置信水平为 95％）内。

7. 试验报告

试验报告应包括下列各项：

（1）采用标准编号。

（2）试验材料的完整的标识。

（3）状态调节的温度和相对湿度。

（4）试样是否有表皮和表皮是否被除去。

（5）有无僵块、条纹及其他缺陷。

（6）各次试验结果，详述试样情况（形状、尺寸和取样位置）。

（7）表观密度（表观总密度或表观芯密度）的平均值和标准偏差估计值。

（8）是否对空气浮力进行补偿，如果已补偿，给出修正量，试验时的环境温度、相对湿度及大气压。

（9）任何与标准规定步骤不符之处。

8. 检测方法应用

1）绝热用模塑聚苯乙烯泡沫塑料

《绝热用模塑聚苯乙烯泡沫塑料》GB/T 10801.1 标准，对"表观密度试验"的规定：

表观密度的测定按《泡沫塑料与橡胶　线性尺寸的测定》GB/T 6342 的规定进行试验，试样尺寸（100±1）mm×（100±1）mm×（50±1）mm，试样数量为 3 个。

2）建筑绝热用硬质聚氨酯泡沫塑料

《建筑绝热用硬质聚氨酯泡沫塑料》GB/T 21558 标准，对"芯密度试验"的规定：

（1）芯密度试验按《泡沫塑料及橡胶　表观密度的测定》GB/T 6343 的规定进行试验。试样尺寸（100±1）mm×（100±1）mm×（50±1）mm，试样数量为 5 个。

（2）当材料表面带有面层、复合层或涂层时，应去除材料的面层、复合层或涂层后测其芯密度。

3）柔性泡沫橡塑绝热制品

《柔性泡沫橡塑绝热制品》GB/T 17794 标准，对"表观密度试验"的规定：

按《泡沫塑料及橡胶 表观密度的测定》GB/T 6343 的规定进行，试样的状态调节环境要求为：温度 23±2℃，相对湿度 50％±5％。计算管的密度时，管体积的测定按《柔性泡沫橡塑绝热制品》GB/T 17794 附录 A（规范性附录）进行。

### 2.1.5 压缩性能的测定

《硬质泡沫塑料压缩性能的测定》GB/T 8813 标准，规定了测定硬质泡沫塑料压缩强度及其相对形变、相对形变为 10％时的压缩应力及压缩弹性模量的方法。

1. 定义

（1）相对形变：试样厚度的缩减量与其初始厚度之比。

（2）压缩强度：相对形变小于 10％时的最大压缩力除以试样的初始横截面积。

（3）相对形变 10％ 的压缩应力：相对形变为 10％时的压缩力与试样的初始横截面积之比。

2. 原理

对试样垂直施加压力，可通过计算得出试样承受的应力。如果应力最大值对应的相对形变小于 10％，称其为"压缩强度"。如果应力最大值对应的相对形变达到或超过 10％，取相对形变为 10％ 时的压缩应力为试验结果，称其为"相对形变为 10％时的压缩应力"。

3. 仪器设备

1）压缩试验机

使用的压缩试验机力和位移的范围应满足《硬质泡沫塑料压缩性能的测定》GB/T 8813 的要求。

2）位移和力的测量装置

（1）位移的测量：压缩试验机应装有一个能连续测量移动板位移量的装置，准确度为 ±5％或±0.1mm，如果后者准确度更高则选择后者。

（2）力的测量：在压缩试验机的一块平板上安装一个力的传感器，可连续测量试验时试样对平板的反作用力，准确度为±1％。

（3）校准：应定期检查压缩试验机力、位移的测量装置。

3）测量试样尺寸的量具

按《泡沫塑料与橡胶 线性尺寸的测定》GB/T 6342 的规定。

4. 试样

1）尺寸

（1）试样厚度应为 50±1mm，使用时需带有模塑表皮的制品，其试样应取整个制品的原厚，但厚度最小为 10mm，最大不得超过试样的宽度或直径。

（2）试样的受压面为正方形或圆形，最小面积为 25cm²，最大面积为 230cm²。首先使用受压面为 100±1mm 的正四棱柱试样。

（3）试样两平面的平行度误差不应大于 1％。

（4）不允许几个试样叠加进行试验。

（5）不同厚度的试样测得的结果不具可比性。

2）制备

（1）制取试样应使其受压面与制品使用时要承受压力的方向垂直。如需了解各向异性材料完整的特性或不知道各向异性材料的主要方向时，应制备多组试样。

（2）通常，各向异性体的特性用一个平面及它的正交面表示，因此考虑用两组试样。

（3）制取试样应不改变泡沫材料的结构，制品在使用中不保留模塑表皮的，应除去表皮。

3）数量

从硬质泡沫塑料制品的块状材料或厚板中制取试样时，取样方法和数量应参照有关泡沫塑料制品标准的规定。在缺乏相关规定时，至少要取 5 个试样。

4）状态调节

试样状态调节按《塑料试样状态调节和试验的标准环境》GB/T 2918 的规定。温度 $23\pm2℃$，相对湿度 $50\%\pm10\%$，至少 6h。

5. 试验步骤

（1）试验条件应与试样状态调节条件相同。

（2）按《泡沫塑料与橡胶　线性尺寸的测定》GB/T 6342 的规定，测量每个试样的三维尺寸。将试样放置在压缩试验机的两块平行板之间的中心，以每分钟压缩试样的初始厚度 $10\%$ 的速率压缩试样，直到试样厚度变为初始厚度的 $85\%$，记录在压缩过程中的力值。

（3）每个试样按上述步骤进行测试。

6. 试验结果

1）压缩强度

压缩强度，按下式计算：

$$\sigma_m = 10^3 \times \frac{F_m}{A_0} \tag{2.1.5-1}$$

式中　$\sigma_m$——压缩强度（kPa）；

　　　$F_m$——相对形变 $\varepsilon < 10\%$ 的最大压缩力（N）；

　　　$A_0$——试样初始横截面积（$mm^2$）。

2）相对形变为 $10\%$ 的压缩应力

相对形变为 $10\%$ 的压缩应力，按下式计算：

$$\sigma_{10} = 10^3 \times \frac{F_{10}}{A_0} \tag{2.1.5-2}$$

式中　$\sigma_{10}$——相对形变为 $10\%$ 的压缩应力（kPa）；

　　　$F_{10}$——使试样产生 $10\%$ 的相对形变的力（N）；

　　　$A_0$——试样初始横截面积（$mm^2$）。

7. 精密度

1993 年由 10 个实验室完成了一项实验室间试验。对 4 种具有不同压缩特性的制品进行了试验，其中 3 个制品用于再现性统计计算（每个制品取 2 个试验结果），另一个制品用于重复性统计计算（5 个试验结果）。

结果按 ISO 5727：1986 分析，见表 2.1.5-1。

压缩强度或相对形变 10%时的压缩应力　　　　　　　表 2.1.5-1

| 范　围 | 95～230kPa |
|---|---|
| 95％重复性限 | 2％ |
| 95％再现性限 | 9％ |

8. 试验报告

试验报告应包括以下内容：

（1）采用标准编号。

（2）完整识别试验样品的全部必要信息，包括生产日期。

（3）若试样未采用受压面为（100±1）mm×（100±1）mm，厚度为 50±1mm 的正四棱柱，则应注明试样尺寸。

（4）施压方向与各向异性材料或制品形状关系。

（5）试验结果的平均值，保留 3 位有效数字，表示为：

① 压缩强度及其相对变形。

② 相对形变为 10％时的压缩应力。

（6）如各个试验结果之间的偏差大于 10％，则给出各个试验结果。

（7）试验日期。

（8）偏离该标准规定的操作。

9. 检测方法应用

1）绝热用模塑聚苯乙烯泡沫塑料

《绝热用模塑聚苯乙烯泡沫塑料》GB/T 10801.1 标准，对"压缩强度试验"的规定：

压缩强度的测定按《硬质泡沫塑料压缩性能的测定》GB/T 8813 的规定进行试验，相对形变为 10％时的压缩应力。试样尺寸为（100±1）mm×（100±1）mm×（50±1）mm，试样数量为 5 个，试验速率为 5mm/min。

2）绝热用挤塑聚苯乙烯泡沫塑料（XPS）

《绝热用挤塑聚苯乙烯泡沫塑料（XPS）》GB/T 10801.2 标准，对"压缩强度试验"的规定：

压缩强度的测定按《硬质泡沫塑料压缩性能的测定》GB/T 8813 的规定进行试验。试样尺寸（100.0±1.0）mm×（100.0±1.0）mm×原厚，对于厚度大于 100mm 的制品，试件的长度和宽度应不低于制品厚度。加荷速度为试样厚度的 1/10（mm/min），例如厚度为 50mm 的制品，加荷速度为 5mm/min。压缩强度取 5 个试件试验结果的平均值。

3）建筑绝热用硬质聚氨酯泡沫塑料

《建筑绝热用硬质聚氨酯泡沫塑料》GB/T 21558 标准，对"压缩强度或 10％形变时的压缩应力试验"的规定：

（1）压缩强度或 10％形变时的压缩力的测定按《硬质泡沫塑料压缩性能的测定》GB/T 8813—2008 的规定进行试验。试样尺寸为（100±1）mm×（100±1）mm×（50±1）mm，试样数量为 5 个，试验速率为 5mm/min。施加负荷的方向应平行于产品厚度（泡沫起发的方向）。

（2）测量极限屈服应力或 10％形变时的压缩应力，哪一种情况先出现，结果取哪一种情况的应力。

（3）产品厚度小于 10mm 的样品不检验本项。

### 2.1.6　吸水率的测定

《硬质泡沫塑料吸水率的测定》GB/T 8810 标准，规定了硬质泡沫塑料吸水率的测定方法：通过测量浸没在水下 50mm、96h 后样品的浮力来测定。

1. 原理

通过测量在蒸馏水中浸泡一定时间试样的浮力来测定材料吸水率。

2. 浸泡液

蒸馏后至少放置 48h 的蒸馏水。

3. 仪器设备

（1）天平：能悬挂网笼，准确至 0.1g。

（2）网笼：由不锈钢材料制成，大小能容纳试样，底部附有抵消试样浮力的重块，顶部有能挂到天平上的挂架。

（3）圆筒容器：直径至少 250mm，高 250mm。

（4）低渗透塑料薄膜：如聚乙烯薄膜。

（5）切片器：应有切割样品薄片厚度 0.1～0.4mm 的能力。

（6）载片：将两片幻灯玻璃片用胶布粘结成活页状，中间放一张印有标准刻度（长度 30mm）的计算坐标的透明塑料薄片。

（7）投影仪：适用于 50mm×50mm 标准幻灯片的通用型 35mm 幻灯片投影仪，或带有标准刻度的投影显微镜。

4. 试样

1）试样数量

不得少于 3 块。

2）尺寸

（1）长度 150mm，宽度 150mm，体积不小于 500cm³。

（2）对带有自然或复合表皮的产品，试样厚度是产品厚度。

（3）对于厚度大于 75mm 且不带表皮的产品，试样应加工成 75mm 的厚度。

（4）两平行面之间的平行度的公差不大于 1%。

3）试样制备和调节

采用机械切割方式制备试样，试样表面应光滑、平整和无粉末，常温下放在干燥器中，每隔 12h 称重一次，直至连续两次称重质量相差不大于平均值的 1%。

5. 试验方法

（1）按《塑料试样状态调节和试验的标准环境》GB/T 2918 的规定调节试验环境为 23℃±2℃，相对湿度 50%±5%。

（2）称量干燥后试样质量，准确至 0.1g。

（3）按《泡沫塑料与橡胶 线性尺寸的测定》GB/T 6342 的规定测量试样线性尺寸用于计算体积，准确至 0.1cm³。

（4）在试验环境下将蒸馏水注入圆筒容器内。

（5）将网笼进入水中，除去网笼表面气泡，挂在天平上，称其表观质量，准确至 0.1g。

（6）将试样装入网笼，重新浸入水中，并使试样顶面距水面约 50mm，用软毛刷或搅动除去网笼和样品表面气泡。

（7）用低渗透塑料薄膜覆盖在圆筒容器上。

（8）96±1h 或其他约定浸泡时间后，移去塑料薄膜，称量浸在水中装有试样的网笼的表观质量，准确至 0.1g。

（9）目测试样溶胀情况，确定溶胀和切割表面体积的校正，均匀溶胀用方法 A，不均匀溶胀用方法 B。

6. 溶胀和切割表面体积的校正

1）方法 A（均匀溶胀）

（1）适用性：

试样没有明显的非均匀溶胀。

（2）从水中取出试样，立即重新测量其尺寸，测量前用滤纸吸去表面水分。试样均匀溶胀体积校正系数按下列公式计算：

$$S_0 = \frac{V_1 - V_0}{V_0} \tag{2.1.6-1}$$

$$V_0 = \frac{d \times l \times b}{1000} \tag{2.1.6-2}$$

$$V_1 = \frac{d_1 \times l_1 \times b_1}{1000} \tag{2.1.6-3}$$

式中　$V_1$——试样浸泡后体积（cm³）；

$V_0$——试样初始体积（cm³）；

$d$——试样初始厚度（mm）；

$l$——试样初始长度（mm）；

$b$——试样初始宽度（mm）；

$d_1$——试样浸泡后厚度（mm）；

$l_1$——试样浸泡后长度（mm）；

$b_1$——试样浸泡后宽度（mm）。

（3）切割表面泡孔的体积校正。

① 遵照标准附录 A 规定的方法，从进行吸水试验的相同样品上切片，测量其平均泡孔直径，按下式计算切割表面泡孔体积。

有自然表皮或复合表皮的试样：

$$V_c = \frac{0.54D(l \times d + b \times d)}{500} \tag{2.1.6-4}$$

各表面均为切割面的试样：

$$V_c = \frac{0.54D(l \times d + l \times b + b \times d)}{500} \tag{2.1.6-5}$$

式中　$V_c$——试样切割表面泡孔体积（cm³）；

$D$——平均泡孔直径（mm）。

② 若泡孔直径小于 0.50mm，且试样体积不小于 500cm³，切割面泡孔的体积校正较小（小于 3.0%），可以被忽略。

2）方法 B（均匀溶胀）

（1）适用性：

试样有明显的非均匀溶胀。

（2）合并校正溶胀和切割面泡孔的体积。

① 用一个带有一个溢流管的圆筒容器，注满蒸馏水直到蒸馏水从溢流管流出，当水平面稳定后，在溢流管下放一容量不小于 600cm³ 带刻度的容器，能用此容器测量溢出水的体积，准确至 0.5cm³（也可用称量法）。

② 从原始容器中取出试样和网笼，淌干表面水分约 2min，小心将装有试样的网笼浸入盛满水的容器，水平面稳定后测量排出水的体积，准确至 0.5cm³。用网笼重复上述过程，并测量其体积，准确至 0.5cm³。

溶胀和切割表面体积合并校正系数，按下式计算：

$$S_1 = \frac{V_2 - V_3 - V_0}{V_0} \qquad (2.1.6\text{-}6)$$

式中　$V_2$——装有试样的网笼浸在水中排出水的体积（cm³）；

　　　$V_3$——网笼浸在水中排出水的体积（cm³）；

　　　$V_0$——试样初始体积（cm³）。

7. 结果计算

1）吸水率的计算

（1）方法 A

$$WA_v = \frac{m_3 + V_1 \times \rho - (m_1 + m_2 + V_c \times \rho)}{V_0 \rho} \times 100 \qquad (2.1.6\text{-}7)$$

式中　$WA_v$——吸水率（%）；

　　　$m_1$——试样质量（g）；

　　　$m_2$——网笼浸在水中的表观质量（g）；

　　　$m_3$——装有试样的网笼浸在水中的表观质量（g）；

　　　$V_1$——试样浸渍后的体积（cm³）；

　　　$V_c$——试样切割表面泡孔体积（cm³）；

　　　$V_0$——试样初始体积（cm³）；

　　　$\rho$——水的密度（等于 1g/cm³）。

（2）方法 B

$$WA_v = \frac{m_3 + (V_2 - V_3)\rho - (m_1 + m_2 + V_c\rho)}{V_0 \rho} \times 100 \qquad (2.1.6\text{-}8)$$

式中　$WA_v$——吸水率（%）；

　　　$m_1$——试样质量（g）；

　　　$m_2$——网笼浸在水中的表观质量（g）；

　　　$m_3$——装有试样的网笼浸在水中的表观质量（g）；

$V_2$——装有试样的网笼浸在水中排出水的体积（cm³）；

$V_3$——网笼浸在水中排出水的体积（cm³）；

$V_c$——试样切割表面泡孔体积（cm³）；

$V_0$——试样初始体积（cm³）；

$\rho$——水的密度（等于1g/cm³）。

2）平均值

取全部被测试试样吸水率的算术平均值。

8. 试验报告

试验报告包括以下内容：

（1）标准编号。

（2）泡沫塑料的种类和名称。

（3）测试材料的型号、标号。

（4）试样是否有表皮。

（5）试样数量和尺寸。

（6）浸泡时间。

（7）采用的校正方法（A或B），校正系数用体积分数（%）表示。

（8）各经校正的吸水率结果及平均值用体积分数（%）表示。

（9）观察到的样品各项异性特征。

（10）观察到的与材料使用性能有关的现象。

（11）试验日期。

9. 检测方法应用

1）绝热用模塑聚苯乙烯泡沫塑料

《绝热用模塑聚苯乙烯泡沫塑料》GB/T 10801.1标准，对"吸水率试验"的规定：

吸水率的测定按《硬质泡沫塑料吸水率的测定》GB/T 8810的规定进行试验，时间96h。试样尺寸为（100±1）mm×（100±1）mm×（50±1）mm，试样数量为3个。

2）绝热用挤塑聚苯乙烯泡沫塑料（XPS）

《绝热用挤塑聚苯乙烯泡沫塑料（XPS）》GB/T 10801.2标准，对"吸水率试验"的规定：

吸水率的测定按《硬质泡沫塑料吸水率的测定》GB/T 8810的规定进行试验，水温为23±2℃，浸水时间为96h。试样尺寸为（150.0±1.0）mm×（150.0±1.0）mm×原厚。吸水率取3个试件试验结果的平均值。

3）建筑绝热用硬质聚氨酯泡沫塑料

《建筑绝热用硬质聚氨酯泡沫塑料》GB/T 21558标准，对"吸水率试验"的规定：

吸水率按《硬质泡沫塑料吸水率的测定》GB/T 8810的规定进行试验。试样尺寸为（150±1）mm×（150±1）mm×（25±1）mm，试样数量为3个。水温为23±2℃，浸水时间为96h。

### 2.1.7　尺寸稳定性的测定

《硬质泡沫塑料 尺寸稳定性试验方法》GB/T 8811标准，规定了在特定温度和湿度条件下测定硬质泡沫塑料尺寸稳定性的方法，适用于硬质泡沫塑料尺寸稳定性的测定。

尺寸稳定性，即试样在特定温度和相对湿度条件下放置一定时间后，互相垂直的三维方向上产生的不可逆尺寸变化。

1. 原理

将试样在规定的试验条件下放置一定的时间，并在标准环境下进行状态调节后，测定其线性尺寸发生的变化。

2. 仪器设备

（1）恒温或恒温恒湿箱：能满足下列试验条件的任何恒温或恒温恒湿箱：

| $-55\pm3℃$ | $70\pm2℃$ |
|---|---|
| $-25\pm3℃$ | $85\pm2℃$ |
| $-10\pm3℃$ | $100\pm3℃$ |
| $0\pm3℃$ | $110\pm3℃$ |
| $23\pm2℃$ | $125\pm3℃$ |
| $40\pm2℃$ | $150\pm3℃$ |

当选择相对湿度 90％～100％时，使用如下温度条件：

| $40\pm2℃$ | $70\pm2℃$ |
|---|---|

（2）量具：应符合《泡沫塑料与橡胶　线性尺寸的测定》GB/T 6342 的规定。

3. 试样及其制备

1）试样制备

用锯切或其他机械加工方法从样品上切取试样，并保证试样表面平整而无裂纹，若无特殊规定，应除去泡沫塑料的表皮。

2）试样尺寸

试样为长方体，试样最小尺寸为（100±1）mm×（100±1）mm×（25±0.5）mm。

3）试样数量

对选定的任一试验条件，每一样品至少测试 3 个试样。

4. 状态调节

试样按《塑料试样状态调节和试验的标准环境》GB/T 2918 的规定，在温度 23±2℃、相对湿度 45％～55％的条件下进行状态调节。

5. 试验方法

1）试验条件

（1）以下条件系指试验条件：

| $-55\pm3℃$ | $70\pm2℃$ |
|---|---|
| $-25\pm3℃$ | $85\pm2℃$ |
| $-10\pm3℃$ | $100\pm3℃$ |
| $0\pm3℃$ | $110\pm3℃$ |
| $23\pm2℃$ | $125\pm3℃$ |
| $40\pm2℃$ | $150\pm3℃$ |

当选择相对湿度 90％～100％时，使用如下温度条件：

| $40\pm2℃$ | $70\pm2℃$ |
|---|---|

（2）需双方协商一致，可使用其他试验条件。

2）尺寸测量的位置

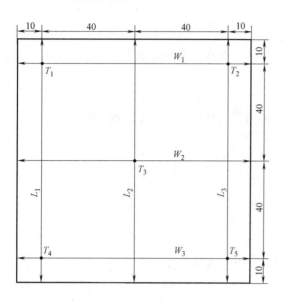

图 2.1.7-1　测量试样尺寸的位置

按《泡沫塑料与橡胶　线性尺寸的测定》GB/T 6342 规定的方法，测量每个试样 3 个不同位置的长度（$L_1$、$L_2$、$L_3$），宽度（$W_1$、$W_2$、$W_3$），及 5 个不同点的厚度（$T_1$、$T_2$、$T_3$、$T_4$、$T_5$），见图 2.1.7-1。

3）试验步骤

（1）按规定测量试样试验前的尺寸。

（2）试验箱内温度、湿度至选定的试验条件，将试样水平置于箱内金属网或多孔板上，试样间隔至少 25mm，鼓风以保持箱内空气循环。试样不应受加热元件的直接辐射。

（3）温度达到 20±1℃后，取出试样。

（4）在温度 23±2℃、相对湿度 45%～55% 条件下放置 1～3h。

（5）按规定测量试样尺寸，并目测检查试样状态。

（6）再将试样置于选定的试验条件下。

（7）总时间 48±2h 后，重复（4）、（5）的操作，如果需要，可将总时间延长为 7d 或 28d，然后重复（4）、（5）的操作。

6. 结果表示

尺寸变化率按下列公式计算：

$$\varepsilon_L = \frac{L_t - L_0}{L_0} \times 100\%$$ (2.1.7-1)

$$\varepsilon_W = \frac{W_t - W_0}{W_0} \times 100\%$$ (2.1.7-2)

$$\varepsilon_T = \frac{T_t - T_0}{T_0} \times 100\%$$ (2.1.7-3)

式中　$\varepsilon_L$、$\varepsilon_W$、$\varepsilon_T$——分别为试样的长度、宽度及厚度的尺寸变化率（%）；

$L_t$、$W_t$、$T_t$——分别为试样试验后的平均长度、宽度及厚度（mm）；

$L_0$、$W_0$、$T_0$——分别为试样试验前的平均长度、宽度及厚度（mm）。

7. 试验报告

试验报告包括以下内容：

（1）标准编号；

（2）完整识别样品的必要信息；

（3）状态调节条件与时间；

（4）试验条件；

（5）每个试样长度、宽度和厚度的尺寸变化率；

（6）每一样品长度、宽度和厚度的尺寸变化率的算术平均值或其他绝对值的平均值；

（7）每次试验后，试样的扭曲状况；

（8）与标准的任何偏离，包括供需双方协商一致的或其他原因造成的偏离。

8. 检测方法应用

1）绝热用模塑聚苯乙烯泡沫塑料

《绝热用模塑聚苯乙烯泡沫塑料》GB/T 10801.1 标准，对"尺寸稳定性试验"的规定：

按《硬质泡沫塑料　尺寸稳定性试验方法》GB/T 8811 的规定进行试验，温度 70±2℃，时间 48h。试样尺寸为（100±1）mm×（100±1）mm×（25±1）mm，试样数量为3 个。

2）绝热用挤塑聚苯乙烯泡沫塑料（XPS）

《绝热用挤塑聚苯乙烯泡沫塑料（XPS）》GB/T 10801.2 标准，对"尺寸稳定性试验"的规定：

按《硬质泡沫塑料　尺寸稳定性试验方法》GB/T 8811 的规定进行试验，试验温度为70±2℃，48h 后测量。试样尺寸为（100.0±1.0）mm×（100.0±1.0）mm×原厚。尺寸稳定性取 3 个试样试验结果绝对值的平均值。

3）建筑绝热用硬质聚氨酯泡沫塑料

《建筑绝热用硬质聚氨酯泡沫塑料》GB/T 21558 标准，对"尺寸稳定性试验"的规定：

尺寸稳定性按《硬质泡沫塑料　尺寸稳定性试验方法》GB/T 8811—2008 的规定进行试验，试样尺寸为（100±1）mm×（100±1）mm×（25±0.5）mm。每一试验条件的试样数量为 3 个。

（1）高温尺寸稳定性

试验条件为温度 70±2℃、时间 48h。

（2）低温尺寸稳定性

试验条件为温度−30±2℃、时间 48h。

4）柔性泡沫橡塑绝热制品

《柔性泡沫橡塑绝热制品》GB/T 17794 标准，对"尺寸稳定性试验"的规定：

尺寸稳定性试验按《硬质泡沫塑料 尺寸稳定性试验方法》GB/T 8811 进行。试验温度分别为 105±3℃，7d 后测量。测量结果取板状制品长、宽、厚三个方向平均值。管状制品取长度及壁厚的平均值。

## 2.2　无机硬质绝热制品

《无机硬质绝热制品试验方法》GB/T 5486 标准，规定了无机硬质绝热制品几何尺寸、外观质量、抗压强度、抗折强度、密度、含水率、吸水率、匀温灼烧性能等项目的试验方法。该标准适用于硅酸钙绝热制品、泡沫玻璃绝热制品、膨胀珍珠岩及蛭石绝热制品等无机硬质绝热制品。相关定义如下。

（1）绝热制品

绝热材料的最终形式，包括如何饰面和涂层。

（2）绝热材料

用于减少热传递的一种功能材料，其绝热性能决定于化学成分和（或）物理结构。

### 2.2.1　抗压强度试验

1. 仪器设备

（1）试验机：压力试验机或万能试验机，相对示值误差应小于 1％。试验机应具有显示受压变形的装置。

（2）电热鼓风干燥箱。

（3）干燥器。

（4）天平：称量 2kg，分度值 0.1g。

（5）钢直尺：分度值 1mm。

（6）游标卡尺：分度值为 0.05mm。

（7）固含量 50％的乳化沥青（或软化点 40～75℃的石油沥青），1mm 厚的沥青油纸，小漆刷或油漆刮刀，熔化沥青用坩埚等辅助器材。

2. 试件

（1）随机抽取四块样品，每块制取一个受压面尺寸约为 100mm×100mm 的试件。

（2）平板（或块）在任一对角线方向距两对角边缘 5mm 处到中心位置切取，试件厚度为制品厚度，但不应大于其宽度。

（3）试件表面应平整，不应有裂纹。

3. 试验步骤

（1）将试件置于干燥箱内，缓慢升温至 110±5℃（若粘结材料在该温度下发生变化，则应低于其变化温度 10℃），烘干至恒定质量，然后移至干燥器中冷却至室温。恒定质量的判据为恒温 3h 两次称量试件质量的变化率小于 0.2％。

（2）在试件上、下两受压面距棱边 10mm 处用钢直尺（尺寸小于 100mm 时用游标卡尺）测量长度和宽度，在厚度的两个对应面的中部用钢直尺测量试件的厚度。长度和宽度测量结果分别为四个测量值的算术平均值，精确至 1mm（尺寸小于 100mm 时精确至 0.5mm），厚度测量结果为两个测量值的算术平均值，精确至 1mm。

（3）泡沫玻璃绝热制品在试验前应用漆刷或刮刀把乳化沥青或熔化沥青均匀涂在试件上下两个受压面上，要求泡孔刚好涂平，然后将预先裁好的约 100mm×100mm 大小的沥青油纸覆盖在涂层上，并放置在干燥器中，至少干燥 24h。

（4）将试件置于试验机的承压板上，使试验机承压板的中心与试件中心重合。

（5）开动试验机，当上压板与试件接近时，调整球座，使试件受压面与承压板均匀接触。

（6）以 10±1mm/min 的速度对试件加荷，直至试件破坏，同时记录压缩变形值。当试件在压缩变形 5％时没有破坏，则试件压缩变形 5％时的荷载为破坏荷载。记录破坏荷载，精确至 10N。

4. 试验结果

（1）每个试件的抗压强度按下式计算，精确至 0.01MPa。

$$\sigma = \frac{P_1}{S} \qquad (2.2.1\text{-}1)$$

式中　$\sigma$——试件的抗压强度（MPa）；

$P_1$——试件的破坏荷载（N）；

$S$——试件的受压面积（$mm^2$）。

（2）制品的抗压强度为四块试件抗压强度的算术平均值，精确至 0.01 MPa。

### 2.2.2　密度和含水率试验

1. 仪器设备

（1）电热鼓风干燥箱。

（2）天平：量程满足试样称量要求，分度值应小于称量值（试件质量）的万分之二。

（3）钢直尺：分度值 1mm。

（4）游标卡尺：分度值为 0.05mm。

2. 试件

（1）随机抽取三块样品，各加工成一块满足试验设备仪器的试件，试件的长、宽不得小于 100mm，其厚度为制品的厚度。

（2）也可用整块制品作为试件。

3. 试验步骤

（1）在天平上称量试件自然状态下的质量，保留 5 位有效数字。

（2）将试件置于干燥箱内，缓慢升温至 110±5℃（若粘结材料在该温度下发生变化，则应低于其变化温度 10℃），烘干至恒定质量，然后移至干燥器中冷却至室温。恒定质量的判据为恒温 3h 两次称量试件质量的变化率小于 0.2%。

（3）称量试件自然状态下的质量，保留 5 位有效数字。

（4）测量几何尺寸，并计算试件的体积。

① 在制品相对两个大面上距两边 20mm 处，用钢直尺或钢卷尺分别测量制品的长度和宽度，精确至 1mm。测量结果为 4 个测量值的算术平均值。

② 在制品相对两个侧面，距端面 20mm 处和中间位置用游标卡尺测量制品的厚度，精确至 0.5mm。测量结果为 6 个测量值的算术平均值。

③ 用钢直尺在制品任一大面上测量两对角线的长度，并计算出两对角线之差。然后，在另一大面上重复上述测量，精确至 1mm。取两个对角线差的较大值为测量结果。

4. 试验结果

（1）试件的密度按下式计算，精确至 $1kg/m^3$。

$$\rho = \frac{G}{V} \qquad (2.2.2\text{-}1)$$

式中　$\rho$——试件的密度（$kg/m^3$）；

$G$——试件烘干后的质量（kg）；

$V$——试件的体积（$m^3$）。

（2）制品的密度为三个试件密度的算术平均值，精确至 $1kg/m^3$。

（3）试件的含水率按下式计算，精确至 0.1%。

$$w=\frac{G_Z-G}{G}\times100$$　　　　　　　　（2.2.2-2）

式中　$w$——试件的含水率（%）；

　　　$G_Z$——试件的自然状态下的质量（kg）；

　　　$G$——试件烘干后的质量（kg）。

（4）制品的含水率为三个试件含水率的算术平均值，精确至 0.1%。

### 2.2.3　吸水率试验

1. 仪器设备及材料

（1）不锈钢或镀锌板制作的水箱，大小应能浸泡三块试件。

（2）断面为 20mm×20mm 的木条制成的格栅。

（3）电热鼓风干燥箱。

（4）钢直尺：分度值 1mm。

（5）游标卡尺：分度值为 0.05mm。

（6）天平：称量 2kg，分度值 0.1g。

（7）毛巾。

（8）180mm×180mm×40mm 软质聚氨酯泡沫塑料（海绵）。

2. 试件

随机抽取三块样品，各制成长、宽约为 400mm×300mm、厚度为制品的厚度的试件一块，共三块。

3. 实验室环境条件

温度 20±5℃，相对湿度 60%±10%。

4. 试验步骤

（1）按上述的规定将试件烘干至恒定质量，并冷却至室温。

（2）称量烘干后的试件质量，精确至 0.1g。

（3）按规定的方法测量试件的几何尺寸，计算试件的体积。

（4）将试件放置在水箱底部木制的格栅上，试件距周边及试件间距不得小于 25mm。然后，将另一木制格栅放置在试件上表面，加上重物。

（5）将温度为 20±5℃ 的自来水加入水箱中，水面应高出试件 25mm，浸泡时间为 2h。

（6）2h 后立即取出试件，将试件立放在拧干水分的毛巾上，排水 10min。用软质聚氨酯泡沫塑料（海绵）吸去试件表面吸附的残余水分，每一表面每次吸水 1mm。吸水之前要用力挤出软质聚氨酯泡沫塑料（海绵）中的水，且每一表面至少吸水两次。

（7）待试件各表面残余水分吸干后，立即称量试件的湿质量，精确至 0.1g。

5. 试验结果

（1）每个试件的质量吸水率按下式计算，精确至 0.1%。

$$w_Z=\frac{G_s-G_g}{G_g}$$　　　　　　　　（2.2.3-1）

式中　$w_Z$——试件的质量吸水率（%）；

$\quad\quad G_s$——试件浸水后的湿质量（kg）；

$\quad\quad G_g$——试件浸水前的干质量（kg）。

（2）每个试件的体积吸水率按下式计算，精确至 0.1%。

$$w_T = \frac{G_s - G_g}{V_2 \cdot \rho_w} \times 100 \tag{2.2.3-2}$$

式中　$w_T$——试件的体积吸水率（%）；

$\quad\quad V_2$——试件的体积（m³）；

$\quad\quad \rho_w$——自来水的密度，取 1000kg/m³。

（3）制品的吸水率为三个试件吸水率的算术平均值，精确至 0.1%。

# 2.3　无机纤维绝热制品

《矿物棉及其制品试验方法》GB/T 5480 标准，规定了矿物棉及其制品的垂直度、平整度、尺寸、密度、纤维平均直径、渣球含量、酸度系数、吸湿性、油含量和吸水性等试验方法的相关术语和定义、试验条件、试样的选取、试验方法以及试验记录。该标准适用于玻璃棉、岩棉、矿渣棉、硅酸铝棉及其制品各项性能的测定。其他类似绝热材料也可参照采用。定义如下：

（1）矿物棉板：由施加了胶粘剂的矿物棉制成的具有一定刚度的板状制品。

（2）矿物棉制品：由矿物棉制成的具有一定形状的有贴面和无贴面毡、板、管壳、带、绳等制品。

## 2.3.1　试验环境

（1）对实验室环境有特殊要求的项目，应在相应的试验方法中注明。未注明实验室环境条件的均可于实验室内的自然环境下进行。

（2）推荐采用环境条件为室温 16～28℃，相对湿度 30%～80%。

（3）含水率等试验项目在试验时应记录实验室环境的温度和湿度。

## 2.3.2　状态调节

（1）吸湿性、不燃性和导热系数等试验项目在试验前应对试样进行干燥预处理。

（2）含水率等试验项目在试验时应记录实验室环境的温度和湿度。

（3）其他试验均可于样品抵达实验室后立即开始进行，无需在试验前进行状态调节。

## 2.3.3　试样选取

（1）各试验项目所需试样按其规定尺寸从大到小依次取整块产品或从中随机切取。

（2）双试件导热系数所需的两块试样应在同一块产品邻近的区域进行切取，若单块产品面积太小无法切取两块试样时，才可在密度最接近的两块产品上进行切取。

（3）其他试验项目，应尽可能在不同的单块产品中选取试样。

（4）试样规定尺寸较小的试验项目在切取试样时，可从其他试验项目取样剩余的部分上进行切取，试样切取应随机分布在所有的区域上，不可随意集中在同一范围内。

（5）除非试验项目对产品的特定性能不产生影响，否则不应用试验后的试样进行其他项目的试验。

### 2.3.4　尺寸和密度试验

1. 仪器及工具

（1）衡器：量程满足试样称量要求，分度值不大于被称质量的0.5%。

（2）针形厚度计：分度值为1mm，压板压强为49Pa，压板尺寸为200mm×200mm，如图2.3.4-1所示。

（3）测厚仪：分度值为0.1mm，压板压强为98Pa，如图2.3.4-2所示。

（4）金属尺：分度值为1mm。

（5）游标卡尺：测量范围0~150mm，分度值为0.02mm。

（6）密度测量桶：外筒内径150mm。内筒外径149mm，质量8.8kg。内外筒高度均为150mm。

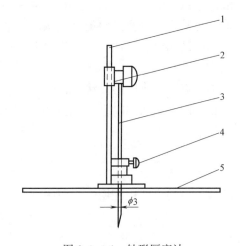

图2.3.4-1　针形厚度计
1—标尺；2—滑标；3—测针；4—止动螺栓；5—压板

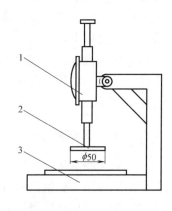

图2.3.4-2　测厚仪
1—百分表；2—压板；3—表架

2. 板状制品尺寸的测量

1) 长度和宽度的测量

（1）把试样平放在玻璃板上，用精度为1mm的量具测量长度，测量位置在距试样两边约100mm处，测时要求与对应的边平行及与相邻的边垂直，读数精确到1mm。每块试样测2次，以2次测量结果的算术平均值作为该试样的长度。

（2）试样宽度测量3次。测量位置在距试样两边约100mm及中间处，测时要求与对应的边平行及与相邻的边垂直。以3次测量结果的算术平均值作为该试样的宽度（图2.3.4-3）。

2) 厚度测量

（1）板状制品厚度的测量在经过长度、宽度测量的试样上进行。每块试样切取尺寸为

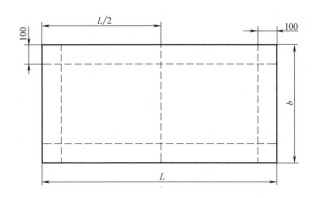

图 2.3.4-3　长度与宽度测量位置

100mm×100mm 的小样 4 块，进行厚度测量。小样的取样位置如图 2.3.4-4 所示。

（2）扫净测厚仪的底面，调节测厚仪压板与底面平行。平稳地抬起测厚仪压板，将小样放在底面和压板之间，轻轻放下压板，使其与小样接触。待测厚仪指针稳定后读数，精确到 0.1mm。

（3）以 4 个小样测量的算术平均值作为该试样的厚度。

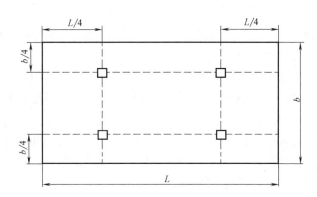

图 2.3.4-4　板状制品厚度测量小样的取样位置

3. 试样质量的称量

称出试样的质量。对于有贴面的制品，应分别称出试样的总质量以及扣除贴面后的质量。

4. 制品密度的结果计算

无贴面制品的密度按下式计算，结果取整数。

$$\rho_1 = \frac{m_1 \times 10^9}{L \times b \times h} \tag{2.3.4-1}$$

式中　$\rho_1$——试样的密度（kg/m³）；

　　　$m_1$——试样的质量（kg）；

　　　$L$——试样的长度（mm）；

　　　$b$——试样的宽度（mm）；

　　　$h$——试样的高度（mm）。

### 2.3.5　吸湿性试验

吸湿性是指材料在潮湿空气中吸收空气中水汽的性能。

1. 仪器设备

（1）天平：分度值不大于被称质量的 0.1%。

（2）电热鼓风干燥箱。

（3）调温调湿箱：温度波动不大于±2℃，相对湿度波动不大于±3%，箱内置样区域无凝露。

（4）干燥器。

（5）金属尺：分度值为 1mm。

（6）针形厚度计：分度值为 1mm，压板压强为 49Pa。

（7）样品袋：由聚乙烯薄膜制成，其尺寸足以容纳被密封的试样。

2. 试样

（1）按标准的规定选取试样。板状试样的尺寸应便于称重及在调温调湿箱内放置，并不得小于 150mm×150mm，厚度为原厚。

（2）试样数量 3 个，或按产品标准的规定。

3. 试验步骤

（1）用金属尺和针形厚度计测出制品的尺寸，如需要，体积可按标称厚度而不是实测厚度计算，但必须在报告中说明。

（2）将试样放入温度为 105±5℃的电热鼓风干燥箱内烘干至恒重（连续两次称量之差不大于试样质量的 0.2%）。当试样中含有在此温度下易挥发或易变化的组分时，可在较低的温度下烘干至恒重。记下试样的质量及烘干温度。

（3）将试样再次放入电热鼓风干燥箱内，在温度不低于 60℃的环境中使其达到均匀温度，然后将试样放置在调温调湿箱内。在温度为 50±2℃、相对湿度为 95%±3%，并具有空气循环流动的调温调湿箱内保持 96±4h。

（4）取出后立即放入预称量的样品袋中，密封袋口，冷至室温后称量。扣除袋重后记下试样吸湿后的质量。

4. 试验结果

1）质量吸湿率

按下式计算：

$$w_1 = \frac{m_1 - m_2}{m_2} \times 100 \tag{2.3.5-1}$$

式中　$w_1$——质量吸湿率（%）；

　　　$m_1$——吸湿后试样的质量（kg）；

　　　$m_2$——干燥试样的质量（kg）。

2）体积吸湿率

按下式计算：

$$w_2 = \frac{V_1}{V_2} = \frac{(m_1 - m_2) \times 100}{1000 \times V_2} = \frac{w_1 \rho}{1000} \tag{2.3.5-2}$$

式中 $w_2$——体积吸湿率（%）；

$V_1$——试样中水分所占的体积（$m^3$）；

$V_2$——试样的体积（$m^3$）；

$\rho$——试样的密度（$kg/m^3$）；

1000——水的密度（$kg/m^3$）。

5. 结果表示

（1）以平均值表示，精确到小数点后一位。

（2）在报告体积吸湿率时，也应报出试样的质量吸湿率和密度。

### 2.3.6 吸水性试验

1. 原理

将规定尺寸的试样置于水中规定的位置，浸泡一定时间后，测量其吸水前后试样质量的变化，计算出试样中水分所占的体积比，以此来表示制品的体积吸水率。对全浸试验，可算出其单位体积的吸水量；对半浸试验，可算出其单位面积的吸水量；对毛细管渗透试验，则是以测量试样的毛细管渗透高度来表示制品的吸水性。

2. 仪器及工具

（1）天平：分度值不大于 1g。

（2）钢直尺：测量范围为 0～300mm，分度值为 1mm。

（3）测厚仪：分度值为 0.1mm，压板压强为 98Pa。

（4）鼓风干燥箱：最高温度 250℃；控温精度±5℃。

（5）水箱：具有足够的容积，可将试样全部浸入水中，其顶面与水面的距离不小于 25mm，试样间及试样与水箱壁不应接触。水箱具有可控制流量的慢速进、出水口，可使水面控制在特定的位置，水位波动范围不大于±0.5mm。并配有合适的试样支撑物、刚性不锈筛网和压块。

（6）试验用水。

3. 试验条件

按上述的规定。

4. 试样

板状制品试样尺寸为 150mm×150mm，厚度为样品的原厚。试样应在样品中部切取，其边缘距样品边缘至少 100mm，表面应清洁平整，无裂纹。试样个数不少于 6 块。

5. 全浸试验方法

（1）测量试样的尺寸。对板状制品，长度和宽度采用钢直尺测量。在试样的正、反面，各测两次，读数精确到 1mm。硬质制品采用钢直尺测量厚度，测量点位于样品四个侧面的中部。软质制品厚度的测量采用测厚仪，每块试样测四点，位置均布。

（2）将试样放入干燥箱内，在 105±5℃的温度下干燥至恒重。当试样含有在此温度下易挥发或易变化的组分时，可在 60±5℃或低于挥发温度 5～10℃的条件下干燥至恒重。称取试样的质量。

（3）用细金属丝按试样形状将其固定在不锈钢筛网上。慢慢地将试样压入水面下方 25mm 处，加上压块使之固定。试样间及试样与水箱壁面无接触。保持上述状态 2h。慢慢地取出试样，提起试样的一角，让其沥干 5min。用拧干的湿毛巾小心地擦去浮水，立即称取试样的质量。

（4）结果计算：

① 体积吸水率按下式计算：

$$w = \frac{V_1}{V} \times 100 = \frac{(m_2 - m_1)}{V \times \rho} \times 100 \tag{2.3.6-1}$$

式中　$w$——体积吸水率（%）；

$\quad V_1$——吸入试样中的水的体积（$cm^3$）；

$\quad V$——试样的体积（$cm^3$）；

$\quad m_1$——干燥试样的质量（g）；

$\quad m_2$——吸水后试样的质量（g）；

$\quad \rho$——水的密度（$g/cm^3$）。

② 单位体积吸水量按下式计算：

$$w_v = \frac{m_2 - m_1}{V} \times 10^3 \tag{2.3.6-2}$$

式中　$w_v$——单位体积吸水量（$kg/m^3$）；

$\quad V$——试样的体积（$cm^3$）；

$\quad m_1$——干燥试样的质量（g）；

$\quad m_2$——吸水后试样的质量（g）；

$\quad 10^3$——单位换算系数。

试验结果以组试样的算术平均值表示，保留两位有效数字。组试样的个数按产品标准的规定，但不得少于 6 块试样。

6. 部分浸试验方法

（1）按上述方法的规定测量试样尺寸及干燥试样并称取试样的质量，计算试样体积和浸水面的底面积。

（2）用细金属丝按试样形状将其固定在不锈钢筛网上，慢慢地将试样压入水面下 6mm 处，加上压块使之固定。保持此状态 2h。取出试样，提起试样的一角，让其沥干 5min。用拧干的湿毛巾小心地擦去浮水，立即称取试样的质量（图 2.3.6-1）。

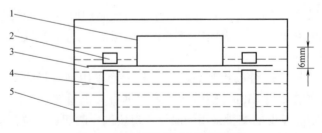

图 2.3.6-1　部分浸入试样示意图

1—试样；2—压块；3—刚性筛网；4—支撑物；5—水箱

（3）结果计算：

① 体积吸水率按式（2.3.6-1）计算。

② 单位面积吸水量按下式计算：

$$w_S = \frac{m_2 - m_1}{S} \times 10 \qquad (2.3.6\text{-}3)$$

式中　$w_S$——单位面积吸水量（kg/m²）；

　　　$S$——试样浸水面的底面积（cm²）；

　　　$m_1$——干燥试样的质量（g）；

　　　$m_2$——吸水后试样的质量（g）；

　　　10——单位换算系数。

试验结果以组试样的算术平均值表示，保留两位有效数字。组试样的个数按产品标准的规定，但不得少于 6 块试样。

### 2.3.7　压缩性能的测定

《建筑用绝热制品　压缩性能的测定》GB/T 13480 标准，规定了测定试样压缩性能的设备和步骤。该标准适用于绝热产品，可用于测定压缩蠕变试验和绝热材料在受短期负荷试验过程中的压缩应力。该方法可用于质量控制，也可用于获得参考值，用安全系数和参考值计算设计值。

1. 定义

（1）相对变形：试样在承受载荷方向上厚度的减小与原厚度的比，以百分比表示。

（2）压缩强度：在屈服或破坏时的变形小于 10% 变形时，最大压缩载荷与试样初始截面积的比。

（3）10% 变形时的压缩应力：试样在 10% 变形时未出现屈服或破坏，10% 变形即 $\varepsilon_{10}$ 时的压缩载荷与试样初始截面积的比。

2. 原理

在垂直于方形试样表面的方向上以恒定的速率施加压缩载荷，计算最大压缩应力。

当最大压缩应力对应的变形小于 10% 时，以此作为压缩强度，并给出压缩变形。如 10% 变形前没有发生破坏，计算 10% 变形时的压缩应力，并在报告中给出 10% 变形时的压缩应力。

3. 仪器设备

1）压缩试验机

合适的载荷和位移量程，带有两个刚性的、光滑的方形或圆形的平行压板，至少有一个面的长度（或直径）与测试试样的长度（或对角线）相等。一块压板应固定，另一块能以规定的恒定速度移动。如必要，其中一块压板应通过中心的球形支座与试验机连接，确保只有轴向的力施加到试样上。

2）位移测量装置

安装在压缩试验机上，能够连续地测量可移动压板的位移，测量精度为 ±5% 或 ±0.1mm（取较小者）。

3）载荷测量装置

一个安装在仪器压板上的载荷传感器，用来测量试样对压板的作用力。传感器应满足在测量操作过程中所产生的自身变形与被测试样的变形相比可忽略不计或其所产生的变形可计算。此外，还应满足连续测量载荷的精度在 ±1% 范围内。

4）记录装置

能够同时记录载荷和位移，给出载荷—曲线（曲线能给出产品性能的其他信息并可能用于测定压缩弹性模量）。

4. 试样

1）试样尺寸

（1）试样厚度应为制品原始厚度。试样宽度不小于厚度。在使用中保留表皮的制品在试验时也应保留表皮。

不应将试样叠加来获得更大的厚度。

（2）试样应切割成方形，尺寸如下：

50mm×50mm，或

100mm×100mm，或

150mm×150mm，或

200mm×200mm，或

300mm×300mm

（3）试样尺寸范围应符合相关产品标准规定。

（4）在有产品标准时，试样尺寸由各相关方商定。

（5）依据 ISO 29768 测定试样尺寸，精确到 0.5％。试样两表面的平行度和平整度应不大于试样边长的 0.5％或 0.5mm，取较小者。

（6）如果试样表面不平整，应将试样磨平或用涂层处理试样表面。在试验过程中涂层不应有明显的变形（如果试样的厚度小于 20mm 试验结果的精度将降低）。

2）试样制备

（1）试样在切割时应确保试样的底面就是制品在使用过程中受压的面。采用的试样切割方法应不改变产品原始的结构。选取试样的方法应符合相关产品标准的规定。

（2）若没有产品标准时，试样选取方法由各相关方商定。

（3）若需要，在相关的产品标准中给出特殊的制备方法。

（4）如需更完整地了解各向异性材料的特性或各向异性材料的主方向未确定时，应制备多组试样。

3）试样数量

试样数量应符合相关产品标准的规定。若无相应规定，应至少 5 个试样或由各相关方商定。

4）试样状态调节

试样应在 23±5℃的环境中放置至少 6h。有争议时，在 23±2℃和 50％±5％相对湿度的环境中放置产品标准规定的时间。

5. 步骤

1）试验环境

试验应在 23±5℃下进行，有争议时，试验应在 23±2℃和 50％±5％相对湿度的环境下进行。

2）试验步骤

（1）依据 ISO 29768 测量试样尺寸。

（2）将试样放在压缩试验机的两块压板正中央。预加载（250±10）Pa 的压力。

（3）如在相关产品标准中有规定，当试样在 250Pa 的预压力下出现明显变形时，可施加 50Pa 的预压力。在该种情况下，厚度应在相同压力下测定。

（4）以 0.1d/min（±25% 以内）的恒定速度压缩试样，d 为试样厚度，单位为 mm。

（5）连续压缩试样直至试样屈服得到压缩强度值，或压缩至 10% 变形时得到 10% 变形时的压缩应力。绘制载荷—位移曲线。

6. 试验结果

以所有测量值的平均值作为试验结果，保留三位有效数字。结果不能外推到其他厚度。

按下式计算压缩强度，单位为 kPa：

$$\sigma_{m} = 10^3 \times \frac{F_{m}}{A_0} \tag{2.3.7-1}$$

式中　$\sigma_{m}$——压缩强度（kPa）；

$F_{m}$——最大荷载（N）；

$A_0$——试样初始截面积（mm²）。

7. 试验报告

试验报告应包含以下内容：

（1）说明采用试验标准。

（2）产品标识：

① 产品名称、企业名称、生产商或供应商。

② 产品代码。

③ 产品规格。

④ 包装。

⑤ 产品到达实验室的状态。

⑥ 其他相关信息（如标称厚度、标称密度）。

（3）试验步骤：

① 抽样（如抽样地点和抽样人员）。

② 状态调节。

③ 与规定的任何偏差。

④ 试验日期。

⑤ 试样尺寸和数量。

⑥ 表面处理方法（磨平或涂层）。

⑦ 与试验有关的信息。

⑧ 任何可能影响试验结果的信息。

（4）试验结果：压缩强度和相应变形或 10% 变形时的压缩应力的单值、平均值。

# 2.4　燃烧性能试验

1. 概述

建筑保温材料燃烧性能的检测对于目前建筑节能工程来说，是必备要求的检测项目。

《建筑节能工程施工质量验收规范》GB 50411 强制性条文规定：

（1）第 4.2.2 条  墙体节能工程使用的保温隔热材料，其导热系数、密度、抗压强度或压缩强度、燃烧性能应符合设计要求。

（2）第 5.2.2 条  幕墙节能工程使用的保温隔热材料，其导热系数、密度、燃烧性能应符合设计要求。

（3）第 7.2.2 条  屋面节能工程使用的保温隔热材料，其导热系数、密度、抗压强度或压缩强度、燃烧性能应符合设计要求。

（4）第 8.2.2 条  地面节能工程使用的保温隔热材料，其导热系数、密度、抗压强度或压缩强度、燃烧性能应符合设计要求。

近年来，由于外墙外保温系统接连不断引起的火灾，使得防火问题得到了政府部门高度的重视，公安部、住房和城乡建设部分别发布了暂时规定或相关通知。在当前形势下，各种应用于外墙外保温系统的保温隔热材料都需要进行燃烧性能的检测，因此工作量非常之大。通过对保温隔热材料燃烧性能的检测，能够了解保温隔热材料在遭受到火灾时的安全性或危害性，判定其级别是否满足设计要求，保证材料应用的防火安全性。

2. 燃烧性能等级

《建筑材料及制品燃烧性能分级》GB 8624 标准，规定了建筑材料及制品的术语和定义、燃烧性能等级、燃烧性能等级判据、燃烧性能等级标识和检验报告。该标准适用于建设工程中使用的建筑材料、装饰材料及制品等的燃烧性能分级和判定。

燃烧性能是指建筑材料燃烧或遇火时所发生的一切物理和化学变化，这项性能由材料表面的着火性和火焰传播性、发热、发烟、炭化、失重，以及毒性生成物的产生等特性来衡量。

建筑材料及制品的燃烧性能等级见表 2.4-1。

**建筑材料及制品的燃烧性能等级**　　　　　　　　　表 2.4-1

| 燃烧性能等级 | 名称 |
|---|---|
| A | 不燃材料 |
| $B_1$ | 难燃材料 |
| $B_2$ | 可燃材料 |
| $B_3$ | 易燃材料 |

3. 分级检验报告

分级检验报告应包括下述内容：

（1）检验报告的编号和日期。

（2）检验报告的委托方。

（3）发布检验报告的机构。

（4）建筑材料及制品的名称和用途。

（5）建筑材料及制品的详尽描述，包括对相关组分和组装方法等的详细说明或图纸描述。

（6）试验方法及试验结果。

（7）结论：建筑材料及制品的燃烧性能等级。

（8）检验报告相关说明。

（9）报告责任人和机构负责人的签名。

4. 检验报告相关说明

1）建筑材料及制品

（1）试验安装

试验安装由建筑材料及制品最终应用状态确定，制品的燃烧性能等级与实际应用状态相关，应根据制品的最终应用条件，确定试验的基材及安装方式。

（2）选用基材

试验应选用标准基材，当采用实际使用或代表其实际使用的非标准基材时，应明确应用范围，即试验结果仅限于制品在实际应用中采用相同的基材。

（3）粘结制品

对于粘结于基材的制品，试验结果的应用由粘结方式来确定，粘结方式和胶粘剂的属性、用量由试验委托单位提供。

2）试样厚度

对于在实际应用中有多种不同厚度的制品，当密度等可能影响燃烧性能的参数不变时，若最大厚度和最小厚度制品燃烧性能等级相同，则认为在中间厚度的制品也满足该燃烧性能等级，否则，应对每一厚度的制品进行判定。

3）特别说明

（1）对于混凝土、矿物棉、玻璃纤维、石灰、金属（铁、钢、铜）、无机混合物的灰泥、硅酸钙材料、天然石材、石板、玻璃、陶瓷，任何一种材料含有的均匀分散的有机物含量不超过 1％（质量和体积），可不通过试验即认为满足 $A_1$ 级的要求。

（2）对于由以上一种或多种材料分层复合的材料或制品，当胶水含量不超过 0.1％（质量和体积）时，认为该制品满足 $A_1$ 级的要求。

5. 相关标准和试验方法（表 2.4-2）

**与燃烧性能相关的标准及试验方法**　　　　　　　　　　　　　　　表 2.4-2

| 标准名称及编号 | | 适用范围 |
| --- | --- | --- |
| GB/T 2406.1—2008 | 塑料　用氧指数法测定燃烧行为第 1 部分:导则 | 用于材料的质量控制，尤其适用于研究改进受试材料的阻燃剂的检验 |
| GB/T 2406.2—2009 | 塑料　用氧指数法测定燃烧行为第 2 部分:室温试验 | 适用于厚度小于 10.5mm 能直立自撑的条状或片状材料。也适用于表观密度大于 100kg/m³ 的匀质固体材料、层压材料或泡沫材料,以及某些表观密度小于 100kg/m³ 的泡沫材料 |
| GB/T 5464—2010 | 建筑材料不燃性试验方法 | 在特定条件下匀质建筑制品和非匀质建筑制品主要组分的不燃性试验方法 |
| GB/T 8624—2012 | 建筑材料及制品燃烧性能分级 | 适用于建筑材料、装饰材料及制品等的燃烧性能分级和判定 |
| GB/T 8625—2005 | 建筑材料难燃性试验方法 | 建筑材料难燃性试验的试验装置、试样制备、试验操作、试件燃烧后剩余长度的判断、判定条件及试验报告 |

| 标准名称及编号 | | 适用范围 |
|---|---|---|
| GB/T 8626—2007 | 建筑材料可燃性试验方法 | 在没有外加辐射的条件下,用小火焰直接冲击垂直放置的试样以测定建筑制品可燃性的方法 |
| GB/T 8627—2007 | 建筑材料燃烧或分解的烟密度试验方法 | 测量建筑材料在燃烧或分解的试验条件下的静态产烟量的试验方法 |
| GB/T 14402—2007 | 建筑材料及制品的燃烧性能 燃烧热值的测定 | 在恒定热容量的氧弹量热仪中,测定建筑材料燃烧热值的试验方法 |
| GB/T 20284—2006 | 建筑材料或制品的单体燃烧试验 | 用以确定建筑材料或制品在单体燃烧试验中对火的反应性能的方法 |
| GB/T 29416—2012 | 建筑外墙外保温系统的防火性能试验方法 | 适用于安装在建筑外墙上的非承重外保温系统的防火性能试验 |

6. 检测方法应用

1）绝热用模塑聚苯乙烯泡沫塑料

《绝热用模塑聚苯乙烯泡沫塑料》GB/T 10801.1 标准,规定了燃烧分级的测定:燃烧分级的测定按《建筑材料及制品燃烧性能分级》GB 8624 的规定进行试验。

2）建筑绝热用硬质聚氨酯泡沫塑料

《建筑绝热用硬质聚氨酯泡沫塑料》GB/T 21558 标准,规定了燃烧性能的试验方法:燃烧性能的测定按《建筑材料及制品燃烧性能分级》GB 8624 的规定。

## 2.4.1　建筑材料不燃性试验

《建筑材料不燃性试验方法》GB/T 5464 标准,规定了在特定条件下匀质建筑制品和非匀质建筑制品主要组分的不燃性试验方法。定义如下:

（1）建筑制品:包括安装、构造、组成等相关信息的建筑材料、构件或组件。

（2）建筑材料:单一物质或若干物质均匀散布的混合物,例如金属、石材、木材、混凝土、含均匀分布胶合剂或聚合物的矿物棉等。

（3）松散填充材料:形状不固定的材料。

（4）匀质制品:由单一材料组成的制品或整个制品内部具有均匀的密度和组分。

（5）非匀质制品:不满足匀质制品定义的制品。由一种或多种主要和/或次要组分组成。

（6）主要组分:构成非匀质制品一个显著部分的材料,单层面密度≥1.0kg/m³ 或厚度大于 1.0mm 的一层材料可视作主要组分。

1. 常用材料燃烧性能的指标要求和检验方法

目前,常用的建筑保温隔热材料的有关产品标准或技术规程对指标的要求和检验方法见表 2.4.1-1。

常用建筑保温隔热材料的燃烧性能指标和检验方法　　表 2.4.1-1

| 材　　料 | 产品标准 | 指标/分级 | 检验方法 |
|---|---|---|---|
| 绝热用模塑聚苯乙烯泡沫塑料 | GB/T 10801.1—2002 | B$_2$ | GB/T 8626 |
| 绝热用挤塑聚苯乙烯泡沫塑料（XPS） | GB/T 10801.2—2002 | B$_2$ | GB/T 8626 |
| 外墙外保温系统用钢丝网架模塑聚苯乙烯板 | GB/T 26540—2011 | 按 GB/T 8624—1997 分级 | GB/T 8624 |
| 建筑外墙外保温用岩棉制品 | GB/T 25975—2010 | GB/T 8624—1997A | GB/T 8624 |
| 建筑绝热用硬质聚氨酯泡沫塑料 | GB/T 21558—2008 | 标明燃烧性能等级 | GB/T 8624 |
| 硬泡聚氨酯保温防水工程技术规范 | GB 50404—2017 | 氧指数≥26% | GB/T 2406 |
| 胶粉聚苯颗粒外墙外保温系统材料 | JG/T 158—2013 | B$_1$ | GB/T 8624 |
| 建筑保温砂浆 | GB/T 20473—2006 | A | GB/T 5464—2010 |
| 膨胀玻化微珠轻质砂浆 | JG/T 283—2010 | B$_2$ | GB/T 5464 |
| 膨胀玻化微珠保温隔热砂浆 | GB/T 26000—2010 | B$_2$ | GB/T 5464 |
| 外墙外保温工程技术规程 | JGJ 144—2004 | 保温材料 B$_1$ | GB/T 8624 |

2. 试验装置

试验装置不应设在风口，也不应受到任何形式的强烈日照或人工光照，以利于对炉内火焰的观察。试验过程中室温变化不应超过＋5℃。

（1）加热炉、支架和气流罩。

（2）试样架和插入装置。

（3）热电偶。

（4）接触式热电偶。

（5）观察镜：正方形，边长 300mm，与水平方向呈 30°夹角，宜安放在加热炉上方 1m 处。

（6）天平：称量精度为 0.01g。

（7）稳压器。

（8）调压变压器。

（9）电气仪表。

（10）功率控制器。

（11）温度记录仪。

（12）计时器。

（13）干燥皿。

3. 试样

1）取样

（1）试样应从代表制品的足够大的样品上制取。

（2）试样为圆柱形，体积 $78\pm8cm^3$，直径 $45_{-2}^{\ 0}$mm，高度 $50\pm3$mm。

2）试样制备

（1）若材料厚度不满足 $50\pm3$mm，可通过叠加该材料的层数和/或调整材料厚度来达到 $50\pm3$mm 的试样高度。

（2）每层材料均匀在试样架中水平放置，并用两根直径不超过 0.5mm 的钢丝将各层捆扎在一起，以排除各层间的气隙，但不应施加显著的压力。松散填充材料的试样应代表实际使用的外观和密度等特性。

（3）如果试样是由材料多层叠加组成，则试样密度宜尽可能与生产商提供的制品密度一致。

4. 试样数量

一共测试五组试样（若分级体系标准有其他要求可增加试样数量）。

5. 状态调节

试样在 $23\pm2$℃、相对湿度 50％±10％ 的实验室中调节至恒重。然后将试样放入 $60\pm5$℃的通风干燥箱内调节 20～24h，然后将试样置于干燥皿中冷却至室温。试验前应称量每组试样的质量，精确至 0.01g。

6. 试验步骤

1）试验前准备程序

（1）将试样架及其支承件从炉内移开。

（2）炉内热电偶布置应先采用定位杆标定，借助一根固定于气流罩上的导杆以保持其准确定位。若要求使用附加热电偶，则按规定进行布置，所有热电偶均应通过补偿导线连接到温度记录仪上。

（3）将加热炉管的电热线圈连接到稳压器、调压变压器、电气仪表或功率控制器。试验期间，加热炉不应采用自动恒温控制。

在稳态条件下，电压约 100 V 时，加热线圈通过约 9～10A 的电流。为避免加热线圈过载，建议最大电流不超过 11A。

对新的加热炉管，开始时宜慢慢加热，加热炉升温的合理程序是以约 200℃分段，每个温度段加热 2h。

（4）调节加热炉的输入功率，使炉内热电偶测试的炉内温度平均值平衡在 $750\pm5$℃至少 10min，其温度漂移（线性回归）在 10min 内不超过，并要求相对平均温度的最大偏差（线性回归）在 10min 内不超过 10℃，并对温度作连续记录。

2）校准程序

（1）炉壁温度

① 当炉内温度稳定在规定的温度范围时，应使用规定的接触式热电偶和规定的温度记录仪在炉壁三条相互等距的垂直轴线上测量炉壁温度。对于每条轴线，记录其加热炉壁高度中心处及该中心上下各 30mm 处三点的壁温（表 2.4.1-2）。采用合适的带有热电偶和隔热套管的热电偶扫描装置，可方便地完成对上述规定位置的测定过程，应特别注意热电偶与炉壁之间的接触保持良好，如果接触不好将导致温度读数偏低。在每个测温点，应待热电偶的记录温度稳定后，才读取该点的温度值。

炉壁温度读数　　　　　　　　　　　　　　　　表 2.4.1-2

| 垂直线 | 位置 | | |
|---|---|---|---|
| | a(30mm 处) | b(0mm 处) | c(-30mm 处) |
| 1(°) | $T_{1;a}$ | $T_{1;b}$ | $T_{1;c}$ |
| 2(+120°) | $T_{2;a}$ | $T_{2;b}$ | $T_{2;c}$ |
| 3(+240°) | $T_{3;a}$ | $T_{3;b}$ | $T_{3;c}$ |

②　计算并记录按①规定测量的 9 个温度读数的算术平均值，将其作为炉壁平均温度。

$$T_{avg} = \frac{T_{1;a} + T_{1;b} + T_{1;c} + T_{2;a} + T_{2;b} + T_{2;c} + T_{3;a} + T_{3;b} + T_{3;c}}{9} \quad (2.4.1-1)$$

分别计算按规定测量的 3 根垂轴线上温度读数的算术平均值，将其作为垂轴线上的炉壁平均温度。

$$T_{avg, axis1} = \frac{T_{1;a} + T_{1;b} + T_{1;c}}{3} \quad (2.4.1-2)$$

$$T_{avg, axis2} = \frac{T_{2;a} + T_{2;b} + T_{2;c}}{3} \quad (2.4.1-3)$$

$$T_{avg, axis3} = \frac{T_{3;a} + T_{3;b} + T_{3;c}}{3} \quad (2.4.1-4)$$

式中　$T_{avg,axis1}$——第 1 根垂轴线上温度读数的算术平均值（℃）；

　　　$T_{avg,axis2}$——第 2 根垂轴线上温度读数的算术平均值（℃）；

　　　$T_{avg,axis3}$——第 3 根垂轴线上温度读数的算术平均值（℃）。

分别计算 3 根垂轴线的测量温度值相对平均炉壁温度偏差的绝对百分数。

$$T_{dev, axis1} = 100 \times \left| \frac{T_{avg} - T_{avg, asis1}}{T_{avg}} \right| \quad (2.4.1-5)$$

$$T_{dev, axis2} = 100 \times \left| \frac{T_{avg} - T_{avg, asis2}}{T_{avg}} \right| \quad (2.4.1-6)$$

$$T_{dev, axis3} = 100 \times \left| \frac{T_{avg} - T_{avg, asis3}}{T_{avg}} \right| \quad (2.4.1-7)$$

式中　$T_{dev,axis1}$——第 1 根垂轴线上测量温度值相对平均炉壁温度偏差的绝对百分数；

　　　$T_{dev,axis2}$——第 2 根垂轴线上测量温度值相对平均炉壁温度偏差的绝对百分数；

　　　$T_{dev,axis3}$——第 3 根垂轴线上测量温度值相对平均炉壁温度偏差的绝对百分数。

计算并记录 3 根垂轴线上的平均炉温偏差值（算术平均值）。

$$T_{avg, dev, axis} = \frac{T_{dev, axis1} + T_{dev, axis2} + T_{dev, axis3}}{3} \quad (2.4.1-8)$$

计算按规定测量的 3 根垂轴线上同一位置的温度读数的算术平均值。

$$T_{avg, levela} = \frac{T_{1;a} + T_{2;a} + T_{3;a}}{3} \quad (2.4.1-9)$$

$$T_{avg, levelb} = \frac{T_{1;b} + T_{2;b} + T_{3;b}}{3} \quad (2.4.1-10)$$

$$T_{avg, levelc} = \frac{T_{1;c} + T_{2;c} + T_{3;c}}{3} \quad (2.4.1-11)$$

式中　$T_{avg,levela}$——3 个垂轴线上位置 a 温度读数的算术平均值（℃）；

$T_{avg,levelb}$——3 个垂轴线上位置 b 温度读数的算术平均值（℃）；

$T_{avg,levelc}$——3 个垂轴线上位置 c 温度读数的算术平均值（℃）。

计算所测得的 3 根垂轴线上同一位置的温度值相对平均炉壁温度偏差的绝对百分数。

$$T_{dev,levela} = 100 \times \left| \frac{T_{avg} - T_{avg,levela}}{T_{avg}} \right| \tag{2.4.1-12}$$

$$T_{dev,levelb} = 100 \times \left| \frac{T_{avg} - T_{avg,levelb}}{T_{avg}} \right| \tag{2.4.1-13}$$

$$T_{dev,levelc} = 100 \times \left| \frac{T_{avg} - T_{avg,levelc}}{T_{avg}} \right| \tag{2.4.1-14}$$

式中　$T_{dev,levela}$——3 根垂轴线上位置 a 的温度值相对平均炉壁温度偏差的绝对百分数；

$T_{dev,levelb}$——3 根垂轴线上位置 b 的温度值相对平均炉壁温度偏差的绝对百分数；

$T_{dev,levelc}$——3 根垂轴线上位置 c 的温度值相对平均炉壁温度偏差的绝对百分数。

记录并计算 3 根垂轴线上同一位置的平均炉壁温度偏差值（算术平均值）。

$$T_{avg,level} = \frac{T_{dev,levela} + T_{dev,levelb} + T_{dev,levelc}}{3} \tag{2.4.1-15}$$

3 根垂轴线上的温度相对平均炉壁温度的偏差量（$T_{avg,dev,axis}$）不应超过 0.5%。

3 根垂轴线上同一位置的平均温度偏差量相对平均炉壁温度的偏差量（$T_{avg,level}$）不应超过 1.5%。

③ 确认在位置（+30mm）处炉壁平均温度平均值（$T_{avg,levela}$）低于在位置（-30mm）处的炉壁温度平均值（$T_{avg,levelc}$）。

（2）炉内温度

在炉内温度稳定在规定的温度范围以及按规定校准炉壁温度后，使用规定的接触式热电偶和规定的温度记录仪沿加热炉中心轴线测量炉温。以下程序需采用一个合适的定位装置以对接触式热电偶进行准确定位。垂直定位的参考面应是接触式热电偶的铜柱体的上表面。

沿加热炉的中心轴线，在加热点管高度中点位置记录该测温点的温度值。

沿加热炉中心轴线上的中点向下以不超过 10mm 的步长移动接触式热电偶，直至抵达加热炉管底部，待温度读数稳定后，记录每个测温点的温度值。

沿加热炉中心轴线从最低点向上以不超过 10mm 的步长移动接触式热电偶，直至抵达加热炉管顶部，待温度读数稳定后，记录每个测温点的温度值。

沿加热炉中心轴线从顶部向下以不超过 10mm 的步长移动接触式热电偶，直至抵达加热炉管顶部，待温度读数稳定后，记录每个测温点的温度值。

每个测温点均记录有两个温度值，其中一个是向上移动测量的温度值，另一个是向下移动测量的温度值。计算并记录这些等距测温点的算术平均值。

位于同一高度位置的温度平均值应处于以下公式规定的范围：

$$T_{min} = 541653 + 5901x - 0.067x^2 + 3375 \times 10^{-4}x^3 - 8553 \times 10^{-7}x^4$$

$$T_{max} = 613903 + 5333x - 0.081x^2 + 5779 \times 10^{-4}x^3 - 1767 \times 10^{-7}x^4$$

式中　$x$——炉内高度（mm）；按标准规定选取。

$x=0$ 对应加热炉的底部。

（3）校准周期

当采用新的加热炉或更换加热炉管、加热电阻带、隔热材料或电源时，应执行炉壁温度和炉内温度的校准。

7. 标准试验步骤

（1）按"炉内温度的平衡"规定使加热炉温度平衡，如果温度记录仪不能进行实时计算，最后应检查温度是否平衡。若不能满足"炉内温度的平衡"规定的条件，应重新试验。

（2）试验前应确保整台装置处于良好的工作状态，如空气稳流器整洁畅通、插入装置能平稳滑动、试验架能准确位于炉内规定位置。

（3）将一个按规定制备并经过状态调节的试样放入试验架内，试样架悬挂在支撑件上。

（4）将试样架插入规定位置，该操作时间不应超过 5s。

（5）当试样位于炉内规定位置时，立即启动计时器。

（6）记录试验过程中炉内热电偶测量的温度，如要求测量试样表面温度和中心温度，对应温度也应记录。

（7）进行 30min 的试验：

① 如果炉内温度在 30min 时达到了最终温度平衡，即由热电偶测量的温度在 10min 内漂移（线性回归）不超过 2℃，则可停止试验。如果 30min 内未达到温度平衡，应继续进行试验，同时每隔 5min 检查是否达到最终温度平衡，当炉内温度达到最终温度平衡时间达到 60min 时，应结束试验。记录试验的持续时间，然后从加热炉内取出试样架，试验的结束时间为最后一个 5min 的结束时刻或 60min。

② 若温度记录仪不能实时记录，试验后检查试验结束时的温度。若不能满足上述要求，则应重新试验。

③ 若试验使用了附件热电偶，则应在热电偶均达到最终平衡温度时或当试验时间为 60min 时结束试验。

（8）收集试验时和试验后试样破裂或掉落的所有碳化物、灰或其他残屑，同试样一起放入干燥皿冷却至环境温度后，称量试样的残留物质。

（9）按（1）～（8）的规定共测 5 组试样。

8. 试验期间的观察

（1）按"标准试验步骤"的规定，试验前和试验后分别记录每组试样的质量并观察试验期间试样的燃烧行为。

（2）记录发生的持续火焰和持续时间，精确到秒。试样可见表面上产生持续 5s 或更长时间的连续火焰应视为持续火焰。

（3）记录以下炉内热电偶的测量温度，单位为摄氏度：

① 炉内初始温度 $T_1$，"炉内温度的平衡"规定的炉内温度平衡期的最后 10min 的温度平均值。

② 炉内初始温度 $T_m$，整个试验期间最高温度的离散值。

③ 炉内最终温度 $T_t$，"进行 30min 的试验"试验过程最后 1min 的温度平均值。

若使用了附加热电偶，按标准的规定记录温度数据。

9. 试验结果表述

1）质量损失

计算并记录按上述"试验期间的观察（1）"规定测量的各组试样的质量损失，以试样初始质量的百分数表示。

2）火焰

计算并记录按上述"试验期间的观察（2）"规定测量的每组试样持续火焰时间的总和，以秒为单位。

3）温升

计算并记录按"试验期间的观察（3）"规定的试样的热电偶温升，$\Delta T = T_m - T_t$，以摄氏度为单位。

10. 试验报告

试验报告应包括下述内容，且应明确区分委托试验单位提出的数据和试验得出的数据：

（1）关于试验所依据的标准。

（2）试验方法的偏差。

（3）试验室的名称和地址。

（4）报告的发布日期及编号。

（5）委托试验单位的名称和地址。

（6）已知生产商/供应商的名称和地址。

（7）到样日期。

（8）制品标识。

（9）有关抽样程序的说明。

（10）制品的一般说明，包括密度、面密度、厚度及结构信息。

（11）状态调节信息。

（12）试验日期。

（13）按"炉壁温度"和"炉内温度"规定表述的校准结果。

（14）若使用了附加热电偶，按"试验结果表述"和"附加热电偶 试验结果的表述"规定表述的试验结果。

（15）试验中观察到的现象。

（16）以下陈述："试验结果与特定试验条件下试样的性能有关；试验结果不能作为评价制品在实际使用条件下潜在火灾危险性的唯一依据"。

### 2.4.2　建筑材料难燃性试验

《建筑材料难燃性试验方法》GB/T 8625 标准，规定了建筑材料难燃性试验的试验装置、试件制备、试验操作、试件燃烧后剩余长度的判断、判定条件及试验报告。该标准适用于建筑材料难燃性能的测定。

1. 试验装置

试验装置主要包括燃烧竖炉及测试设备两部分。

1）燃烧竖炉

主要由燃烧室、燃烧器、试件支架、空气稳流层及烟道等部分组成。其外形尺寸为

1020mm×1020mm×3930mm。

2）测试设备

燃烧竖炉测试设备包括流量计、热电偶、温度记录仪、温度显示仪表及炉内压力测试仪表等。

3）炉内压力

在距炉底 2700mm 的烟道部位，距烟道壁 100mm 处设置 T 形炉压测试管，T 形管内径 10mm，头宽 100mm，通过一台精度 0.5 级的差压变送器与微机或其他记录仪相连，进行连续监测。

4）燃烧竖炉中各组件的校正试验

（1）热荷载的均匀性试验

为确保试验时试件承受热荷载的均匀性，将 4 块 1000mm×190mm×3mm 的不锈钢板放置于试件架上，在距各不锈钢板底部 200mm 处的中心线上，牢固地设置 1 支镍铬—镍硅热电偶。按规定的操作程序进行试验。当试验进行 10min 后，从上述不锈钢板上四支热电偶所测得的温度平均值应满足 540±15℃，否则，装置应进行调试。该试验必须每 3 个月进行一次。

（2）空气的均匀性试验

在燃烧竖炉下炉门关闭的供气条件下，在空气稳流层的钢丝网上取 5 点，距网 50mm 处，采用测量误差不大于 10% 的热球式微风速仪或其他具有相同精度的风速仪，测量每点的风速。5 个测速点所测得的风速的平均值换算成气流量，并应满足竖炉规定的 10±1m³/min 的供气量。该项试验必须每半年进行 1 次。

（3）烟气温度热电偶的检查

为确保烟气温度测量的准确性，每月至少应进行 1 次烟气温度热电偶的检查，有烟垢应除去，热电偶发生位移或变形的应校正到规定位置。

2. 试件制备

1）试件数目、规格及要求

（1）每次试验以 4 个试样为一组，每块试样均以材料实际使用厚度制作。其表面规格为（1000$_{-5}^{0}$)mm×（190$_{-5}^{0}$)mm，材料实际使用厚度超过 80mm 时，试样制作厚度应取 80±5mm，其表面和内层材料应具有代表性。

（2）均向性材料做 3 组试件，对薄膜、织物及非均向性材料做 4 组试件，其中每 2 组试件应分别从材料的纵向和横向取样制作。

（3）对于非对称性材料，应从试样正、反两面各制 2 组试件。若只需从一侧划分燃烧性能等级，可对该侧面制取 3 组试件。

2）状态调节

在试验进行之前，试件必须在温度 23±2℃，相对湿度 50%±5% 的条件下调节至质量恒定。其判定条件为间隔 24h，前后两次称量的质量变化率不大于 0.1%。如果通过称量不能确定达到平衡状态，在试验前应在上述温、湿度条件下存放 28d。

3. 试验操作

（1）试验在燃烧竖炉内进行。

（2）将 4 个经状态调节已达到规定要求的试样垂直固定在试件支架上，组成垂直方形烟道，试样相对距离为 250±2mm。

（3）保持炉内压力为 −15±10Pa。

（4）试件放入燃烧室之前，应将竖炉内炉壁温度预热至 50℃。

（5）将试件放入燃烧室内规定位置，关闭炉门。

（6）当炉壁温度降至 40±5℃时，在点燃燃烧器的同时，揿动计时器按钮，开始试验。试验过程中竖炉内应维持流量为 10±1m³/min、温度为 23±2℃的空气流。燃烧器所用的燃气为甲烷和空气的混合气；甲烷流量为 35±0.5L/min，其纯度大于 95%；空气流量为 17.5±0.2L/min 以上时两种气体流量均按标准状态计算。

气体标准状态的计算公式：

$$\frac{P_0 V_0}{T_0} = \frac{P_t V_t}{T_t} \tag{2.4.2-1}$$

式中　$P_0$——101 325Pa；

$V_0$——甲烷气 35L/min，空气 17.5L/min；

$T_0$——273℃；

$P_t$——环境大气压+燃气进入流量计的进口压力（Pa）；

$V_t$——甲烷气或空气的流量（L/min）；

$T_t$——甲烷气和空气的温度（℃）。

试验中的现象应注意观察并记录。

（7）试验时间为 10min，当试件上的可见燃烧确已结束或 5 支热电偶所测得的平均烟气温度最大值超过 200℃时，试验用火焰可提前中断。

4. 试件燃烧后剩余长度的判断

（1）试件燃烧后剩余长度为试件既不在表面燃烧，也不在内部燃烧形成炭化部分的长度（明显变黑色为炭化）。

试件在试验中产生变色，被烟熏黑及外观结构发生弯曲、起皱、鼓泡、熔化、烧结、滴落、脱落等变化均不作为燃烧判断依据。如果滴落和脱落物在筛底继续燃烧 20s 以上，应在试验报告中注明。

（2）采用防火涂层保护的试件，如木材及木制品，其表面涂层的炭化可不考虑。在确定被保护材料的燃烧后剩余长度时，其保护层应除去。

5. 判定条件

（1）按照规定程序，同时符合下列条件可认定为燃烧竖炉试验合格：

① 试件燃烧的剩余长度平均值应大于 150mm，其中没有一个试件的燃烧剩余长度为零。

② 每组试验由 5 支热电偶所测得的平均烟气温度不超过 200℃。

（2）凡是燃烧竖炉试验合格，并能符合《建筑材料及制品燃烧性能分级》GB/T 8624—2012 对可燃性试验《建筑材料可燃性试验方法》GB/T 8626—2007、烟密度试验《建筑材料燃烧或分解的烟密度试验方法》GB/T 8627—2007 规定要求的材料可定为难燃性建筑材料。

6. 试验报告

试验报告应包括下列内容：

（1）试验依据的标准。

（2）建筑材料名称、型号规格、生产单位名称及地址、生产日期。

（3）对使用了阻燃剂的木材和织物，应说明涂刷阻燃剂后的试件外观，注明所用防火剂干、湿涂刷数量（g/kg 或 g/m²）。

（4）试样的概述，包括商标（或标志）、试样的结构形式。

（5）试件燃烧后的最小剩余长度及试件燃烧后的平均剩余长度。

（6）试件平均烟气温度的最大值。

（7）现象观察：包括试样着火情况、试样的阴燃及滴落物在筛网上的持续燃烧等。

（8）试验日期。

### 2.4.3　建筑材料可燃性试验

安全警告：

（1）所有试验管理和操作人员应注意：燃烧试验可能存在危险性，试验过程中可能会产生有毒和/或有害烟气，在对试样的测试和试样残余物的处理过程中也可能存在操作危险。

（2）必须对影响人体健康的所有潜在危害和危险进行评估和建立安全保障措施，并制定安全指南和对有关人员进行相关培训，确保实验室人员始终遵守安全指南。

（3）应配备足够的灭火工具以扑灭试样火焰，某些试样在试验中可能会产生猛烈火焰。应有可直接对准燃烧区域的手动水喷头或加压氮气以及其他灭火工具，如灭火器等。

（4）对于某些很难被完全扑灭的闷燃试样，可将试样浸入水中。

《建筑材料可燃性试验方法》GB/T 8626 标准，规定了在没有外加辐射条件下，用小火焰直接冲击垂直放置的试样以测定建筑制品可燃性的方法。

对于未被火焰点燃就熔化或收缩的制品，给出了附加试验程序。

1. 定义

1）建筑制品

要求给出相关信息的建筑材料、构件或其组件。

2）基本平整制品

制品应具有以下某一个特征：

（1）平整受火面。

（2）如果制品表面不规则，但整个受火面均匀体现这种不规则特性，只要满足以下规定要求，可视为平整受火面：

① 在 250mm×250mm 的代表区域表面上，至少应有 50% 的表面与受火面最高点所处平面的垂直距离不超过 6mm；或

② 对于有缝隙、裂纹或孔洞的表面，缝隙、裂纹或孔洞的宽度不应超过 6.5mm，且深度不应超过 10mm，其表面积也不应超过受火面 250mm×250mm 代表区域的 30%。

3）燃烧滴落物

在燃烧试验过程中，脱离试样并继续燃烧的材料。将试样下方的滤纸被引燃作为燃烧滴落物的判据。

4）持续燃烧

持续时间超过 3s 的火焰。

5）着火

出现持续燃烧的现象。

2. 试验装置

1）实验室

环境温度为 23±5℃，相对湿度为 50％±20％的房间。光线较暗的房间有助于识别表面上的小火焰。

2）燃烧箱

燃烧箱由不锈钢钢板制作，并安装有耐热玻璃门，以便于至少从箱体的正面和一个侧面进行试验操作和观察。

燃烧箱应放置在合适的抽风罩下方。

3）燃烧器

燃烧器应安装在水平钢板上，并可沿燃烧箱中心线方向前后平稳移动。

燃烧器应安装有一个微调阀，以调节火焰高度。

4）燃气

纯度不小于 95％的商用丙烷，燃气压力应在 10～50kPa 范围内。

5）试样夹

试样夹由两个 U 形不锈钢框架构成。框架垂直悬挂在挂杆上，以使试样的底面中心线和底面边缘可以直接受火。

为避免试样歪斜，用螺钉或夹具将两个试样框架卡紧。

采用的固定方式应能保证试样在整个试验过程中不会移位，这一点非常重要。

注：在与试样贴紧的框架内表面上可嵌入一些长度约 1mm 的小销钉。

6）挂杆

挂杆固定在垂直立柱（支座）上，以使试样夹能垂直悬挂，燃烧器火焰能作用于试样。对于边缘点火方式和表面点火方式，试样底面与金属网上方水平钢板的上表面之间的距离应分别为 125±10mm 和 85±10mm。

7）计时器

计时器应能持续记录时间，并显示到秒，精度小于 1s/h。

8）试样模板

两块金属板，其中一块长 $250_{-1}^{0}$mm，宽 $90_{-1}^{0}$mm 另一块长 $250_{-1}^{0}$mm，宽 $180_{-1}^{0}$mm。

9）火焰检查装置

（1）火焰高度测量工具

以燃烧器上某一固定点为测量起点，能显示火焰高度为 20mm 的合适工具。火焰高度测量工具的偏差应为±0.1mm。

（2）用于边缘点火的点火定位器

能插入燃烧器喷嘴的长 16mm 的抽取式定位器，用以确定同预先设定火焰在试样上的接触点的距离。

（3）用于表面点火的点火定位器

能插入燃烧器喷嘴的抽取式锥形定位器，用以确定燃烧器前端边缘与试样表面的距离为 5mm。

10）风速仪

风速仪，精度为±0.1m/s，用以测量燃烧箱顶部出口的空气流速。

11）滤纸和收集盘

未经染色的崭新滤纸，面密度为 $60kg/m^2$，含灰量小于 0.1%。

采用铝箔制作的收集盘，100mm×50mm，深 10mm。收集盘放在试样正下方，每次试验后应更换收集盘。

3. 试样

1）试样制备

使用规定的模板在代表制品的试验样品上切割试样。

2）试样尺寸

试样尺寸为：长 $250_{-1}^{0}$mm，宽 $90_{-1}^{0}$mm。

名义厚度不超过 60mm 的试样应按其实际厚度进行试验。名义厚度大于 60mm 的试样，应从其背火面将厚度削减至 60mm，按 60mm 厚度进行试验。若需要采用这种方式削减试样尺寸，该切削面不应作为受火面。对于通常生产尺寸小于试样尺寸的制品，应制作适当尺寸的样品专门用于试验。

3）非平整制品

对于非平整制品，试样可按其最终应用条件进行试验（如隔热导管）。应提供完整制品或长 250mm 的试样。

4）试样数量

（1）对于每种点火方式，至少应测试 6 块具有代表性的制品试样，并应分别在样品的纵向和横向上切制 3 块试样。

（2）若试验用的制品厚度不对称，在实际应用中两个表面均可能受火，则应对试样的两个表面分别进行试验。

（3）若制品的几个表面区域明显不同，但每个表面区域均符合规定的表面特性，则应再附加一组试验来评估该制品。

（4）如果制品在安装过程中四周封边，但仍可以在未加边缘保护的情况下使用，则应对封边的试样和未封边的试样分别试验。

5）基材

若制品在最终应用条件下是安装在基材上，则试样应能代表最终应用状况。且应根据 EN13238 选取基材。

注：对于应用在基材上且采用底部边缘点火方式的材料，在试样制备过程中应注意：由于在实际应用中基材可能伸出材料底部，基材边缘本身不受火，因此试样的制作应能反映实际应用状况，如基材类型、基材的固定件等。

4. 状态调节

试样和滤纸应根据 EN 13238 进行状态调节。

5. 试验程序

1）概述

有两种点火时间供委托方选择，15s 或 30s。试验开始时间就是点火的开始时间。

2）试验准备

（1）确认燃烧箱烟道内的空气流速符合要求。

（2）将6个试样从状态调节室中取出，并在30min内完成试验。若有必要，也可将试样从状态调节室取出，放置于密闭箱体中的试验装置内。

（3）将试样置于试样夹中，这样试样的两个边缘和上端边缘被试样夹封闭，受火端距离试样夹底端30mm。

注：操作员可在试样框架上作标记以确保试样底部边缘处于正确位置。

（4）将燃烧器角度调整至45°角，使用规定的定位器，来确认燃烧器与试样的距离。

（5）在试样下方的铝箔收集盘内放两张滤纸，这一操作应在试验前的3min内完成。

3）试验步骤

（1）点燃位于垂直方向的燃烧器，待火焰稳定。调节燃烧器微调阀，并采用规定的测量器具测量火焰高度，火焰高度应为$20\pm1$mm。应在远离燃烧器的预设位置上进行该操作，以避免试样意外着火。在每次对试样点火前应测量火焰高度。

注：光线较暗的环境有助于测量火焰高度。

（2）沿燃烧器的垂直轴线将燃烧器倾斜45％水平向前推进，直至火焰抵达预设的试样接触点。

当火焰接触到试样时开始计时。按照委托方要求，点火时间为15s或30s。然后平稳地撤回燃烧器。

（3）点火方式：

试样可能需要采用表面点火方式或边缘点火方式，或这两种点火方式都要采用。

注：建议的点火方式可能在相关的产品标准中给出。

① 表面点火：

对所有的基本平整制品，火焰应施加在试样的中心线位置，底部边缘上方40mm处。应分别对实际应用中可能受火的每种不同表面进行试验。

② 边缘点火：

对于总厚度不超过3mm的单层或多层的基本平整制品，火焰应施加在试样底面中心位置处。

对于总厚度大于3mm的单层或多层的基本平整制品，火焰应施加在试样底边中心且距受火表面1.5mm的底面位置处。

对于所有厚度大于10mm的多层制品，应增加试验，将试样沿其垂直轴线旋转90°，火焰施加在每层材料底部中线所在的边缘处。

（4）对于非基本平整制品和按实际应用条件进行测试的制品，应按照规定进行点火，并应在试验报告中详尽阐述使用的点火方式。

注：试验装置和/或试验程序可能需要修改，但对于多数非平面制品，通常只需要改变试样框架。然而在某些情况下，燃烧器的安装方式可能不适用，这时需要手动操作燃烧器。在最终应用条件下，制品可能自支撑或采用框架固定，这种固定框架可能和实验室用的夹持框架一样，也可能需要更结实的特制框架等。

（5）如果在对第一块试样施加火焰期间，试样并未着火就熔化或收缩，则按照"熔化收缩制品的试验程序"的规定进行试验。

4）试验时间

（1）如果点火时间为 15s，总试验时间是 20s，从开始点火计算。

（2）如果点火时间为 30s，总试验时间是 60s，从开始点火计算。

6. 试验结果

（1）记录点火位置。

（2）对于每块试样，记录以下现象：

① 试样是否被引燃。

② 火焰尖端是否到达距点火点 150mm 处，并记录该现象发生时间。

③ 是否发生滤纸被引燃现象。

④ 观察试样的物理行为。

7. 试验报告

试验报告至少应包括以下信息。应明确区分委托方提供的数据。

（1）试验依据标准。

（2）试验方法偏差。

（3）试验室名称和地址。

（4）试验报告日期和编号。

（5）委托方名称和地址。

（6）制造商/代理方名称和地址。

（7）到样日期。

（8）制品标识。

（9）相关抽样程序描述。

（10）试验制品的一般说明，包括密度、面密度、厚度及试样的结构形状等。

（11）状态调节说明。

（12）使用基材和安装方法说明。

（13）试验日期。

（14）若采用附加试验程序，按照规定描述试验结果。

（15）点火时间。

（16）试验期间的试验现象。

（17）关于建筑制品的应用目的信息。

（18）注明"本试验结果只与制品的试样在特定试验条件下的性能相关，不能将其作为评价该制品在实际使用中潜在火灾危险性的唯一依据"。

### 2.4.4　单体燃烧试验

《建筑材料或制品的单体燃烧试验》GB/T 20284 规定了用以确定建筑材料或制品在单体燃烧试验（SBI）中的对火反应性能的方法。该标准的制定是用以确定平板式建筑制品的对火反应性能。对某些制品，如线性制品（套管、管道、电缆等）则需采用特殊的规定，其中管状隔热材料采用专门规定的方法。定义如下：

（1）背板：用以支撑试样的硅酸钙板，既可安装于自撑试样的背面与其直接接触，亦可与其有一定距离。

（2）试样：用于试验的制品（这可包括实际应用中采用的安装技术，亦可包括适当的空气间隙和/或基材）。

（3）基材：紧贴在制品下面的材料，需提供与其有关的信息。

（4）持续燃烧：火焰在试样表面上方持续至少一段时间的燃烧。

1. 试验装置

1）概要

SBI 试验装置包括燃烧室、试验设备（小推车、框架、燃烧器、集气罩、收集器和导管）、排烟系统和常规的测量装置。注意：从小推车下方进入燃烧室的空气应为新鲜的洁净空气。

2）燃烧室

（1）燃烧室的室内高度为 2.4±0.1m，地板面积（3.0±0.2）m×（3.0±0.2）m。墙体应由砖石砌块（如多孔混凝土）、石膏板或根据 EN 13501-1 或 $A_1$、$A_2$ 级的其他类板材建成。

（2）燃烧室的一面墙上应设开口，以便于小推车从毗邻的实验室移入该燃烧室里。开口的宽度至少为 1470mm，高度至少为 2450mm（框架的尺寸）。应在垂直试样板的两前表面正对的两面墙上分别开设窗口。为便于在小推车就位后能调控好 SBI 装置和试件，还需增设一道门。

（3）小推车在燃烧室就位后，和 U 形卡槽接触的长翼试样表面与燃烧室墙面之间的距离应为 2.1±0.1m。该距离为长翼与所面对的墙面的垂直距离。燃烧室的开口面积（不含小推车底部的空气入口及集气罩里的排烟开口）不应超过 $0.05m^2$。

（4）如图 2.4.4-1 所示，样品采用左向或右向安装均可（图 2.4.4-1 中的小推车与垂直线成镜面对称即可）。

注 1：为在不移动收集器的情况下而能将集气罩的侧板移开，应注意 SBI 框架与燃烧室天花板之间的连接情况。应能在底部将侧板移出。

注 2：燃烧室中框架的相对位置应根据燃烧室和框架之间连接的具体情况而定。

3）燃料

商用丙烷气体，纯度不小于 95%。

4）试验设备

（1）小推车，其上安装两个相互垂直的样品试件，在垂直角的底部有一砂盒燃烧器。小推车的放置位置应使小推

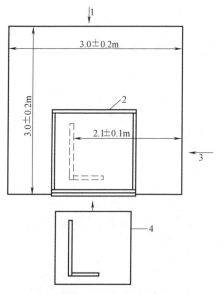

注：样品既可左向安装亦可右向安装，对右向安装的试样而言，图形与垂直线成镜面对称即可。

图 2.4.4-1 SBI 燃烧室设计的俯视图（示意图）
1—试验观察位置；2—固定框架；3—试验观察位置（左向安装的试样）；4—小推车（带左向安装的试样）

车背面正好封闭燃烧室墙上的开口；为使气流沿燃烧室地板均匀分布，在小推车底板下的空气入口处配设有多孔板（其开孔面积占总面积的 40%～80%），孔眼直径 8～12mm。

（2）固定框架，小推车被推入其中进行试验并支撑集气罩；框架上固定有辅助燃烧器。

（3）集气罩，位于固定框架顶部，用以收集燃烧产生的气体。

（4）收集器，位于集气罩的顶部，带有集气板和连接排烟管道的水平出口。

（5）J 形排烟管道，内径为 315±5mm 的隔热圆管，用 50mm 厚的耐高温矿物棉保温，并配有下列部件（沿气流方向）：

① 与收集器相连的接头。

② 长度为 500mm 的管道，内置四支热电偶（用以选择性地测量温度），且热电偶安装位置距收集器至少 400mm。

③ 长度为 1000mm 的管道。

④ 两个 90°的弯头（轴的曲率半径为 400mm）。

⑤ 长度为 1625mm 的管道，该管道带一叶片导流器和节流孔板。导流器距弯头末端 50mm，长度为 630mm，紧接导流器后是一厚度为 2.0±0.5mm 的节流孔板，该节流孔板的内开口直径为 265mm，外开口直径为 314mm。

⑥ 长度为 2155mm 的管道，配有压力探头、四支热电偶、气体取样探头和白光消光系统等装置；该部分称为"综合测量区"。

⑦ 长度为 500mm 的管道。

⑧ 与排烟管道相连的接头。

注：应注意测量管道的安装方式。总质量（不包括探头）约为 250kg。

（6）两个相同的砂盒燃烧器，其中一个位于小推车的底板上（为主燃烧器），另外一个固定在框架柱上（为辅助燃烧器），其规格如下：

① 砂盒燃烧器形状：腰长为 250mm 的等腰直角三角形（俯视），高度为 80mm，底部除重心处有一直径为 12.5mm 的管套插孔外，顶部开敞，其余全部封闭。在距离燃烧器底部 10mm 高度处应安装一直角三角形多孔板。在距离底部 12mm 和 60mm 的高度处应安装最大网孔尺寸不超过 2mm 的金属丝筛网。所有尺寸偏差不应超过±2mm。

② 材料：盒体由 1.5mm 厚的不锈钢制成，从底部至顶部连续分布：高度为 10mm 的间隙层；大小为 4～8mm、填充高度至 60mm 的卵石层；大小为 2～4mm、填充高度至 80mm 的砂石层。卵石层和砂石层用金属丝网加以稳固，以防止卵石进入气体管道内。采用的卵石和砂石应为圆形且无碎石。

③ 主燃烧器的位置：主燃烧器安装在小推车底板上并与试样底部的 U 形卡槽紧靠。主燃烧器的顶边应与 U 形卡槽的顶边水平一致，相差不超过±2mm。

④ 辅助燃烧器的位置：辅助燃烧器固定在与试样夹角相对的框架柱上，且燃烧器的顶部高出燃烧室地板 1450±5mm（与集气罩的垂直距离为 1000mm），其斜边与主燃烧器的斜边平行且与该斜边的距离最近。

⑤ 主燃烧器在试样的长翼和短翼方位都与 U 形卡槽紧靠。在两个方向的 U 形卡槽里，都设有一挡片，其顶面与 U 形卡槽的顶面高度相同，且距安装好的试样两翼夹角棱线

0.3m（在燃烧器区域边界处）。

⑥ 根据规定，如果先前同类制品的试验因材料滴落到砂床上而引起试验提前结束，那么应用斜三角形格栅对主燃烧器进行保护。格栅的开口面积至少应占总面积的90%。格栅的一侧放在主燃烧器的斜边上。斜三角形格栅与水平面夹角为45°±5°，该夹角可通过主燃烧器斜边中点至试样夹角作一水平直线来测得。

（7）矩形屏蔽板，宽度为370±5mm、高度为550±5mm，由硅酸钙板制成（其规格与背板规格相同），用以保护试样免受辅助燃烧器火焰辐射热的影响。矩形屏蔽板应固定在辅助燃烧器的底面斜边上，其底边中心位于燃烧器底面斜边的中心位置处且遮住斜边的整个长度，并在斜边两端各伸出8±3mm，其顶边高出辅助燃烧器顶端470±5mm。

（8）质量流量控制器，量程至少为0~2.3g/s，在0.6~2.3g/s内的读数精度为1%。

注：采用丙烷气有效燃烧热的低值（46360kJ/kg）进行计算，2.3g/s的丙烷流量对应的热释放为107kW。

（9）供气开关，用以向其中一个燃烧器供应丙烷气体。该开关应防止丙烷气体同时被供给两个燃烧器，但燃烧器切换的时间段除外（在切换瞬间，辅助燃烧器的燃气输出量在减少而主燃烧器的输出量在增加）。依据规定计算的该燃烧器切换响应时间不应超过12S。应该能在燃烧室外操作开关及上述的主要阀门。

（10）背板，用以支撑小推车中试样的两翼。背板的材料为硅酸钙板，其密度为800±150kg/m³，厚度为12±3mm，尺寸为：

① 短翼背板：(570+试样厚度)mm×(1500±5)mm。

② 长翼背板：(1000+空隙宽度±5)mm×(1500±5)mm。

短翼背板宽于试样，多余的宽度只能从一侧延伸出。对安装留有空隙的试样而言，应增加长翼背板的宽度，所增加的宽度等于空隙的尺寸。

活动板，为允许在试样两翼的后面增加空气流，板与板规定应用它们一半大小的板替换，遮挡上半部分间隙。

5）排烟系统

（1）在试验条件下，当标准条件温度为298K时，排烟系统应能以0.50~0.65m³/s的速度持续抽排烟气。

（2）排烟管道应配有两个侧管（内径为45mm的圆形管道），与排烟管道的纵轴水平垂直且其轴线高度位置与排烟管道的纵轴线高度相等。

（3）排烟管道的两种可能性结构。小推车在燃烧室的开口是位于顶部的。若能保证流量测量的不确定度相同或更小，可以拆卸排烟管道中180°的弯头或更换管道中的双向压力探头。

注1：因热输出的变化，所以在试验中，需对一些排烟系统（尤其是设有局部通风机的系统）进行人工或自动重调以满足规定中的要求。

注2：每隔一段时间便应清洁管道以避免堆积过多的煤烟。

6）综合测量装置

（1）三支热电偶，均为直径为0.5mm且符合《热电偶 第1部分：分度表》GB/T 16839.1要求的铠装绝缘K型热电偶。其触点均应位于距轴线半径为87±5mm的圆弧上，其夹角为120°。

(2) 双向探头，与量程至少为 0～100Pa 且精度为±2Pa 的压力传感器相连。压力传感器 90％输出的响应时间最多为 1s。

(3) 气体取样探头，与气体调节装置和 $O_2$ 及 $CO_2$ 气体分析仪相连。

① 氧气分析仪应为顺磁型且至少能测量出浓度为 16％～21％（$V_{氧气}/V_{空气}$）的 $O_2$。氧气分析仪的响应时间应不超过 12s。30min 内，分析仪的漂移和噪声均不超过 $100×10^{-6}$。分析仪对数据采集系统的输出应有 $100×10^{-6}$ 的最大分辨率。

② 二氧化碳分析仪应为 IR 型并至少能测量出浓度为 0～10％的 $CO_2$。分析仪的线性度至少应为满量程的 1％。分析仪的响应时间应不超过 12s。分析仪对数据采集系统的输出应有 $100×10^{-6}$ 的最大分辨率。

(4) 光衰减系统，为白炽光型，采用柔性接头安装于排烟管的侧管上，并包含以下装置：

① 灯，为白炽灯并在 2900±100K 的色温下使用。电源为稳定的直流电，且电流的波动范围在±0.5％以内（包括温度、短期及长期稳定性）。

② 透镜系统，用以将光聚成一直径至少为 20mm 的平行光束。光电管的发光孔应位于其前面的透镜的焦点上，且其直径 $d$ 应视透镜的焦距 $f$ 而定，以使 $d/f$ 小于 0.04。

③ 探测器，其光谱分布响应度与 CIE（光照曲线）相吻合，色度标准函数 $v(\gamma)$ 能达到至少±5％的精确度。在至少两位数以上的输出范围内，探测器输出的线性度应在所测量的透光率的 3％以内或绝对透光率的 1％以内。

光衰减系统的校准见规定。系统 90％响应时间不应超过 3s。

应向侧管内导入空气以使光学器件保持符合光衰减漂移要求的洁净度。可使用压缩空气来替代规定中建议使用的自吸式系统。

7) 其他通用装置

(1) 热电偶，为符合《热电偶　第 1 部分：分度表》GB/T 16839.1 要求、直径为 2±1mm 的 K 型热电偶，用以测量进入燃烧室内的环境温度。热电偶应安置在燃烧室的外墙上，与小推车开口间的距离不超过 0.20m 且离地板的高度不超过 0.20m。

(2) 测量环境压力的装置，精度为 200Pa。

(3) 测量室内空气相对湿度的装置，在相对湿度为 20％～80％的范围内，精度为±5％。

(4) 数据采集系统（用以自动记录数据），对于 $O_2$ 和 $CO_2$，精度至少为 $100×10^{-6}$（0.01％）；对于温度测量，精度为 0.5℃；对于所有其他仪器，为仪器满量程输出值的 0.1％；对于时间，为 0.1s。数据采集系统应每 3s 便记录、储存以下有关数值：

① 时间（s）；

② 通过燃烧器的丙烷气的质量流量（mg/s）；

③ 双向探头的压差（Pa）；

④ 相对光密度（无单位）；

⑤ $O_2$ 浓度（$V_{氧气}/V_{空气}$）％；

⑥ $CO_2$ 浓度（$V_{二氧化碳}/V_{空气}$）％；

⑦ 小推车底部处的空气导入口处的环境温度（K）；

⑧ 综合测量区三点温度值（K）。

2. 试验试样

1）试样尺寸

（1）板式制品尺寸如下：

① 短翼背板：$(495+50)$mm$\times(1500\pm5)$mm。

② 长翼背板：$(1000\pm5)$mm$\times(1500\pm5)$mm。

（2）除非在制品说明中有规定，否则若试样厚度 200mm，则应将试样的非受火面切除掉以使试样厚度为 $200_{-10}^{0}$mm。

（3）应在长翼的受火面距试样的夹角最远端的边缘、且距试样底边高度分别为 $500\pm3$mm 和 $1000\pm3$mm 处画两条水平线，以观察火焰在这两个高度边缘的横向传播情况。所画横线的宽度值不大于 3mm。

2）试样安装

（1）实际应用安装方法

对样品进行试验时，若采用制品要求的实际应用方法进行安装，则试验结果仅对该应用方式有效。

（2）标准安装方法

采用标准安装方法对制品进行试验时，试验结果除了对以该方式进行实际应用的情况有效外，对更广范围内的多种实际应用方式也有效。采用的标准安装方法及其有效性范围应符合相关的制品规范以及下述规定：

① 在对实际应用中自立无需支撑的板进行试验时，板应自立于距背板至少 80mm 处。对在实际应用中其后有通风间隙的板进行试验时，其通风间隙的宽度应至少为 40mm。对于这两种板，离试样角最远端的间隙的侧面应敞开，并去掉所述的活动盖板，且两个试样翼后的间隙应为开敞式连接。对于其他类型的板，离角最远的间隙的侧面应封闭，规定所述的盖板应保持原位且两个试样翼后的间隙不应为开敞式连接。

② 对于在实际应用中以机械方式固定于基材上的板，应采用适当的紧固件将板固定于相同基材上进行试验。对于延伸出试样表面的紧固件，其安装方法应使得试样翼能与底部的 U 形卡槽相靠并能与其侧面的另一试样翼完全相靠。

③ 对于在实际应用中以机械方式固定于基材且其后有间隙的板，试验时应将其与基材和背板及间隙一道进行试验。基材与背板之间的距离至少应为 40mm。

④ 对于在实际应用中粘结于基材上的制品，应将其粘结在基材上后再进行试验。

⑤ 所试验制品有水平接缝的，试验时水平接缝设置在样品的长翼上，且距样品底边500mm。所试验制品有垂直接缝的，试验时垂直接缝在样品长翼上，且距夹角棱线200mm，试样两翼安装好后进行试验时测量上述距离。

⑥ 有空气槽的多层制品，试验时空气槽应为垂直方向。

⑦ 标准基材应符合 EN 13238 的要求。基材的尺寸应与试样的尺寸一致。

⑧ 对表面不平整的制品进行试验时，受火面中 250mm$^2$ 具有代表性的面上最多只有30%的面与 U 形卡槽后侧所在的垂直面相距 10mm 以上。可通过改变表面不平整的样品的形状和/或使样品延伸出 U 形卡槽至燃烧器的一侧来满足该要求。样品不应延伸出燃烧器（即延伸出 U 形卡槽的最长距离为 40mm）。

3）试样翼在小推车中的安装

（1）试样翼在小推车中应按下列要求安装：

① 试样短翼和背板安装于小推车上，背板的延伸部分在主燃烧器的侧面且试样的底边与小推车底板上的短 U 形卡槽相靠。

② 试样长翼和背板安装于小推车上，背板的一端边缘与短翼背板的延伸部分相靠且试样的底边与小推车底板上的长 U 形卡槽相靠。

③ 试样双翼在顶部和底部均应用固定件夹紧。

④ 为确保背板的交角棱线在试验过程中不至于变宽，应符合以下其中一条规定：

长度为 1500mm 的 L 形金属角条应放于长翼背板的后侧边缘处，并与短翼背板在交角处靠紧。采用紧固件以 250mm 的最大间距将 L 形角条与背板相连，或钢质背网应安装在背板背面。

（2）试验样品的暴露边缘和交角处的接缝可用一种附加材料加以保护，而这种保护要与该制品在实际中的使用相吻合。若使用了附加材料，则两翼边的宽度包含该附加材料在内应符合规定的要求。

（3）将试样安装在小推车上，应从以下几个方面进行拍照：

① 长翼受火面的整体镜头：翼的中心点应在视景的中心处。照相机的镜头视角与长翼的表面垂直。

② 距小推车底板 500mm 高度处长翼的垂直外边的特写镜头：照相机的镜头视角应水平并与翼的垂直面约成 45°角。

③ 若按相关规定使用了附加材料，则应拍摄使用这种材料处的边缘和接缝的特写镜头。

4）试样数量

应根据"试验步骤"用三组试样（三组长翼加短翼）进行试验。

3. 状态调节

（1）状态调节应根据 EN 13238 以及规定的要求进行。

（2）组成试样的部件既可分开也可固定在一起进行状态调节。但是，对于胶合在基材上进行试验的试样，应在状态调节前将试样胶合在基材上（对于固定在一起的试样，状态调节需要更长的时间才能达到质量恒定）。

4. 试验原理

由两个成直角的垂直翼组成的试样暴露于直角底部的主燃烧器产生的火焰中，火焰由丙烷气体燃烧产生，丙烷气体通过砂盒燃烧器并产生 $30.7\pm2.0kW$ 的热输出。

试样的燃烧性能通过 20min 的试验过程来进行评估。性能参数包括：热释放、产烟量、火焰横向传播和燃烧滴落物及颗粒物。

在点燃主燃烧器前，应利用离试样较远的辅助燃烧器对燃烧器自身的热输出和产烟量进行短时间的测量。

一些参数测量可自动进行，另一些则可通过目测法得出。排烟管道配有用以测量温度、光衰减、$O_2$ 和 $CO_2$ 的摩尔分数以及管道中引起压力差的气流的传感器。这些数值是自动记录的并用以计算体积流速、热释放速率和产烟率。

对火焰的横向传播和燃烧滴落物及颗粒物可采用目测法进行测量。

5. 试验步骤

1）概要

将试样安装在小推车上，主燃烧器已位于集气罩下的框架内，按规定步骤依次进行试验，直至试验结束。整个试验步骤应在试样从状态调节室中取出后的 2h 内完成。

2）试验操作

（1）将排烟管道的体积流速设为 $0.60\pm0.05\mathrm{m}^3/\mathrm{s}$。在整个试验期间，该体积流速应控制在 $0.50\sim0.65\mathrm{m}^3/\mathrm{s}$ 的范围内（在试验过程中，因热输出的变化，需对一些排烟系统（尤其是设有局部通风机的排烟系统）进行人工或自动重调，以满足规定的要求）。

（2）记录排烟管道中热电偶 $T_1$、$T_2$ 和 $T_3$ 的温度以及环境温度且记录时间至少应达 300s。环境温度应在 $20\pm10\mathrm{℃}$ 内，管道中的温度与环境温度相差不应超过 4℃。

（3）点燃两个燃烧器的引燃火焰（如使用了引燃火焰）。试验过程中引燃火焰的燃气供应速度变化不应超过 5mg/s。

（4）记录试验前的情况。需记录的数据见规定。

（5）采用精密计时器开始计时并自动记录数据。开始的时间 $t$ 为 0s。需记录的数据见规定。

（6）在 $t$ 为 $120\pm5\mathrm{s}$ 时：点燃辅助燃烧器并将丙烷气体的质量流量调至 $647\pm10\mathrm{mg/s}$，此调整应在 $t$ 为 150s 前进行。整个试验期间丙烷气质量流量应在此范围内（$210\mathrm{s}<t<270\mathrm{s}$ 这一时间段是测量热释放速率的基准时段）。

（7）在 $t$ 为 $300\pm5\mathrm{s}$ 时：丙烷气体从辅助燃烧器切换到主燃烧器。观察并记录主燃烧器被引燃的时间。

（8）观察试样的燃烧行为，观察时间为 1260s 并在记录单上记录数据。需记录的数据见规定（试样暴露于主燃烧器火焰下的时间规定为 1260s。在 1200s 内对试样进行性能评估）。

（9）在 $t>1560\mathrm{s}$ 时：

① 停止向燃烧器供应燃气。

② 停止数据的自动记录。

（10）当试样的残余燃烧完全熄灭至少 1min 后，应在记录单上记录试验结束时的情况。应记录的数据见规定（应在无残余燃烧影响的情况下记录试验结束时的现象。若试样很难彻底熄灭，则需将小推车移出）。

3）目测法和数据的人工记录

（1）概要

本条中的数值应采用目测法观察得出并按规定格式记录。应向观察者提供安装有记录仪的精密计时。得到的观察结果应记录在记录单上。

（2）试验前的情况

应记录以下数值：

① 环境大气压力（Pa）。

② 环境相对湿度（%）。

（3）火焰在长翼上的横向传播

在试验开始后的 1500s 内，在 $500\sim1000\mathrm{mm}$ 之间的任何高度，持续火焰到达试样长翼远边缘处时，火焰的横向传播应予以记录。火焰在试样表面边缘处至少持续 5s 为该现象的判据（当试样安装于小推车中时，是看不见试样的底边缘的。安装好试样后，试样在小推车的 U 形卡槽顶部位置的高度约为 20mm）。

（4）燃烧颗粒物或滴落物

仅在开始受火后的 600s 内及仅当燃烧滴落物/颗粒物滴落到燃烧器区域外的小推车底板（试样的低边缘水平面内）上时，才记录燃烧滴落物/颗粒物的滴落现象。燃烧器区域定义为试样翼前侧的小推车底板区，与试样翼之间的交角线的距离小于 0.3m。应记录以下现象：

① 在给定的时间间隔和区域里，滴落后仍在燃烧但燃烧时间不超过 10s 的燃烧滴落物/颗粒物的滴落情况。

② 在给定的时间间隔和区域里，滴落后仍在燃烧但燃烧时间超过 10s 的燃烧滴落物/颗粒物的滴落情况。

需在小推车的底板上画一 1/4 圆，以标记燃烧器区域的边界。画线的宽度应小于 3mm。

注 1：接触到燃烧器区域外的小推车底板上且仍在燃烧的试样部分应视为滴落物，即使这些部分与试样仍为一个整体（如强度较弱的制品的弯曲）。

注 2：为防止熔化的材料从燃烧器区域里流到燃烧器区域外，需在燃烧器区域边界处两个长、短翼的 U 形卡槽上各安装一块挡片。

（5）记录结束时的情况

应记录以下数值：

① 排烟管道中"综合测量区"的透光率（％）。

② 排烟管道中"综合测量区"的 $O_2$ 的摩尔分数。

③ 排烟管道中"综合测量区"的 $CO_2$ 的摩尔分数。

（6）现象记录

应记录以下现象：

① 表面的闪燃现象。

② 试验过程中，试样生成的烟气没被吸进集气罩而从小推车溢出并流进旁边的燃烧室。

③ 部分试样发生脱落。

④ 夹角缝隙的扩展（背板间相互固定的失效）。

⑤ 根据"试验的提前结束"规定可用以判断试验提前结束的一种或多种情况。

⑥ 试样的变形或垮塌。

⑦ 对正确解释试验结果或对制品应用领域具有重要性的所有其他情况。

4）数据采集

（1）在"试验操作"中规定的时间段内，应每 3s 便自动测量和记录规定的数值，并储存这些数值以作进一步处理。

（2）时间 $t$（s）；定义开始记录数据时，$t=0$。

（3）供应给燃烧器的丙烷气体的质量流量（mg/s）。

（4）在排烟管道的综合测量区，双向探头所测试的压力差（Pa）。

（5）在排烟管道的综合测量区，从光接收器中发出的白光系统信号（％）。

（6）排烟管道气流中的 $O_2$ 摩尔分数，在排烟管道的综合测量区中的气体取样探头处取样。

注：仅在排烟管道中测量 $O_2$ 和 $CO_2$ 的浓度；假设进入燃烧室的空气里的两种气体的浓度均恒定。但应注意从耗氧（如通过燃烧试验耗氧）空间里来的空气不能满足这一假设。

（7）排烟道气流中的 $CO_2$ 摩尔分数，在排烟管道的综合测量区中的气体取样探头处取样。

（8）小推车底部空气入口处的环境温度（K）。

（9）排烟管道综合测量区中三支热电偶的温度值（K）。

5）试验的提前结束

若发生以下任意两种情况，则可在规定的受火时间结束前关闭主燃烧器：

（1）一旦试样的热释速率超过 350kW，或 30s 期间的平均值超过 280kW。

（2）一旦排烟管温度 400℃，或 30s 期间的平均值超过 300℃。

（3）滴落在燃烧器砂床上的滴落物明显干扰了燃烧器的火焰或因燃烧器被堵塞而熄灭。若滴落物堵塞一半燃烧器，则可认为燃烧器受到实质性干扰。

记录停止向燃烧器供气时的时间以及停止供气的原因。

若试验提前结束，则分级试验结果无效。

6. 试验结果

（1）每次试验中，样品的燃烧性能应采用平均热释放速率 $HRR_{av}(t)$、总热释放量 $THR(t)$ 和 $1000 \times HRR_{av}(t)/(t-300)$ 的曲线图表示，试验时间为 $0 \leqslant t \leqslant 1500s$。还可以根据规定计算出燃烧增长速率指数 $FIGRA_{0.2MJ}$ 和 $FIGRA_{0.4MJ}$ 以及在 600s 内的总释放量 $THR_{600s}$ 的值以及根据"试验结束时的情况"判定是否发生了火焰横向传播至试样边缘处的这一现象来表示。

（2）每次试验中，样品的产烟性能应采用 $SPR_{av}(t)$、生成的总产烟量 $TSP(t)$ 和 $10000 \times SPR_{av}(t)/(t-300)$ 的曲线图表示，试验时间为 $0 \leqslant t \leqslant 1500s$。还可以根据规定计算出烟气生成速率指数 $SMOGRA$ 的值和 600s 内生成的总产烟量 $TSP_{600s}$ 的值来表示。

（3）每次试验中，关于制品的燃烧滴落物和颗粒物生成的燃烧行为，应分别按照规定进行判定，以是否有燃烧滴落物和颗粒物这两种产物生成或只有一种产物生成来表示。

7. 试验报告

试验报告应包含以下信息。应明确区分由委托试验单位提供的数据和由试验得出的数据。

（1）试验所依据的标准。

（2）试验方法产生的偏差。

（3）试验室的名称及地址。

（4）报告的日期和编号。

（5）委托试验单位的名称及地址。

（6）生产厂家的厂名及地址（若知道）。

（7）到样日期。

（8）制品标识。

（9）有关抽样步骤的说明。

（10）试验制品的一般说明，包括密度、面密度、厚度以及试样结构形状。

（11）有关基材及其紧固件（若使用）的说明。

（12）状态调节的详情。

（13）试验日期。

（14）试验结果。

（15）符合规定的照片资料。

（16）试验中观察到的现象。

（17）下列陈述在特定的试验条件下，试验结果与试样的性能有关；试验结果不能作为评估制品在实际使用条件下潜在火灾危险性的唯一依据。

### 2.4.5　氧指数法测定（室温试验）

《塑料　用氧指数法测定燃烧行为　第 2 部分：室温试验》GB/T 2406.2 描述了在规定试验条件下，在氧、氮混合气流中，刚好维持试样燃烧所需最低氧浓度的测定方法，其结果定义为氧指数。该方法适用于试样厚度小于 10.5mm 能直立自撑的条状或片状材料，也适用于表观密度大于 $100kg/m^3$ 的匀质固体材料、层压材料和泡沫材料，以及某些表观密度小于 $100kg/m^3$ 的泡沫材料。

1. 概述

1）试验方法

提供了能直立自撑的条状或片状材料或薄膜的试验方法及某种材料的氧指数是否高于给定值的测定方法。

2）结果用途

（1）按《塑料　用氧指数法测定燃烧行为　第 2 部分：室温试验》GB/T 2406.2 提供方法获得的氧指数值，能够提供在某些受控实验室条件下燃烧特性的灵敏尺度，可用于质量控制。

（2）所获得的结果依赖于试样的形状取向和隔热以及着火条件。对于特殊材料或特殊用途，需规定不同试验条件。不同厚度、不同点火方式获得的结果不可比，也与其他着火燃烧的行为不相干。

（3）所获得的结果不能用于描述或评定某些特定材料或特定形状在实际着火情况下材料所呈现的着火危险性，只能作为评价某种火灾危险性的一个要素，该评价考虑了材料在特定应用时着火危险性评定的所有相关因素之一。

3）定义

氧指数是指通过 $23\pm2℃$ 的氧、氮混合气体时，刚好维持材料燃烧的最小氧浓度，以体积分数表示。

4）原理

将一个试样垂直固定在向上流动的氧、氮混合气体的透明燃烧筒里，点燃试样顶端，并观察试样的燃烧特性，把试样连续燃烧时间或试样燃烧长度与给定的判据相比较，通过在不同氧浓度下的一系列试验，估算氧浓度的最小值。

为了与规定的最小氧指数值进行比较，试验 3 个试样，根据判据判定至少两个试样熄灭。

2. 仪器设备

1）试验燃烧筒

由一个垂直固定在基座上，并可导入含氧混合气体的耐热玻璃筒组成。燃烧筒的支座应安有填平装置或水平指示器，以使燃烧筒和安装在其中的试样垂直对中。

2）试样夹

用于燃烧筒中央的垂直支撑试样。对于自撑材料夹持处离开判断试样可能燃烧到的最近点至少 15mm。

3）气源

采用纯度（质量分数）不低于 98％的氧气和/或氮气，和/或清洁的空气（含氧气 20.9％（体积分数））作为气源。

4）气体测量和控制装置

适于测量进入燃烧筒内混合气体的氧浓度（体积分数），准确至±0.5％。当在 23±2℃通过燃烧筒的气流为 40±2mm/s 时，调节浓度的精度为±0.1％。

5）点火器

由一根末端直径为 2±1mm 能插入燃烧筒并喷出火焰点燃试样的管子组成。火焰的燃料应为未混有空气的丙烷。

6）计时器

测量时间可达 5min，准确度±0.5s。

7）排烟系统

有通风和排风设施，能排除燃烧筒内的烟尘或灰粒，但不能干扰燃烧筒内的气体流速和温度。

3. 设备的校准

为了符合试验方法的要求，应定期按照标准的规定对设备进行校准，再次校准和使用之间的最大时间间隔应符合标准的规定。

4. 试样制备

1）取样

应按材料标准进行取样，所取样品至少能制备 15 根试样。

2）试样尺寸和制备

依照适宜的材料标准规定的步骤制备试样，模塑和切割试样最适宜的样条形状在表 2.4.5-1 中给出。确保试样表面清洁，且无影响燃烧行为的缺陷，如模塑飞边或机加工的毛病。

3）试样的标线

为了观察试样燃烧距离，可根据试样的类型和所用的点火方式在一个或多个面上画标线。自撑试件至少在两相邻表面画标线。如使用墨水，在点燃前应使标线干燥。

（1）顶面点燃试验标线

按照方法 A（见下述）试验Ⅰ、Ⅱ、Ⅲ、Ⅳ或Ⅵ型试样时，应在离点燃端 50mm 处画标线。

（2）扩散点燃试验标线

① 试验Ⅴ型试样时，标线画在支撑框架上。在试验稳定性材料时，为了方便，在离点燃端 10mm 和 60mm 处画标线。

② 如Ⅰ、Ⅱ、Ⅲ、Ⅳ或Ⅵ型试样用方法 B 试验时，在离点燃端 10mm 和 60mm 处画标线。

表 2. 4. 5-1

试样尺寸

| 试样形状[a] | 尺　　寸 | | | 用　　途 |
|---|---|---|---|---|
| | 长度(mm) | 宽度(mm) | 厚度(mm) | |
| Ⅰ | 80～150 | 10±0.5 | 4±0.25 | 用于模塑材料 |
| Ⅱ | 80～150 | 10±0.5 | 10±0.5 | 用于泡沫材料 |
| Ⅲ[b] | 80～150 | 10±0.5 | ≤10.5 | 用于片材"接收状态" |
| Ⅳ | 70～150 | 6.5±0.5 | 3±0.25 | 电器用自撑模塑材料或板材 |
| Ⅴ[b] | $140^{0}_{-5}$ | 52±0.5 | ≤10.5 | 用于软膜或软片 |
| Ⅵ[c] | 140～200 | 20 | 0.02～0.10[d] | 用于能用规定的杆[d]缠绕"接收状态"的薄膜 |

注:

a. Ⅰ、Ⅱ、Ⅲ和Ⅳ型试样适用于自撑材料。Ⅴ型试样适用于非自撑材料。

b. Ⅲ和Ⅴ型试样所获得的结果，仅用于同样形状和厚度的试样的比较。假定这些材料厚度的变化量是受到其他标准控制的。

c. Ⅳ型试样适用于缠绕后能自撑的薄膜。表中的尺寸是缠绕前原始薄膜的形状。

d. 限于厚度能用规定的棒缠绕的薄膜。

4）状态调节

除非另有规定，否则每个试样试验前应在温度 23±2℃、湿度 50％±5％的条件下至少调节 88h。

说明:

（1）含有易挥发可燃物的泡沫材料试样，在温度 23±2℃和湿度 50％±5％状态调节前，应在鼓风烘箱内处理 168h，以除去这些物质。

（2）体积较大的这类材料，需要较长的预处理时间。切割含有易挥发可燃物泡沫材料试样的设施需考虑与之相适应的危险性。

5. 试验步骤

当不需要测定材料的准确氧指数，只是为了与判定的最小氧指数比较时，则使用简化的步骤。

1）设备和试样的安装

（1）试验装置应放置在 23±2℃ 的环境中。必要时将试样放置在 23±2℃和 50％±5％的密闭容器中，当需要时从容器中取出。

（2）如需要，将重新校准设备。

（3）选择起始氧浓度，可根据类似材料的结果选取。另外，可观察试样在空气中的点燃情况，如果试样迅速燃烧，选择起始氧浓度约在 18％（体积分数）；如果试样缓慢燃烧或不稳定燃烧，选择起始氧浓度约在 21％（体积分数）；如果试样在空气中不连续燃烧，选择起始氧浓度约在 25％（体积分数），这取决于点燃的难易程度或熄灭前燃烧时间的长短。

（4）确保燃烧筒处于垂直状态。将试样垂直安装在燃烧筒的中心位置，使试样的顶端低于燃烧筒顶口至少 100mm，同时试样的最低点的暴露部分要高于燃烧筒基座的气体分散装置的顶面 100mm。

（5）调整气体混合器和流量计，使氧/氮在 23±2℃下混合，氧浓度达到设定值，并以 40±2mm/s 的流速通过燃烧筒。在点燃试样前至少用混合气体冲洗燃烧筒 30s。确保点燃及试样燃烧期间气体流速不变。

（6）记录氧浓度，按以下公式计算所用的氧浓度，以体积分数表示。

$$c_O = \frac{100V_O}{V_O + V_N} \qquad (2.4.5\text{-}1)$$

式中　$c_O$——氧浓度，以体积分数表示；

　　　$V_O$——23℃时，混合气体中每单位体积的氧的体积；

　　　$V_N$——23℃时，混合气体中每单位体积的氮的体积。

如使用氧分析仪，则氧浓度应在具体使用的仪器上读取。

2）点燃试样

（1）概述

根据试样的形状，按要求任选一种点燃方法：

① Ⅰ、Ⅱ、Ⅲ、Ⅳ或Ⅵ型试样，使用方法 A（顶面点燃）。

② Ⅴ型试样，使用方法 B（扩散点燃）。

在《塑料　用氧指数法测定燃烧行为　第 1 部分：导则》GB/T 2406.1 所述环境中点燃是指有焰燃烧。

注 1：试验的氧浓度在等于或接近材料氧指数值表现稳态燃烧和燃烧扩散时，或厚度≤3mm 的自撑试样，发现方法 B 比方法 A 给出的结果更一致，因此方法 B 可用于Ⅰ、Ⅱ、Ⅲ、Ⅳ和Ⅵ型试样。

注 2：某些材料可能表现无焰燃烧（例如灼烧燃烧）而不是有焰燃烧，或在低于要求的氧浓度时不是有焰燃烧。当试验这种材料时，必须鉴别所测氧指数的燃烧类型。

（2）方法 A——顶面点燃法

① 顶面点燃是在试样顶面使用点火器点燃。

② 将火焰的最低部分施加于试样的顶面，如需要，可覆盖整个顶面，但不能使火焰对着试样的垂直面或棱，施加火焰 30s，每隔 5s 移开一次，移开时恰好有足够时间观察试样的整个顶面是否处于燃烧状态。

③ 在每增加 5s 后，观察整个试样顶面持续燃烧，立即移开点火器，此时试样被点燃并开始记录燃烧时间和观察燃烧长度。

（3）方法 B——扩散点燃法

① 扩散点燃法是使点火器产生的火焰通过顶面下移到试样的垂直面。

② 下移点火器把可见火焰施加于试样顶面并下移到垂直面近 6mm。连续施加火焰 30s，包括每 5s 检查试样的燃烧中断情况，直到垂直面处于稳态燃烧或可见燃烧部分达到支撑框架的上标线为止。

③ 如果使用Ⅰ、Ⅱ、Ⅲ、Ⅳ或Ⅵ型试样，则燃烧部分达到试样的上标线为止。

为了测量燃烧时间和燃烧的长度，当燃烧部分（包括沿着试样表面滴落的任何燃烧滴落物）达到上标线时，就认为试样被点燃。

3）单个试样燃烧行为评价

（1）当试样按照方法 A 和方法 B 点燃时，开始记录燃烧时间，观察燃烧行为。如果燃烧终止，但在 1s 内又自发再燃，则继续观察记时。

（2）如果试样的燃烧时间和燃烧长度均未超过表 2.4.5-2 规定的相关值，记作"0"反应。如果燃烧时间和燃烧长度两者任何一个超过表 2.4.5-2 规定的相关值，记下燃烧行为和火焰的熄灭情况，此时记作"×"反应。

注意材料的燃烧状况，如滴落、焦糊、不稳定燃烧、灼热燃烧或余辉。

（3）移出试样，清洁燃烧筒及点火器。使燃烧筒温度回到 $23\pm2℃$，或用另一个燃烧筒代替。

氧指数测量的判定　　　　　　　　　　　表 2. 4. 5-2

| 试验类型 | 点燃方法 | 判据(二选其一) | |
| --- | --- | --- | --- |
| | | 点燃后的燃烧时间(s) | 燃烧长度 |
| Ⅰ、Ⅱ、Ⅲ、Ⅳ和Ⅵ | A 顶面点燃 | 180 | 试样顶端以下 50mm |
| | B 扩散点燃 | 180 | 上标线以下 50mm |
| Ⅴ | B 扩散点燃 | 180 | 上标线(框架上)以下 80mm |

注 1：不同形状的试样或不同点燃方式及试验过程，不能产生等效的氧指数效果。

注 2：当试样上任何可见的燃烧部分，包括垂直表面流淌的燃烧滴落物，通过规定的标线时，认为超过了燃烧范围。

4）逐步选择氧浓度

"初始氧浓度的确定"和"氧浓度的改变"所述的方法是基于"少量样品升-降法"，利用 $N_T-N_L=5$ 的特定条件，以任意步长使氧浓度进行一定的变化。

试验过程中，按下述步骤选择氧浓度：

（1）如果前一个试样行为是"×"反应，则降低氧浓度；或

（2）如果前一个试样行为是"○"反应，则增加氧浓度。

按"初始氧浓度的确定"和"氧浓度的改变"选择氧浓度的变化步长。

5）初始氧浓度的确定

采取任意合适的步长，重复上述步骤，直到氧浓度（体积分数）之差≤1.0%，且一次是"○"反应，另一次是"×"反应为止。将这组氧浓度中的"○"反应，记作初始氧浓度，然后按"氧浓度的改变"进行。

注意事项：

（1）氧浓度之差≤1.0% 的两个相反结果，不一定从连续试验的试样中得到。

（2）给出的"○"反应的氧浓度不一定比给出"×"反应的氧浓度低。

（3）使用表格记录本条和"试验结果记录单"所述的各条要求的信息。

6）氧浓度的改变

（1）再次利用初始氧浓度，重复上述步骤试验一个试样，记录所用的氧浓度和"×"反应或"○"反应，作为 $N_L$ 和 $N_T$ 的第一个值。

（2）按"逐步选择氧浓度"改变氧浓度，并按上述步骤试验其他试样，氧浓度（体积分数）的改变量为总混合气体的 0.2%，记录氧浓度值及相应的反应，直到按上述（1）获得的相应反应为止。

由（1）获得的结果及（2）类似反应的结果构成 $N_L$ 系列。

（3）保持 $d=0.2\%$，按照上述步骤试验 4 个以上的试样，并记录每个试样的氧浓度和反应类型，最后一个试样的氧浓度记为 $c_f$。

这 4 个结果连同由（2）获得的最后结果（与（1）获得的反应不同的结果）构成 $N_T$ 系列的其余结果，即：

$$N_T = N_L + 5$$

（4）按照"氧浓度测量的标准偏差"由 $N_T$ 系列（包括 $c_f$）最后的 6 个反应计算氧浓度的标准偏差，如果满足条件：

$$\frac{2\bar{\sigma}}{3} < d < 1.5\bar{\sigma}$$

按照下式计算氧指数。另外，

① 如果 $d < \dfrac{2\bar{\sigma}}{3}$，增加 $d$ 值，重复上述（2）～（4）的步骤直到满足条件；或

② 如果 $d > 1.5\bar{\sigma}$，减小 $d$ 值，直到满足条件。除非相关材料标准有要求，$d$ 不能低于 0.2。

6. 结果的计算与表示

1）氧指数

氧指数，以体积分数表示，由下式计算：

$$OI = c_f + kd \tag{2.4.5-2}$$

式中　$c_f$——按测量及记录的 $N_T$ 系列中最后氧浓度值，以体积分数表示（%），取一位小数；

　　　$d$——按使用和控制的氧浓度的差值，以体积分数表示（%），取一位小数；

　　　$k$——按规定由标准获得的系数。

按规定计算氧浓度的标准偏差 $\sigma$ 时，氧指数值取两位小数。

报告氧指数时，准确至 0.1，不修约。

2）$k$ 值的确定

$k$ 值和符号取决于按"氧浓度的改变"试验的试样反应类型，可由表 2.4.5-3 按下述的方法确定：

（1）若按上述（1）试样是"○"反应，则第一个相反的反应是"×"反应，当按（3）试验时，在表 2.4.5-3 的第一栏，找出与最后 4 个反应符号相对应的那一行，找出 $N_L$ 系列（按（1）和（2）获得）中"○"反应的数目，作为该表 a）行中"○"的数目，$k$ 值和符号在第 2、3、4 或 5 栏中给出。

（2）若按上述（1）试样是"×"反应，则第一个相反的反应是"○"反应，当按（3）试验时，在表 2.4.5-3 的第六栏，找出与最后 4 个反应符号相对应的那一行，找出 $N_L$ 系列（按（1）和（2）获得）中"×"反应的数目，作为该表 b）行中"×"的数目，$k$ 值在第 2、3、4 或 5 栏中给出，但符号相反，查表 2.4.5-3 的负号变成正号，反之亦然。

3）氧浓度测量的标准偏差

氧浓度测量的标准偏差由下式计算：

$$\bar{\sigma} = \left[\frac{\sum\limits_{i=1}^{n}(c_i - OI)^2}{n-1}\right]^{1/2} \tag{2.4.5-3}$$

式中　$c_i$——$N_T$ 系列测量中最后 6 个反应每个所用的百分浓度；

　　　$OI$——按式（2.4.5-2）计算的氧指数值；

　　　$n$——构成 $\sum(c_i - OI)^2$ 氧浓度测量次数。

由 Dixon's "升-降法" 进行测定时用于计算氧指数浓度的 $k$ 值　　表 2.4.5-3

| 1 | 2 | 3 | 4 | 5 | 6 |
|---|---|---|---|---|---|
| 最后五次<br>测定的反应 | $N_L$ 前几次测量反应如下时的 $k$ 值 | | | | |
| | a)　○ | ○○ | ○○○ | ○○○○ | |
| 10　×○○○○ | −0.55 | −0.55 | −0.55 | −0.55 | ○×××× |
| ×○○○× | −1.25 | −1.25 | −1.25 | −1.25 | ○×××○ |
| ×○○×○ | 0.37 | 0.38 | 0.38 | 0.38 | ○××○× |
| ×○○×× | −0.17 | −0.14 | −0.14 | −0.14 | ○××○○ |
| ×○×○○ | 0.02 | 0.04 | 0.04 | 0.04 | ○×○×× |
| ×○×○× | −0.50 | −0.46 | −0.45 | −0.45 | ○×○×○ |
| ×○××○ | 1.17 | 1.24 | 1.25 | 1.25 | ○×○○× |
| ×○××× | 0.61 | 0.73 | 0.76 | 0.76 | ○×○○○ |
| ××○○○ | −0.30 | −0.27 | −0.26 | −0.26 | ○○××× |
| ××○○× | −0.83 | −0.76 | −0.75 | −0.75 | ○○××○ |
| ××○×○ | 0.83 | 0.94 | 0.95 | 0.95 | ○○×○× |
| ××○×× | 0.30 | 0.46 | 0.50 | 0.50 | ○○×○○ |
| ×××○○ | 0.50 | 0.65 | 0.68 | 0.68 | ○○○×× |
| ×××○× | −0.04 | 0.19 | 0.24 | 0.25 | ○○○×○ |
| ××××○ | 1.60 | 1.92 | 2.00 | 2.01 | ○○○○× |
| ××××× | 0.89 | 1.33 | 1.47 | 1.50 | ○○○○○ |
| | $N_L$ 前几次反应如下时的 $k$ 值 | | | | |
| | b)　× | ×× | ××× | ×××× | 最后五次测定<br>的反应 |
| | 对应第 6 栏的反应上表给出的 $k$ 值,但符号相反,即:<br><br>$$OI = c_f - kd$$ | | | | |

7. 方法 C——与规定的最小氧指数值比较（简捷方法）

当不需要测定材料的准确氧指数,只是为了与规定的最小氧指数值相比较时,则使用简化的步骤。若有争议或需要实际氧指数时,应用以上试验步骤。

(1) 除了按前述选择规定的最小氧浓度外,应按规定安装设备和试样。

(2) 按规定点燃试样。

(3) 试验 3 个试样,按规定评价每个试样的燃烧行为。

如果 3 个试样至少有 2 个在超过表 2.4.5-2 所示相关判据以前火焰熄灭,记录的是 "0" 反应,则材料的氧指数不低于指定值。相反,材料的氧指数低于指定值。或按上述试验方法测定氧指数。

8. 试验报告

试验报告包括以下内容:

(1) 标准注明采用标准编号。

(2) 声明本试验结果仅与本试验条件下试样的行为有关,不能用于评价其他形式或其他条件下材料着火的危险性。

（3）注明材料的类型、密度、材料或样品原有的不均匀性相关的各项异性。

（4）试样类型和尺寸。

（5）点燃方法。

（6）氧指数值或采用方法 C 时规定的最小氧指数值，并报告是否高于规定的氧指数。

（7）行为的描述，如烧焦、滴落、严重的收缩、不稳定燃烧或余辉。

（8）任何偏离标准要求的情况。

9. 检测方法应用

《绝热用模塑聚苯乙烯泡沫塑料》GB/T 10801.1 标准，规定了氧指数的测定方法：

氧指数的测定按《塑料　用氧指数法测定燃烧行为　第 1 部分：导则》GB/T 2406.1 的规定进行试验，样品陈化 28d。试样尺寸 $(150\pm1)mm\times(12.5\pm1)mm\times(12.5\pm1)mm$。

# 第3章 建筑绝热材料及辅助材料检测

## 3.1 有机保温材料

### 3.1.1 钢丝网架模塑聚苯乙烯板

《外墙外保温系统用钢丝网架模塑聚苯乙烯板》GB/T 26540 标准，规定了外墙外保温系统用钢丝网架模塑聚苯乙烯（以下简称 EPS）板的定义、分类与标记、要求、试验方法、检验规则、标志、包装、运输和储存。该标准适用于以工厂自动化设备生产的双面或单面钢丝网架为骨架，EPS 为绝热材料，用于现浇混凝土建筑、砌体建筑及既有建筑外墙外保温系统的钢丝网架 EPS 板。其他种类的绝热材料钢丝网架板可参照该标准执行。定义如下：

（1）腹丝：穿入绝热材料与网片焊接的钢丝。

（2）非穿透型单面钢丝网架：以单面钢丝网片和焊接其上的未穿透 EPS 板的腹丝为骨架，以阻燃型 EPS 板为绝热材料构成的网架板。

（3）穿透型单面钢丝网架 EPS 板：以单面钢丝网片和焊接其上的穿透 EPS 板的腹丝为骨架，以阻燃型 EPS 板为绝热材料构成的网架板。

（4）穿透型双面钢丝网架 EPS 板：以之字条形腹丝或斜插腹丝和焊接其上的双面钢丝网片为骨架，以阻燃型 EPS 板为绝热材料构成的网架板。

（5）界面处理剂：由水泥、高分子材料组成喷涂于钢丝网架 EPS 板表面的，可提高钢丝网架板与找平层粘结性和 EPS 板的阻燃性的材料。

1. 规格尺寸和允许偏差试验

规格

1）量具

（1）钢卷尺精度 1mm。

（2）钢直尺精度 0.5mm。

（3）游标卡尺精度 0.05mm。

（4）外卡钳精度 0.02mm。

（5）千分尺精度 0.01mm。

（6）游标万能角度尺读数值 5′。

2）试件

在放置至少 24h 的产品中抽取试件。

3）长度、宽度

将试件放置在至少有三个相等间距，具有硬质平滑表面的支撑物上。按图 3.1.1-1 所示用钢卷尺和直尺测量其长度、宽度。取 3 个测量值的算术平均值为测定结果，修约至 1mm。

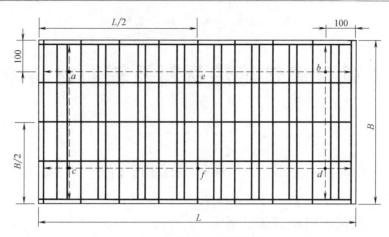

图 3.1.1-1 长度、宽度和厚度测量位置（mm）

4）厚度

（1）网架板厚度

按图 3.1.1-1 所示，在 $a$、$b$、$c$、$d$、$e$、$f$ 点，用钢直尺和外卡钳配合或用游标卡尺按图 3.1.1-2 所示测量网架板厚度。取 6 个测量值的算术平均值为测定结果，修约至 1mm。

（2）EPS 板厚度

按图 3.1.1-1 所示，在 $a$、$b$、$c$、$d$、$e$、$f$ 点，用钢直尺和外卡钳配合或用游标卡尺按图 3.1.1-2 所示测量 EPS 板厚度。取 6 个测量值的算术平均值为测定结果，修约至 1mm。

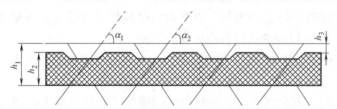

图 3.1.1-2 钢丝网架 EPS 板厚度测量示意图

$h_1$—网架板厚度；$h_2$—EPS 板厚度；$h_3$—钢丝外缘至 EPS 板凸面的距离

2. 热阻试验

沿板材长度方向截取 1 块原厚度的试件，将试件上的钢丝网尽量压至与板面紧密接触，然后在有网的一面抹约 10mm 厚的水泥砂浆（普通硅酸盐水泥与砂的重量比为 1：2.5），样品的另一面将斜插丝头剪至 5mm 以下，再抹约 10mm 厚同样的水泥砂浆（两面砂浆总厚为 20mm），待成型后，放入养护室至规定的龄期，取出测量其热阻值，按《绝热 稳态传热性质的测定 标定和防护热箱法》GB/T 13475 进行试验。

3. 焊点抗拉力试验

焊点抗拉力按《镀锌电焊网》QB/T 3897 的 5.5 进行试验。

4. EPS 板密度试验

在试件距板边 100mm 的部位切取 100mm×100mm×原板厚的样块三件，拔出样块中的腹丝，按《泡沫塑料及橡胶 表观密度的测定》GB/T 6343 标准检测。

5. 燃烧性能试验

燃烧性能按《建筑材料及制品燃烧性能分级》GB/T 8624 的规定截取试样，将试件的六个面分别用 10～15mm 厚的水泥砂浆覆盖，达到养护期后，按照《建筑材料及制品燃烧性能分级》GB/T 8624—1997 进行试验。

### 3.1.2　柔性泡沫橡塑绝热制品

《柔性泡沫橡塑绝热制品》GB/T 17794 标准，规定了柔性泡沫橡塑绝热制品的术语和定义、分类和标记、要求、试验方法、检验规则、标志、包装、运输和贮存。该标准适用于使用温度在−40～105℃的柔性泡沫橡塑绝热制品。定义如下：

（1）柔性泡沫橡塑绝热制品：以天然或合成橡胶和其他有机高分子材料的共混体为基材，加各种添加剂如抗老化剂、阻燃剂、稳定剂、硫化促进剂等，经混炼、挤出、发泡和冷却定型，加工而成的具有闭孔结构的柔性绝热制品。

（2）表观密度是指：单位体积的泡沫材料在规定温度和相对湿度时的质量。

1. 状态调节

试验环境和试样状态调节，除试验方法中有特殊规定外，按《塑料试样状态调节和试验的标准环境》GB/T 2918 进行。

2. 试件制备

应以供货形态制备试件。

3. 尺寸测量试验

尺寸测量试验按《泡沫塑料与橡胶　线性尺寸的测定》GB/T 6342 进行。

4. 表观密度试验

按《泡沫塑料及橡胶　表观密度的测定》GB/T 6343 的规定进行，试样的状态调节环境要求为：温度 23±2℃，相对湿度 50％±5％。

5. 燃烧性能试验

氧指数按《塑料燃烧性能试验方法　氧指数法》GB/T 2406 的方法进行检测，烟密度按《建筑材料燃烧或分解的烟密度试验方法》GB/T 8627 的方法进行检测。

当制品用于建筑领域时，按《建筑材料及制品燃烧性能分级》GB 8624 规定的方法试验并判定燃烧性能等级。

6. 导热系数试验

按《绝热材料稳态热阻及有关特性的测定　防护热板法》GB/T 10294 的规定进行，也可按《绝热材料稳态热阻及有关特性的测定　热流计法》GB/T 10295 或《绝热层稳态传热系数的测定　圆管法》GB/T 10296 进行，测定平均温度−20℃、0℃、40℃下的导热系数。仲裁时按《绝热材料稳态热阻及有关特性的测定　防护热板法》GB/T 10294 进行。

7. 尺寸稳定性

尺寸稳定性试验按《硬质泡沫塑料　尺寸稳定性试验方法》GB/T 8811 进行。试验温度分别为 105±3℃，7d 后测量。测量结果取板状制品长、宽、厚三个方向平均值。

8. 真空吸水率测定方法

1）原理

闭孔材料指闭孔率达 90％的材，因此，将其浸泡在水中时，只是在表面被切开的气孔里和少部分开孔里积水，由于气孔微小，水不易充满孔隙，而在一定的真空度下，水可迅速进入孔隙，从而达到快速、准确测量的目的。

2）仪器设备

（1）感量为 0.01g 的天平。

（2）真空容器。

（3）真空泵。

（4）蒸馏水。

（5）秒表。

（6）试样架。

3）试样

（1）在温度为 23±2℃，相对湿度为 50％±5％ 的标准环境下，预置试样 24h。

（2）在试样上切取两块试件。板的试件尺寸为 100mm×100mm×原厚。

4）试验步骤

（1）称量试件，精确到 0.01g，得到初始质量。

（2）在真空容器中注入适当高度的蒸馏水。

（3）将试件放在试样架上，并完全浸入水中，盖上真空容器盖，打开真空泵，盖上防护罩，当真空度达到 85kPa 时，开始计时，保持 85kPa 真空度 3min，3min 后关闭真空泵，打开真空容器的进气孔，3min 后取出试件，用吸水纸除去试件表面（包括管内壁和两端）上的水。轻轻抹去嵌面水分，除去管内壁的水时，可将吸水纸卷成棒状探入管内，此项操作应在 1min 内完成。

（4）称量试件，精确到 0.01g，得到最终质量。

5）试验结果

真空吸水率按下式计算：

$$\rho = \frac{M_2 - M_1}{M_1} \times 100 \qquad (3.1.2-1)$$

式中　$\rho$——真空吸水率（％）；

$M_2$——试件最终质量（g）。

计算结果修约至整数。

6）试验报告

试验报告应包括下列内容：

（1）说明采用的标准。

（2）试样的名称或代号。

（3）试验的真空度。

（4）试样浸泡在水中的时间。

（5）真空吸水率。

# 3.2　无机保温材料

## 3.2.1　岩棉制品

《建筑外墙外保温用岩棉制品》GB/T 25975 标准，规定了建筑外墙外保温用岩棉板和岩棉带的分类和标记、要求、试验方法、检验规则、标志、包装、运输及贮存。该标准适用于薄抹灰外墙外保温系统用岩棉板和岩棉带。

1. 状态调节

试验环境和试验状态的调节，除有特殊规定外，按《矿物棉及其制品试验方法》GB/T 5480 的规定。

2. 尺寸试验

尺寸按《矿物棉及其制品试验方法》GB/T 5480 进行试验。

3. 尺寸稳定性试验

尺寸稳定性按《硬质泡沫塑料　尺寸稳定性试验方法》GB/T 8811 的规定进行试验，试验条件：温度 70±2℃，时间 48h，试样尺寸（200±1）mm×（200±1）mm，厚度为样品原厚，试样数量 3 块。

4. 质量吸湿率试验

质量吸湿率按《矿物棉及其制品试验方法》GB/T 5480 进行试验。

5. 憎水率试验

憎水率按《绝热材料憎水性试验方法》GB/T 10299 进行试验。

6. 吸水量（部分浸入）的测定

1）试样

尺寸与数量：（200±1）mm×（200±1）mm，厚度为试样原厚，4 块。

2）仪器

（1）天平，精确到 0.1g。

（2）水槽，带有能够保持水位在±2mm 范围内的设备和保持试样在某个位置不变的设备。固定位置的设备不能覆盖超过试样下表面面积的 15%。

（3）自来水，水温 23±5℃。

（4）沥水装置，见图 3.2.1-1。

3）浸水时间

（1）短期吸水量：24h。

（2）长期吸水量：28d。

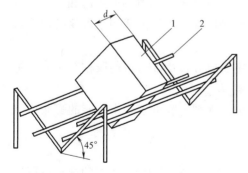

图 3.2.1-1　试样沥水装置示意图
1—试样；2—不锈钢水架

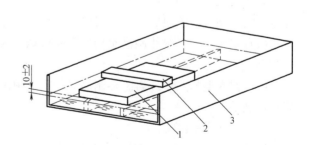

图 3.2.1-2　试样浸水装置示意图（mm）
1—试样；2—压块；3—水槽

4）试验步骤

（1）称取试样质量，精确到 0.1g。

（2）将试样两个主要的表面分别朝上和朝下各两块，放入空水槽中，然后向水槽中注入自来水，使每个试样都深入水下，直到试样下表面距水面 10±2mm，见图 3.2.1-2。确保水位恒定，在规定的浸水时间后取出沥水 10±0.5min，称取试样质量。

5）试验结果

短期吸水量按下式计算：

$$W_p = \frac{M_2 - M_1}{A} \tag{3.2.1-1}$$

式中　$W_p$——短期吸水量（kg/m²）；

　　　$M_1$——浸水前试样质量（kg）；

　　　$M_2$——浸水 24h 后试样质量（kg）；

　　　$A$——试样的下表面面积（m²）。

试验结果取四个试样的算术平均值，精确到 0.1kg/m²。

7. 导热系数试验

导热系数按《绝热材料稳态热阻及有关特性的测定　热流计法》GB/T 10295 进行试验，仲裁试验按《绝热材料稳态热阻及有关特性的测定　防护热板法》GB/T 10294 进行。

8. 垂直于表面的抗拉强度试验

垂直于表面的抗拉强度按相关规定进行试验，试样尺寸（200±1)mm×(200±1)mm，厚度为样品原厚，试样数量 5 块。

9. 压缩强度试验

压缩强度按《建筑用绝热制品　压缩性能的测定》GB/T 13480 进行试验，试样尺寸（200±1)mm×(200±1)mm，厚度为样品原厚，试样数量 5 块。

10. 燃烧性能试验

燃烧性能按《建筑材料及制品燃烧性能分级》GB/T 8624 规定的方法进行试验。

### 3.2.2　膨胀珍珠岩绝热制品

《膨胀珍珠岩绝热制品》GB/T 10303 标准，规定了膨胀珍珠岩制品的术语和定义、分类、要求、试验方法、检验规则、标志、包装、运输和贮存。该标准适用于以膨胀珍珠岩为主要成分制成的绝热制品。定义如下：

（1）膨胀珍珠岩绝热制品是指以膨胀珍珠岩为主要成分，掺加适量的胶粘剂制成的绝热制品。

（2）憎水型膨胀珍珠岩绝热制品是指产品中添加憎水剂，降低了亲水性能的膨胀珍珠岩绝热制品。

1. 尺寸允许偏差试验

尺寸允许偏差按《矿物棉及其制品试验方法》GB/T 5480—2008 第 4 章的规定进行试验。尺寸偏差是同一试件同一方向测量尺寸的算术平均值减去其公称尺寸的差值。

2. 密度和质量含水率试验

密度和质量含水率按《矿物棉及其制品试验方法》GB/T 5480—2008 第 8 章的规定进行试验。

3. 导热系数试验

导热系数按《绝热材料稳态热阻及有关特性的测定　防护热板法》GB/T 10294、《绝热材料稳态热阻及有关特性的测定　热流计法》GB/T 10295、《绝热层稳态传热系数的测定　圆管法》GB/T 10296 的规定进行试验，350℃的导热系数也可按《非金属固体材料导热系数的测定　热线法》GB/T 10297 的规定。以《绝热材料稳态热阻及有关特性的测定　防护热板法》GB/T 10294 为仲裁方法。

4. 抗压强度试验

抗压强度按《矿物棉及其制品试验方法》GB/T 5480—2008 第 6 章的规定进行试验。

5. 抗折强度试验

抗折强度按《矿物棉及其制品试验方法》GB/T 5480—2008 第 7 章的规定进行试验。

6. 燃烧性能试验

燃烧性能按《建筑材料不燃性试验方法》GB/T 5464 和《建筑材料及制品的燃烧性能　燃烧热值的测定》GB/T 14402 的规定进行试验。

### 3.2.3　膨胀珍珠岩保温板

建筑外墙用膨胀珍珠岩保温板是指以膨胀珍珠岩、膨胀玻化微珠等无机轻集料为主要原料，加入胶凝材料和功能性助剂，经配料、成型、养护、干燥等工序生产的建筑外墙用保温板材。

《建筑外墙用膨胀珍珠岩保温板》DB41/T 1306 标准，规定了建筑外墙用膨胀珍珠岩保温板的术语和定义、分类、规格和标记、技术要求、试验方法、检验规则、标志、包装、运输和贮存。该标准适用于建筑外墙用膨胀珍珠岩保温板，不适用于以磷酸二氢铝为胶粘剂制成的膨胀珍珠岩保温板。

1. 外观质量试验

外观质量试验按《无机硬质绝热制品试验方法》GB/T 5486 的规定执行。

2. 尺寸偏差试验

尺寸偏差试验按《无机硬质绝热制品试验方法》GB/T 5486 的规定执行。

3. 干密度试验

干密度试验按《无机硬质绝热制品试验方法》GB/T 5486 的规定执行。

4. 抗压强度试验

抗压强度试验按《无机硬质绝热制品试验方法》GB/T 5486 的规定执行。

5. 垂直于板面方向的抗拉强度

垂直于板面方向的抗拉强度试验按《外墙外保温工程技术规程》JGJ 144 的规定执行。

6. 导热系数试验

导热系数试验按《绝热材料稳态热阻及有关特性的测定　防护热板法》GB/T 10294 的规定执行。

7. 燃烧性能试验

燃烧性能试验按《建筑材料不燃性试验方法》GB/T 5464、《建筑材料及制品的燃烧性能　燃烧热值的测定》GB/T 14402、《建筑材料及制品燃烧性能分级》GB/T 8624 的规定进行。

8. 体积吸水率试验

体积吸水率按《无机硬质绝热制品试验方法》GB/T 5486 的规定执行。

9. 质量含水率试验

质量含水率按《无机硬质绝热制品试验方法》GB/T 5486 的规定执行。

### 3.2.4　玻璃棉制品

《建筑绝热用玻璃棉制品》GB/T 17795 标准，规定了建筑绝热用玻璃棉制品的术语和定义、分类及标记、一般要求、要求、试验方法、检验规则、标志、包装、运输和贮存。该标准适用于建筑绝热用玻璃棉制品，不适用于建筑设备（如管道设备、加热设备）用玻璃棉制品，也不适用于工业设备及管道用玻璃棉制品。

1. 规格尺寸试验

规格尺寸的检测按《矿物棉及其制品试验方法》GB/T 5480—2008 进行。

2. 导热系数及热阻试验

导热系数及热阻试验按《绝热材料稳态热阻及有关特性的测定　热流计法》GB/T 10295 或《绝热材料稳态热阻及有关特性的测定　防护热板法》GB/T 10294 的规定进行，仲裁时按《绝热材料稳态热阻及有关特性的测定　防护热板法》GB/T 10294 的规定进行。

3. 密度及允许偏差试验

密度的检测按《矿物棉及其制品试验方法》GB/T 5480—2008 进行，应去除外覆层。计算板的密度时，以实测厚度计算。

4. 燃烧性能试验

燃烧性能按《建筑材料及制品燃烧性能分级》GB 8624—2012 的规定进行试验。

5. 甲醛释放量试验

甲醛释放量试验按《室内装饰装修材料　人造板及其制品中甲醛释放限量》GB 18580 规定的 9～11L 干燥器法进行检测。

### 3.2.5　泡沫玻璃

《泡沫玻璃绝热制品》JC/T 647 标准，规定了泡沫玻璃绝热制品的术语和定义、分类和标记、要求、试验方法、检验规则以及标志、标签、包装、运输和贮存。该标准适用于工业绝热、建筑绝热等领域使用的具有封闭气孔结构的泡沫玻璃绝热制品，其使用温度范围为 73～673K（−200～400℃）。

1. 试样制备

（1）试样在试验前应放置在温度为 23±5℃，相对湿度为 30%～70% 的环境中进行状态调节，放置时间不少于 24h。

（2）以供货形态制备试样，如果管壳或弧形板由于其形状不适宜制备物理性能用试样时，可用同一工艺、同一配方、同一类型、同期生产的平板制品代替。

2. 尺寸及其允许偏差试验

尺寸及其允许偏差按《无机硬质绝热制品试验方法》GB/T 5486—2008 中第 4 章的规定进行试验。

3. 密度允许偏差试验

密度允许偏差按《无机硬质绝热制品试验方法》GB/T 5486—2008 中第 8 章的规定进

行试验。

4. 抗压强度试验

1）仪器设备

（1）试验机

压力试验机或万能试验机，相对示值误差应不大于1‰。试验机应具有能显示受压变形的装置，相对示值误差能精确至试样厚度的1‰。试验机上下压板尺寸应大于试样的受压尺寸，压板每条边距试样每条边的距离至少为25.4mm。

（2）游标卡尺

分度值为0.02mm。

（3）钢直尺

分度值为1mm。

（4）电子天平

分度值为0.01g。

（5）恒温恒湿室

能将温度控制在23±2℃，相对湿度为50％±5％的房间或箱体。

（6）辅助材料

① 固含量50％的乳化沥青（或软化点40～75℃的石油沥青）。

② 1mm厚的石油沥青浸渍纸或者轻质牛皮纸。

③ 刮刀。

④ 熔化沥青用坩埚等辅助器具。

2）试样尺寸和数量

应从外观质量检验合格的制品中选取3块作为抗压强度试验的样品。分别在每块样品中制备长度和宽度为200mm×200mm的试样2块，试样的厚度应为制品的厚度且试样最小厚度为50mm。

试样的数量为6块。若有特殊要求的，可由供需双方协商决定。

3）试样制备

（1）将制备好的试样放置在温度为23±2℃，相对湿度为50％±5％的恒温室进行状态调节，放置时间不少于24h。

（2）将状态调节好的试样取出，试样两受压面涂刷乳化沥青或熔化的石油沥青。具体方法如下：用刮刀将乳化沥青或石油沥青涂刮到试样受压面，使受压面表面微孔全部填满，每个受压面的涂布量为1.0±0.25kg/m²。然后立即将预先裁制好的与试样受压面尺寸相同的石油沥青浸渍纸或者轻质牛皮纸覆盖在试样的受压面上。随后将试样放置在温度为23±2℃，相对湿度为50％±5％的恒温恒湿室，放置时间至少为24h，使沥青在试验前硬化。

4）试验步骤

（1）在试样两受压面距棱边10mm处用钢直尺测量试样的长度和宽度，精确至1mm，用游标卡尺测量试样两相对面的厚度，精确至0.05mm。长度和宽度的测量结果分别为四个测量值的算术平均值，厚度的测量结果为两个测量值的算术平均值。

（2）将试样放置在试验机的压板上，使试样的中心与试验机压板的中心相重合。

（3）开动试验机，当上压板与试样相接近时，调整球座，使试样受压面与压板均匀接触。

（4）对于液压试验机，采用 2200N/s 的速度对试样施加荷载；对于螺杆传动的试验机，采用 0.1$d$mm/min（$d$ 为试样的厚度）的速度对试样施加荷载至试样破坏，或者在 30～90s 的时间内对试样施加荷载直至破坏。记录试样破坏时或有明显屈服点时的荷载，精确至 1％。

5）试验结果

每个试样的抗压强度按下式计算，精确至 0.01MPa。

$$\sigma = \frac{F}{A} \qquad\qquad (3.2.5\text{-}1)$$

式中　$\sigma$——试样的抗压强度（MPa）；

　　　$F$——试样破坏时或有明显屈服点时的荷载（N）；

　　　$A$——试样的受压面积（mm²）。

制品的抗压强度为 6 个试样抗压强度的算术平均值，精确至 0.01MPa。若单块试样的抗压强度值偏离超过制品抗压强度算术平均值的 20％及以上，则该数据无效，应重新制备试样进行试验。

5. 抗折强度试验

1）仪器设备

（1）抗折试验机

相对示值误差应不大于 1％。试验机的抗折支座辊轴与加压辊轴的直径为 32±6mm。抗折支座辊轴间应相互平行，加压辊轴在两支座辊轴间且与之相互平行。

（2）游标卡尺

分度值为 0.02mm。

（3）钢直尺

分度值为 1mm。

（4）恒温恒湿室

能将温度控制在 23±2℃，相对湿度为 50％±5％的房间或箱体。

2）试样尺寸和数量

（1）应从外观质量检验合格的制品中选取 4 块作为抗折强度的样品。

（2）从每块样品上制备长度为 300mm，宽度为 100mm，厚度为 25mm 的试样 1 块，共 4 块。

（3）若有特殊要求的，试样数量可由供需双方协商决定。

3）状态调节

将制备好的试样放置在温度为 23±2℃，相对湿度为 50％±5％的恒温室进行状态调节，放置时间不少于 24h。

4）试验步骤

（1）用游标卡尺测量试样中心部位的宽度和厚度，精确至 0.1mm。宽度和厚度分别测量 3 次，取 3 次测量值的算术平均值作为试样的宽度和厚度。

（2）调整两支座辊轴间的距离为 250mm，且加压辊轴位于两支座辊轴间。用钢直尺测量两支座辊轴间的距离以及加压辊轴与支座辊轴间的距离，误差应小于 1%。

（3）将试样对称地放在两支座辊轴间，试样的边缘距支座辊轴中心线的距离为 25mm。

（4）调整加荷速度，使加压辊轴以 4mm/min 的速度对试样施加荷载至试样破坏，记录破坏时的最大荷载，精确至 1N。

（5）试验结果

每个试样的抗折强度按下式计算，精确至 0.01MPa。

$$R = \frac{3PL}{2bd^2} \tag{3.2.5-2}$$

式中　$R$——试样的抗折强度（MPa）；

　　　$P$——试样破坏时的荷载（N）；

　　　$L$——两支座辊轴间的距离（mm）；

　　　$b$——试样的宽度（mm）；

　　　$d$——试样的厚度（mm）。

制品的抗折强度为 4 个试样抗压抗折强度的算术平均值，精确至 0.01MPa。

6. 体积吸水率试验

1）仪器设备

（1）天平：分度值为 0.1g。

（2）游标卡尺：分度值为 0.02mm。

（3）钢直尺：分度值为 1mm。

（4）水箱：不锈钢、镀锌板或塑料材质的水箱，其尺寸应能浸泡试样。

（5）擦拭工具：毛巾和软聚氨酯泡沫塑料（海绵）。软聚氨酯泡沫塑料的尺寸为 100mm×180mm×40mm，应预先浸润并拧去水分。

（6）木条：用于搁置试样的木条，断面约为 20mm×20mm。

（7）恒温恒湿室：能将温度控制在 23±2℃，相对湿度为 50%±5% 的房间或箱体。

2）试样尺寸和数量

随机抽取 3 块制品，在每块制品上制备尺寸为 450mm×300mm×50mm 的试样 1 块，共 3 块试样。

3）状态调节

将制备好的试样放置在温度为 23±2℃，相对湿度为 50%±5% 的恒温室进行状态调节，放置时间不少于 24h。

4）试验步骤

（1）在天平上称取试样质量，精确至 0.1g。

（2）按《无机硬质绝热制品试验方法》GB/T 5486—2008 中第 4 章的规定测量试样的尺寸，并且计算试样的体积。

（3）将试样水平放置在温度为 23±2℃的蒸馏水中，试样距水箱四周及底部距离不应少于 25mm。木条搁在试样上表面并用重物压在木条上，使试样保持并完全浸没在蒸馏水中。

（4）在蒸馏水中放置 2h 后，从水中取出试样，将试样竖立放置在拧干水分的毛巾上，排水 10 min 后，用潮湿的软质聚氨酯泡沫塑料吸去试样表面吸附的残余水分，试样上下表面各吸水 1 min，4 个侧面吸水共 1 min。每次吸水之前要用力挤出软质聚氨酯泡沫塑料中的水分，且每一表面至少吸水两次。用软质聚氨酯泡沫塑料均匀地吸附试样各表面的水分，吸水时应充分地挤压软质聚氨酯泡沫塑料至其 50% 的厚度使其充分地吸附试样表面的水分。

（5）吸水后立即称取试样的重量，精确至 0.1g。

5）试验结果

每个试样的体积吸水率按下式计算，精确至 0.1%。

$$W = \frac{G_1 - G_0}{V \times \rho_{\mathrm{w}}} \tag{3.2.5-3}$$

式中  $W$——试样的体积吸水率（%）；

$G_1$——试样浸水后的质量（kg）；

$G_0$——试样浸水前的质量（kg）；

$V$——试样的体积（m³）；

$\rho_{\mathrm{w}}$——蒸馏水的密度，取值 1000kg/m³。

制品的体积吸水率取 3 块试样体积吸水率的算术平均值，精确至 0.1%。

7. 导热系数试验

导热系数按《绝热材料稳态热阻及有关特性的测定  防护热板法》GB/T 10294 或《绝热材料稳态热阻及有关特性的测定  热流计法》GB/T 10295 的规定进行试验。仲裁试验采用《绝热材料稳态热阻及有关特性的测定  防护热板法》GB/T 10294。

8. 垂直于板面方向的抗拉强度试验

垂直于板面方向的抗拉强度按相关规定进行。试样尺寸为 100mm×100mm×制品厚度，试样数量为 5 块。

9. 尺寸稳定性试验

尺寸稳定性按《硬质泡沫塑料  尺寸稳定性试验方法》GB/T 8811 中的规定进行试验。试样尺寸为 200mm×200mm×制品厚度，试样数量为 3 块。

10. 燃烧性能

燃烧性能按《建筑材料及制品燃烧性能分级》GB 8624—2012 中的规定进行试验。

### 3.2.6  水泥基泡沫保温板

水泥基泡沫保温板是指以水泥、发泡剂、掺合料、增强纤维及外加剂等为原料经化学发泡方式制成的轻质多孔水泥板材，又称发泡水泥板、泡沫水泥保温板、泡沫混凝土保温板。

《水泥基泡沫保温板》JC/T 2200 标准，规定了水泥基泡沫保温板的标准术语和定义、分类和标记、技术要求、试验方法、检验规则以及标志、包装、运输和贮存。该标准适用于建筑绝热用保温板。在严寒和寒冷地区使用时参见相关规定。

1. 试验环境

实验室环境温度 23±2℃，相对湿度 50%±10%，试样应在实验室放置 3d 后进行试验。

2. 尺寸偏差试验

长度、宽度、厚度偏差按《无机硬质绝热制品试验方法》GB/T 5486 进行试验。

3. 表观密度试验

表观密度按《无机硬质绝热制品试验方法》GB/T 5486 进行试验。烘箱温度为 65±2℃。

4. 抗压强度试验

抗压强度按《无机硬质绝热制品试验方法》GB/T 5486 进行试验。试样应在实验室放置 3d 后直接进行试验。

5. 导热系数试验

导热系数按《绝热材料稳态热阻及有关特性的测定　防护热板法》GB/T 10294 或《绝热材料稳态热阻及有关特性的测定　热流计法》GB/T 10295 进行试验，测试平均温度为 25±2℃。试样应在 65±2℃烘干至恒重，且升温及降温速度控制在 10℃/h 以内。仲裁时按《绝热材料稳态热阻及有关特性的测定　防护热板法》GB/T 10294 进行试验。

6. 垂直于板面方向的抗拉强度试验

垂直于板面方向的抗拉强度试验按《标准金属洛氏硬度块（A，B，C，D，E，F，G，H，K，N，T 标尺》JJG 113—2013 中附录 D 的规定进行。

7. 燃烧性能等级

燃烧性能等级按《建筑材料及制品燃烧性能分级》GB/T 8624 进行试验。

8. 体积吸水率试验

体积吸水率按《无机硬质绝热制品试验方法》GB/T 5486 进行试验。

## 3.3　保温砂浆

### 3.3.1　建筑保温砂浆

建筑保温砂浆是指以膨胀珍珠岩或膨胀蛭石、胶凝材分功能组分制成的用于建筑物墙体绝热的干拌混合物。使用时需加适当面层。

《建筑保温砂浆》GB/T 20473 标准，规定了建筑保温砂浆的术语和定义、分类和标记、要求、试验方法、检验规则、包装、标志与贮存。该标准适用于建筑物墙体保温隔热层用的建筑保温砂浆。

1. 外观质量

目测产品外观是否均匀、有无结块。

2. 拌合物的制备

1）仪器设备

（1）电子天平：量程为 5kg，分度值为 0.1g。

（2）圆盘强制搅拌机：额定容量 30L，转速 27r/min，搅拌叶片工作间隙 3～5mm，搅拌筒内径 750mm。

（3）砂浆稠度仪：应符合《建筑砂浆基本性能试验方法标准》JGJ/T 70 中的规定。

2）拌合物的制备

（1）拌制拌合物时，拌合用的材料应提前 24h 放入实验室内，拌合时实验室的温度应保持在 20±5℃，搅拌时间为 2min。也可采用人工搅拌。

（2）将建筑保温砂浆与水拌合进行试配，确定拌合物稠度为 50±5mm 时的水料比，稠度的检测方法按《建筑砂浆基本性能试验方法标准》JGJ/T 70 中的规定进行。

（3）按确定的水料比或生产商推荐的水料比混合搅拌制备拌合物。

3. 分层度试验

按规定制备拌合物，按《建筑砂浆基本性能试验方法标准》JGJ/T 70 中的规定进行试验。

4. 干密度试验

1）仪器设备

（1）试模：70.7mm×70.7mm×70.7mm 钢质有底试模，应具有足够的刚度并拆装方便。

（2）捣棒：直径 10mm，长 350mm 的钢棒，端部应磨圆。

（3）油灰刀。

2）试件的制备

（1）试模内壁涂刷薄层隔离剂。

（2）将按规定制备的拌合物一次注满试模，并略高于其上表面，用捣棒均匀由外向里按螺旋方向轻轻插捣 25 次，插捣时用力不应过大，尽量不破坏其保温骨料。为防止可能留下孔洞，允许用油灰刀沿模壁插捣数次或用橡皮锤轻轻敲击试模四周，直至插捣棒留下的空洞消失，最后将高出部分的拌合物沿试模顶面削去抹平。至少成型 6 个二联试模，18 块试件。

（3）试件制作后用聚乙烯薄膜覆盖，在 20±5℃ 的温度环境下静停 48±4h，然后编号拆模。拆模后应立即在 20±3℃、相对湿度 60%～80% 的条件下养护至 28 d（自成型时算起），或按生产商规定的养护条件及时间，生产商规定的养护时间自成型时算起不得多于 28 d。

（4）养护结束后将试件从养护室取出并在 105±5℃ 或生产商推荐的温度下烘至恒重，放入干燥器中备用。恒重的判据为恒温 3h 两次称量试件的质量变化率小于 0.2%。

3）干密度的测定

从制备的试件中取 6 块试件，按《无机硬质绝热制品试验方法》GB/T 5486 中的规定进行干密度的测定，试验结果以 6 块试件检测值的算术平均值表示。

5. 抗压强度

检验干密度后的 6 个试件，按《无机硬质绝热制品试验方法》GB/T 5486 中的规定进行抗压强度试验。以 6 个试件检测值的算术平均值作为抗压强度值。

6. 导热系数试验

按规定制备拌合物，然后制备符合导热系数测定仪要求尺寸的试件。导热系数试验按《绝热材料稳态热阻及有关特性的测定 防护热板法》GB/T 10294 的规定进行，允许按《绝热材料稳态热阻及有关特性的测定 热流计法》GB/T 10295、《非金属固体材料导热系数的测试 热线法》GB/T 10297 的规定进行。如有异议，以《绝热材料稳态热阻及有关特性的测定 防护热板法》GB/T 10294 作为仲裁检验方法。

7. 压剪粘结强度试验

按《硅酸盐复合绝热涂料》GB/T 17371 的规定进行。用按本标准相关要求制备的拌合物制作试件，在 20±3℃、相对湿度 60%～80% 的条件下养护至 28d（自成型时算起），或按生产商规定的养护条件及时间，生产商规定的养护时间自成型时算起不得多于 28d。

8. 燃烧性能级别

按《建筑材料不燃性试验方法》GB/T 5464 的规定进行试验。

### 3.3.2　抹面胶浆

《外墙外保温用膨胀聚苯乙烯板抹面胶浆》JC/T 993 标准，规定了外墙外保温用膨胀聚苯乙烯板抹面胶浆（以下简称抹面胶浆）的分类和标记、要求、试验方法、抽样、检验规则、标志、包装、运输、贮存。该标准适用于工业与民用建筑采用粘贴膨胀聚苯乙烯板（以下简称聚苯板）的薄抹灰外墙外保温系统用抹面胶浆。其他类型的外墙外保温系统抹面材料可参照执行。

1. 标准试验条件

实验室标准试验条件为 23±2℃、相对湿度 50%±10%。

2. 试验时间

试样制备、养护及测定时的试验时间精度为 ±2%。

3. 固含量试验

1）试验步骤

（1）将两块干燥、洁净可以互相吻合的表面皿在 120±5℃ 的干燥箱内烘 30min，取出放入干燥器中冷却至室温后称量。

（2）将试样放在一块表面皿上，另一块凸面向上盖在上面，在天平上准确称取约 5g，然后将盖的表面皿反过来，使两块表面皿互相吻合，轻轻压下，再将表面皿分开，使试样面朝上，放入 120±5℃ 的干燥箱中干燥至恒重，在干燥器中冷却至室温后称量，全部称量精确至 0.01g。所谓恒重，是指 30min 内前后两次称量，两次质量相差不超过 0.01g。

2）试验结果

试验结果为试样干燥后质量占干燥前质量的百分比，取三次试验算术平均值，精确至 0.1%。

4. 拉伸粘结强度试验

1）原理

该方法是采用抹面胶浆与聚苯板的粘结体作为试样，测定在正向拉力作用下与聚苯板脱落过程中所承受的最大拉应力，确定抹面胶浆与聚苯板的拉伸粘结强度。

2）试验材料

（1）聚苯板试板：尺寸 70mm×70mm×20mm，表观密度 18.0±0.2kg/m³，垂直于板面方向的抗拉强度不小于 0.10MPa，其他性能指标应符合《绝热用模塑聚苯乙烯泡沫塑料》GB/T 10801.1 规定的要求。

（2）高强度胶粘剂：树脂胶粘剂，标准试验条件下固化时间不得大于 24h。

3）仪器设备

（1）材料拉力试验机：电子拉力试验机，试验荷载为量程的 20%～80%。

（2）试样成型框：材料为金属或硬质塑料，尺寸如图 3.3.2-1 所示。

（3）拉伸专用夹具，见图 3.3.2-2。

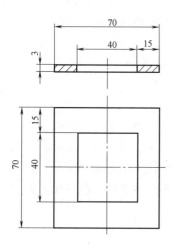

图 3.3.2-1　成型框

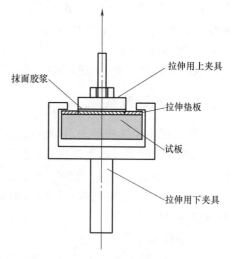

图 3.3.2-2　拉伸专用夹具的装配

4）试样制备

（1）料浆制备

按生产商使用说明书要求配制抹面胶浆。抹面胶浆配制后，放置 15min 使用。

（2）成型

将成型框放在试板上，将配制好的抹面胶浆搅拌均匀后填满成型框，用抹灰刀抹平表面，轻轻除去成型框。每组试样五个。

（3）养护

试样在标准试验条件下养护 13d，用高强度胶粘剂将上夹具与试样抹面胶浆层粘贴在一起，在标准试验条件下继续养护 1d。

（4）试样处理

将试样按下述条件进行处理：

① 原强度：无附加条件。

② 耐水：在 23±2℃ 的水中浸泡 7d，试样抹面胶浆层向下，浸入水中的深度为 2～10mm，到期将试样从水中取出并擦拭表面水分。

③ 耐冻融：试样按下述条件循环 10 次，完成循环后试样在标准试验条件下放置到室温。当试样处理过程需中断时，试样应存放在 −20±2℃ 的条件下。

在 23±2℃ 的水中浸泡 8h，试样抹面胶浆层向下，浸入水中的深度为 2～10mm。

在 −20±2℃ 的条件下冷冻 16h。

5）试验步骤

将拉伸专用夹具及试样安装到试验机上，进行强度测定，拉伸速度 5±1mm/min，加荷载至试样破坏，记录试样破坏时的荷载值。

6）试验结果

拉伸粘结强度按下式计算。试验结果为五个试样的算术平均值，精确至 0.01MPa。

$$R = \frac{F}{A} \qquad\qquad (3.3.2\text{-}1)$$

式中　$R$——试样拉伸粘结强度（MPa）；

　　　$F$——试样破坏荷载值（N）；

　　　$A$——粘结面积（$mm^2$），取 $1600mm^2$。

5. 可操作时间试验

1）试验步骤

抹面胶浆配制后，从胶料混合时计时，1.5h 后按"拉伸粘结强度试验"的规定成型、养护并测定拉伸粘结强度原强度。抹面胶浆胶料混合后也可按生产商要求的时间进行测定，生产商要求的时间不得小于 1.5h。

2）试验结果

若符合规定，试验结果为 1.5h 或生产商要求的时间；若不符合规定，试验结果为小于 1.5h 或小于生产商要求的时间。

6. 压折比试验

按生产商使用说明书要求配制抹面胶浆胶料，抗压强度、抗折强度测定按《水泥胶砂强度检验方法（ISO 法）》GB/T 17671 的规定进行，试验养护条件为在标准试验条件下放置 28d。

压折比应按下式计算，结果精确至 0.1。

$$T = \frac{R_c}{R_f} \qquad\qquad (3.3.2\text{-}2)$$

式中　$T$——压折比；

　　　$R_c$——抗压强度（MPa）；

　　　$R_f$——抗折强度（MPa）。

### 3.3.3　玻化微珠保温隔热砂浆

玻化微珠保温隔热砂浆是一种无机绝热保温隔热材料，具有导热系数低、无毒、无污染、防火、成本低、施工简便等特点。可广泛应用于新建建筑保温隔热节能工程及既有建筑节能改造工程，能有效改善室内热冷环境、节约建筑能耗、提高能源利用效率。

《膨胀玻化微珠保温隔热砂浆》GB/T 26000 标准，规定了膨胀玻化微珠保温隔热砂浆的术语和定义、分类和标记、要求、试验方法、检验规则、包装、运输和贮存。该标准适用于工业与民用建筑墙体、地面及屋面保温隔热用膨胀玻化微珠保温隔热砂浆。定义如下：

（1）膨胀玻化微珠：由玻璃质火山熔岩矿砂经膨胀、玻化等工艺制成，表面玻化封闭、呈不规则球状，内部为多孔空腔结构的无机颗粒材料。

（2）膨胀玻化微珠保温隔热砂浆：以膨胀玻化微珠、无机胶凝材料、添加剂、填料等混合而成的干混料，用于建筑墙体、地面及屋面保温隔热，现场搅拌后可直接施工。

1. 分类

按使用部位分为：

（1）墙体用（QT）膨胀玻化微珠保温隔热砂浆。

（2）地面及屋面用（DW）膨胀玻化微珠保温隔热砂浆。

2. 干密度试验

1）仪器设备

（1）搅拌机：单轴卧式搅拌机，容量 60L。

（2）试模：70.7mm×70.7mm×70.7mm 钢制有底试模。

（3）捣棒：直径 10mm 的钢棒，端部磨圆。

2）浆料配制

（1）砂浆搅拌量为搅拌机容量的 40%～80%，搅拌过程中不应破坏膨胀玻化微珠。

（2）按规定配合比先加入水，再加入粉料，搅拌 2～3min，停止搅拌并清理搅拌机内壁及搅拌机叶片上的砂浆。

（3）再搅拌 1～2min，放置 10～15min 后使用。

3）试样制备

（1）试样数量 6 个。

（2）在试模内填满砂浆，并略高于其上表面，用捣棒均匀由外向内按螺旋方向轻轻插捣 25 次，插捣时，用力不应过大，不应破坏膨胀玻化微珠。为方便脱模，模内壁可适当涂刷薄层隔离剂。

（3）放置 5～10min 将高出试模部分的砂浆沿试模顶面削去抹平。

（4）带模试样在温度 23±2℃，相对湿度 50%±10% 的条件下养护，并应使用塑料薄膜覆盖，3d 后脱模。试样取出后继续养护至 28d。

4）试验步骤

（1）将试样在 105±5℃温度下烘至恒重，放入干燥器中冷却备用。恒重的判断依据为恒温 3h 两次称量试样的质量变化率小于 0.2%。

（2）按《无机硬质绝热制品试验方法》GB/T 5486 中的规定进行干密度的测定。

5）试验结果

以 6 个试样测试值的算术平均值表示，精确至 1kg/m³。

3. 导热系数试验

导热系数按《绝热材料稳态热阻及有关特性的测定　防护热板法》GB/T 10294 或《绝热材料稳态热阻及有关特性的测定 热流计法》GB/T 10295 进行，平均温度 25±2℃，仲裁试验按《绝热材料稳态热阻及有关特性的测定　防护热板法》GB/T 10294 进行。

4. 抗压强度试验

取干密度测定后的 3 个试样按《无机硬质绝热制品试验方法》GB/T 5486 中的规定进行抗压强度的测定，试验结果以 3 个试样的算术平均值表示，精确至 0.1MPa。

5. 压剪粘结强度试验

1）仪器设备

（1）电子试验机：应使最大破坏荷载位于试验机量程的 20%～80% 范围内，精度为 1%。

（2）压剪夹具：钢质，尺寸构造符合《陶瓷砖胶粘剂》JC/T 547 的要求。

2）试样制备

（1）试样数量每组 6 个。

（2）按规定配制砂浆，涂抹于尺寸 100mm×110mm×10mm 的两块水泥砂浆板之间，涂抹厚度为 10mm，面积 100mm×100mm，应错位涂抹，试样两端未涂抹砂浆的水泥砂浆板长度均为 10mm，见图 3.3.3-1。可根据工艺要求对水泥砂浆板进行界面处理。

（3）试样应水平放置，并在温度 23±2℃、相对湿度 50％±10％的条件下养护 28d。

3）试验步骤

（1）将试样在 105±5℃的烘箱中烘至恒重，然后取出放入干燥器，冷却至室温。

（2）将试样按下述条件进行处理：

① 原强度：无附加条件。

② 耐水：在水中浸泡 48h，没入水中的深度为 2～10mm，到期将试样从水中取出并擦拭表面水分，在温度 23±2℃、相对湿度 50％±10％的条件下放置 7d。

图 3.3.3-1　压剪粘结
强度试样

（3）将试样安到压剪夹具并置于试验机上进行压剪试验，以 5mm/min 的速度加荷至试样破坏，记录试样破坏时的荷载值，精确至 1 N。

4）试验结果

压剪粘结强度原强度、耐水强度分别按下式计算，试验结果取 6 个试样测试值中间 4 个的算术平均值，精确至 0.001MPa。

$$R_1 = \frac{F_1}{A_1} \qquad\qquad (3.3.3\text{-}1)$$

式中　$R_1$——压剪粘结强度（MPa）；

$\quad\quad F_1$——试样破坏时的荷载（N）；

$\quad\quad A_1$——压剪粘结，取 100mm×100mm。

6. 燃烧性能试验

燃烧性能按《建筑材料不燃性试验方法》GB/T 5464 的规定进行试验，按《建筑材料及制品燃烧性能分级》GB/T 8624 的规定进行判定。

# 3.4　辅　助　材　料

## 3.4.1　墙体保温用胶粘剂

《墙体保温用膨胀聚苯乙烯板胶粘剂》JC/T 992 标准，规定了墙体保温用膨胀聚苯乙烯板胶粘剂的分类和标记、要求、试验方法、抽样、检验规则、标志、包装、运输、贮存。该标准适用于工业与民用建筑中采用粘贴膨胀聚苯乙烯板的墙体保温系统用聚苯板胶粘剂。

聚苯板胶粘剂按形态分为：干粉型（缩写为 F 型）和胶液型（缩写为 Y 型）。F 型：由聚合物胶粉、水泥等胶结材料和添加剂、填料等组成。Y 型：由液状或膏状聚合物胶液和水泥或干粉料等组成。

检验批划分如下：

聚苯板胶粘剂应成批检验，每批由同一配方、同一批原料、同一工艺制造的聚苯板胶粘剂组成。F 型聚苯板胶粘剂每批质量不大于 30t，Y 型聚苯板胶粘剂固体每批质量不大于 30t。

1. 标准试验条件

实验室标准试验条件为：温度 23±2℃，相对湿度 50％±10％。

试样制备、养护及测定时的试验时间精度为±2％。

2. 含固量试验

1）试验步骤

（1）将两块干燥、洁净，可以互相吻合的表面皿在 120±5℃的干燥箱内烘 30min，取出放入干燥器中冷却至室温后称量。

（2）将试样放在一块表面皿上，另一块凸面向上盖在上面，在天平上准确称取约 5g，然后将盖的表面皿反过来，使两块表面皿互相吻合，轻轻压下，再将表面皿分开，使试样面朝上，放入 120±5℃的干燥箱中干燥至恒重，在干燥器中冷却至室温后称量，全部称量精确至 0.01g。所谓恒重，是指 30min 内前后两次称量，两次质量相差不超过 0.01g。

2）试验结果

试验结果为试样干燥后质量占干燥前质量的百分比，取三次试验算术平均值，精确至 0.1％。

3. 与聚苯板的相容性试验

1）试验步骤

（1）采用适宜的卡规测量尺寸 125mm×125mm×25mm，表观密度 18.0±0.2kg/m³ 的聚苯板试样中心部位厚度，用配制的聚苯板胶粘剂涂抹在聚苯板表面，厚度 3.0± 0.5mm，涂抹后立即用另一块聚苯板压在一起，直到四周出现聚苯板胶粘剂。将试样在温度为 38℃的干燥箱中放置 48h，然后在试验环境中放置 24h。

（2）沿试样的对角线至粘结面裁去半块被测试样，测量初测位置的试样厚度。

2）试验结果

剥蚀厚度按下式计算，试验结果为三个试样的算术平均值，精确至 0.1mm。

$$H = H_0 - H_1 \tag{3.4.1-1}$$

式中 $H$——剥蚀厚度（mm）；

$H_0$——试样的初始厚度（mm）；

$H_1$——试样的最后厚度（mm）。

4. 初粘性试验

1）试验步骤

（1）采用适宜的工具，将聚苯板胶粘剂涂抹到尺寸 1200mm×600mm×50mm、表观密度 18.0±0.2kg/m³ 的聚苯板上，涂抹点对称分布，涂抹点直径 50mm，厚度 6mm，数量 15 个。

（2）立即将聚苯板粘贴在垂直的混凝土基层上，均匀施加压力，以保证聚苯板胶粘剂厚度为 3.0±0.1mm，沿聚苯板顶部划一条铅笔线。

（3）2h 后测量聚苯板的位置变化。

2）试验结果

试验结果为聚苯板两端滑移量的算术平均值，精确到 1mm。

5. 拉伸粘结强度试验

1）原理

拉伸粘结强度试验方法是采用聚苯板胶粘剂与聚苯板或水泥砂浆板的粘结体作为试样，测定在正向拉力作用下与试板脱落过程中所承受的最大拉应力，确定聚苯板胶粘剂与聚苯板或水泥砂浆板的拉伸粘结强度。

2）试验材料

（1）聚苯板试板：尺寸 70mm×70mm×20mm，表观密度 18.0±0.2kg/m³，垂直于板面方向的抗拉强度不小于 0.10MPa，其他性能指标应符合《绝热用模塑聚苯乙烯泡沫塑料》GB/T 10801.1 规定的要求。

（2）水泥砂浆试板：尺寸 70mm×70mm×20mm，普通硅酸盐水泥强度等级 42.5，水泥与中砂质量比为 1∶3，水灰比为 0.5。试板应在成型后 20～24h 之间脱模，脱模后在 20±2℃的水中养护 6d，再在试验环境下的空气中养护 21d。水泥砂浆试板的成型面应用砂纸磨平。

（3）高强度胶粘剂：树脂胶粘剂，标准试验条件下固化时间不得大于 24h。

3）试验仪器

（1）材料拉力试验机：电子拉力试验机，试验荷载为量程的 20%～80%。

（2）试样成型框：材料为金属或硬质塑料，尺寸如图 3.4.1-1 所示。

（3）拉伸专用夹具：拉伸专用夹具装配按图 3.4.1-2 所示进行。

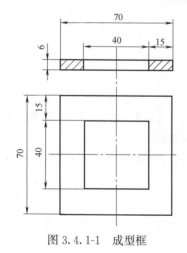

图 3.4.1-1　成型框

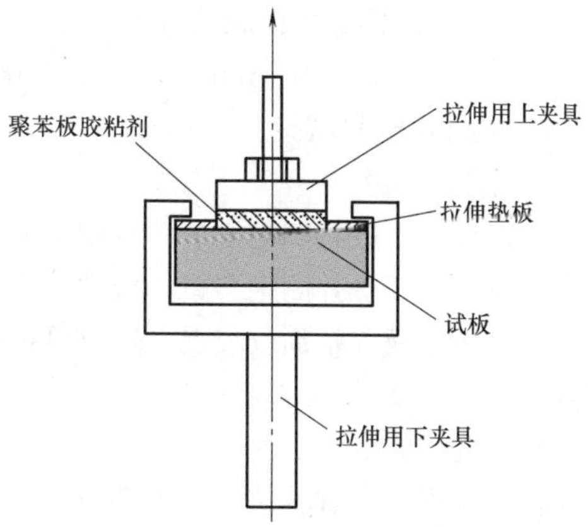

图 3.4.1-2　拉伸专用夹具的装配

4）试样制备

（1）料浆制备

按生产商使用说明书要求配制聚苯板胶粘剂。聚苯板胶粘剂配制后，放置 15min 使用。

（2）成型

根据试验项目确定试板为聚苯板试板或水泥砂浆试板，将成型框放在试板上，将配制好的聚苯板胶粘剂搅拌均匀后填满成型框，用抹灰刀抹平表面，轻轻除去成型框。放置 30min 后，在聚苯板胶粘剂表面盖上聚苯板。每组试样五个。

(3) 养护

试样在标准试验条件下养护 13d，拿去盖着的聚苯板，用高强度胶粘剂将上夹具与试样聚苯板胶粘剂层粘贴在一起，在标准试验条件下继续养护 1d。

(4) 试样处理

将试样按下述条件进行处理：

① 原强度：无附加条件。

② 耐水：在 23±2℃ 的水中浸泡 7d，试样聚苯板胶粘剂层向下，浸入水中的深度为 2~10mm，到期将试样从水中取出并擦拭表面水分。

③ 耐冻融：试样按下述条件循环 10 次，完成循环后试样在标准试验条件下放置到室温。当试样处理过程需中断时，试样应存放在 20±2℃ 的条件下。

在 23±2℃ 的水中浸泡 8h，试样聚苯板胶粘剂层向下，浸入水中的深度为 2~10mm。

在 -20±2℃ 的条件下冷冻 16h。

5) 试验步骤

将拉伸专用夹具及试样安装到试验机上，进行强度测定，拉伸速度 5±1mm/min，加荷载至试样破坏，记录试样破坏时的荷载值。

6) 试验结果

拉伸粘结强度按下式计算，试验结果为五个试样的算术平均值，精确至 0.01MPa。

$$R = \frac{F}{A} \tag{3.4.1-2}$$

式中 $R$——试样拉伸粘结强度（MPa）；

$F$——试样破坏荷载值（N）；

$A$——粘结面积（mm²），取 1600mm²。

6. 可操作时间试验

1) 试验步骤

(1) 聚苯板胶粘剂配制后，从胶料混合时计时，1.5h 后按"拉伸粘结强度试验方法"的规定成型、养护并测定与聚苯板的拉伸粘结强度原强度。

(2) 聚苯板胶粘剂胶料混合后也可按生产商要求的时间进行测定，生产商要求的时间不得小于 1.5h。

2) 试验结果

若符合规定，试验结果为 1.5h 或生产商要求的时间；若不符合规定，试验结果为小于 1.5h 或小于生产商要求的时间。

7. 抗裂性试验

1) 试验材料和仪器

(1) 混凝土试板：尺寸 175mm×70mm×40mm，强度等级 C25。

(2) 试模：材料为金属或硬质塑料，内腔尺寸 160mm×40mm，厚度沿 160mm 方向在 0~10mm 内连续变化。

2) 试验步骤

(1) 将试模放在混凝土试板上，使用配制好的聚苯板胶粘剂填满试模，用抹灰刀压实并抹平表面，立即轻轻除去试模。每组试样三个。

（2）试样在标准试验条件下放置 28d，目测检查试样有无裂纹。

3）试验结果

（1）若试样没有出现裂纹，试验结果为无裂纹。

（2）若试样出现裂纹，试验结果为裂纹处聚苯板胶粘剂的最大厚度，精确至 1mm。

### 3.4.2　水泥界面剂和填缝剂

《外墙外保温系统用水泥基界面剂和填缝剂》JC/T 2242 标准，规定了外墙外保温系统用水泥基界面剂和填缝剂的术语和定义、分类和标记、一般要求、技术要求、试验方法、检验规则以及标志、包装、运输、贮存和产品随行文件。该标准适用于建筑外墙外保温系统用水泥基界面剂和填缝剂。

界面剂分类：根据保温材料种类，可分为模塑聚苯板用界面剂（代号为 EIT）、挤塑聚苯板用界面剂（代号为 XIT）、聚氨酯保温板用界面剂（代号为 UIT）、酚醛保温板用界面剂（代号为 FIT）和岩棉板用界面剂（代号为 WIT）。按组分形态分为单组分（代号为 S）和双组分（代号为 T）两种。

填缝剂分类：填缝剂代号为 TG。按组分形态分为单组分（代号为 S）和双组分（代号为 T）两种。

定义如下：

（1）外墙外保温系统用水泥基界面剂是指用于外墙外保温系统中模塑聚苯板、挤塑聚苯板、聚氨酯保温板、酚醛保温板和岩棉保温板的表面处理，以提高与上述保温板材界面粘结强度的材料。

（2）外墙外保温系统用水泥基填缝剂是指对外墙外保温系统陶瓷砖饰面系统的砖缝进行填缝处理的材料。

组批与抽样：

（1）连续生产，同一配料工艺条件制得的产品为一批。界面剂每 10t 为一批，不足 10t 亦为一批；填缝剂每 50t 为一批，不足 50t 亦为一批。

（2）每批产品随机抽样，界面剂抽取 5kg 样品，填缝剂抽取 12kg 样品，充分混匀。取样后，将样品一分为二，一份检验，一份留样复验。

1. 试验环境条件

试验环境条件：环境温度 23±2℃，相对湿度 50%±10%。

2. 试样拌合步骤

砂浆所需的拌合配比应根据生产厂商的使用说明书确定。若提供的是配比的比值范围，应当采用其平均值。至少应准备 2kg 的样品。采用符合《行星式水泥胶砂搅拌机》JC/T 681 规定的行星式搅拌机，按下列步骤搅拌：

（1）将水或液体倒入搅拌锅中，再倒入干粉料，把锅放在固定架上，上升至固定位置。

（2）然后立即开动机器，低速搅拌 60s 后，把机器调整至高速再拌 30s。

（3）停拌 90s，并在 15s 内用刮刀将叶片和锅壁上的砂浆刮入锅中间。

（4）在高速下继续搅拌 60s。各个搅拌阶段，时间误差应在 ±1s 以内。

（5）如果生产厂商有特殊要求，按其规定进行搅拌。

3. 界面剂拉伸粘结强度试验

1）试件成型

（1）选择符合表 3.4.2-1 要求的保温板，按产品说明书的规定，在保温板上涂抹配套的界面剂，粉体界面剂和双组分界面剂的涂刷厚度控制在 1～2mm，1h 后按照《外墙外保温用膨胀聚苯乙烯板抹面胶浆》JC/T 993—2006 的方法在其上成型符合《标准金属洛氏硬度块（A，B，C，D，E，F，G，H，K，N，T 标尺）》JJG 113—2013 要求的聚合物抹面砂浆。对于液体界面剂，要涂刷均匀，不得有漏刷，15min 后在其上成型符合《标准金属洛氏硬度块（A，B，C，D，E，F，G，H，K，N，T 标尺）》JJG 113—2013 要求的聚合物抹面砂浆。

（2）对于聚合物抹面砂浆的成型规格，除岩棉板为 100mm×100mm×3mm 外，其余保温板材的抹面砂浆规格均为 40mm×40mm×3mm。抹面砂浆成型时注意用刮刀刮平表面，每组成型 10 个试件。

**界面剂板材要求**　　　　　　　　　　　　　　　　　　　　　　　表 3.4.2-1

| 性能 | 指　　标 | | | | |
|---|---|---|---|---|---|
| | 模塑聚苯板 | 挤塑聚苯板 | 聚氨酯保温板 | 酚醛保温板 | 岩棉板 |
| 尺寸 | 70mm×70mm×原厚a | | | | 100mm×100mm×原厚a |
| 表观密度（kg/m³） | 18～22 | 28～35 | 32～60 | 45～65 | ≥140 |
| 表面抗拉强度（kPa） | ≥100 | ≥200 | ≥100 | ≥80 | ≥7.5 |

注：a. 应不小于 20mm。

2）养护条件

试样养护条件要求如表 3.4.2-2 所示。

**试样养护条件要求**　　　　　　　　　　　　　　　　　　　　　　表 3.4.2-2

| 性能 | 要　　求 |
|---|---|
| 原强度 | 标准试验条件下养护 13d±6h，用适宜的高强度胶粘剂将拉拔接头粘在试样的成型面上。将试件放在标准条件下继续养护 24±0.5h，测定拉伸粘结强度 |
| 耐水强度 | 标准试验条件下养护 7d±3h，然后完全浸没于 23±2℃的水中，6d±3h 后将试件从水中取出并用布擦干表面水渍，7h 后用适宜的高强度胶粘剂粘拉拔接头，再过 17h 后将试件浸没在 23±2℃的水中，泡水 24±0.5h 将试件取出，擦干表面水渍，测拉伸粘结强度 |
| 耐冻融强度 | 标准试验条件下养护 7d±3h，然后将试件浸没于 23±2℃的水中，24±0.5h 后将试件取出，进行 25 次冻融循环，冻融循环步骤按照《混凝土界面处理剂》JC/T 907—2002 中 5.4.6 的规定进行。冻融循环结束后，将试件在标准试验条件下放置 4h，再用适宜的高强度胶粘剂粘贴拉拔接头，24±0.5h 后测定拉伸粘结强度 |

3）试验步骤

拉伸粘结强度按《外墙外保温用膨胀聚苯乙烯板抹面胶浆》JC/T 993—2006 附录 A 的方法进行试验。

4）试验结果

$$\sigma = \frac{F_t}{A_t} \tag{3.4.2-1}$$

式中　$\sigma$——拉伸粘结强度（MPa）；

　　　$F_t$——试样破坏荷载（N）；

$A_t$——粘结面积（$mm^2$）。

（1）单个试件的拉伸粘结强度值精确至 0.01MPa（酚醛板作为基层时拉伸粘结强度值精确至 0.001MPa，岩棉板作为基层时拉伸粘结强度值精确至 0.0001MPa）。

（2）如单个试件的强度值与平均值之差大于 20%，则逐次剔除偏差最大的试验值，直至各试验值与平均值之差不超过 20%。

（3）如剩余数据不少于 5 个，则结果以剩余数据的平均值表示，精确至 0.01MPa（酚醛板作为基层时拉伸粘结强度值精确至 0.001MPa，岩棉板作为基层时拉伸粘结强度值精确至 0.0001MPa）；如剩余数据少于 5 个，则本次试验结果无效，应重新制备试件进行试验。

4. 界面剂与保温材料的相容性试验

与保温材料的相容性按《外墙外保温用膨胀聚苯乙烯板抹面胶浆》JC/T 993—2006 规定的方法进行试验。

5. 填缝剂抗折强度试验

1）试件成型

按上述"试验拌合程序"的规定拌合填缝剂。按《水泥胶砂强度检验方法（ISO 法）》GB/T 17671—1999 中的 7.2.1 成型试件。从振实台上轻轻拿起试模，用扁平镘刀刮去多余的材料并抹平表面。擦掉留在试模周围的填缝剂。把尺寸为 210mm×185mm、厚度为 6mm 的平板玻璃放在试模上。亦可以用尺寸类似的钢板或其他不能渗透的材料。把试模编号后，水平放在标准试验条件下养护。24h±0.5h 后，小心地脱模，每个填缝剂成型三个试件。

2）标准试验条件下的抗折强度试验

脱模后的试件在标准试验条件下养护 27d±12h，应保持试件间的间距不小于 25mm。养护完毕，按《水泥胶砂强度检验方法（ISO 法）》GB/T 17671—1999 中 9.2 规定的方法进行抗折强度的测定。取三个试件测定值的算术平均值为试验结果，精确到 0.1MPa。

3）标准试验条件下的抗压强度试验

按《水泥胶砂强度检验方法（ISO 法）》GB/T 17671—1999 中 9.3 规定的方法将抗折试验后的试件进行抗压强度测定。取六个试件测定值的算术平均值为试验结果，精确到 0.1MPa。

4）冻融循环后的抗折强度试验

对符合规定的成型试件，按《陶瓷砖填缝剂》JC/T 1004—2017 中的相关规定进行测定。

6. 填缝剂吸水率试验

吸水率按《陶瓷砖填缝剂》JC/T 1004—2017 中的相关规定进行测定。

7. 填缝剂拉伸粘结强度试验

1）试件成型

按上述"试验拌合程序"的规定拌和填缝剂，用抹刀将填缝剂满涂于饰面砖（吸水率为 0.1%～0.2%，其余性能满足《陶瓷砖胶粘剂》JC/T 547—2017 中的要求）背面，然后贴在标准混凝土板上，随即在每块陶瓷砖上加载 2.00±0.015kg 的压块并保持 30s，粘结层厚度控制在 2～3mm，每组成型 10 个试件。

2）拉伸粘结原强度试验

按《陶瓷砖胶粘剂》JC/T 547—2017 中的规定进行试件养护及拉伸粘结强度测定，数据取舍按照《陶瓷砖胶粘剂》JC/T 547—2017 中的规定进行处理。

3）耐水拉伸粘结强度试验

按《陶瓷砖胶粘剂》JC/T 547—2017 中的规定进行养护及拉伸粘结强度测定，数据舍取按照《陶瓷砖胶粘剂》JC/T 547—2017 中的规定进行处理。

4）压折比

根据上述测出的抗压数值和抗折数值进行比值，得出的比值即为压折比，数值精确到 0.1。

### 3.4.3 玻纤网布

玻璃纤维是一种性能优异的无机非金属材料，种类繁多，优点是绝缘性好、耐热性强、抗腐蚀性好、机械强度高，但缺点是性脆、耐磨性较差。其主要成分为二氧化硅、氧化铝、氧化钙、氧化硼、氧化镁、氧化钠等，根据玻璃中碱含量的多少，可分为无碱玻璃纤维、中碱玻璃纤维和高碱玻璃纤维。玻璃纤维通常用作复合材料中的增强材料、电绝缘材料和绝热保温材料、电路基板等国民经济的各个领域。

玻璃纤维网格布在外保温体系中起到应力分散的作用，与抹面胶浆一起共同组成外保温体系的防护面层，抵抗自然界温、湿度变化及意外撞击所引起的面层开裂。玻璃纤维网格布的性能如何，与抹面胶浆的相容性如何，也是外保温体系抗开裂必须考虑到的。

1. 单位面积质量的测定

单位面积质量是指规定尺寸的毡或织物的质量（质量包括了原丝，也包括捆绑或粘结原丝或纱线的任何其他材料）和它的面积之比。

《增强制品试验方法第 3 部分：单位面积质量的测定》GB/T 9914.3，规定了玻璃纤维、碳纤维、芳纶纤维制品单位面积质量的测定方法。该方法适用于毡（短切原丝毡、连续原丝毡）和织物。

1）原理

称量已知面积的试样质量，计算单位面积质量。

2）仪器设备

（1）抛光金属模板：面积为 $100cm^2$ 的正方形或圆形用于织物。裁取试样的面积的允许误差应小于 1%。金属模板的正反两面光滑且平整。经利益相关方同意，也可使用更大的试样，在这种情况下应在试验报告中注明试样的形状和尺寸。

（2）合适的裁切工具：如刀、剪刀、盘式刀或冲压装置。

（3）试验皿：由耐热材料制成，能使试样表面空气流通良好，不会损失试样。可以是由不锈钢丝制成的网篮。

（4）天平：具有表 3.4.3-1 所列的特性。

如果取更大尺寸的试样，应使用相当精度的天平。

（5）通风烘箱：空气置换率为每小时 20～50 次，温度能控制在 105±3℃内。

（6）干燥器：内装合适的干燥剂（如硅胶、氧化钙或五氧化二磷）。

（7）不锈钢钳：用于夹持试样和试样皿。

| 材料 | 测量范围 | 容许误差限 | 分辨率 |
|---|---|---|---|
| 毡,所有规格 | 0~150g | 0.5g | 0.1g |
| 织物,≥200g/m² | 0~150g | 10mg | 1mg |
| 织物,<200g/m² | 0~150g | 1mg | 0.1mg |

天平的特性　　　　　　　　　　　　　　　　　表 3.4.3-1

3）试样制备

（1）试样

对于织物每 50cm 宽度 1 个 100cm² 的试样。任何情况下，最少应取 2 个试样。

（2）裁取试样的推荐方法

① 试样应分开取，最好包括不同的纬纱。

② 试样应离开边/织边至少 5cm。

③ 对于宽度小于 25cm 的机织物，试样的形状和尺寸由各方商定。

④ 裁取试样的推荐方法见图 3.4.3-1、图 3.4.3-2。

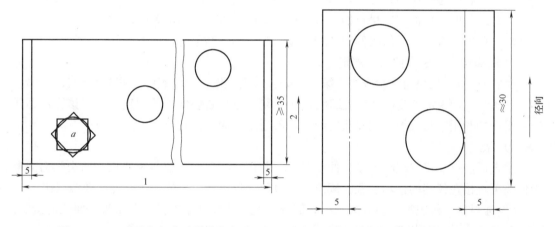

图 3.4.3-1　裁取机织物试样建议方法　　　　图 3.4.3-2　裁取机织物试样建议方法
（宽度大于 50cm 的织物）（cm）　　　　　（宽度在 20~50cm 之间的织物）
1—织物的宽度；2—经纱方向

a. 圆形试样可以由纱线与边或对角线平行的正方形试样代替。

对于宽度小于 25cm 的机织物，试样的尺寸和形状由供需双方商定。

4）调湿和试验环境

除非产品规范或测试委托方另有要求，试样不需要调湿。

如果需要调湿，建议在温度为 23±2℃，相对湿度为 50%±10% 的标准环境下进行。

5）试验步骤

（1）通过织物的整个幅宽，切取一条至少 35cm 宽的试样作为实验室样本。

（2）在一个清洁的工作台面上，用裁切工具和模板切取规定的试样数。

（3）若织物含水率超过 0.2%（或含水率未知）时，应将试样置于 105±3℃ 的通风烘箱中干燥 1h，然后放入干燥器中冷却至室温。从干燥器中取出，立即进行试验。

（4）称取每个试样的质量并记录结果。

6）试验结果

（1）试样的单位面积质量计算

$$\rho_A = \frac{m_A}{A} \times 10^4 \qquad (3.4.3\text{-}1)$$

式中　$\rho_A$——试样单位面积质量（$g/m^2$）；

　　　$m_A$——试样质量（g）；

　　　$A$——试样面积（$m^2$）。

（2）结果表示

单位面积质量的结果为整个幅宽上所取试样的测试结果的平均值。

对于单位面积质量不小于 $200g/m^2$ 的织物，结果精确至 1g；对于单位面积质量小于 $200g/m^2$ 的织物，结果精确至 0.1g。

7）试验报告

测试报告应包括以下内容：

（1）依据标准。

（2）织物的必要说明。

（3）织物的单位面积质量，如果有要求，也可报告每个测试单值。

（4）标准未规定的任何操作细节和可能已影响测试结果的任何情况。

2. 断裂强力和断裂伸长的测定

《增强材料　机织物试验方法　第5部分：玻璃纤维拉伸断裂强力和断裂伸长的测定》GB/T 7689.5，规定了玻璃纤维机织物拉伸断裂强力和断裂伸长的测定方法。该方法适用于未浸渍的和用浆料或硬化剂浸渍的织物，不适用于涂覆橡胶或塑料的织物。

1）原理

用合适的仪器将机织物条样拉伸至断裂，并指示断裂强力和断裂伸长。断裂强力或断裂伸长可直接在仪器的指示装置上读出，也可以通过自动记录的力值—伸长曲线得出。

《增强材料　机织物试验方法　第5部分：玻璃纤维拉伸断裂强力和断裂伸长的测定》GB/T 7689.5—2013规定了两种不同类型的试样：

（1）Ⅰ型：适用于硬挺织物（例如，线密度大于或等于300tex的粗纱织成的网格布，或经处理剂或硬化剂处理的纱线织成的织物）。

（2）Ⅱ型：适用于较柔软的织物，以便于操作，减少试验误差。

2）仪器设备

（1）一对合适的夹具

① 夹具的宽度应大于拆边的试样宽度，如大于50mm（或大于25mm），夹具的夹持面应平整且相互平行，在整个试样的夹持宽度上均匀施加压力，并应防止试样在夹具内打滑或有任何损坏（必要时，可采用液压或气动系统）。

② 夹具的夹持面应尽可能平滑，若夹持试样不能满足要求时，可使用衬垫、锯齿形或波形的夹具。纸、毡、皮革、塑料或橡胶片都可作为衬垫材料。

③ 夹具应设计成使试样的中心轴线与试验时试样的受力方向保持一致。上下夹具的初始距离（有效长度）对于Ⅰ型试样应为 $200\pm2mm$，对于Ⅱ型试样应为 $100\pm1mm$。

（2）拉伸试验机

① 推荐使用等速伸长（CRE）试验机，对于试样的拉伸速度应满足Ⅰ型试样为100±

5mm/min，Ⅱ型试样为 50±3mm/min。

② 也可采用其他类型的试验机，例如等速牵引（CRT）和等加负荷（CRL）试验机，但 CRE 型试验机所得的结果与其他类型的试验机测得的结果没有普遍的相关性。为避免争议，CRE 方法为推荐的方法。

③ 当采用 CRT 和 CRL 试验机时，设定的试验速度应使试样在 5±2s 内断裂，或由利益相关方同意，按下式计算断裂时间。

$$t_B = \frac{E_1 \times 60}{CRE} \tag{3.4.3-2}$$

式中　$t_B$——断裂时间（s）；

　　$E_1$——断裂伸长（mm）；

　　$CRE$——拉伸速度（按表 3.4.3-2 的规定）（mm/min）。

（3）指示或记录施加到试样上力值的装置

该装置在规定的试验速度下，应无惯性，在规定的试验条件下，示值最大误差不超过 1%。

（4）指示或记录试样伸长值的装置

该装置在规定的试验速度下，应无惯性，精度应优于 1%。

（5）模板（图 3.4.3-3）

用于从实验室样本上裁取过渡试样，对于Ⅰ型试样尺寸为 350mm×370mm，对于Ⅱ型试样尺寸为 250mm×270mm（表 3.4.3-2）。模板应有两个槽口用于标记试样中间部分（有效长度）。

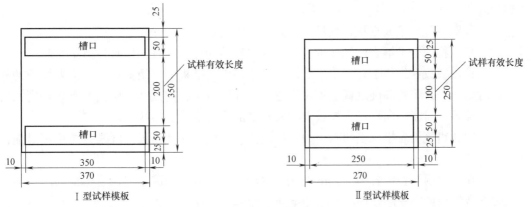

注：用模板裁取过渡试样，再从过渡试样上裁取试样，然后拆边至标准宽度。

图 3.4.3-3　模板示例

试样和试验参数　　　　　　　　　　　　　　　　表 3.4.3-2

| 试验参数 | 单位 | 试样 | |
|---|---|---|---|
| | | Ⅰ型 | Ⅱ型 |
| 试样长度 | mm | 350 | 250 |
| 未拆边试样宽度 | mm | 65 | 40 |
| 有效长度 | mm | 200 | 100 |
| 拆边试样宽度 | mm | 50 | 25 |
| 拉伸速度 | mm/min | 100 | 50 |

（6）合适的裁切工具

如刀、剪刀或切割轮。

3）取样

除非产品规范或利益相关方另有规定，去除可能有损伤的布卷最外层（至少去掉1m），裁取长约1m的布段为实验室样本。

4）试样

尺寸

（1）Ⅰ型试样

试样长度应为350mm以使试样的有效长度为200±2mm。试样宽度，不包括毛边（试样的拆边部分）应为50mm。

（2）Ⅱ型试样

试样长度应为250mm以使试样的有效长度为100±1mm。试样宽度，不包括毛边（试样的拆边部分）应为25mm。

（3）备选宽度

当织物的经、纬密度非常小时（如低于3根/cm），Ⅰ型的试样宽度可大于50mm，Ⅱ型的试样宽度可大于25mm。

注：不同尺寸试样和不同拉伸速度的测试结果不相同，多数情况下没有可比性。

5）制备

（1）为防止试样端部被试验机夹具损坏，有必要对试样进行特殊制备，应采用规定的步骤处理。

（2）裁取一片硬纸或纸板，其尺寸应大于或等于模板尺寸。

（3）将织物完全平铺在硬纸或纸板上，确保经纱和纬纱笔直无弯曲并相互垂直。

（4）将模板放在织物上，并使整个模板处于硬纸或纸板上，用裁切工具沿着模板的外边缘同时切取一片织物和硬纸或纸板作为过渡试样。对于经向试样，模板上有效长度的边应平行于经纱；对于纬向试样，模板上有效长度的边应平行于纬纱。

（5）用软铅笔沿着模板上的两个槽口的内侧边画线，移开模板。画线时注意不要损伤纱线。

（6）在织物两端长度各为75mm的端部区域内涂覆合适的胶粘剂，使织物的两端与背衬的硬纸或纸板粘在一起，中间两条铅笔线之间部分不涂覆。

注：推荐使用以下材料涂覆试样的端部：

天然橡胶或氯丁橡胶溶液；

聚甲基丙烯酸丁酯的二甲苯溶液；

聚甲基丙烯酸甲酯的二乙酮或甲乙酮溶液；

环氧树脂（尤其适用于高强度材料）。

也可采用这样的方法涂覆试样：将样品端部夹在两片聚乙烯醇缩丁醛片之间，留出样品的中间部分，然后再在两片聚乙烯醇缩丁醛片表面铺上硬纸或纸板，并用电熨斗将聚乙烯醇缩丁醛片熨软，使其渗入织物。

（7）将过渡试样烘干后，沿垂直于两条铅笔线的方向裁切成条状试样。对于Ⅰ型试样宽度为 65mm，制成尺寸为 350mm×65mm 的试样；对于 Ⅱ 型试样宽度为 40mm，制成尺寸为 250mm×40mm 的试样。

每个试样包括了长度为 200mm（Ⅰ型试样）或 100mm（Ⅱ型试样）无涂覆的中间部分，和两端各为 75mm 的涂覆部分。

（8）细心地拆去试样两边的纵向纱线，两边拆去的纱线根数应大致相同，直到试样宽度为 50mm（Ⅰ型试样）或 25mm（Ⅱ型试样），或尽可能接近。

对于纱线线密度大于或等于 300tex 的织物（无捻粗纱布）和稀松组织织物而言，应拆去整数根纱线，并确保试样宽度尽可能接近但不小于 50mm 或 25mm，或符合备选宽度。在这种情形下，同一织物的所有试样的纱线根数应相同，应测量每一个试样的实际宽度，计算五个试样宽度的算术平均值，精确至 1mm，并列入测试报告中。

6）调湿和试验环境

（1）调湿环境

在《塑料试样状态调节和试验的标准环境》GB/T 2918—1998 规定的温度为 23±2℃、相对湿度为 50%±10% 的标准环境下进行调湿，调湿时间为 16h 或由利益相关方商定。

（2）试验环境

在与调湿环境相同的环境下进行试验。

7）试验步骤

（1）调整夹具间距，Ⅰ型试样的间距为 200±2mm，Ⅱ型试样的间距为 100±1mm。确保夹具相互对准并平行。使试样的纵轴贯穿两个夹具前边缘的中点，夹紧其中一个夹具。在夹紧另一夹具前，从试样的中部与试样纵轴相垂直的方向切断备衬纸板，并在整个试样宽度方向上均匀地施加预张力，预张力大小为预期强力的 1%±0.25%，然后夹紧另一个夹具。

如果强力机配有记录仪或计算机，可以通过移动活动夹具施加预张力。应从断裂载荷中减去预张力值。

（2）在与不同类型的试验机和不同类型的试样相适应的条件下，启动活动夹具，拉伸试样至断裂。

（3）记录最终断裂强力。除非另有商定，当织物分为两个或以上阶段断裂时，如双层或更复杂的织物，记录第一组纱断裂时的最大强力，并将其作为织物的拉伸断裂强力。

（4）记录断裂伸长，精确至 1mm。

（5）如果有试样断裂在两个夹具中任一夹具的接触线 10mm 以内，则在报告中记录实际情况，但计算结果时舍去该断裂强力和断裂伸长，并用新试样重新试验。

注：有三种因素导致试样在夹具内或夹具附近断裂：

① 织物存在薄弱点（随机分布）；

② 夹具附近应力集中；

③ 由夹具导致试样受损。

问题是如何区分由夹具引起的破坏还是由其他两种因素引起的破坏。实际上，要区分开来是不太可能的，最好的办法是舍弃低测试值。虽然有统计方法用于剔除异常测试值，但是在常规试验中几乎不适用。

8）试验结果

（1）断裂强力

计算每个方向（经向和纬向）断裂强力的算术平均值，分别作为织物经向和纬向的断裂强力测定值用牛顿表示，保留小数点后两位。如果实际宽度不是 50mm 或 25mm，将按规定所记录的断裂强力换算成宽度为 50mm 或 25mm 的强力。

（2）断裂伸长

计算织物每个方向（经向和纬向）断裂伸长的算术平均值，以断裂伸长增量与初始有效长度的百分比表示，保留两位有效数字，分别作为织物经向和纬向的断裂伸长。

9）试验报告

试验报告应包括以下内容：

（1）说明依据标准。

（2）识别被测织物的必要详情。

（3）不同于标准中所述的取样方法。

（4）调湿和试验环境。

（5）若调湿时间不是 16h，应注明调湿时间，用小时（h）表示。

（6）若经向或纬向的试样数量低于标准规定的最小试样数量，应注明试样数量。

（7）试样类型。

（8）若试样宽度与标准规定宽度不同，应注明试样宽度。

（9）胶粘剂的类型和选用的施加方法，以及所用的干燥和/或固化制度。

（10）每个方向（经向或纬向）上的断裂强力，以及各有效单值。

（11）每个方向（经向或纬向）上的断裂伸长，以及各有效单值。

（12）试验过程中剔除的试样数量。

（13）所用的试验机和夹具类型，若采用 CRL 和 CRT 试验机则给出断裂时间。

（14）任何该方法中没有规定的操作细节和可能影响试验结果的情况。

3. 玻璃纤维布耐碱性试验

《玻璃纤维网布耐碱性试验方法氢氧化钠溶液浸泡法》GB/T 20102，规定了玻璃纤维网布经碱溶液浸泡处理后拉伸断裂强力的测定方法。该方法适用于聚合基外墙外保温饰面系统中使用的玻璃纤维网布，该系统含有硅酸盐水泥作为一种组分。

耐碱性可以用玻璃纤维网布单位宽度上的断裂强力表示，也可以用碱溶液浸泡后与浸泡前断裂强力的百分率表示。

标准的使用者有责任建立适当的安全和健康准则，并在使用前确定是否适用于某些规章的限项。

1）测试方法概要

分别测试经过处理和未经处理的试样拉伸断裂强力。处理条件为 5% 的氢氧化钠溶液浸泡 28d。

拉伸断裂强力被定义为规定尺寸的试样在拉伸试验机上拉伸至断裂时所施加的力。

2）意义和用途

用于增强外墙外保温饰面系统的玻璃纤维网布，被埋入含有硅酸盐水泥的抹面基层中，玻璃纤维可能会受到碱性的侵蚀而降低强度。按本方法测定碱溶液浸泡后玻璃纤维网布的拉伸断裂强力，是实验室中近似地评估玻璃纤维网布抵抗外墙外保温饰面系统碱侵蚀能力的一个指标。

该试验方法不支持模拟实际使用中遇到的情况。外墙外保温饰面系统是一个多因素的函数，例如：合理的安装、支撑结构的刚性、外墙外保温饰面系统对其他原因造成退化的抵抗能力。

3）仪器和试剂

（1）拉伸试验机。等速伸长型，应符合《增强材料　机织物试验方法　第 5 部分：玻璃纤纤拉伸断裂强力和断裂伸长的测定》GB/T 7689.5 的规定。

（2）带盖容器。应由不与碱溶液发生化学反应的材料制成。尺寸大小应能使玻璃纤维网布试样平直地放置在内，并且保证碱溶液的液面高于试样至少 25mm。容器的盖应密封，以防止碱溶液中的水分蒸发浓度增大。

（3）蒸馏水。

（4）氢氧化钠，化学纯。

4）试样

（1）实验室样本：从卷装上裁取 30 个宽度为 50±3mm，长度为 600±13mm 的试样条。其中，15 个试样条的长边平行于玻璃纤维网布的经向（称为经向试样），15 个试样条的长边平行于玻璃纤维网布的纬向（称为纬向试样）。

（2）每个试样条应包括相等的纱线根数，并且宽度不超过允许的偏差范围（±3mm），纱线的根数应在报告中注明。

（3）经向试样应在玻璃纤维网布整个宽度上裁取，确保代表了不同的经纱；纬向试样应在样品卷装上较宽的长度范围内裁取。

5）试样制备

分别在每个试样条的两端编号，然后将试样条沿横向从中间一分为二，一半用于测定未经碱溶液浸泡的拉伸断裂强力，另一半用于测定碱溶液浸泡后的拉伸断裂强力。这样可以保证未经碱溶液浸泡的试样与碱溶液浸泡试样的直接可比性。

6）试样的处理

（1）记录每个试样的编号和位置，确保得到的一对未经碱溶液浸泡的试样和经碱溶液浸泡的试样的拉伸断裂强力值是来自于同一试样条。

（2）配制浓度为 50g/L（5%）的氢氧化钠溶液置于带盖容器内，确保溶液液面浸没试样至少 25mm。保持溶液的温度在 23±2℃。

（3）将用于碱溶液浸泡处理的试样放入配制好的氢氧化钠溶液中，试样应平整地放置，如果试样有卷曲的倾向，可用陶瓷片等小的重物压在试样两端。在容器内表面对液面位置进行标记，加盖并密封。若取出试样时发现液面高度发生变化，则应重新取样进行试验。

（4）试样在氢氧化钠溶液中浸泡 28d。

（5）取出试样后，用蒸馏水将试样上残留的碱溶液冲洗干净，置于温度 23±2℃，相对湿度 50%±5% 的条件下 7d。

（6）未经碱溶液浸泡的试样在温度 23±2℃，相对湿度 50%±5% 的实验室内同时放置。

7）拉伸试验机的准备

按《增强材料机　织物试验方法　第 5 部分：玻璃纤维拉伸断裂强力和断裂伸长的测定》GB/T 7689.5 的规定准备试验机。

8）试验步骤

（1）按《增强材料　机织物试验方法　第 5 部分：玻璃纤维拉伸断裂强力和断裂伸长的测定》GB/T 7689.5 的规定在试样两端涂覆树脂形成加强边，以防止试样在夹具内打滑或断裂。

（2）将试样固定在夹具内，使中间有效部位的长度为 200mm。

（3）以 100mm/min 的速度拉伸试样至断裂。

（4）记录试样断裂时的力值（N/50mm）。

（5）如果试样在夹具内打滑或断裂，或试样沿夹具边缘断裂，应废弃这个结果重新用另一个试样测试，直至每种试样得到 $S$ 个有效的测试结果：

① 未经碱溶液浸泡处理的经向试样。

② 经碱溶液浸泡处理的经向试样。

③ 未经碱溶液浸泡处理的纬向试样。

④ 经碱溶液浸泡处理的纬向试样。

注：当试样存在自身缺陷或在试验过程中受到损伤时，会产生明显的脆性和测试值出现较大的变异，这样的试样的测试结果应废弃。

9）结果计算

分别计算所述的四种状态下 5 个有效试样的拉伸断裂强力平均值。分别按下式计算经向拉伸断裂强力的保留率和纬向拉伸断裂强力的保留率。

$$\rho_t(\rho_w) = \frac{\dfrac{C_1}{U_1} + \dfrac{C_2}{U_2} + \dfrac{C_3}{U_3} + \dfrac{C_4}{U_4} + \dfrac{C_5}{U_5}}{5} \tag{3.4.3-3}$$

式中　$\rho_t(\rho_w)$——经向（纬向）拉伸断裂强力保留率（%）；

　　$C_1 \sim C_5$——分别为 5 个碱溶液浸泡处理后试样拉伸断裂强力（N）；

　　$U_1 \sim U_5$——分别为 5 个未经浸泡处理的试样拉伸断裂强力（N）。

10）试验报告

试验报告应包括下列内容：

（1）测试和报告的日期。

（2）样品的制造商标记或注册商标等标识。

（3）每个试样中纱线的根数。

（4）碱溶液处理前玻璃纤维网布的单位面积质量（g/m²）。

（5）以下四种试样的平均断裂强力（N/50mm）：

① 未经碱溶液浸泡处理的经向试样。

② 经碱溶液浸泡处理的经向试样。

③ 未经碱溶液浸泡处理的纬向试样。

④ 经碱溶液浸泡处理的纬向试样。

（6）经向试样拉伸断裂强力保留率。

（7）纬向试样拉伸断裂强力保留率。

（8）说明按标准进行试验，或不同于该方法的细节的完整描述。

### 3.4.4　镀锌电焊网

《镀锌电焊网》GB/T 33281，规定了镀锌电焊网的标记、形式与尺寸、要求、试验方法、检验规则、标志、包装、运输和贮存。该标准适用于建筑、种植、养殖、机器防护罩、围栏、家禽笼、盛蛋筐及交通运输采矿等用途的镀锌电焊网。

1. 形式与尺寸

（1）电焊网形式按图 3.4.4-1 的规定。

（2）电焊网基本尺寸与偏差，见表 3.4.4-1。

电焊网基本尺寸与偏差（mm）　　　　　　　　　表 3.4.4-1

| L | | B | |
|---|---|---|---|
| 基本尺寸 | 极限偏差 | 基本尺寸 | 极限偏差 |
| 30000 | ≥0 | 1000 | +5 |
| 30480 | | 914 | −1 |

（3）电焊网经、纬线，见图 3.4.4-2。

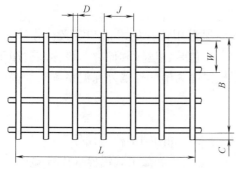

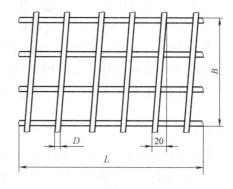

图 3.4.4-1　电焊网形式

C—网边露头长；D—丝径；J—经向网孔长；

W—纬向网孔长；B—网宽；L—网长

图 3.4.4-2　电焊网经、纬线（mm）

2. 电焊网尺寸、网孔偏差试验

1）电焊网网长、网宽测量

将网展开置于一平面上，用示值为 1mm 的钢卷尺测量。

2）网孔偏差测量

将网展开置于一平面上，按 305mm 内网孔构成数目（见标准规定）用示值为 1mm 的钢尺测量。有争议时，可用示值为 0.02mm 的游标卡尺测量。

3）丝径测量

用示值为 0.01mm 的千分尺，任取经、纬丝各 3 根测量（锌粒处除外），取其平均值。

4）网边露头长测量

用示值为 0.02mm 的游标卡尺测量。

3. 电焊网经、纬线垂直度试验

以任意纬丝为基准取 914mm 的网长，用示值为 1mm 的钢卷尺测量两边缘纬丝间最大对角线之差。

4. 电焊网焊点抗拉力试验

对焊点抗拉力检测，焊点抗拉力的拉伸卡具如图 3.4.4-3 所示，在网上任取 3 个焊点，按图示进行拉伸，拉伸试验机拉伸速度为 5mm/min，拉断时的拉力值计算平均值。

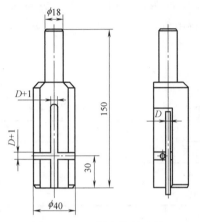

图 3.4.4-3　焊点抗拉力的
拉伸卡具（mm）

5. 表面镀层

1）镀锌层质量试验

镀锌层质量按《钢产品镀锌层质量试验方法》GB/T 1839 的相关规定进行试验。

2）镀锌层硫酸铜试验

镀锌层硫酸铜试验按《镀锌钢丝锌层硫酸铜试验方法》GB/T 2972 的相关规定进行。

### 3.4.5　锚栓

外墙保温用锚栓是指由膨胀件和膨胀套管组成，或仅由膨胀套管构成，依靠膨胀产生的摩擦力或机械锁定作用连接保温系统与基层墙体的机械固定件，简称锚栓。

《外墙保温用锚栓》JG/T 366，规定了外墙保温用锚栓的术语和定义、分类与标记、要求、试验方法、检验规则、标志和产品说明书、包装、运输和储存。该标准适用于固定在混凝土、砌体基层墙体上，以粘结为主、机械锚固为辅的外墙外保温系统附加锚固所用的锚栓。

1. 锚栓的分类

1）按照锚栓的构造方式分为圆盘锚栓（代号 Y）和凸圆锚栓（代号 T）。

2）按照锚栓的安装方式分为旋入式锚栓（代号 X）和敲击式锚栓（代号 Q）。

3）按照锚栓的承载机理分为仅通过摩擦承载的锚栓（代号 C）和通过摩擦和机械锁定承载的锚栓（代号 J）。

4）按照锚栓的膨胀件和膨胀套管材料分为碳钢（代号 G）、塑料（代号 S）、不锈钢（B）。

2. 出厂检验组批

检验批由相同材料、工艺、设备等条件下，生产的同型号锚栓组成，在正常生产时：

（1）尺寸与公差检验应以 5000 只为一个检验批，不足 5000 只仍按一个检验批计算。

（2）标准条件下普通混凝土基层墙体试块中的抗拉承载力标准值检验以 2.5 万只为一个检验批，不足 2.5 万只仍按一个检验批计算。

检验样品应随机抽取，取样数量每批次 10 只。

3. 标准试验条件

标准试验环境为空气温度 23±5℃，相对湿度为 50%±10%。

4. 数字修约

在判定测定值或其计算值是否符合标准要求时，应将测试所得的测试值或计算值与标准规定的极限数值作比较，比较的方法采用《数值修约规则与极限数值的表示和判定》GB/T 8170—2008 中第 4 章的修约值比较法。

5. 锚栓抗拉承载力标准值试验

锚栓在各类基层墙体中抗拉承载力标准值的试验方法

1）试验用基层墙体试块强度等级要求

（1）混凝土强度等级 C25。

（2）烧结普通砖，应符合《烧结普通砖》GB/T 5101—2017，强度等级 MU15。

（3）蒸压灰砂砖，应符合《蒸压灰砂砖》GB 11945—1999，强度等级 MU15。

（4）粉煤灰砖，应符合《蒸压粉煤灰砖》JC/T 239—2014，强度等级 MU15。

（5）轻骨料混凝土砖，应符合《轻骨料混凝土技术规程》JGJ 51—2002，强度等级 LC15。

（6）烧结多孔砖，应符合《烧结多孔砖和多孔砌块》GB 13544—2011，强度等级 MU15。

（7）蒸压灰砂空心砖，应符合《蒸压灰砂多孔砖》JC/T 637—2009，强度等级 15。

（8）普通混凝土小型空心砌块，应符合《普通混凝土小型砌块》GB/T 8239—2014，强度等级 MU10。

（9）轻骨料混凝土小型空心砌块，应符合《轻集料混凝土小型空心砌块》GB/T 15229—2011，强度等级 10。

（10）烧结空心砖和空心砌块，应符合《烧结空心砖和空心砌块》GB/T 13545—2014，强度等级 MU10。

（11）蒸压加气混凝土砌块，应符合《蒸压加气混凝土砌块》GB 11968—2006，强度等级 A2.0。

2）试验步骤

（1）在基层墙体试块上按生产商提供的安装方法，钻头直径、有效锚固深度不应小于 25mm，试件数量 10 个。

（2）使用拉拔仪进行试验，拉拔仪支脚中心轴线与锚栓试件中心轴线之间距离不应小于有效锚固深度的 2 倍。均匀稳定加载，荷载方向垂直于基层墙体表面，加载至锚栓试件破坏，记录破坏荷载值和破坏状态。

3）试验结果

锚栓抗拉承载力标准值按下式计算：

$$F = \overline{F} \cdot (1 - K \cdot V) \qquad (3.4.5\text{-}1)$$

式中　$F$——锚栓抗拉承载力标准值（5%分位数）（kN）。标准试验条件下，锚栓抗拉承载力标准值表述为 $F_k$，圆盘抗拉力标准值表述为 $F_{Rk}$。

　　　$\overline{F}$——锚栓试件破坏荷载的算术平均值（kN）。

　　　$K$——系数，锚栓为 5 个时取 3.4，10 个时取 2.6。

　　　$V$——变异系数，为锚栓试件测定值标准偏差与算术平均值之比。

如果试验中破坏荷载的变异系数大于 20%，确定抗拉承载力标准值时应乘以一个附加系数 $a$，$a$ 按下式计算：

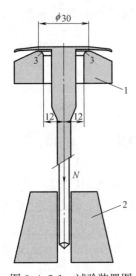

图 3.4.5-1 试验装置图
1—支撑圆环；2—夹具

$$a = \frac{1}{1 + (V - 20) \times 0.03} \tag{3.4.5-2}$$

6. 锚栓圆盘抗拔承载力标准值试验

1）试验步骤

（1）为了确定锚栓圆盘的破坏试验荷载，应进行不少于 5 次试验。

（2）试验时，将锚栓圆盘支撑在一个内径为 30mm 坚固的圆环上，拉力荷载通过锚栓轴在支撑圆环的内侧施加，加载速度为 1kN/min。

（3）加载至锚栓破坏，记录破坏荷载。

锚栓圆盘抗拔力试验的试验装置见图 3.4.5-1。

2）试验结果

锚栓圆盘抗拔力标准值按式（3.4.5-1）计算。

3）试验报告

试验报告中应注明圆盘的抗拔力标准值，圆盘的直径等数据。

# 第4章 保温系统材料检测

## 4.1 模塑聚苯板外保温系统

模塑聚苯板薄抹灰外墙外保温系统是指置于建筑物外墙外侧，与基层墙体采用粘结方式固定的保温系统。系统由模塑聚苯板、胶粘剂、厚度为 3～6mm 的抹面胶浆、玻璃纤维网布及饰面材料等组成，系统还包括必要时采用的锚栓、护角、托架等配件以及防火构造措施。

《模塑聚苯板薄抹灰外墙外保温系统材料》GB/T 29906，适用于民用建筑采用的模塑聚苯板薄抹灰外墙外保温系统材料。该标准规定了模塑聚苯板薄抹灰外墙外保温系统材料的术语和定义、一般规定、要求、试验方法、检验规则、产品合格证和使用说明书、包装、运输和贮存。

系统组成材料检验批如下：

（1）模塑板：同一材料、同一工艺、同一规格每 500m³ 为一批，不足 500m³ 时也为一批。

（2）胶粘剂：同一材料、同一工艺、同一规格每 100t 为一批，不足 100t 时也为一批。

（3）抹面胶浆：同一材料、同一工艺、同一规格每 100t 为一批，不足 100t 时也为一批。

（4）玻纤网：同一材料、同一工艺、同一规格每 20000m² 为一批，不足 20000m² 时也为一批。

### 4.1.1 养护条件和试验环境

标准养护条件为空气温度 23±2℃，相对湿度 50％±5％。试验环境为空气温度 23±5℃，相对湿度 50％±10％。

### 4.1.2 数值修约

在判定测定值或其计算值是否符合标准要求时，应将测试所得的测定值或其计算值与标准规定的极限数值作比较，比较的方法采用《数值修约规则与极限数值的表示和判定》GB/T8170 中 4.3 规定的修约值比较法。

修约值比较法如下：

（1）将测定值或其计算值进行修约，修约数位应与规定的极限数值数位一致。

当测试或计算精度允许时，应先将获得的数值按指定的修约数位多一位或几位报出，然后按进舍规则的程序修约至规定的数位。

（2）将修约后的数值与规定的极限数值进行比较，只要超出极限数值规定的范围（不论超出程度大小），都判定为不符合要求。

### 4.1.3　胶粘剂

胶粘剂是指由水泥基胶凝材料、高分子聚合物材料以及填料和添加剂等组成，专用于将模塑聚苯板粘贴在基层墙体上的粘结材料。

1. 拉伸粘结强度试验

1）试样要求

（1）试样尺寸 50mm×50mm 或直径 50mm，与水泥砂浆粘结和与模塑板粘结试样数量各 6 个。

（2）按生产商使用说明配制胶粘剂，将胶粘剂涂抹于模塑板（厚度不宜小于 40mm）或水泥砂浆板（厚度不宜小于 20mm）基材上，涂抹厚度为 3～5mm，可操作时间结束时用模塑板覆盖。

（3）试样在标准养护条件下养护 28d。

2）试验步骤

（1）以合适的胶粘剂将试样粘贴在两个刚性平板或金属板上，胶粘剂应与产品相容，固化后将试样按下述条件进行处理：

① 原强度：无附加条件。

② 耐水强度：浸水 48h，到期将试样从水中取出并擦拭表面水分，在标准养护条件下干燥 2h。

③ 耐水强度：浸水 48h，到期将试样从水中取出并擦拭表面水分，在标准养护条件下干燥 7d。

（2）将试样安装到适宜的拉力机上，进行拉伸粘结强度测定，拉伸速度为 5±1mm/min。记录每个试样破坏时的拉力值，基材为模塑板时还应记录破坏状态。破坏面在刚性平板或金属板胶结面时，测试数据无效。

3）试验结果

拉伸粘结强度试验结果为 6 个试验数据中 4 个中间值的算术平均值，精确至0.01MPa。模塑板内部或表层破坏面积在 50% 以上时，破坏状态为破坏发生在模塑板中，否则破坏状态为界面破坏。

2. 可操作时间试验

1）试验过程

胶粘剂配制后，按生产商提供的可操作时间放置，生产商未提供可操作时间时，按1.5h 放置，然后按上述"1"的规定测定拉伸粘结强度原强度。

2）试验结果

拉伸粘结强度原强度符合要求时，放置时间即为可操作时间。

### 4.1.4　模塑板

模塑聚苯板是指绝热用阻燃型模塑聚苯乙烯泡沫塑料制作的保温板材。

1. 垂直于板面方向的抗拉强度试验

1）试样要求

（1）试样尺寸 100mm×100mm，数量 5 个。

（2）试样在模塑板上切割制成，其基面应与受力方向垂直，切割时应离模塑板边缘 15mm 以上。试样在试验环境下放置 24h 以上。

2）试验步骤

以合适的胶粘剂将试样两面粘贴在刚性平板或金属板上，胶粘剂应与产品相容。将试样装入拉力机上，以 5±1mm/min 的恒定速度加荷，直至试样破坏。破坏面在刚性平板或金属板胶结面时，测试数据无效。

3）试验结果

垂直于板面方向的抗拉强度按下式计算，试验结果为 5 个试验数据的算术平均值，精确至 0.1MPa。

$$\sigma = \frac{F}{A} \tag{4.1.4-1}$$

式中　$\sigma$——垂直于板面方向的抗拉强度（MPa）；

　　　$F$——试样破坏拉力（N）；

　　　$A$——试样的横截面积（$mm^2$）。

2. 燃烧性能等级

燃烧性能等级按《建筑材料及制品燃烧性能分级》GB/T 8624 规定的方法进行试验。

3. 其他性能

其他性能按《绝热用模塑聚苯乙烯泡沫塑料》GB/T 10801.1 规定的方法进行试验。

4. 尺寸允许偏差

尺寸测量按《泡沫塑料与橡胶　线性尺寸的测定》GB/T 6342 的规定进行。

（1）厚度、长度、宽度尺寸允许偏差为测量值与规定值之差。

（2）对角线尺寸允许偏差为两对角线差值。

（3）板面平整度、板边平直度使用长度为 1m 的靠尺进行测量，板材尺寸小于 1m 的按实际尺寸测量，以板面或板边凹处最大数值为板面平整度、板边平直度。

### 4.1.5　抹面胶浆

抹面胶浆是指由水泥基胶凝材料、高分子聚合物材料以及填料和添加剂等组成，具有一定变形能力和良好粘结性能的抹面材料。

1. 拉伸粘结强度试验

试样由模塑板和抹面胶浆组成，抹面胶浆厚度为 3mm，试样养护期间不需覆盖模塑板。原强度、耐水强度按上述"胶粘剂的拉伸粘结强度试验"的规定进行测定，耐冻融强度按"模塑板外保温系统的耐冻融"的规定进行测定。

2. 压折比试验

按生产商使用说明配制抹面胶浆，按《水泥胶砂强度检验方法（ISO 法）》GB/T 17671 的规定制样，试样在标准养护条件下养护 28d 后，按《水泥胶砂强度检验方法（ISO 法）》GB/T 17671 的规定测定抗压强度、抗折强度，并按下式计算压折比，精确至 0.1。

$$T = \frac{R_c}{R_f} \tag{4.1.5-1}$$

式中 $T$——压折比；

$R_c$——抗压强度（MPa）

$R_f$——抗折强度（MPa）

3. 可操作时间试验

试样由系统用模塑板和抹面胶浆组成，抹面胶浆厚度为 3mm。按上述"胶粘剂的可操作时间"的规定进行测定，拉伸粘结强度原强度符合要求时，放置时间即为可操作时间。

4. 抗裂应变试验

1）试验仪器

（1）应变仪：长度为 150mm，精密度等级 0.1 级。

（2）小型拉力试验机。

2）试样要求

（1）纬向、经向试样数量各 6 条。

（2）抹面胶浆按照产品说明配制搅拌均匀后使用，将抹面胶浆满抹在 600mm×100mm 的模塑板上，贴上标准玻纤网，玻纤网两端应伸出抹面胶浆 100mm，再按受检方规定的厚度刮抹面胶浆。玻纤网伸出部分反包在抹面胶浆表面，试验时把两条试条对称地互相粘贴在一起，玻纤网反包的一面向外，用环氧树脂粘贴在拉力机的金属夹板之间。

（3）将试样放置在室温条件下养护 28d，将模塑板剥掉。

3）试验步骤

（1）将两个对称粘贴的试条安装在试验机的夹具上，应变仪应安装在试样中部，两端距金属夹板尖端不应少于 75mm。

（2）加荷速度应为 0.5mm/min，加荷至 50％预期裂纹拉力，之后卸载。如此反复进行 10 次。加荷和卸载持续时间应为 1～2min。

（3）如果在 10 次加荷过程中试样没有破坏，则第 11 次加荷直至试条出现裂缝并最终断裂。在应变值分别达到 0.3％、0.5％、0.8％、1.5％和 2.0％时停顿，观察试样表面是否开裂，并记录裂缝状态。

4）试验结果

观察试样表面裂缝的数量，并测量和记录裂纹的数量和宽度，记录试样出现第一条裂缝时的应变值（开裂应变）。试验结束后，测量和记录试样的宽度和厚度（图 4.1.5-1）。

### 4.1.6 玻纤网

玻纤网是指表面经高分子材料涂覆处理的、具有耐碱功能的玻璃纤维网布，作为增强材料内置于抹面胶浆中，用以提高抹面层的抗裂性。

1. 单位面积质量试验

单位面积质量按《增强制品试验方法 第 3 部分：单位面积质量的测定》GB/T 9914.3 规定的方法进行测定。

2. 耐碱断裂强力及耐碱断裂强力保留率

按《玻璃纤维网布耐碱性试验方法 氢氧化钠溶液浸泡法》GB/T 20102—2006 规定

的方法进行测定。当需要进行快速测定时，可按下述"玻纤网耐碱快速试验方法"的规定进行。《玻璃纤维网布耐碱性试验方法　氢氧化钠溶液浸泡法》GB/T 20102—2006 规定的方法为仲裁试验方法。

3. 玻纤网耐碱快速试验方法

1）设备和材料

（1）拉伸试验机：符合《增强材料　机织物试验方法　第 5 部分：玻璃纤维拉伸断裂强力和断裂伸长的测定》GB/T 7689.5 的规定。

（2）恒温烘箱：温度能控制在 $60\pm2℃$。

（3）恒温水浴：温度能控制在 $60\pm2℃$，内壁及加热管均应由不与碱性溶液发生反应的材料制成（例如不锈钢材料），尺寸大小应使玻纤网试样能够平直地放入，保证所有的试样都浸没于碱溶液中，并有密封的盖子。

（4）化学试剂：氢氧化钠，氢氧化钙，氢氧化钾，盐酸。

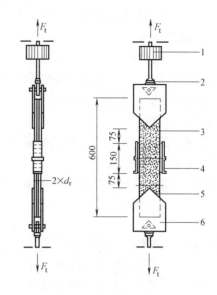

图 4.1.5-1　　抹面胶浆抹面层
拉伸试验装置

1—10kN 测力元件；2—用于传递拉力的万向节；3—对称安装的试样；4—电子应变计；5—粘结抹面层与钢板的环氧树脂；6—用于传递拉力的钢板

2）试样要求

（1）从卷装上裁取 20 个宽度为 $50\pm3mm$，长度为 $600\pm13mm$ 的试样条。其中，10 个试样条的长边平行于玻纤网的经向（称为经向试样），10 个试样条的长边平行于玻纤网的纬向（称为纬向试样）。每种试样条中纱线的根数应相等。

（2）经向试样应在玻纤网整个宽度裁取，确保代表了所有的经纱，纬向试样应从尽可能宽的长度范围内裁取。

（3）给每个试样条编号，在试样条的两端分别作上标记。应确保标记清晰，不被碱溶液破坏。将试样沿横向从中间一分为二，一半用于测定干态拉伸断裂强力，另一半用于测定耐碱断裂强力，保证干态试样与碱溶液处理试样的一一对应关系。

3）试样处理

（1）干态试样的处理

将用于测定干态拉伸断裂强力的试样置于 $60\pm2℃$ 的烘箱内干燥 55～65min，取出后应在温度 $23\pm2℃$、相对湿度 $50\%\pm5\%$ 的环境中放置 24h 以上。

（2）碱溶液浸泡试样的处理

① 碱溶液配制：每升蒸馏水中含有 Ca（OH）$_2$ 0.5g，NaOH 1g，KOH 4g，1L 碱溶液浸泡 30～35g 纤网试样，根据试样的质量，配制适量的碱溶液。

② 将配制好的碱溶液置于恒温水浴中，碱溶液的温度控制在 $60\pm2℃$。

③ 将试样平整地放入碱溶液中，加盖密封，确保试验过程中碱溶液浓度不发生变化。

④ 试样在 $60\pm2℃$ 的碱溶液中浸泡 24h$\pm$10min。取出试样，用流动水反复清洗后，放置于 0.5% 的盐酸溶液中 1h，再用流动的清水反复清洗。置于 $60\pm2℃$ 的烘箱内干燥

60±5min，取出后应在温度 23±2℃、相对湿度 50％±5％的环境中放 24h 以上。

4）试验步骤

按《增强材料　机织物试验方法　第 5 部分：玻璃纤维拉伸断裂强力和断裂伸长的测定》GB/T 7689.5 的规定分别测定经向和纬向试样的干态和耐碱拉伸断裂强力，每种试样得到的有效试验数据不应少于 5 个。

5）试验结果

分别计算经向、纬向试样的耐碱和干态断裂强力，断裂强力为 5 个试验数据的算术平均值，精确至 1N/50mm。

经向、纬向拉伸断裂强力保留率分别按下式计算，精确至 1％。

$$R = \frac{F_1}{F_0} \tag{4.1.6-1}$$

式中　　$R$——耐碱断裂强力保留率（％）；

　　　　$F_1$——试样耐碱断裂强力（N）；

　　　　$F_0$——试样干态断裂强力（N）。

4. 断裂伸长率试验

断裂伸长率按《增强材料机织物试验方法第 5 部分：玻璃纤维拉伸断裂强力和断裂伸长的测定》GB/T 7689.5 规定的方法进行测定。

# 4.2　胶粉聚苯颗粒外保温系统

胶粉聚苯颗粒外墙外保温系统是指设置在外墙外侧，由界面层、胶粉聚苯颗粒保温浆料保温层（或胶粉聚苯颗粒贴砌浆料复合聚苯板保温层）、抗裂层和饰面层构成，起保温隔热、防护和装饰作用的构造系统。

胶粉聚苯颗粒保温浆料抹灰外墙外保温系统是指以抹灰成型的胶粉聚苯颗粒保温浆料为保温层的外墙外保温系统，简称抹灰系统。

胶粉聚苯颗粒贴砌装料复合聚苯板外墙外保温系统是指由胶粉聚苯颗粒贴砌浆料粘贴、砌筑聚苯板构成复合保温层的外墙外保温系统，简称贴砌系统。

《胶粉聚苯颗粒外墙外保温系统材料》JG/T 158，适用于民用建筑采用胶粉聚苯颗粒外墙外保温系统的产品。该标准规定了胶粉聚苯颗粒外墙外保温系统材料的术语和定义、分类、一般要求、要求、试验方法、检验规则、产品合格证和使用说明书以及系统组成材料的标志、包装、运输和贮存。

系统组成材料与抽样要求：

（1）粉状材料：以同种产品、同一级别、同一规格产品 30t 为一批，不足一批以一批计；从每批任抽 10 袋，从每袋中分别取试样不应少于 50g，混合均匀，按四分法缩分取出比试验所需量大 1.5 倍的试样为检验样。

（2）液态剂类材料：以同种产品、同一级别、同一规格产品 10t 为一批，不足一批以一批计；取样方法按《色漆、清漆和色漆与清漆用原材料取样》GB/T 3186 的规定进行。

（3）聚苯板：同一规格的产品 500m² 为一批，不足一批以一批计。

（4）耐碱玻纤网：按《耐碱玻璃纤维网布》JC/T 841 的规定进行。

（5）热镀锌电焊网：按《镀锌电焊网》QB/T 3897 的规定进行。

（6）面砖：按《陶瓷砖试验方法　第 1 部分：抽样和接收条件》GB/T 3810.1 的规定进行。

## 4.2.1　试验条件

标准养护条件为：空气温度 23±2℃，相对湿度 65%±15%。在非标准试验条件下试验时，应记录温度和相对湿度。

## 4.2.2　胶粉聚苯颗粒浆料

胶粉聚苯颗粒浆料是指由可再分散胶粉、无机胶凝材料、外加剂等制成的胶粉料与作为主要骨料的聚苯颗粒复合而成的保温灰浆。

胶粉聚苯颗粒保温浆料是指可直接作为保温层材料的胶粉聚苯颗粒浆料，简称保温浆料。

胶粉聚苯颗粒贴砌浆料是指用于粘贴、砌筑和找平聚苯板的胶粉聚苯颗粒浆料，简称贴砌浆料。

1. 干表观密度试验

1）仪器设备

（1）试模：100mm×100mm×100mm 钢质有底三联试模，应具有足够的刚度并拆装方便。

（2）油灰刀，抹子。

（3）标准捣棒：直径 10mm，长 350mm 的钢棒。

2）试件制备

（1）在试模内壁涂隔离剂。

（2）将拌合好的胶粉聚苯颗粒浆料一次性注入试模并略高于其上表面，用标准捣棒由外向里按螺旋方向轻轻插捣 25 次，插捣时用力不宜过大，尽量不破坏其轻骨料。允许用油灰刀沿试模内壁插捣数次或用橡皮锤轻轻敲击试模四周，最后将高出部分的胶粉聚苯颗粒浆料用抹子沿试模顶面刮去抹平。应成型 4 个三联试模，试件数量为 12 个。

（3）试件制作好后立即用聚乙烯薄膜封闭试模，在标准试验条件下 5d 后拆模。拆模后在标准试验条件下继续用聚乙烯薄膜封闭试件 2d，取出聚乙烯薄膜后，再在标准试验条件下养护 21d。

（4）养护结束后将试件在 65±2℃的温度下烘至恒重，放入干燥器中备用。恒重的判据为恒温 3h 两次称重试件的质量变化率应小于 0.2%。

3）试验步骤

从制备试件中取出 6 块，按《无机硬质绝热制品试验方法》GB/T 5486—2008 第 8 章的规定进行干表观密度的测定，试验结果取 6 块试件检测值的算术平均值。

2. 抗压强度试验

检验干表观密度后的 6 块试件，按《无机硬质绝热制品试验方法》GB/T 5486—2008 第 6 章的规定进行抗压强度的测定，试验结果取 6 块试件检测值的算术平均值作为抗压强度值。

3. 导热系数试验

（1）用符合导热系数测定仪要求尺寸的试模按规定的方法制备试件。

（2）导热系数测定应按《绝热材料稳态热阻及有关特性的测定　防护热板法》GB/T 10294 的规定进行，允许按《绝热材料稳态热阻及有关特性的测定　热流计法》GB/T 10295 的规定进行。

（3）如有异议，以《绝热材料稳态热阻及有关特性的测定　防护热板法》GB/T 10294 作为仲裁检验方法。

4. 拉伸粘结强度试验

1）试样制备

（1）在水泥砂浆试块（70mm×70mm×20mm）或聚苯板试块（70mm×70mm×20mm）中央涂抹 10mm 厚的胶粉聚苯颗粒浆料，胶粉聚苯颗粒浆料尺寸 40mm×40mm×10mm。试件数量各 6 个。水泥砂浆试块粘结面须预先涂刷符合规定的基层界面砂浆，聚苯板试块粘结面须预先涂刷符合规定的聚苯板界面砂浆，两种试块均应在标准试验条件下养护 24h 以上。

（2）试件制好后用聚乙烯薄膜封闭，在标准试验条件下养护 7d，去除聚乙烯薄膜，在标准试验条件下继续养护 21d。

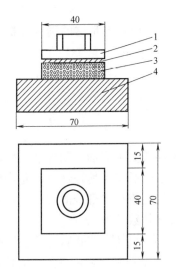

图 4.2.2-1　拉伸粘结强度试件

1—抗拉用钢质上夹具；2—粘贴钢质夹具用胶粘剂；3—胶粉聚苯颗粒浆料；4—带基层界面砂浆的水泥砂浆试块或带聚苯板界面砂浆的聚苯板试块

2）试验步骤

（1）将相应尺寸的金属块用高强度树脂胶粘剂粘合在胶粉聚苯颗粒浆料上表面（图 4.2.2-1），树脂胶粘剂固化后，将试件按下列条件分别进行处理：

① 标准状态：无附件条件。

② 浸水处理：浸水 48h，到期试件从水中取出并擦拭表面水分，在标准试验条件下干燥 14d。

（2）将试件安装在适宜的拉力试验机上，进行拉伸粘结强度测定，拉伸速度为 5±1mm/min。记录每个试件破坏时的拉力值。如抗拉用钢质上夹具与胶粘剂脱开，测试值无效。

3）试验结果

拉伸粘结强度从 6 个试验数据中取 4 个中间值的算术平均值，保温浆料精确至 0.1MPa，贴砌浆料精确至 0.01MPa。

5. 燃烧性能等级

燃烧性能等级应按《建筑材料及制品燃烧性能分级》GB/T 8624 的规定进行。

### 4.2.3　聚苯板

聚苯板是指以聚苯乙烯树脂或其共聚物为主要成分的泡沫塑料板材。

1. 垂直于板面方向的抗拉强度试验

1）仪器设备

（1）拉力试验机选用合适的量程和行程，精度 1%。

（2）试验板：互相平行的一组刚性平板或金属板，100mm×100mm。

2）试件制备

在厚 50mm 的聚苯板上切割下 5 块 100mm×100mm 的试件，其基面应与受力方向垂直。切割时需离聚苯板边缘 15mm 以上，试件的两个受检面的平行度和平整度的偏差不应大于 0.5mm。试件在试验环境下放置 24h 以上。

3）试验步骤

（1）用相容的胶粘剂将试验板粘贴在试件的上下两个受检面上。

（2）将试件安装在拉力试验机上，沿试件表面垂直方向以 5±1mm/min 的拉伸速度，测定最大破坏荷载。破坏面如在试件与两个试验板之间的粘胶层中，则该试件测试数据无效。

4）试验结果

垂直于板面方向的抗拉强度按下式计算，试验结果为 5 个试验数据的算术平均值，精确至 0.01MPa。

$$\sigma_{mt} = \frac{F_{mt}}{A} \tag{4.2.3-1}$$

式中　$\sigma_{mt}$——抗拉强度（MPa）；

　　　$F_{mt}$——最大破坏荷载（N）；

　　　$A$——试块的横断面积（mm²）。

2. 燃烧性能等级

燃烧性能等级应按《建筑材料及制品燃烧性能分级》GB/T 8624 的规定进行。

3. 其他性能

EPS 板的表观密度、导热系数、尺寸稳定性、弯曲变形、压缩强度、吸水率、氧指数应按《绝热用模塑聚苯乙烯泡沫塑料》GB/T 10801.1 规定的方法进行，XPS 板的表观密度、导热系数、尺寸稳定性、弯曲变形、压缩强度、吸水率、氧指数应按《绝热用挤塑聚苯乙烯泡沫塑料（XPS）》GB/T 10801.2 规定的方法进行。

### 4.2.4　界面砂浆

界面砂浆是指用以改善基层墙体或聚苯板表面粘结性能的聚合物水泥砂浆，分为基层界面砂浆和聚苯板界面砂浆（包括 EPS 板界面砂浆和 XPS 板界面砂浆）。

1. 拉伸粘结强度试验

按《混凝土界面处理剂》JC/T 907 的规定进行，界面砂浆涂覆厚度 1mm，与聚苯板的拉伸粘结强度制备试件时将 40mm×40mm×10mm 换成 40mm×40mm×20mm 的 18kg/m³ 的 EPS 板或 28kg/m³ 的 40mm×40mm×20mm 的 XPS 试块，粘胶后不应在试件上加荷载。

2. 涂覆在聚苯板上的可燃性试验

将聚苯板界面砂浆均匀涂覆在聚苯板试块的 6 个面上，涂覆厚度为 1mm，然后在自然条件下放置 3d 后，按《建筑材料可燃性试验方法》GB/T 8626 的方法进行，点火方式为表面点火，点火时间为 30s。

### 4.2.5　抗裂砂浆

抗裂砂浆是指由高分子聚合物、水泥、砂为主要材料配制而成的具有良好抗变形能力和粘结性能的聚合物砂浆。

1. 拉伸粘结强度试验

1）试件制备

（1）按使用说明书规定的比例和方法配制抗裂砂浆。

（2）将抗裂砂浆按规定的试件尺寸涂抹在水泥砂浆试块（厚度不宜小于 20mm）或胶粉聚苯颗粒浆试块（厚度不宜小于 40mm）基材上，涂抹厚度为 3～5mm。试件尺寸为 40mm×40mm 或 50mm×50mm，试件数量各 6 个。

（3）试件制作好后立即用聚乙烯薄膜封闭，在标准试验条件下养护 7d，去除聚乙烯薄膜，在标准试验条件下继续养护 21d。

2）试验步骤

（1）将相应尺寸的金属块用高强度树脂胶粘剂粘合在试件上，树脂胶粘剂固化后将试件按下列条件进行处理：

① 标准状态：无附加条件。

② 浸水处理：浸水 7d，到期将试件从水中取出并擦拭表面水分，在标准试验条件下干燥 7d。

③ 冻融循环处理：试件进行 30 个循环，每个循环 24h。试件在 23±2℃的水中浸泡 8h，饰面层朝下，浸入水中的深度为 2～10mm，接着在 −20±2℃的条件下冷冻 16h 为 1 次循环。当试验过程需要中断时，试件应存放在 −20±2℃的条件下。冻融循环结束后，在标准养护条件下状态调节 7d。

（2）将试件安装到适宜的拉力试验机上，进行拉伸粘结强度测定，拉伸速度为 5± 1mm/min。记录每个试件破坏时的拉力值。如金属块与胶粘剂脱开，测试值无效。

3）试验结果

拉伸粘结强度试验从 6 个试验数据中取 4 个中间值的算术平均值，精确至 0.1MPa。

2. 可操作时间

1）试验步骤

抗裂砂浆配制后，按使用说明书提供的可操作时间放置后，按上述的规定进行标准状态拉伸粘结强度测定。当使用说明书没有提供可操作时间时，应按 1.5h 进行测定。

2）试验结果

试验结果应符合标准的规定，放置时间或 1.5h 即为该抗裂砂浆的可操作时间。当试验结果不符合标准的规定时，该抗裂砂浆可操作时间不符合标准要求。

3. 压折比试验

（1）按《水泥胶砂强度检验方法（ISO 法）》GB/T 17671 的规定测定抗压强度、抗折强度。

（2）制作好的试件应用聚乙烯薄膜封闭，在标准试验条件下养护 2d 后脱模，继续在标准试验条件下养护 5d 后去除聚乙烯薄膜，在标准试验条件下继续养护 21d。

按下式计算压折比，结果精确至 0.1。

$$T = \frac{R_c}{R_f} \tag{4.2.5-1}$$

式中　$T$——压折比；

　　　$R_c$——抗压强度（MPa）；

　　　$R_f$——抗折强度（MPa）。

### 4.2.6　耐碱玻纤网

耐碱涂塑玻璃纤维网布是指表面经高分子材料耐碱涂覆处理的网格状玻璃纤维织物，分为普通型和加强型，简称耐碱玻纤网。

1. 单位面积质量试验

按《增强制品试验方法　第 3 部分：单位面积质量的测定》GB/T 9914.3 规定的方法进行试验。

2. 耐碱断裂强力和耐碱断裂强力保留率试验

1）试样制备

（1）从卷装上裁取 30 个宽度为 50±5mm、长度为 600±13mm 的试样条，其中 15 个试样条的长边平行于玻纤网的经向，另 15 个试样条的长边平行于玻纤网的纬向。

（2）分别在每个试样条的两端编号，然后将试样条沿横向从中间一分为二，一半用于测定未经水泥浆液浸泡的拉伸断裂强力，另一半用于测定水泥浆液浸泡后的拉伸断裂强力。

2）水泥浆液的配制

按质量取 1 份强度等级 42.5 的普通硅酸盐水泥与 10 份水搅拌 30min 后，静置过夜。取上层澄清液作为试验用水泥浆液。

3）试验步骤

试验应按下列步骤进行，当下列两种方法试验结果不同时，以方法一的结果为准：

（1）方法一：在标准养护条件下，将试样平放在水泥浆液中，浸泡时间 28d。

（2）方法二（快速法）：将试样平放在 80±2℃ 的水泥浆液中，浸泡时间 6h。

（3）取出试样，用清水浸泡 5min，再用流动的自来水漂洗 5min，然后在 60±5℃ 的烘箱中烘 1h，再在标准环境中存放 24h。

（4）按《增强材料　机织物试验方法　第 5 部分：玻璃纤维拉伸断裂强力和断裂伸长的测定》GB/T 7689.5 的规定测试同一试样条未经水泥浆液浸泡处理试样和经水泥浆液浸泡处理试样的拉伸断裂强力，经向试样和纬向试样均不应少于 5 组有效的测试数据。

4）试验结果

按下式计算经向和纬向试样的耐碱断裂强力：

$$F_c = \frac{C_1 + C_2 + C_3 + C_4 + C_5}{5} \tag{4.2.6-1}$$

式中　$F_c$——经向或纬向试样的耐碱断裂强力（N）；

　$C_1 \sim C_5$——分别为 5 个经水泥浆液浸泡的经向或纬向试样的拉伸断裂强力（N）。

按下式计算经向和纬向试样的耐碱断裂强力保留率：

$$R_a = \frac{\dfrac{C_1}{U_1} + \dfrac{C_2}{U_2} + \dfrac{C_3}{U_3} + \dfrac{C_4}{U_4} + \dfrac{C_5}{U_5}}{5}$$　　　　　　（4.2.6-2）

式中　$R_a$——拉伸断裂强力保留率（％）；

$C_1 \sim C_5$——分别为 5 个经水泥浆液浸泡的经向或纬向试样的拉伸断裂强力（N）；

$U_1 \sim U_5$——分别为 5 个未经水泥浆液浸泡的经向或纬向试样的拉伸断裂强力（N）。

3. 断裂伸长率试验

断裂伸长率按《增强材料　机织物试验方法　第 5 部分：玻璃纤维拉伸断裂强力和断裂伸长的测定》GB/T 7689.5 规定的方法进行试验。

### 4.2.7　镀锌电焊网

热镀锌电焊网是指低碳钢丝通过点焊加工成型后，浸入到熔融的锌液中，经热镀锌工艺处理后形成的方格网。

热镀锌电焊网的丝径、网孔尺寸、焊点抗拉力、网面镀锌层质量应按《镀锌电焊网》QB/T 3897 规定的方法进行试验。

### 4.2.8　弹性底涂

高分子乳液弹性底层涂料是指由弹性防水乳液、助剂、填料配制而成的具有防水透气效果的封底弹性涂层，简称弹性底涂。

1. 干燥时间试验

干燥时间按《建筑防水涂料试验方法》GB/T 16777—2008 中 16.2.1 的规定进行试验，实干时间按《建筑防水涂料试验方法》GB/T 16777—2008 中 16.2.2 的规定进行试验。

2. 断裂伸长率试验

断裂伸长率按《建筑防水涂料试验方法》GB/T 16777—2008 中 9.2.1 和 9.2.2 的规定进行试验。

3. 表面憎水率试验

以养护 56d 以上的 300mm×150mm×50mm 保温浆料试块为基材，在试块的 6 个面上涂覆弹性底涂，标准试验条件下养护 1d 后按《绝热材料憎水性试验方法》GB/T 10299 的规定进行试验。

## 4.3　岩棉板外保温系统

岩棉薄抹灰外墙外保温系统是指置于建筑物外墙外侧，与基层墙体采用锚固和粘结方式固定的保温系统。系统由岩棉板/条为保温层、固定保温层的锚栓和胶粘剂、抹面胶浆与玻纤网复合而成的抹面层、饰面层等组成，还包括必要时采用的护角、托架等配件。简称岩棉外保温系统。

《岩棉薄抹灰外墙外保温系统材料》JG/T 483，适用于民用建筑采用的岩棉薄抹灰外墙外保温系统材料。该标准规定了岩棉薄抹灰外墙外保温系统材料的术语和定义、一般规定、要求、试验方法、检验规则、产品合格证和使用说明书。

系统组成材料检验批如下：

（1）岩棉板和岩棉带：同一材料、同一工艺、同一规格每 500m³ 为一批，不足 500m³ 时也为一批。

（2）胶粘剂：同一材料、同一工艺、同一规格每 100t 为一批，不足 100t 时也为一批。

（3）抹面胶浆：同一材料、同一工艺、同一规格每 100t 为一批，不足 100t 时也为一批。

（4）玻纤网：同一材料、同一工艺、同一规格每 20000m² 为一批，不足 20000m² 时也为一批。

（5）锚栓：同一材料、同一工艺、同一规格每 50000 件为一批，不足 50000 件时也为一批。

### 4.3.1　养护条件和试验环境

（1）标准养护条件为空气温度 23±2℃，相对湿度 50%±5%。

（2）试验环境为空气温度 23±5℃，相对湿度 50%±10%。

（3）在非标准试验条件下试验，应记录温度和相对湿度。

### 4.3.2　胶粘剂

岩棉板胶粘剂是指由水泥基胶凝材料、高分子聚合物材料以及填料和添加剂等组成，专用于将岩棉板/条粘贴在基层墙体的粘结材料。

1. 胶粘剂的测试

胶粘剂的测试按《模塑聚苯板薄抹灰外墙外保温系统材料》GB/T 29906 规定的方法进行。

2. 拉伸粘结强度试验

拉伸粘结强度试样尺寸：岩棉板为 200mm×200mm，岩棉条为 150mm×150mm。

### 4.3.3　岩棉板和岩棉条

岩棉板是指由玄武岩及其他火成岩等天然矿石为主要原料，经高温熔融后，通过离心力制成无机纤维，加适量的热固性树脂胶粘剂和憎水剂等，经压制、固化、切割等工艺制成的板状制品。

岩棉板是指由岩棉板以一定的间距切割成条状翻转 90°使用的制品。

1. 潮湿条件下的抗拉强度保留率

潮湿条件下的抗拉强度保留率按《建筑用绝热制品湿热条件下垂直于表面的抗拉强度保留率的测定》GB/T 30808 规定的方法进行试验。

2. 其他性能

其他性能按《模塑聚苯板薄抹灰外墙外保温系统材料》GB/T 29906 规定的方法进行试验。

### 4.3.4 抹面胶浆

抹面胶浆是指由水泥基胶凝材料、高分子聚合物材料以及填料和添加剂等组成,具有一定变形能力和良好粘结性能的抹面材料。

1. 抗冲击性能试验

抗冲击性按《模塑聚苯板薄抹灰外墙外保温系统材料》GB/T 29906 规定的方法进行试验。抹面胶浆厚度为 5mm,试验用基板采用符合《模塑聚苯板薄抹灰外墙外保温系统材料》GB/T 29906 规定的 EPS 板。

2. 其他性能试验

其他性能均按《模塑聚苯板薄抹灰外墙外保温系统材料》GB/T 29906 规定的方法进行试验。

3. 拉伸粘结强度试验

拉伸粘结强度试样尺寸:岩棉板为 200mm×200mm,岩棉条为 150mm×150mm。

### 4.3.5 玻纤网

玻纤网是指表面经高分子材料涂覆处理的、具有耐碱功能的玻璃纤维网布,作为增强材料内置于抹面胶浆中,用以提高抹面层的抗裂性。

1. 单位面积质量试验

单位面积质量按《增强制品试验方法 第 3 部分:单位面积质量的测定》GB/T 9914.3 规定的方法进行试验。

2. 耐碱断裂强力及耐碱断裂强力保留率

耐碱断裂强力及耐碱断裂强力保留率按《玻璃纤维网布耐碱性试验方法氢氧化钠溶液浸泡法》GB/T 20102 规定的方法进行试验。

3. 断裂伸长率试验

断裂伸长率按《增强材料 机织物试验方法 第 5 部分:玻璃纤维拉伸断裂强力和断裂伸长的测定》GB/T 7689.5 规定的方法进行试验。

### 4.3.6 锚栓

锚栓是指由膨胀件和膨胀套管组成,或仅由膨胀套管构成,依靠膨胀产生的摩擦力或机械锁定作用连接保温系统与基层墙体的机械固定件。

锚栓按《外墙保温用锚栓》JG/T 366 规定的方法进行试验。

## 4.4 硬泡聚氨酯板外保温系统

硬泡聚氨酯板薄抹灰外墙外保温系统是指置于建筑物外墙外侧,与基层墙体采用以粘为主、以锚为辅方式固定的保温系统。系统由硬泡聚氨酯板、胶粘剂、锚栓、厚度为 3～5mm 的抹面胶浆、玻璃纤维网布及抹面材料等组成,系统还包括必要时采用的护角、托架等配件以及防火构造措施,简称硬泡聚氨酯板外保温系统。

《硬泡聚氨酯板薄抹灰外墙外保温系统材料》JG/T 420,适用于民用建筑中采用的硬泡聚氨酯板薄抹灰外墙外保温系统材料。该标准规定了硬泡聚氨酯板薄抹灰外墙外保温系统材料的术语和定义、一般规定、要求、试验方法、检验规则、产品合格证、使用说明书、包装、运输和贮存。

系统组成材料检验批如下：

（1）胶粘剂：同一材料、同一工艺、同一规格每 100t 为一批，不足 100t 时也为一批。

（2）硬泡聚氨酯板：同一材料、同一工艺、同一规格每 500m³ 为一批，不足 500m³ 时也为一批。

（3）抹面胶浆：同一材料、同一工艺、同一规格每 100t 为一批，不足 100t 时也为一批。

（4）玻纤网：同一材料、同一工艺、同一规格每 20000m² 为一批，不足 20000m² 时也为一批。

### 4.4.1　养护条件和试验环境

标准养护条件为空气温度 23±2℃，相对湿度 50％±5％。试验环境为空气温度 23±5℃，相对湿度 50％±10％。

### 4.4.2　数值修约

在判定测定值或其计算值是否符合标准要求时，应将测试所得的测定值或其计算值与标准规定的极限数值作比较，比较的方法采用《数值修约规则与极限数值的表示和判定》GB/T8170 中 4.3 规定的修约值比较法。

### 4.4.3　胶粘剂

硬泡聚氨酯板胶粘剂是指由水泥基胶凝材料、高分子聚合物材料以及填料和添加剂等组成，专用于将硬泡聚氨酯板粘贴在基层墙体上的粘结材料，简称胶粘剂。

1. 拉伸粘结强度试验

1）试样要求

（1）试样尺寸 50mm×50mm 或直径 50mm，与水泥砂浆粘结和与硬泡聚氨酯板粘结试样数量各 6 个。

（2）按生产商使用说明配制胶粘剂，将胶粘剂涂抹于硬泡聚氨酯板（厚度不宜小于 40mm）或水泥砂浆板（厚度不宜小于 20mm）基材上，涂抹厚度为 3～5mm，可操作时间结束时用硬泡聚氨酯板覆盖。

（3）试样在标准养护条件下养护 28d。

2）试验过程

（1）以合适的胶粘剂将试样粘贴在两个刚性平板或金属板上，胶粘剂应与产品相容，固化后将试样按下述条件进行处理：

① 原强度：无附加条件。

② 耐水强度：浸水 48h，到期从水中取出试样并擦拭表面水分，在标准养护条件下干燥 2h。

③ 耐水强度：浸水 48h，到期将试样从水中取出并擦拭表面水分，在标准养护条件下干燥 7d。

（2）将试样安装到适宜的拉力机上，进行拉伸粘结强度测定，拉伸速度为 5±1mm/min。记录每个试样破坏时的拉力值，基材为硬泡聚氨酯板时还应记录破坏状态。破坏面在刚性平板或金属板胶结面时，测试数据无效。

3）试验结果

（1）拉伸粘结强度试验结果为 6 个试验数据中 4 个中间值的算术平均值，精确至 0.01MPa。

（2）硬泡聚氨酯芯材内部或表层破坏面积在 50% 以上时，破坏状态为破坏发生在硬泡聚氨酯芯材中，否则破坏状态为界面破坏。

2. 可操作时间试验

1）试验过程

（1）胶粘剂配制后，按生产商提供的可操作时间放置。

（2）生产商未提供可操作时间时，按 1.5h 放置，然后按上述"1"的规定测定拉伸粘结强度原强度。

2）试验结果

拉伸粘结强度原强度符合标准要求时，放置时间即为可操作时间。

### 4.4.4　硬泡聚氨酯芯材

1. 尺寸允许偏差

尺寸测量按《泡沫塑料与橡胶　线性尺寸的测定》GB/T 6342 的规定进行。

（1）厚度、长度、宽度尺寸允许偏差为测量值与规定值之差。

（2）对角线尺寸允许偏差为两对角线差值。

（3）板面平整度、板边平直度使用长度为 1m 的靠尺进行测量，板材尺寸小于 1m 的按实际尺寸测量，以板面或板边凹处最大数值为板面平整度、板边平直度。

2. 硬泡聚氨酯芯材

1）密度试验

密度按《泡沫塑料及橡胶　表观密度的测定》GB/T 6343 规定的方法进行试验。

2）导热系数试验

导热系数按《绝热材料稳态热阻及有关特性的测定防护热板法》GB/T 10294 或《绝热材料稳态热阻及有关特性的测定　热流计法》GB/T 10295 规定的方法进行试验；测试平均温度为 23℃，冷热板温差为 23±2℃。

3）尺寸稳定性试验

尺寸稳定性按《硬质泡沫塑料　尺寸稳定性试验方法》GB/T 8811 规定的方法进行试验，试验温度为 70±2℃。

### 4.4.5　硬泡聚氨酯板

硬泡聚氨酯板是指以热固性材料硬泡聚氨酯（包括聚异氰脲酸酯硬质泡沫塑料和聚氨酯硬质泡沫塑料）为芯材，在工厂制成的、双面带有界面层的保温板。

1. 尺寸稳定性试验

尺寸稳定性按《硬质泡沫塑料　尺寸稳定性试验方法》GB/T 8811 规定的方法进行试验，试验温度为 70±2℃。

2. 吸水率试验

吸水率按《硬质泡沫塑料吸水率的测定》GB/T 8810 规定的方法进行试验。

3. 压缩强度试验

（1）按《硬质泡沫塑料压缩性能的测定》GB/T 8813 的规定进行试验，试件尺寸为 100mm×100mm×50mm，数量 5 个，加荷速度为 5mm/min。

（2）不应将几个试样叠加进行试验。

（3）当试样厚度小于 50mm 时，加荷速度为试件厚度的 1/10（mm/min），并应在试验报告中注明试样厚度。

（4）压缩强度为 5 个试验数据的算术平均值。

4. 垂直于板面方向的抗拉强度试验

按《硬泡聚氨酯保温防水工程技术规范》GB 50404 规定的方法进行试验。

1）仪器设备

（1）试验机：示值为 1N，精度为 1%，并以 250±50N/s 的速度对试样施加拉拔力。

（2）拉伸用刚性夹具：互相平行的一组附加装置，避免试验过程中拉力不均衡。

（3）游标卡尺：精度为 0.1mm。

2）试样制备

（1）试样尺寸为 100mm×100mm×板材厚度，每组试样数量为 5 块。

（2）在硬泡聚氨酯保温板上切割试样，其基面应与受力方向垂直。切割时需离硬泡聚氨酯保温板边缘 15mm 以上，试样两个受检面的平行度和平整度，偏差不大于 0.5mm。

（3）被测试样在试验环境下放置 6h 以上。

3）试验步骤

（1）用合适的胶粘剂将试样分别粘贴在拉伸用刚性夹具上，见图 4.4.5-1。

胶粘剂的要求：

① 胶粘剂对硬泡聚氨酯表面既不增强也不损害。

② 避免使用损害硬泡聚氨酯的强力胶粘剂。

③ 胶粘剂中如含有溶剂，必须与硬泡聚氨酯材性相容。

（2）试样装入拉力试验机上，以 5±1mm/min 的恒定速度加荷，直至试样破坏。最大拉力以 N 表示。

4）试验结果

（1）记录试样的破坏部位。

（2）垂直于板面方向的抗拉强度按下式计算，

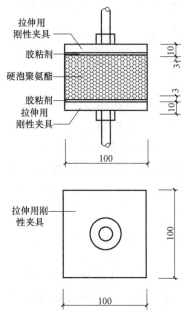

图 4.4.5-1　硬泡聚氨酯板垂直于板面方向的抗拉强度试验试样尺寸

并以 5 个测值的算术平均值表示，精确至 0.01MPa。

$$\sigma_{mt} = \frac{F_m}{A}$$ (4.4.5-1)

式中　$\sigma_{mt}$——抗拉强度（MPa）；

　　　$F_m$——破坏荷载（N）；

　　　$A$——试样面积（mm²）。

（3）破坏部位如位于粘结层中，则该试样测试数据无效。

5. 燃烧性能等级

燃烧性能等级按《建筑材料及制品燃烧性能分级》GB/T 8624—2012 规定的方法进行试验。

### 4.4.6　抹面胶浆

抹面胶浆是指由水泥基胶凝材料、高分子聚合物材料以及填料和添加剂等组成，具有一定变形能力和良好粘结性能的抹面材料。

1. 拉伸粘结强度试验

试样由硬泡聚氨酯板和抹面胶浆组成，抹面胶浆厚度为 3mm，试样养护期间不需覆盖硬泡聚氨酯板。原强度、耐水强度按上述"胶粘剂的拉伸粘结强度试验"的规定进行测定，耐冻融强度按"硬泡聚氨酯板外保温系统的耐冻融"的规定进行测定。

2. 压折比试验

按生产商使用说明配制抹面胶浆，按《水泥胶砂强度检验方法（ISO 法）》GB/T 17671 的规定制样，试样在标准养护条件下养护 28d 后，按《水泥胶砂强度检验方法（ISO 法）》GB/T 17671 的规定测定抗压强度、抗折强度，并按下式计算压折比，精确至 0.1。

$$T = \frac{R_c}{R_f}$$ (4.4.6-1)

式中　$T$——压折比；

　　　$R_c$——抗压强度（MPa）；

　　　$R_f$——抗折强度（MPa）。

3. 可操作时间试验

试样由硬泡聚氨酯板和抹面胶浆组成，抹面胶浆厚度为 3mm。按上述"胶粘剂的可操作时间"的规定进行测定，拉伸粘结强度原强度符合要求时，放置时间即为可操作时间。

### 4.4.7　玻纤网

玻璃纤维网布是指表面经高分子材料涂覆处理的、具有耐碱功能的网格状纤维织物，作为增强材料内置于抹面胶浆中，用以提高抹面层的抗裂性，简称玻纤网。

1. 单位面积质量试验

单位面积质量按《增强制品试验方法　第 3 部分：单位面积质量的测定》GB/T 9914.3 的规定进行试验。

2. 耐碱断裂强力及耐碱断裂强力保留率

（1）按《玻璃纤维网布耐碱性试验方法　氢氧化钠溶液浸泡法》GB/T 20102 规定的方法进行测定。

（2）当需要进行快速测定时，可按下述"玻纤网耐碱快速试验方法"的规定进行，同前。

（3）《玻璃纤维网布耐碱性试验方法　氢氧化钠溶液浸泡法》GB/T 20102 规定的方法为仲裁试验方法。

3. 断裂伸长率试验

断裂伸长率按《增强材料　机织物试验方法　第 5 部分：玻璃纤维拉伸断裂强力和断裂伸长的测定》GB/T 7689.5 的规定进行试验。

# 4.5　保温装饰板外保温系统

保温装饰板外墙外保温系统材料由保温装饰板、粘结浆、锚固件、嵌缝材料和密封胶组成，置于建筑物外墙外侧，以实现保温装饰一体化的功能。

《保温装饰板外墙外保温系统材料》JG/T 287，适用于民用建筑用保温装饰板外墙外保温系统材料，其保温装饰板应为工厂预制成型的制品。该标准规定了保温装饰板外墙外保温系统材料的术语和定义、分类、要求、试验方法、检验规则、标志、包装、运输和贮存。

系统组成材料检验批如下：

（1）保温装饰板：同一材料、同一工艺每 4000m² 为一批，不足 4000m² 时也视为一批。

（2）粘结砂浆：同一材料、同一工艺每 50t 为一批，不足 50t 时也视为一批。

（3）锚固件：同一材料、同一工艺每 20000 个为一批，不足 20000 个时也视为一批。

## 4.5.1　养护条件和试验环境

标准养护条件：空气温度 23±2℃，相对湿度 50%±5%。试验环境为空气温度 23±5℃，相对湿度 50%±10%。

## 4.5.2　数值修约

在判定测定值或其计算值是否符合标准要求时，应将测试所得的测定值或其计算值与标准规定的极限数值作比较，比较的方法采用《数值修约规则与极限数值的表示和判定》GB/T 8170 中 4.3 规定的全数值比较法。全数值比较法如下：

将测定值或其计算值不经修约处理（或虽经修约处理，但应标明它是进舍、进或未进未舍而得），用该数值与规定的极限数值作比较，只要超出极限数值规定的范围（不论超出程度大小），都判定为不符合要求。

## 4.5.3　保温装饰板

保温装饰板是指在工厂预制成型的板状制品，由保温材料、装饰面板以及胶粘剂、连接件复合而成，具有保温和装饰功能。保温材料主要有泡沫塑料保温板、无机保温板等，装饰面板由无机非金属材料衬板及装饰材料组成，也可为单一无机非金属材料。

1. 单位面积质量试验

1) 试验步骤

（1）用精度 1mm 的钢卷尺测量保温装饰板板长度 $L$、宽度 $B$，测量部位分别为距保温装饰板板边 100mm 及中间处，取 3 个测量值的算术平均值为测定结果，计算精确至 1mm。

（2）用精度 0.05kg 的磅秤称量保温装饰板质量。

2) 试验结果

单位面积质量应按下式计算，试验结果以 3 个试验数据的算术平均值表示，精确至 1kg/m²。

$$E = \frac{m}{L \times B} \times 100 \tag{4.5.3-1}$$

式中　$E$——单位面积质量（kg/m²）；

　　　$m$——试样质量（kg）；

　　　$L$——试样长度（mm）；

　　　$B$——试样宽度（mm）。

2. 拉伸粘结强度试验

1) 试样制备

（1）尺寸与数量：尺寸 50mm×50mm 或直径 50mm，数量 6 个。

（2）将相应尺寸的金属块用高强度树脂胶粘剂粘合在试样的两个表面上，树脂胶粘剂固化后将试样按下述条件进行处理：

① 原强度：无附加要求。

② 耐水：浸水 2d，到期将试样从水中取出并擦拭表面水分后，在标准试验环境下放置 1d。

③ 耐冻融：浸水 3h，然后在 −20±2℃ 的条件下冷冻 3h。进行上述循环 30 次，到期将试样从水中取出后，在标准试验环境下放置 7d。当试样处理过程中断时，试样应放置在 −20±2℃ 的条件下。

2) 试验步骤

将试样安装到适宜的拉力试验机上，进行拉伸粘结强度测定，拉伸速度为 5±1 mm/min。记录每个试样破坏时的力值和破坏状态，精确至 1N。如金属块与试样脱开，测试值无效。

3) 试验结果

拉伸粘结强度按下式计算，取 4 个中间值计算拉伸粘结强度算术平均值，精确至 0.01MPa。

$$R = \frac{F}{A} \tag{4.5.3-2}$$

式中　$R$——试样拉伸粘结强度（MPa）；

　　　$F$——试样破坏荷载值（N）；

　　　$A$——粘结面积（mm²）。

破坏发生在保温材料中是指破坏断面位于保温材料内部，6 次试验中至少有 4 次破坏发生在保温材料中，则试验结果可判定为破坏发生在保温材料中，否则应判定为破坏未发生在保温材料中。

3. 燃烧性能试验

燃烧性能按《建筑材料及制品燃烧性能分级》GB/T 8624 的规定进行试验。

4. 保温材料的导热系数

导热系数按《绝热材料稳态热阻及有关特性的测定　防护热板法》GB/T 10294 或《绝热材料稳态热阻及有关特性的测定　热流计法》GB/T 10295 规定的方法进行试验，仲裁试验应按《绝热材料稳态热阻及有关特性的测定　防护热板法》GB/T 10294 进行试验。

### 4.5.4　粘结砂浆

1. 拉伸粘结强度试验

1) 试样制备

(1) 按生产商使用说明配制粘结砂浆，胶粘剂配制后，放置 15min 后使用。

(2) 将粘结砂浆涂抹于保温装饰板背面（厚度不宜小于 40mm）或水泥砂浆板（厚度不宜小于 20mm）基材上，涂抹厚度为 3～5mm。在可操作时间结束时用聚苯板覆盖，以防粘结砂浆干燥过快。

(3) 在标准养护条件下养护 14d 后，拿掉聚苯板，按尺寸要求切割试样。

2) 试验步骤及试验结果

按前述"保温装饰板的拉伸粘结强度"的试验方法的规定进行。

2. 可操作时间试验

(1) 粘结砂浆配制后，按生产商提供的可操作时间放置，当生产商没有提供可操作时间时，按 1.5h 放置，然后按规定进行拉伸粘结强度原强度测定。

(2) 拉伸粘结强度原强度符合标准要求时，可操作时间为粘结砂浆配制后放置的时间。

### 4.5.5　锚固件

1. 拉拔力试验

1) 试验步骤

(1) 按生产商提供的安装方法在 C25 混凝土试块上安装锚固件，锚固件边距、间距均不小于 100mm，有效锚固深度不小于 25mm，锚固件数量 5 个。

(2) 使用适宜的拉拔仪进行试验，拉拔仪支脚中心轴线与锚固件中心轴线间距离不小于有效锚固深度的 2 倍。均匀稳定加载，且荷载方向垂直于混凝土试块表面，加载至试样破坏，记录破坏荷载值、破坏状态。

2) 试验结果

对破坏荷载值进行数理统计分析，假设其为正态分布，并计算标准偏差。根据试验数据按下式计算锚固件抗拉承载力标准值，结果精确到 1N。

$$F = \bar{F} \cdot (1 - K \cdot V) \qquad (4.5.5\text{-}1)$$

式中　$F$——锚固件拉拔力标准值（kN）；

$\overline{F}$——锚固件拉拔力平均值（kN）；

$K$——系数，锚固件数量 5 个，$K=3.4$；

$V$——变异系数，为试验数据标准偏差与算术平均值的绝对值之比。

3）锚固件在其他种类的基层墙体中的抗拉承载力

应通过现场试验确定。

2. 悬挂力

按使用要求，钉入 C25 混凝土基层墙体，试样数量 5 个，锚固深度不小于 25mm，锚固件伸出基层墙体的部分与配套使用的保温装饰板相匹配，将 10kg 的重物悬挂于锚固件的最外端，放置 24h，锚固件无弯曲变形为合格。

# 4.6　泡沫玻璃外保温系统

泡沫玻璃外墙外保温系统是指由泡沫玻璃板、胶粘剂、厚度为 4～7mm 的抹面胶浆、玻璃纤维网布及饰面材料等组成，用于建筑物外墙外侧，与基层墙体采用粘结方式，必要时采用锚栓、托架进行辅助固定的保温系统。

《泡沫玻璃外墙外保温系统材料技术要求》JG/T 469，适用于建筑外墙用的泡沫玻璃外保温系统材料。该标准规定了泡沫玻璃外墙外保温系统材料的术语和定义、一般规定、要求、试验方法、检验规则、包装、运输和贮存。

系统组成材料检验批如下：

（1）泡沫玻璃板：同一原材料、配方、同一生产工艺连续稳定生产、同一型号产品为一批，每批数量为 200m³，不足 200m³ 时也为一批。

（2）胶粘剂：同一原材料、同一工艺、同一规格每 100t 为一批，不足 100t 时也为一批。

（3）抹面胶浆：同一原材料、同一工艺、同一规格每 100t 为一批，不足 100t 时也为一批。

（4）玻璃纤维网布：同一材料、同一工艺、同一规格每 20000m² 为一批，不足 20000m² 时也为一批。

### 4.6.1　养护条件和试验环境

标准养护条件为空气温度 23±2℃，相对湿度 50%±5%。除耐候性试验外，试验环境为空气温度 23±5℃，相对湿度 50%±10%。

### 4.6.2　数值修约

在判定测定值或其计算值是否符合标准要求时，应将测试所得的测定值或其计算值与标准规定的极限数值作比较，比较的方法采用《数值修约规则与极限数值的表示和判定》GB/T 8170 中 4.3 规定的修约值比较法。

### 4.6.3　胶粘剂

胶粘剂由水泥基胶凝材料、高分子聚合物材料以及填料和添加剂等组成，用于泡沫玻璃板与基层墙体之间的粘结。

1. 拉伸粘结强度试验

1）试样要求

（1）水泥砂浆基材和泡沫玻璃板基材尺寸均为 50mm×50mm。每种试验条件下，与水泥砂浆粘结和与泡沫玻璃板粘结试样数量各 6 个。

（2）试样分别由胶粘剂和水泥砂浆或胶粘剂和泡沫玻璃板组成。按生产商使用说明配制胶粘剂，将胶粘剂涂抹于泡沫玻璃板（厚度宜不小于 40mm）或水泥砂浆（厚度宜不小于 20mm）基材上，涂抹厚度为 3～5mm。试样在可操作时间（若生产商未提供可操作时间，则放置 1.5h）结束时用尺寸为 40mm×40mm 的泡沫玻璃板覆盖。

（3）试样在标准养护条件下养护 14d。

2）试验步骤

（1）用合适的胶粘剂（如环氧树脂）将两个刚性平板或金属板粘贴在试样上下表面，胶粘剂应与被测样品及基材相容，固化后将试样按下述条件进行处理：

① 原强度：无附加条件。

② 与水泥砂浆的耐水强度：浸水 48h，到期将试样从水中取出并擦拭表面水分，在标准养护条件下干燥 2h。

③ 与泡沫玻璃板的耐水强度：浸水 48h，到期将试样从水中取出并擦拭表面水分，在标准养护条件下干燥 7d。

（2）将试样安装到适宜的拉力机上，进行拉伸粘结强度测定，拉伸速度为 5±1mm/min。记录每个试样破坏时的拉力值，基材为泡沫玻璃板时还应记录破坏状态。破坏面在刚性平板或金属板粘结面时，测试数据无效。

3）试验结果

拉伸粘结强度试验结果为 6 个试验数据中 4 个中间值的算术平均值，精确至 0.01MPa。

泡沫玻璃板内部或表层破坏面积在 50% 以上时，破坏状态为破坏发生在泡沫玻璃板中，否则破坏状态为界面破坏。

2. 可操作时间试验

1）试样要求

按上述试样要求的规定进行。胶粘剂配制后，按生产商提供的可操作时间放置；生产商未提供可操作时间时，按 1.5h 放置。

2）试验过程

按上述规定测定拉伸粘结原强度。

3）试验结果

拉伸粘结强度原强度符合标准要求时，放置时间即为可操作时间。

3. 压缩剪切胶粘原强度

1）试样要求

（1）水泥砂浆基材和泡沫玻璃板基材尺寸均为 70mm×70mm×20mm。

（2）试样由胶粘剂、水泥砂浆和泡沫玻璃板组成，试样数量为 6 个。按生产商使用说明配制胶粘剂，将胶粘剂涂抹在水泥砂浆基材上，涂抹厚度为 3～5mm，然后将泡沫玻璃板基材与已涂胶粘剂的水泥砂浆基材错开10mm并相互平行粘结压实，使胶粘面积约为42cm²。

（3）试样在标准养护条件下养护14d。

2）试验步骤

养护到期后，将试样安装到适宜的拉力机上，进行压缩剪切胶粘原强度测定，压缩速度为10mm/min。记录每个试样的破坏荷载。

3）试验结果

压缩剪切胶粘强度试验结果为6个试验数据中4个中间值的算术平均值，精确至0.01MPa。

### 4.6.4　泡沫玻璃板

泡沫玻璃板是指由熔融玻璃发泡制成的具有闭孔结构的硬质绝热板材。

1. 泡沫玻璃板蓄热系数的测定

1）试样要求

（1）热扩散系数试样：将泡沫玻璃板样品制备成直径48.0±0.5mm，高度75.0±0.5mm的圆柱体试样，数量为2个。

（2）导热系数试样：采用同一密度或型号规格的泡沫玻璃板样品制备试样。试样尺寸为300mm×300mm，厚度为25～40mm，试件数量根据导热系数测定仪要求进行制备。

2）仪器设备

（1）热扩散系数测定仪：热扩散系数测定仪主要由恒温反应浴、恒温反应浴温度测量装置、试样内部温度测量装置、搅拌器等组成，结构如图4.6.4-1所示。

（2）导热系数测定仪：应符合《绝热材料稳态热阻及有关特性的测定　防护热板法》GB/T 10294或《绝热材料稳态热阻及有关特性的测定　热流计法》GB/T 10295中对导热系数测定仪的相关规定。

（3）电子天平：分度值为0.01g。

（4）尺寸测量设备：游标卡尺，分度值为0.02mm；钢直尺，分度值为1mm。

（5）电热鼓风干燥箱：控温精度±3℃。

（6）巡检仪：对试验过程中恒温反应浴温度和试样内部温度进行数据采集。

3）试验步骤

（1）状态调节

将制备好的试样放入温度为105±5℃的电热鼓风干燥箱中干燥至恒重，取出后放置在干燥器中冷却至室温。

（2）热扩散系数的测定

① 将试样放入试验筒内，必要时可在试样

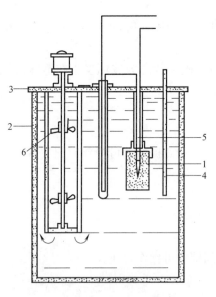

图4.6.4-1　热扩散系数测定仪
1—装有试样的试验筒；2—恒温反应浴；3—顶盖；
4—恒温反应浴温度测量装置；5—试样
内部温度测量装置；6—搅拌器

表面涂上耦合剂（导热硅脂或黄油），以保证试样和试验筒良好接触。

②在试样圆形表面的中心钻一深约 35～40mm，直径为刚好可插入热电偶的小孔，随后将测温热电偶插入。

③盖上试验筒盖。螺纹口可用生料带密封，防止试验时水分的渗入。

④将装有试样的试验筒放入温度为 50±3℃的电热鼓风干燥箱内放置 1h 以上，使试样内部温度升到 50℃。

⑤从电热鼓风干燥箱内取出装有试样的试验筒，迅速放入预先准备好的恒温反应浴中（水温保持在约 25℃，波动不超过±0.5℃，恒温水浴内液体保持一定的湍流状态），并迅速接上巡检仪。

⑥用巡检仪测试试样内部的温度、恒温反应浴的温度及测试时间，采样时间间隔不大于 10s，直至试样内部温度低于 30℃。测试过程中必须保持水温恒定。

（3）导热系数的测定

按《绝热材料稳态热阻及有关特性的测定　防护热板法》GB/T 10294 或《绝热材料稳态热阻及有关特性的测定　热流计法》GB/T 10295 中的规定进行，试验平均温度为 25±5℃。

（4）密度的测定

按《泡沫玻璃绝热制品》JC/T 647 中的规定进行。

4）结果计算

（1）相对温度

试样的相对温度按下式进行计算：

$$\Delta T = t_c - t_e \tag{4.6.4-1}$$

式中　$\Delta T$——相对温度（℃）；

　　　$t_c$——试样内部的温度（℃）；

　　　$t_e$——恒温反应浴的温度（℃）。

按上式求出每隔 10s 的相对温度的对数。

（2）冷却率

作出相对温度对数—时间的曲线，取其中最直的一段求出冷却率（斜率）。

（3）热扩散系统

①试样的热扩散系统按下式计算：

$$a = m \times B \tag{4.6.4-2}$$

式中　$a$——试样的热扩散系数（m²/s）；

　　$m$——试样的冷却率（s⁻¹）；

　　$B$——试样的形状系数（m²）。

②试样的形状系数按下式计算：

$$B = \frac{1}{(2.4048/R)^2 + (\pi/L)^2} \tag{4.6.4-3}$$

式中　$B$——试样的形状系数（m²）；

　　$R$——试样的半径（m）；

　　$L$——试样的长度（m）。

（4）比热容

试样的比热容按下式计算：

$$c=\frac{\lambda}{a\times\rho}\tag{4.6.4-4}$$

式中　$c$——试样的比热容 $[J/(kg\cdot K)]$；

　　　$\lambda$——试样的导热系数 $[W/(m\cdot K)]$；

　　　$a$——试样的热扩散系数 $(m^2/s)$；

　　　$\rho$——试样的密度 $(kg/m^3)$。

（5）蓄热系数

试样的蓄热系数按下式计算：

$$S=\frac{2\pi\times\lambda\times c\times\rho}{T}\tag{4.6.4-5}$$

式中　$S$——试样的蓄热系数 $[W/(m^2\cdot K)]$；

　　　$\lambda$——试样的导热系数 $[W/(m\cdot K)]$；

　　　$c$——试样的比热容 $[J/(kg\cdot K)]$；

　　　$\rho$——试样的密度 $(kg/m^3)$；

　　　$T$——周期波的周期（s），用于建筑材料检测时 $T$ 取 24h（86400s）。

泡沫玻璃板样品的蓄热系数以 2 次试验结果的平均值表示，精确至 $0.01W/(m^2\cdot K)$。

2. 尺寸允许偏差试验

（1）长度、宽度和厚度尺寸允许偏差按《无机硬质绝热制品试验方法》GB/T 5486—2008 中 4.2.1 的规定进行。

（2）垂直度偏差按《无机硬质绝热制品试验方法》GB/T 5486—2008 中 5.5.1 的规定进行。

（3）表面平整度按《无机硬质绝热制品试验方法》GB/T 5486—2008 中 5.4 的规定进行。

### 4.6.5　抹面胶浆

抹面胶浆是指由水泥基胶凝材料、高分子聚合物材料以及填料和添加剂等组成，具有一定变形能力和良好粘结性能的抹面材料。

1. 拉伸粘结强度试验

1）试样要求

（1）泡沫玻璃板基材尺寸 50mm×50mm。每种试验条件下，与泡沫玻璃板粘结的试样数量各 6 个。

（2）试样由泡沫玻璃板和抹面胶浆组成，抹面胶浆厚度为 4mm。

（3）试样在标准养护条件下养护 28d，试样养护期间无需覆盖泡沫玻璃板。

2）试验步骤

（1）原强度、耐水强度按上述"胶粘剂拉伸粘结强度试验"的规定进行。

（2）将试样安装到适宜的拉力机上，进行拉伸粘结强度测定，拉伸速度为 5±1mm/min。记录每个试样破坏时的拉力值，基材为泡沫玻璃板时还应记录破坏状态。破坏面在刚性平板或金属板粘结面时，测试数据无效。

3）试验结果

（1）拉伸粘结强度试验结果为 6 个试验数据中 4 个中间值的算术平均值，精确至 0.01MPa。

（2）泡沫玻璃板内部或表层破坏面积在 50％以上时，破坏状态为破坏发生在泡沫玻璃板中，否则破坏状态为界面破坏。

2. 压折比试验

按生产商使用说明配制抹面胶浆，按《水泥胶砂强度检验方法（ISO 法）》GB/T 17671 的规定制样，试样在标准养护条件下养护 28d 后，按《水泥胶砂强度检验方法（ISO 法）》GB/T 17671 的规定测定抗压强度、抗折强度，并按下式计算压折比，精确至 0.1。

$$T = \frac{R_c}{R_f} \tag{4.6.5-1}$$

式中　$T$——压折比；

$R_c$——抗压强度（MPa）；

$R_f$——抗折强度（MPa）。

3. 可操作时间试验

试样由泡沫玻璃板和抹面胶浆组成，抹面胶浆厚度为 4mm。按上述"胶粘剂的可操作时间"的规定进行测定，拉伸粘结强度原强度符合标准要求时，放置时间即为可操作时间。

### 4.6.6　玻璃纤维网布

玻璃纤维网布是指表面经高分子材料涂覆处理、具有耐碱功能的网状玻璃纤维织物，作为增强材料内置于抹面胶浆中，用以提高抹面层的抗裂性。

1. 单位面积质量试验

单位面积质量按《增强制品试验方法　第 3 部分：单位面积质量的测定》GB/T 9914.3 规定的方法进行试验。

2. 耐碱断裂强力及耐碱断裂强力保留率试验

耐碱断裂强力及耐碱断裂强力保留率按《玻璃纤维网布耐碱性试验方法　氢氧化钠溶液浸泡法》GB/T 20102 规定的方法进行测定。

3. 断裂应变试验

断裂应变按《增强材料　机织物试验方法第 5 部分：玻璃纤维拉伸断裂强力和断裂伸长的测定》GB/T 7689.5 规定的方法进行试验。

# 4.7　现浇混凝土聚苯板外保温系统

现浇混凝土复合聚苯板外墙外保温系统是指将聚苯板或钢丝网架聚苯板置于外模板内侧，混凝土现浇成型后与聚苯板或钢丝网架聚苯板结合成一体，再在聚苯板或钢丝网架聚苯板外侧做轻质防火保温浆料找平层、抗裂砂浆复合玻纤网（面砖饰面也可采用热镀锌电焊网)抗裂层、饰面层形成的外墙外保温系统,也称外模内置聚苯板现浇混凝土外墙外保温系统,简称现浇混凝土聚苯板外保温系统。

《建筑用混凝土复合聚苯板外墙外保温材料》JG/T 228,适用于民用建筑采用的现浇混凝土复合聚苯板外墙外保温系统。该标准规定了建筑用混凝土复合聚苯板外墙外保温材料,即现浇混凝土复合聚苯板外墙外保温系统材料的术语和定义、分类、一般要求、要求、试验方法、检验规则、产品交付文件、标志、包装、运输和贮存。

系统组成材料检验批如下:

(1)聚苯板:同一材料、同一工艺、同一规格每 500m³ 为一批,不足 500m³ 时也为一批。

(2)粉状材料:同一材料、同一工艺、同一规格每 50t 为一批,不足 50t 时也为一批。

(3)液态剂类材料:同一材料、同一工艺、同一规格每 50t 为一批,不足 50t 时也为一批。

(4)塑料卡钉:同一工艺、同一规格每 5000 支为一批,不足 5000 支时也为一批。

(5)玻纤网、热镀锌电焊网:同一材料、同一工艺、同一规格每 20000m² 为一批,不足 20000m² 时也为一批。

(6)面砖:同一材料、同一工艺、同一规格每 500m² 为一批,不足 500m² 时也为一批。

(7)增强竖丝岩棉复合板:同一材料、同一工艺、同一规格每 500m³ 为一批,不足 500m³ 时也为一批。

### 4.7.1 养护条件和试验环境

标准养护条件为空气温度 $23\pm2℃$,相对湿度 $50\%\pm5\%$。除耐候性试验外,试验环境为空气温度 $23\pm5℃$,相对湿度 $50\%\pm10\%$。

### 4.7.2 数值修约

在判定测定值或其计算值是否符合标准要求时,应将测试所得的测定值或其计算值与标准规定的极限数值作比较,比较的方法采用《数值修约规则与极限数值的表示和判定》GB/T 8170 中 4.3 规定的修约值比较法。

### 4.7.3 聚苯板

聚苯板是指以聚苯乙烯树脂或其共聚物为主要成分的泡沫塑料板材,包括模塑聚苯板(EPS 板)和挤塑聚苯板(XPS 板)。

1. 导热系数试验

导热系数按《绝热材料稳态热阻及有关特性的测定 防护热板法》GB/T 10294 或《绝热材料稳态热阻及有关特性的测定 热流计法》GB/T 10295 规定的方法进行试验;测试平均温度为 $25\pm5℃$,冷热板温差为 15~25℃。仲裁时按《绝热材料稳态热阻及有关特性的测定 防护热板法》GB/T 10294 规定的方法进行试验。

2. 表观密度试验

表观密度按《泡沫塑料及橡胶 表观密度的测定》GB/T 6343 规定的方法进行试验。

3. 垂直于板面方向的抗拉强度试验

1）仪器设备

拉力试验机选用合适的量程和行程，精度1%。

试验板：互相平行的一组刚性平板或金属板，100mm×100mm。

2）试样制备

在厚50mm的聚苯板上切割下5块100mm×100mm的试件，其基面应与受力方向垂直。切割时需离聚苯板边缘15mm以上，试件的两个受检面的平行度和平整度的偏差不应大于0.5mm。试件在试验环境下放置24h以上。

3）试验步骤

（1）用相容的胶粘剂将试验板粘贴在试件的上下两个受检面上。

（2）将试件安装在拉力试验机上，沿试件表面垂直方向以（5±1）mm/min的拉伸速度，测定最大破坏荷载。破坏面如在试件与两个试验板之间的粘胶层中，则该试件测试数据无效。

4）试验结果

垂直于板面方向的抗拉强度按下式计算，试验结果为5个试验数据的算术平均值，精确至0.01MPa。

$$\sigma_{mt} = \frac{F_{mt}}{A} \tag{4.7.3-1}$$

式中　$\sigma_{mt}$——抗拉强度（MPa）；

$F_{mt}$——最大破坏荷载（N）；

$A$——试块的横断面积（mm$^2$）。

4. 压缩强度试验

压缩强度按《硬质泡沫塑料压缩性能的测定》GB/T 8813规定的方法进行试验，试件尺寸为100mm×100mm×原厚，数量5个，对于厚度大于100mm的制品，试件的长度和宽度应不低于制品厚度。

加荷速度为试件厚度的1/10（mm/min）。压缩强度为5个试验数据的算术平均值。

5. 吸水率试验

吸水率按《硬质泡沫塑料吸水率的测定》GB/T 8810规定的方法进行试验。

6. 燃烧性能等级

燃烧性能按《建筑材料及制品燃烧性能分级》GB/T 8624规定的方法进行试验。

7. 尺寸及允许偏差试验

（1）尺寸测量按《泡沫塑料与橡胶　线性尺寸的测定》GB/T 6342的规定进行。

（2）长度、宽度、厚度尺寸允许偏差为测量值与规定值之差。

（3）对角线尺寸允许偏差为两对角线差值。

8. 钢丝网架聚苯板质量

镀锌钢丝的镀锌层质量按《钢产品镀锌层质量试验方法》GB/T 1839规定的方法进行试验，其他性能按《外墙外保温系统用钢丝网架模塑聚苯乙烯板》GB 26540第7章规定的方法进行试验。

### 4.7.4　轻质防火保温浆料

轻质防火保温浆料是指由可再分散胶粉、无机胶凝材料、外加剂等制成的胶粉料与以聚苯颗粒等为轻骨料复合而成的保温灰浆。

1. 干表观密度试验

1）仪器设备

（1）试模：100mm×100mm×100mm 钢质有底三联试模，应具有足够的刚度并拆装方便。

（2）油灰刀、抹子。

（3）标准捣棒：直径 10mm、长 350mm 的钢棒。

2）试件制备

（1）在试模内壁涂刷隔离剂。

（2）将拌合好的轻质防火保温浆料一次性注满试模并略高于其上表面，用标准捣棒均匀由外向里按螺旋方向轻轻插捣 25 次，插捣时用力不应过大，尽量不破坏其轻骨料。为防止留下孔洞，允许用油灰刀沿试模内壁插数次或用橡皮锤轻轻敲击试模四周，直至孔洞消失，最后将高出部分的轻质防火保温浆料用抹子沿试模顶面刮去抹平。应成型 4 个三联试模、12 块试件。

（3）试件制作好后立即用聚乙烯薄膜封闭试模，在试验环境下养护 5d 后拆模，然后在试验环境下继续用聚乙烯薄膜封闭试件 2d，去除聚乙烯薄膜后，再在试验环境下养护 21d。

（4）养护结束后将试件在 65±2℃的温度下烘至恒重，放入干燥器中备用。恒重的判据为恒温至少 3h 两次称量试件的质量变化率应小于 0.2%。

3）干表观密度的测定

从制备的试件中取出 6 块试件，按《无机硬质绝热制品试验方法》GB/T 5486—2008 第 8 章的规定进行干表观密度的测定，试验结果取 6 块试件检测值的算术平均值。

2. 抗压强度

检验干表观密度后的 6 块试件，按《无机硬质绝热制品试验方法》GB/T 5486—2008 第 6 章的规定进行抗压强度的测定，试验结果取 6 块试件检测值的算术平均值作为抗压强度值。

3. 导热系数试验

（1）用符合导热系数测定仪要求尺寸的试模按上述干密度试样制备的方法制备试件。

（2）导热系数测定按《绝热材料稳态热阻及有关特性的测定　防护热板法》GB/T 10294 或《绝热材料稳态热阻及有关特性的测定　热流计法》GB/T 10295 规定的方法进行试验；测试平均温度为 25±2℃，冷热板温差为 15～25℃。仲裁时按《绝热材料稳态热阻及有关特性的测定　防护热板法》GB/T 10294 规定的方法进行试验。

4. 抗拉强度试验

1）仪器设备

（1）拉力试验机：需有合适的量程和行程，精度 1‰。

（2）试验板：互相平行的一组刚性平板或金属板，100mm×100mm。

（3）试模：100mm×100mm×100mm 钢质有底三联试模，应具有足够的刚度并拆装方便。

（4）油灰刀、抹子。

（5）标准捣棒：直径 10mm、长 350mm 的钢棒。

2）试件制备

按上述干密度试样制备的方法制备试件。

3）试验步骤

（1）用相容的胶粘剂将试验板粘贴在试件的上下两个受检面上。

（2）将试件装入拉力试验机上，以 5±1mm/min 的恒定速度加荷，直至试件破坏。破坏面如在试件与两个试验板之间的粘胶层中，则该试件测试数据无效。

4）试验结果

抗拉强度按下式计算，取 5 个试验数据的算术平均值，精确至 0.01MPa。

$$\sigma_{\mathrm{m}} = \frac{F_{\mathrm{m}}}{A} \tag{4.7.4-1}$$

式中　$\sigma_{\mathrm{m}}$——抗拉强度（MPa）；

　　　$F_{\mathrm{m}}$——最大破坏荷载（N）；

　　　$A$——试块的横断面积（mm$^2$）。

5. 拉伸粘结强度试验

1）试件制备

（1）试件尺寸 100mm×100mm，数量各 6 个。

（2）将轻质防火保温浆料涂抹在水泥砂浆试块（厚度不宜小于 20mm）或 18kg/m$^3$ 的 EPS 板试块（厚度不宜小于 40mm）基材上，涂抹厚度 20mm。水泥砂浆试块粘结面须预先涂刷基层界面砂浆，EPS 板试块粘结面须预先涂刷 EPS 板界面砂浆，两种试块均应在标准养护条件下养护 24h 以上。

（3）试件制作好后立即用聚乙烯薄膜封闭，在标准养护条件下养护 7d，去除聚乙烯薄膜，在标准养护条件下继续养护 21d。

2）试验步骤

（1）在养护到规定龄期前 1d，用合适的高强胶粘剂将试件粘贴在两个刚性平板或金属板上，高强胶粘剂应与产品相容，固化后将试件按下列条件进行处理：

① 标准状态：无附加条件。

② 浸水处理：浸水 48h，到期将试件从水中取出并擦拭表面水分，在试验环境下干燥 14d。

（2）将试件安装到适宜的拉力试验机上，进行拉伸粘结强度测定，拉伸速度为 5±1mm/min。记录每个试件破坏时的拉力值，基材为 EPS 板时还应记录破坏状态。破坏面在刚性平板或金属板胶结面时，测试数据无效。

3）试验结果

拉伸粘结强度试验结果为 6 个试验数据中 4 个中间值的算术平均值，精确至 0.01MPa。

6. 燃烧性能等级

燃烧性能等级按《建筑材料及制品燃烧性能分级》GB/T 8624 规定的方法进行试验。

### 4.7.5　聚苯板界面砂浆

聚苯板界面砂浆是指用以改善聚苯板表面粘结性能的聚合物水泥砂浆，包括 EPS 板界面砂浆和 XPS 板界面砂浆。

拉伸粘结强度试验

拉伸粘结强度试验按《混凝土界面处理剂》JC/T 907 中 5.4 的规定进行测定，聚苯板界面砂浆涂覆厚度 1.0mm。在制备检验与聚苯板的拉伸粘结强度的试件时将 40mm×40mm×10mm 的砂浆块替换为 40mm×40mm×20mm 的 18kg/m³ 的 EPS 板或 28kg/m³ 的 40mm×40mm×20mm 的 XPS 板试块，粘胶后不应在试件上加荷载。

### 4.7.6　塑料卡钉

塑料卡钉是指由 ABS 工程塑料制成的用于增强聚苯板与现浇混凝土墙体连接的专用连接件。

1. 外观试验

目测观察。

2. 钉身长度、钉身宽度试验

用直尺测量，取 3 个测量值的算术平均值，精确至 1mm。

3. 钉身厚度试验

用游标卡尺测量，取 3 个测量值的算术平均值，精确至 0.1mm。

4. 抗拉承载力试验

（1）将塑料卡钉的钉帽和钉身切成 70mm 长的小片，用钢质夹具夹住钉帽片或钉身片的两端，将其固定在拉力试验机上，开启拉力试验机，以 5±1mm/min 的恒定速度加荷，直至钉帽片或钉身片被破坏。

（2）记录每个试件破坏时的拉力值。

（3）共测 5 块试件，取 5 个测试值的算术平均值为抗拉承载力。

### 4.7.7　抗裂砂浆

抗裂砂浆是指由高分子聚合物、水泥、砂为主要材料配制而成的具有良好抗变形能力和粘结性能的聚合物砂浆。

1. 拉伸粘结强度试验

1）试件制备

（1）按使用说明书规定的比例和方法配制抗裂砂浆。

（2）将抗裂砂浆按规定的试件尺寸涂抹在水泥砂浆试块（厚度不宜小于 20mm）或轻质防火保温浆料试块（厚度不宜小于 50mm）基材上，涂抹厚度为 3～5mm。试件尺寸为 100mm×100mm，试件数量各 6 个。

（3）试件制作好后立即用聚乙烯薄膜封闭，在标准养护条件下养护 7d，去除聚乙烯薄膜，在标准养护条件下继续养护 21d。

2）试验步骤

（1）在养护到规定龄期前 1d，用合适的高强胶粘剂将试件粘贴在两个刚性平板或金属板上，高强胶粘剂应与产品相容，固化后将试件按下列条件进行处理：

① 标准状态：无附加条件。

② 浸水处理：浸水 7d，到期将试件从水中取出并擦拭表面水分，在标准试验条件下干燥 1d。

③ 冻融循环处理：试件进行 30 次循环，每次循环 24h。试件在 23±2℃的水中浸泡 8h，饰面层朝下，浸入水中的深度为 3～10mm，接着在－20±2℃的条件下冷冻 16h 为 1 次循环。当试验过程需要中断时，试件应存放在－20±2℃的条件下。冻融循环结束后，在标准养护条件下状态调节 7d。

（2）将试件安装到适宜的拉力试验机上，进行拉伸粘结强度测定，拉伸速度为 5±1mm/min。记录每个试件破坏时的拉力值。破坏面在刚性平板或金属板胶结面时，测试数据无效。

3）试验结果

拉伸粘结强度试验结果为 6 个试验数据中 4 个中间值的算术平均值，与水泥砂浆的拉伸粘结强度精确至 0.1MPa，与轻质防火保温浆料的拉伸粘结强度精确至 0.01MPa。

2. 可操作时间

1）试验步骤

抗裂砂浆配制后，按使用说明书提供的可操作时间放置后，按规定进行标准状态拉伸粘结强度测定。当使用说明书没有提供可操作时间时，应按 1.5h 进行测定。

2）试验结果

标准状态下拉伸粘结强度符合标准的要求时，放置时间即为可操作时间。

3. 压折比试验

按《水泥胶砂强度检验方法（ISO 法）》GB/T 17671 的规定制作试件。制作好的试件应用聚乙烯薄膜封闭，在标准养护条件下养护 2d 后脱模，继续在标准养护条件下养护 5d 后去除聚乙烯薄膜，再在标准养护条件下养护 21d，然后按《水泥胶砂强度检验方法（ISO 法）》GB/T 17671 的规定测定抗压强度、抗折强度，并按下式计算压折比，精确至 0.1。

$$T = \frac{R_c}{R_f} \qquad (4.7.7\text{-}1)$$

式中 $T$——压折比；

$R_c$——抗压强度（MPa）；

$R_f$——抗折强度（MPa）。

### 4.7.8 玻纤网

玻纤网是指表面经高分子材料涂覆处理的具有耐碱功能的玻璃纤维网格布。

1. 单位面积质量试验

单位面积质量按《增强制品试验方法 第 3 部分：单位面积质量的测定》GB/T 9914.3 规定的方法进行试验。

2. 耐碱断裂强力和耐碱断裂强力保留率试验

1）试样制备

（1）从卷装上裁取 30 个宽度为 $50\pm5$mm、长度为 $600\pm13$mm 的试样条，其中 15 个试样条的长边平行于玻纤网的经向，另 15 个试样条的长边平行于玻纤网的纬向。

（2）分别在每个试样条的两端编号，然后将试样条沿横向从中间一分为二，一半用于测定未经水浆装液浸泡的拉伸断裂强力，另一半用于测定水泥浆液浸泡后的拉伸断裂强力。

2）水泥浆液的配制

按质量取 1 份强度等级 42.5 的普通硅酸盐水泥与 10 份水搅拌 30min 后，静置过夜。取上层澄清液作为试验用水泥浆液。

3）试验步骤

试验应按下列步骤进行，当下列两种方法试验结果不同时，以方法一结果为准：

（1）方法一：在标准养护条件下，将试样平放在水泥浆液中，浸泡时间 28d。

（2）方法二（快速法）：将试样平放在 $80\pm2$℃的水泥浆液中，浸泡时间 6h。

（3）取出试样，用清水浸泡 5min，再用流动的自来水漂洗 5min，然后在 $60\pm5$℃的烘箱中烘 1h，再在标准养护条件下存放 24h。

（4）按《增强材料　机织物试验　方法第 5 部分：玻璃纤维拉伸断裂强力和断裂伸长的测定》GB/T 7689.5 的规定测试同一试样条未经水泥浆液浸泡处理试样和经水泥浆液浸泡处理试样的拉伸断裂强力，经向试样和纬向试样均不应少于 5 组有效的测试数据。

4）耐碱断裂强力试验结果

按下式分别计算经向和纬向试样的耐碱断裂强力：

$$F_c = \frac{C_1 + C_2 + C_3 + C_4 + C_5}{5} \tag{4.7.8-1}$$

式中　$F_c$——经向或纬向试样的耐碱断裂强力（N）；

$C_1 \sim C_5$——分别为 5 个经水泥浆液浸泡的经向或纬向试样的拉伸断裂强力（N）。

5）耐碱断裂强力保留率试验结果

按下式分别计算经向和纬向试样的耐碱断裂强力保留率：

$$R_a = \frac{\dfrac{C_1}{U_1} + \dfrac{C_2}{U_2} + \dfrac{C_3}{U_3} + \dfrac{C_4}{U_4} + \dfrac{C_5}{U_5}}{5} \tag{4.7.8-2}$$

式中　$R_a$——拉伸断裂强力保留率（%）；

$C_1 \sim C_5$——分别为 5 个经水泥浆液浸泡的经向或纬向试样的拉伸断裂强力（N）；

$U_1 \sim U_5$——分别为 5 个未经水泥浆液浸泡的经向或纬向试样的拉伸断裂强力（N）。

3. 断裂伸长率试验

断裂伸长率按《增强材料机织物试验方法　第 5 部分：玻璃纤维拉伸断裂强力和断裂伸长的测定》GB/T 7689.5 规定的方法进行试验。

### 4.7.9　热镀锌电焊网

热镀锌电焊网是指低碳钢丝通过点焊加工成型后，浸入到熔融的锌液中，经热镀锌工艺处理后形成的方格网。

热镀锌电焊网性能按《镀锌电焊网》QB/T 3897 规定的方法进行试验。

# 4.8　挤塑聚苯板（XPS）外保温系统

挤塑聚苯板（XPS）薄抹灰外墙外保温系统是指以经表面处理的挤塑聚苯板（XPS）为保温层材料，通过粘结并辅以锚固方式固定在基层墙体外侧，采用复合有玻纤网布的抹面胶浆为薄抹灰面层，以涂装材料为饰层，并具有防火构造措施的一种建筑物的非承重保温构造。简称挤塑板外保温系统。

《挤塑聚苯板（XPS）薄抹灰外墙外保温系统材料》GB/T 30595 适用于民用建筑采用的挤塑聚苯板（XPS）薄抹灰外墙外保温系统材料。该标准规定了挤塑聚苯板（XPS）薄抹灰外墙外保温系统材料的术语和定义、一般规定、要求、试验方法、检验规则、产品合格证和使用说明书、包装、运输和贮存。

系统组成材料检验批如下：

（1）挤塑板：同一材料、同一工艺、同一规格每 500m$^3$ 为一批，不足 500m$^3$ 时也为一批。

（2）界面处理剂：同一材料、同一工艺、同一规格每 30t 为一批，不足 30t 时也为一批。

（3）胶粘剂：同一材料、同一工艺、同一规格每 100t 为一批，不足 100t 时也为一批。

（4）抹面胶浆：同一材料、同一工艺、同一规格每 100t 为一批，不足 100t 时也为一批。

（5）玻纤网布：同一材料、同一工艺、同一规格每 20000m$^2$ 为一批，不足 20000m$^2$ 时也为一批。

## 4.8.1　养护条件和试验环境

标准养护条件为空气温度 23±2℃，相对湿度 50%±5%。试验环境为空气温度 23±5℃，相对湿度 50%±10%。

## 4.8.2　数值修约

在判定测定值或其计算值是否符合标准要求时，应将测试所得的测定值或其计算值与标准规定的极限数值作比较，比较的方法采用《数值修约规则与极限数值的表示和判定》GB/T 8170 中 4.3 规定的修约值比较法。

## 4.8.3　挤塑板

挤塑聚苯板是指以聚苯乙烯树脂或其共聚物为主要成分，添加少量添加剂，通过加热挤塑成型而制得的具有闭孔结构的硬质泡沫塑料制品。简称挤塑板。

1. 表观密度试验

表观密度按《泡沫塑料及橡胶　表观密度的测定》GB/T 6343 的规定进行试验。

2. 垂直于板面方向的抗拉强度试验

1）试样要求

（1）试样尺寸为 100mm×100mm，数量 5 个。

（2）试样在挤塑板上切割制成，其基面应与受力方向垂直，切割时需离挤塑板边缘 15mm 以上。试样在试验环境下放置 24h 以上。

2）试验步骤

用合适的胶粘剂将试样两面粘贴在刚性平板或金属板上，胶粘剂应与产品相容。将试样装入拉力机上，以 5±1mm/min 的恒定速度加荷，直至试样破坏。破坏面在刚性平板或金属板胶结面时，测试数据无效。

3）试验结果

垂直于板面方向的抗拉强度按下式计算，试验结果为 5 个试验数据的算术平均值，精确至 0.01MPa。

$$\sigma = \frac{F}{A} \tag{4.8.3-1}$$

式中　$\sigma$——垂直于板面方向的抗拉强度（MPa）；

$F$——试样破坏拉力（N）；

$A$——试样的横截面积（mm²）。

3. 氧指数试验

氧指数按《塑料　用氧指数法测定燃烧行为　第 2 部分：室温试验》GB/T 2406.2 的规定进行试验。

4. 燃烧性能等级

燃烧性能等级按《建筑材料及制品燃烧性能分级》GB/T 8624 的规定进行试验。

5. 其他性能

（1）其他性能按《绝热用挤塑聚苯乙烯泡沫塑料（XPS）》GB/T 10801.2 规定的方法进行试验。

（2）压缩强度的 5 个试件应沿生产机械的横断面方向等距离截取，即从大块试样的宽度方向距样品边缘 20mm 处开始截取 5 个试件。

6. 尺寸允许偏差

尺寸按《泡沫塑料与橡胶　线性尺寸的测定》GB/T 6342 的规定进行测量。

（1）厚度、长度、宽度尺寸允许偏差为测量值与规定值之差。

（2）对角线尺寸允许偏差为两对角线差值。

（3）板面平整度、板边平直度使用长度为 1m 的靠尺进行测量，板材尺寸小于 1m 的按实际尺寸测量，以板面或板边凹处最大数值为板面平整度、板边平直度。

### 4.8.4　界面处理剂

1. 容器中状态试验

按《建筑涂料用乳液》GB/T 20623—2006 中"4.2 容器中状态"的规定进行。即：

打开包装容器，目视观察有无分层，借助搅棒搅拌观察有无沉淀，用搅棒将混合后的试样在清洁的玻璃板上涂布成均匀的薄层后观察有无机械杂质。

2. 不挥发物含量试验

按《建筑涂料用乳液》GB/T 20623—2006 中"4.3 不挥发物"的规定进行。即：

（1）在 150±2℃的鼓风烘箱内焙烘圆盘（直径约 75mm）15min，在干燥器内使其冷却至室温，称量，准确至 1mg。

（2）以同样的精度在盘内称入受试样品约 1g，并确保样品均匀地分散在盘面上。如果样品黏度太高，可以用水对称量后的样品进行适当稀释并搅匀。

（3）将称好试样的圆盘放入已预热到 150±2℃的鼓风烘箱内，保持 15min。

（4）将盘移入干燥器内，冷却至室温后称量，精确到 1mg。

不挥发物含量按下式计算：

$$w_{NV} = \frac{m_2 - m_0}{m_1} \times 100\% \tag{4.8.4-1}$$

式中　$w_{NV}$——乳液中不挥发物的质量分数（%）；

$m_2$——加热后试样和盘的质量（g）；

$m_0$——圆盘的质量（g）；

$m_1$——加热前试样的质量（g）。

平行测定两次，两次试验结果之差应不大于 1%。试验结果以两次测定值的平均值表示，精确到小数点后一位。

### 4.8.5　胶粘剂

胶粘剂是指由水泥基胶凝材料、高分子聚合物材料以及填料和添加剂等组成，专用于将挤塑聚苯板粘贴在基层墙体上的粘结材料。

1. 拉伸粘结强度试验

1）试样要求

（1）试样尺寸 50mm×50mm 或直径 50mm，与水泥砂浆粘结和与挤塑板粘结试样数量各 6 个。

（2）按生产商使用说明配制胶粘剂，将胶粘剂涂抹于水泥砂浆板（厚度不宜小于 20mm）或挤塑板（厚度不宜小于 40mm）基材上，涂抹厚度为 3～5mm，可操作时间结束时用挤塑板覆盖。

（3）试样在标准养护条件下养护 28d。

2）试验步骤

（1）在养护到规定龄期前 1d，取出试样以合适的高强胶粘剂将试样粘贴在刚性平板或金属板上，高强胶粘剂应与产品相容，固化后将试样按下述条件进行处理：

① 原强度：无附加条件。

② 耐水强度：浸水 48h，到期将试样从水中取出并擦拭表面水分，在标准养护条件下干燥 2h。

③ 耐水强度：浸水 48h，到期将试样从水中取出并擦拭表面水分，在标准养护条件下干燥 7d。

（2）将试样安装到适宜的拉力机上，进行拉伸粘结强度测定，拉伸速度为 5±1mm/min。记录每个试样破坏时的拉力值。破坏面在刚性平板或金属板胶结面时，测试数据无效。

3）试验结果

拉伸粘结强度试验结果为 6 个试验数据中 4 个中间值的算术平均值，精确至 0.01MPa。模塑板内部或表层破坏面积在 50％ 以上时，破坏状态为破坏发生在模塑板中，否则破坏状态为界面破坏。

2. 可操作时间试验

1）试验步骤

胶粘剂配制后，按生产商提供的可操作时间放置在搅拌锅中，表面用湿布覆盖，生产商未提供可操作时间时，按 1.5h 放置，然后按规定进行养护、测定拉伸粘结强度原强度。

2）试验结果

拉伸粘结强度原强度符合要求时，放置时间即为可操作时间。

### 4.8.6　抹面胶浆

抹面胶浆是指由高分子聚合物、添加剂和填料、硅酸盐水泥和其他无机胶凝材料组成的具有一定柔性的水泥基聚合物砂浆。薄抹在经表面处理的挤塑板外表面，与玻纤网布共同组成抹面层的材料。

1. 拉伸粘结强度试验

试样由挤塑板和抹面胶浆组成，抹面胶浆厚度为 3mm，制备方法参照"胶粘剂试样要求"的规定，但是试样养护期间不需覆盖挤塑板。原强度、耐水强度按上述"胶粘剂的拉伸粘结强度试验"的规定进行测定，耐冻融强度按"挤塑板外保温系统的耐冻融"的规定进行测定。挤塑板与抹面胶浆的接触应事先涂刷界面处理剂并经过晾干后使用。

2. 压折比试验

按生产商使用说明配制抹面胶浆，按《水泥胶砂强度检验方法（ISO 法）》GB/T 17671 的规定制样，试样在标准养护条件下养护 28d 后，按《水泥胶砂强度检验方法（ISO 法）》GB/T 17671 的规定测定抗压强度、抗折强度，并按下式计算压折比，精确至 0.1。

$$T = \frac{R_c}{R_f} \tag{4.8.6-1}$$

式中　$T$——压折比；

$R_c$——抗压强度（MPa）；

$R_f$——抗折强度（MPa）。

3. 可操作时间试验

试样由系统用挤塑板和抹面胶浆组成，抹面胶浆厚度为 3mm。按上述"胶粘剂的可操作时间"的规定进行测定，养护时不覆盖挤塑板。拉伸粘结强度原强度符合标准要求时，放置时间即为可操作时间。

### 4.8.7　玻纤网

玻纤网是指表面经高分子材料涂覆处理的具有耐碱功能的玻璃纤维网布，内置于抹面层中的增强抗裂材料。

1. 单位面积质量试验

单位面积质量按《增强制品试验方法　第 3 部分：单位面积质量的测定》GB/T 9914.3 的规定进行试验。

2. 耐碱断裂强力及耐碱断裂强力保留率

耐碱断裂强力及耐碱断裂强力保留率按《玻璃纤维网布耐碱性试验方法　氢氧化钠溶液浸泡法》GB/T 20102 规定的方法进行测定。当需要进行快速测定时，可按下述"玻纤网耐碱快速试验方法"的规定进行。《玻璃纤维网布耐碱性试验方法　氢氧化钠溶液浸泡法》GB/T 20102 规定的方法为仲裁试验方法。

3. 玻纤网布耐碱快速试验方法

1）设备和材料

（1）拉伸试验机：符合《增强材料　机织物试验方法　第 5 部分：玻璃纤维拉伸断裂强力和断裂伸长的测定》GB/T 7689.5 的规定。

（2）恒温烘箱：温度能控制在 60±2℃。

（3）恒温水浴：温度能控制在 60±2℃，内壁及加热管均应由不与碱性溶液发生反应的材料制成（例如不锈钢材料），尺寸大小应使玻纤网试样能够平直地放入，保证所有的试样都浸没于碱溶液中，并有密封的盖子。

（4）化学试剂：氢氧化钠，氢氧化钙，氢氧化钾，盐酸。

2）试样要求

（1）从卷装上裁取 20 个宽度为 50±3mm，长度为 600±13mm 的试样条。其中，10 个试样条的长边平行于玻纤网布的经向（称为经向试样），10 个试样条的长边平行于玻纤网布的纬向（称为纬向试样）。每种试样条中纱线的根数应相等。

（2）经向试样应在玻纤网布整个宽度裁取，确保代表了所有的经纱，纬向试样应从尽可能宽的长度范围内裁取。

（3）给每个试样条编号，在试样条的两端分别作上标记。应确保标记清晰，不被碱溶液破坏。将试样沿横向从中间一分为二，一半用于测定干态拉伸断裂强力，另一半用于测定耐碱断裂强力，保证干态试样与碱溶液处理试样的一一对应关系。

3）试样处理

（1）干态试样的处理

将用于测定干态拉伸断裂强力的试样置于 60±2℃的烘箱内干燥 55～65min，取出后应在温度 23±2℃、相对湿度 50%±5% 的环境中放置 24h 以上。

（2）碱溶液浸泡试样的处理

① 碱溶液配制：每升蒸馏水中含有 $Ca(OH)_2$ 0.5g，NaOH 1g，KOH 4g，1L 碱溶液浸泡 30～35g 的玻纤网布试样，根据试样的质量，配制适量的碱溶液。

② 将配制好的碱溶液置于恒温水浴中，碱溶液的温度控制在 60±2℃。

③ 将试样平整地放入碱溶液中，加盖密封，确保试验过程中碱溶液浓度不发生变化。

④ 试样在 60±2℃的碱溶液中浸泡 24h±10min。取出试样，用流动水反复清洗后，放置于 0.5% 的盐酸溶液中 1h，再用流动的清水反复清洗。置于 60±2℃的烘箱内干燥 60±5min，取出后应在温度 23±2℃、相对湿度 50%±5% 的环境中放 24h 以上。

4）试验步骤

按《增强材料　机织物试验方法　第 5 部分：玻璃纤维拉伸断裂强力和断裂伸长的测

定》GB/T 7689.5 的规定分别测定经向和纬向试样的干态和耐碱拉伸断裂强力，每种试样至少得到 5 个有效的试验数据。

5）试验结果

分别计算经向、纬向试样耐碱和干态断裂强力，断裂强力为 5 个试验数据的算术平均值，精确至 1N/50mm。

经向、纬向拉伸断裂强力保留率分别按下式计算，精确至 1%。

$$R = \frac{F_1}{F_0} \tag{4.8.7-1}$$

式中　$R$——耐碱断裂强力保留率（%）；

　　　$F_1$——试样耐碱断裂强力（N）；

　　　$F_0$——试样干态断裂强力（N）。

4. 断裂伸长率试验

断裂伸长率按《增强材料　机织物试验方法　第 5 部分：玻璃纤维拉伸断裂强力和断裂伸长的测定》GB/T 7689.5 的规定进行试验。

# 4.9　无机轻集料砂浆保温系统

《无机轻集料砂浆保温系统技术规程》JGJ 253，适用于以混凝土和砌体为基层墙体的民用建筑工程中，采用无机轻集料砂浆保温系统的墙体保温工程的设计、施工及验收。

随着我国建筑节能技术的发展，无机轻集料砂浆保温系统在建筑保温工程上的应用迅速增长。该保温系统由界面层、保温层、抗裂面层和饰面层组成。保温层宜采用憎水型膨胀珍珠岩、膨胀玻化微珠、闭孔珍珠岩、陶砂等无机轻集料，替代传统的普通膨胀珍珠岩和聚苯颗粒作为骨料，弥补了用普通膨胀珍珠岩和聚苯颗粒作为轻集料的传统保温砂浆中的诸多缺陷和不足。

与传统的聚苯颗粒、普通膨胀珍珠岩作为轻集料保温砂浆相比具有以下特点：

（1）无机轻集料保温砂浆既克服了普通膨胀珍珠岩吸水性大、易粉化，搅拌中体积收缩率大，易造成产品后期强度低和空鼓开裂等缺点，同时又弥补了聚苯颗粒有机材料易燃、防火性能差、和易性差、施工中反弹性大、易受虫蚁噬蚀以及老化等问题。

（2）无机轻集料保温砂浆自身具有抗老化、耐候性、防火性、无毒性、强度高、砂浆亲和性能好等特点，且施工工艺简单。

理论和工程实践已证明，在节能建筑墙体保温工程中采用无机轻集料砂浆保温系统是一种良好的技术措施。

无机轻集料保温砂浆，是指以憎水型膨胀珍珠岩、膨胀玻化微珠、闭孔珍珠岩、陶砂等无机轻集料为保温材料，以水泥或其他无机胶凝材料为主要胶结料，并掺加高分子聚合物及其他功能性添加剂而制成的建筑保温干混砂浆。

无机轻集料保温砂浆按干密度分为Ⅰ型、Ⅱ型和Ⅲ型。

## 4.9.1　检验项目与批量

1. 检验项目

（1）无机轻集料保温砂浆进场复验项目有干密度、抗压强度和导热系数。

（2）无机轻集料保温砂浆应在施工中同条件养护试件，并应检测其导热系数、干密度和抗压强度。无机轻集料保温砂浆的同条件养护试件应见证取样送检。

2. 检验批量

同一厂家、同一品种的产品，当单位工程保温墙体面积在 5000m² 以下时，各抽查不应少于 1 次；当单位工程保温墙体面积在 5000～10000m² 时，各抽查不应少于 2 次；当单位工程保温墙体面积在 10000～20000m² 时，各抽查不应少于 3 次；当单位工程保温墙体面积在 20000m² 以上时，各抽查不应少于 6 次。

### 4.9.2　试件制备与数量

1. 试件制备

（1）将无机轻集料保温砂浆提前 24h 放入实验室，实验室温度应为 23±2℃，相对湿度应为 55%～85%，且应根据系统供应商提供的水灰比混合搅拌制备拌合物。

（2）采用卧式搅拌机，搅拌砂浆时，砂浆的用量不宜少于搅拌机容量的 20%，且不宜多于 60%；搅拌时，应先加入粉料，边搅拌边加水搅拌 2min，暂停搅拌 3min 后，清理搅拌机内壁及搅拌叶片上的砂浆，再继续搅拌 2min。砂浆稠度应控制在 80±10mm。

（3）将制备的拌合物一次注满 70.7mm×70.7mm×70.7mm 的钢质有底试模，并略高于其上表面，用捣棒均匀由外向内按螺旋方向轻轻插捣 25 次，插捣时用力不应过大，且不得破坏其保温骨料，再采用油灰刀沿模壁插捣数次或用橡皮锤轻轻敲击试模四周，直至插捣棒留下的空洞消失，最后将高出部分的拌合物沿试模顶面削去抹平。

2. 试样数量

试样数量不得少于 6 块。导热系数试样尺寸应为 300mm×300mm×30mm，并在同一组料中取样制作。

3. 试样的养护

试样制作后，应用聚乙烯薄膜覆盖，养护 48±8h 后脱模，继续用聚乙烯薄膜包裹养护至 14d 后，去掉聚乙烯薄膜养护至 28d。

### 4.9.3　干密度试验

（1）取 6 块试样进行干密度的测定，其中烘干温度应为 80±3℃，应取试样检测值的 4 个中间值的计算算术平均值作为干密度值。

（2）干密度应按现行国家标准《无机硬质绝热制品试验方法》GB/T 5486 的规定进行试验。

### 4.9.4　抗压强度试验

（1）检验干密度后的 6 个试样应进行抗压强度试验。

（2）抗压强度按现行国家标准《无机硬质绝热制品试验方法》GB/T 5486 的规定进行试验，取试样检测值的 4 个中间值的计算算术平均值，作为抗压强度值。

### 4.9.5　拉伸粘结强度试验

拉伸粘结强度按现行行业标准《建筑砂浆基本性能试验方法标准》JGJ/T 70 的规定进行试验。拉伸粘结强度试样应采用聚乙烯薄膜覆盖，养护至 14d，去掉薄膜继续养护 28d。

### 4.9.6　导热系数试验

导热系数宜按现行国家标准《绝热材料稳态热阻及有关特性的测定　防护热板法》GB/T 10294 的规定进行试验。

### 4.9.7　燃烧性能试验

燃烧性能按现行国家标准《建筑材料不然性试验方法》GB/T 5464 和《建筑材料及制品的燃烧性能　燃烧热值的测定》GB/T 14402 的规定进行试验。

### 4.9.8　抗裂砂浆性能试验

抗裂砂浆是指由水泥或其他无机胶凝材料、高分子聚合物和填料等材料配制而成，能满足一定变形且具有一定的抗裂性能的干混砂浆。

（1）抗裂砂浆配制好后，应按系统供应商提供的可操作时间放置。

（2）抗裂砂浆原拉伸粘结强度、在可操作时间内的拉伸粘结强度、浸水拉伸粘结强度应按现行行业标准《建筑砂浆基本性能试验方法标准》JGJ/T 70 的规定进行试验，拉伸粘结强度试样应采用聚乙烯薄膜覆盖，养护至 14d，去掉薄膜继续养护至 28d；浸水拉伸粘结强度的浸水时间为 7d。

（3）压折比试验：

抗压强度、抗折强度应按现行国家标准《水泥胶砂强度检验方法（ISO 法）》GB/T 17671 的规定进行试验。抗裂砂浆成型后，应采用聚乙烯薄膜覆盖，养护 48±8h 后脱模，继续用聚乙烯薄膜包裹养护至 14d，去掉薄膜养护至 28d。

$$T=\frac{R_c}{R_f} \tag{4.9.8-1}$$

式中　$T$——压折比；

　　　$R_c$——抗压强度（N/mm$^2$）；

　　　$R_f$——抗折强度（N/mm$^2$）。

### 4.9.9　玻纤网性能试验

（1）应采用直尺测量连续 10 个孔的平均值作为网孔中心距值。

（2）单位面积质量应按现行国家标准《增强制品试验方法　第 3 部分：单位面积质量的测定》GB/T 9914.3 的规定进行试验。

（3）耐碱拉伸断裂强力及断裂伸长率应按现行国家标准《增强材料　机织物试验方法　第 5 部分：玻璃纤维拉伸断裂强力和断裂伸长的测定》GB/T 7689.5 的规定进行试验。

（4）断裂强力保留率应按现行行业标准《增强用玻璃纤维网布　第 2 部分：聚合物基

外墙外保温用玻璃纤维网布》JC 561.2 的规定进行试验。

### 4.9.10　饰面涂料性能试验

（1）断裂伸长率应按现行国家标准《建筑防水涂料试验方法》GB/T 16777 的规定进行试验。

（2）初期干燥抗裂性应按现行国家标准《复层建筑涂料》GB/T 9779 的规定进行试验。

（3）其他性能指标应按建筑涂料相关标准的规定进行试验。

# 第5章 外墙外保温系统材料及现场试验方法

## 5.1 概　　述

外保温工程在欧洲已有 35 年以上的历史，使用最多的是 EPS 板薄抹面外保温系统。欧洲是世界上最早开展技术认定的地区，早在 1979 年，欧洲建筑技术鉴定联合会就已发布了 EPS 板薄抹面外保温系统鉴定指南，并于 1988 年发布了新版。1992 年又发布了具有无机抹面层的外保温系统鉴定指南，在 1988 年和 1992 年指南的基础上，欧洲技术认定组织于 2000 年发布了《有抹面复合外保温系统欧洲技术认定指南》。该指南对外保温系统的技术性能、试验方法以及技术认定要求作了全面规定，是对外保温系统进行技术认定的依据。欧洲是把外保温系统作为一个整体进行认定的，其中包括外保温系统的构造和设计、施工要点、系统和组成材料性能及生产过程质量控制等诸多方面。

我国 20 世纪 80 年代中期开始进行外保温工程试点，首先用于工程的也是 EPS 板薄抹面外保温系统。随着北美、欧洲和韩国公司的进入，尤其是第一套外墙外保温国家标准图的出版发行，对外保温的发展起了很人的促进作用。由于外保温在建筑节能和室内环境舒适等方面的诸多优点，住房城乡建设部已把外保温作为重点发展项目。

《外墙外保温工程技术规程》JGJ 144 标准适用于新建居住建筑的混凝土和砌体外墙外保温工程。新建工业建筑、公共建筑和既有建筑可参照执行，执行中需注意以下几点：

（1）技术规程关于建筑节能设计方面的要求是针对新建居住建筑的，建筑热工设计方面的要求是针对民用建筑的。

（2）技术规程的"EPS 板现浇混凝土外墙外保温系统"和"EPS 钢丝网架板现浇混凝土外墙外保温系统"所涉及的系统构造只能用于新建筑。

（3）既有建筑节能改造情况比较复杂，技术上主要涉及构造设计和基层处理等方面。既有建筑基层处理主要应注意墙体是否坚实、墙体抹灰层是否空鼓以及饰面砖、涂料饰面层处理等问题。

1. 定义

（1）外墙外保温工程：将外墙外保温系统通过组合、组装、施工或安装固定在外墙外表面上所形成的建筑物实体。

（2）外墙外保温系统是指由保温层、保护层和固定材料（胶粘剂、锚固件等）构成并且适用于安装在外墙外表面的非承重保温构造的总称。

（3）保温层：由保温材料组成，在外保温系统中起保温作用的构造层。

（4）抹面层：抹在保温层上，中间夹有增强网，保护保温层，并起防裂、防水和抗冲击作用的构造层。抹面层可分为薄抹面层和厚抹面层。用于 EPS 板和胶粉 EPS 颗粒保温浆料时为薄抹面层，用于 EPS 钢丝网架板时为厚抹面层。

（5）EPS 板：由可发性聚苯乙烯珠粒经加热预发泡后在模具中加热成型而制得的具有闭孔结构的聚苯乙烯泡沫塑料板材。

（6）胶粉 EPS 颗粒保温浆料：由胶粉料和 EPS 颗粒集料组成，并且 EPS 颗粒体积比不小于 80 ％的保温灰浆。

（7）EPS 钢丝网架板：由 EPS 板内插腹丝，外侧焊接钢丝网构成的三维空间网架芯板。

（8）胶粘剂：用于 EPS 板与基层以及 EPS 板之间粘结的材料。

外墙外保温系统从设计观点来看，可以按固定方式划分为如下几种：

（1）单纯粘结系统，系统可采用满粘（铺满整个表面）、条式粘结或点式粘结。

（2）附加以机械固定的粘结系统，荷载完全由粘结层承受。机械固定在胶粘剂干燥之前起稳定作用并作为临时连接以防止脱开。它们在火灾情况下也可起稳定作用。

（3）以粘结为辅助的机械固定系统，荷载完全由机械固定装置承受。粘结用于保证系统安装时的平整度。

（4）单纯机械固定系统，系统仅用机械固定装置于墙上。

一般来说，防护层包括以下几层：

（1）抹面层，直接抹在保温材料上的涂层。增强网埋在其中，保护层的大部分力学性能都由它提供。

（2）增强层，埋在抹面层中用于提高其机械强度的玻纤网、金属网或塑料网增强层。

（3）界面层，非常薄的涂层。有可能抹在抹面层上，作为涂饰面层的准备层。

（4）饰面层，最外层。其作用是保护系统免受气候破坏并起装饰作用。它是涂在抹面层上，也可不涂界面层。

对外保温系统的外墙要求：

外保温系统适用的外墙一般由砖石（砖、砌块、石材等）或混凝土（现浇或预制板）构成。外保温系统是非承重建筑构件，也不用于保证主体结构的气密性。外墙本身应符合必要的结构性能要求（抵抗静荷载和动荷载）和气密性要求。

外墙外保温工程技术规程包括五种外保温系统，分别如下：EPS 板薄抹灰外墙外保温系统、胶粉 EPS 颗粒保温浆料外墙外保温系统、EPS 板现浇混凝土外墙外保温系统、EPS 钢丝网架板现浇混凝土外墙外保温系统和机械固定 EPS 钢丝网架板外墙外保温系统。

2. 基本规定

1）外墙外保温工程或工程各部分的基本规定

（1）外墙外保温工程应能适应基层的正常变形而不产生裂缝或空鼓。

（2）外墙外保温工程应能长期承受自重而不产生有害的变形。

（3）外墙外保温工程应能承受风荷载的作用而不产生破坏。

（4）外墙外保温工程应能承受室外气候的长期反复作用而不产生破坏。

2）外墙外保温工程遇到下列情况的要求

（1）外墙外保温工程在罕遇地震发生时不应从基层上脱落。

（2）高层建筑外墙外保温工程应采取防火构造措施。

（3）外墙外保温工程应具有防水渗透性能。

（4）外保温复合墙体的保温、隔热和防潮性能应符合国家现行标准的有关规定。

（5）外墙外保温工程各组成部分应具有物理—化学稳定性。所有组成材料应彼此相容并应具有防腐性。

3）使用年限

在正确使用和正常维护的条件下，外墙外保温工程的使用年限不应少于25年。外保温工程至少应在25年内保持完好，这就要求它能够经受住周期性热湿和热冷气候条件的长期作用。

3. 外保温工程分部、分项工程划分

1）外保温工程分部工程、分项工程的划分

外保温工程分部工程、子分部工程和分项工程应按表5.1-1进行划分。

外保温工程分部工程、子分部工程和分项工程划分 表5.1-1

| 分部工程 | 子分部工程 | 分项工程 |
| --- | --- | --- |
| 外保温 | EPS板薄抹灰系统 | 基层处理,粘贴EPS板,抹面层,变形缝,饰面层 |
| | 保温浆料系统 | 基层处理,抹胶粉EPS颗粒保温浆料,抹面层,变形缝,饰面层 |
| | 无网现浇系统 | 固定EPS板,现浇混凝土,EPS局部找平,抹面层,变形缝,饰面层 |
| | 有网现浇系统 | 固定EPS钢丝网架板,现浇混凝土,抹面层,变形缝,饰面层 |
| | 机械固定系统 | 基层处理,安装固定件,固定EPS钢丝网架板,抹面层,变形缝,饰面层 |

2）检验批划分

分项工程应以 500～1000m² 划分为一个检验批，不足 500m² 也应划分为一个检验批；每个检验批每 100m² 应至少抽查 1 处，每处不得少于 10m²。

3）外保温系统主要组成材料复检项目

外保温系统主要组成材料复检项目应符合表5.1-2的规定。

外保温系统主要组成材料复检项目 表5.1-2

| 组成材料 | 复检项目 |
| --- | --- |
| EPS板 | 密度,抗拉强度,尺寸稳定性。用于无网现浇系统时,加验界面砂浆喷刷质量 |
| 胶粉EPS颗粒保温浆料 | 湿密度、干密度、压缩性能 |
| EPS钢丝网架板 | EPS板密度、EPS钢丝网架板外观质量 |
| 胶粘剂、抹面胶浆、抗裂砂浆、界面砂浆 | 干燥状态和浸水48h拉伸粘结强度 |
| 玻纤网 | 耐碱拉伸断裂强力,耐碱拉伸断裂强力保留率 |
| 腹丝 | 镀锌层厚度 |

注：1. 胶粘剂、抹面胶浆、抗裂砂浆、界面砂浆制样后养护7d进行拉伸粘结强度检验。发生争议时，以养护28d为准。

2. 玻纤网按《建筑节能工程施工质量验收规范》GB 50411—2007附录A第A.12.3条检验。发生争议时，以第A.12.2条的方法为准。

# 5.2 系统及组成材料性能试验方法

## 5.2.1 试验准备、养护和状态调节

1. 试样

外保温系统试样应按照生产厂家说明书规定的系统构造和施工方法进行制备。材料试样应按产品说明书的规定进行配制。

2. 养护和状态调节

试样养护和状态调节的环境条件应为：温度 10~25℃，相对湿度不应低于 50%。

3. 养护时间

试样养护时间应为 28d。

## 5.2.2 系统耐候性试验方法

对外墙外保温系统进行耐候性检验。外墙外保温系统经耐候性试验后，不得出现饰面层起泡或剥落、保护层空鼓或脱落等破坏，不得产生渗水裂缝。

耐候性试验模拟夏季墙面经高温日晒后突降暴雨和冬季昼夜温度的反复作用，是对大尺寸的外保温墙体进行的加速气候老化试验，是检验和评价外保温系统质量的最重要的试验项目。耐候性试验与实际工程有着很好的相关性，能很好地反映实际外保温工程的耐候性能。为了确保外保温系统在规定使用年限内的可靠性，耐候性试验是十分必要的。

耐候性试验条件的组合是十分严厉的。通过耐候性试验，不仅可检验外保温系统的长期耐候性能，而且还可以对设计、施工和材料性能进行综合检验。如果材料质量不符合要求，设计不合理或施工质量不好，都不可能经受住这样的考验。

外保温系统耐候性要求包括外观和粘结强度两个方面。

1. 试样

试样由混凝土墙和被测外保温系统构成，混凝土墙用作基层墙体。试样尺寸：试样宽度不应小于 2.5m，高度不应小于 2.0m，面积不应小于 6m²。混凝土墙上角处应预留一个宽 0.4m、高 0.6m 的洞口，洞口距离边缘 0.4m（图 5.2.2-1）。外保温系统应包住混凝土墙的侧边。侧边保温板最大厚度为 20mm。预留洞口处应安装窗框。如有必要，可对洞口四角作特殊加强处理。

2. 试验步骤

1）EPS 薄抹灰系统和无网现浇系统试验步骤

（1）高温—淋水循环 80 次，每次 6h。

① 升温 3h：

使试样表面升温至 70℃，并恒温在 70±5℃（其中升温时间为 1h）。

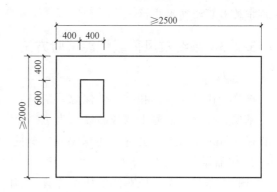

图 5.2.2-1 试样

② 淋水 1h：

向试样表面淋水，水温为 $15\pm5$℃，水量为 $1.0\sim1.5L/(m^2 \cdot min)$。

③ 静置 2h：

（2）状态调节至少 48h。

（3）加热—冷冻循环 5 次，每次 24h。

① 升温 8h：

使试样表面升温至 50℃，并恒温在 $50\pm5$℃（其中升温时间为 1h）。

② 降温 16h：

使试样表面降温至 $-20$℃，并恒温在 $-20\pm5$℃（其中降温时间为 2h）。

2）保温浆料系统、有网现浇系统和机械固定系统试验步骤

（1）高温—淋水循环 80 次，每次 6h。

① 升温 3h：

使试样表面升温至 70℃，并恒温在 $70\pm5$℃，恒温时间不应小于 1h。

② 淋水 1h：

向试样表面淋水，水温为 $15\pm5$℃，水量为 $1.0\sim1.5L/(m^2 \cdot min)$。

③ 静置 2h：

（2）状态调节至少 48h。

（3）加热—冷冻循环 5 次，每次 24h。

① 升温 8h：

使试样表面升温至 50℃，并恒温在 $50\pm5$℃，恒温时间不应小于 5h。

② 降温 16h：

使试样表面降温至 $-20$℃，并恒温在 $-20\pm5$℃，恒温时间不应小于 12h。

3）观察记录

观察、记录和检验时，应符合下列规定：

（1）每 4 次高温—淋水循环和每次加热—冷冻循环后观察试样是否出现裂缝、空鼓、脱落等情况并作记录。

（2）试验结束后，状态调节 7d，按现行行业标准《建筑工程饰面砖粘结强度检验标准》JGJ/T 110 规定检验抹面层与保温层的拉伸粘结强度，断缝应切割至保温层表面。并按规定检验系统抗冲击性。

### 5.2.3 系统抗风荷载性能试验方法

1. 试样

试样应由基层墙体和被测外保温系统组成。试样尺寸应不小于 2.0m×2.5m。

基层墙体可为混凝土墙或砖墙。为了模拟空气渗漏，在基层墙体上每平方米应预留一个直径 15mm 的孔洞，并应位于保温板接缝处。

2. 仪器设备

试验设备是一个负压箱。负压箱应有足够的深度，以保证在外保温系统可能的变形范围内能使施加在系统上的压力保持恒定。试样安装在负压箱开口中并沿基层墙体周边进行固定和密封。

3．试验步骤

（1）试验步骤中的加压程序及压力脉冲图形，见图 5.2.3-1。

（2）每级试验包含 1415 个负风压脉冲，加压图形以试验风荷载的百分数表示。试验以 1kPa 的级差由低向高逐级进行，直至试样破坏。有下列现象之一时，可视为试样破坏：

① 保温板断裂。

② 保温板中或保温板与其保护层之间出现分层。

③ 保护层本身脱开。

④ 保温板被从固定件上拉出。

⑤ 机械固定件从基底上拔出。

⑥ 保温板从支撑结构上脱离。

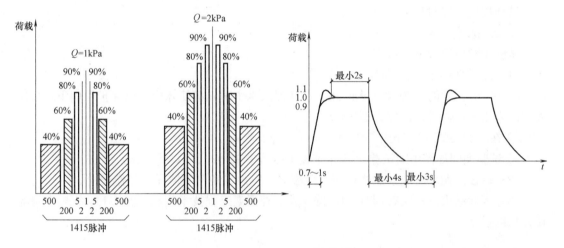

图 5.2.3-1　加压步骤及压力脉冲图形

（3）试验结果：

系统抗风压值应按下式进行计算：

$$R_\mathrm{d}=\frac{Q_1 C_\mathrm{a} C_\mathrm{s}}{K} \tag{5.2.3-1}$$

式中　$R_\mathrm{d}$——系统抗风压值（kPa）；

　　　$Q_1$——试样破坏前一级的试验风荷载值（kPa）；

　　　$K$——安全系数，按规程规定选取；

　　　$C_\mathrm{a}$——几何系数，$C_\mathrm{a}=1$；

　　　$C_\mathrm{s}$——统计修正系数，按表 5.2.3-1 选取。

保温板为粘结固定时的 $C_\mathrm{s}$ 值　　　　　　　　　　　　　　　　表 5.2.3-1

| 粘结面积 $B$（m²） | 统计修正系数 $C_\mathrm{s}$ |
| :---: | :---: |
| $50 \leqslant B \leqslant 100$ | 1.0 |
| $10 < B < 50$ | 0.9 |
| $B \leqslant 10$ | 0.8 |

### 5.2.4 系统耐冻融性能试验方法

1. 试样

当采用以纯聚合物为粘结基料的材料做饰面涂层时，应对以下两种试样进行试验：

(1) 由保温层和抹面层构成（不包含饰面层）的试样。

(2) 由保温层和保护层构成（包含饰面层）的试样。

当饰面层材料不是以纯聚合物为粘结基料的材料时，试样应包含饰面层。如果不只使用一种饰面材料，应按不同种类的饰面材料分别制样。如果仅颗粒大小不同，可视为同种类材料。

试样尺寸为 500mm×500mm，试样数量为 3 件。

试样周边涂密封材料密封。

2. 试验步骤

试验步骤应符合下列规定：

(1) 冻融循环 30 次，每次 24h。

① 在 20±2℃的自来水中浸泡 8h。试样浸入水中时，应使抹面层或保护层朝下，使抹面层浸入水中，并排除试样表面气泡。

② 在 −20±2℃的冰箱中冷冻 16h。

③ 试验期间如需中断试验，试样应置于冰箱中在 −20±2℃下存放。

(2) 每 3 次循环后观察试样是否出现裂缝、空鼓、脱落等情况，并作记录。

(3) 试验结束后，状态调节 7d，按《外墙外保温工程技术规程》JGJ 144 的规定检验拉伸粘结强度。

### 5.2.5 系统抗冲击性试验方法

建筑物首层墙面以及门窗口等易受碰撞部位：10J 级；建筑物二层以上墙面等不易受碰撞部位：3J 级。

1. 试样

试样由保温层和保护层构成。

试样尺寸不应小于 1200mm×600mm，保温层厚度不应小于 50mm，玻纤网不得有搭接缝。试样分为单层网试样和双层网试样。单层网试样抹面层中应铺一层玻纤网，双层网试样抹面层中应铺一层玻纤网和一层加强网。

试样数量：

(1) 单层网试样 2 件，每件分别用于 3J 级和 10J 级冲击试验。

(2) 双层网试样 2 件，每件分别用于 3J 级和 10J 级冲击试验。

2. 试验方法

试验可采用摆动冲击或竖直自由落体冲击方法。

3. 试验步骤

(1) 摆动冲击方法可直接冲击经过耐候性试验的试验墙体。

(2) 竖直自由落体冲击方法试验步骤：

① 将试样保护层向上平放于光滑的刚性底板上，使试样紧贴底板。

② 试验分为 3J 和 10J 两级，每级试验冲击 10 个点。

3J 级冲击试验使用质量为 500g 的钢球，在距离试样上表面 0.61m 高度自由降落冲击试样。

10J 级冲击试验使用质量为 1000g 的钢球，在距离试样上表面 1.02m 高度自由降落冲击试样。冲击点应离开试样边缘至少 100mm，冲击点间距不得小于 100mm。以冲击点及其周围开裂作为破坏的判定标准。

4. 试验结果

试验结果判定时，10J 级试验 10 个冲击点中破坏点不超过 4 个时，判定为 10J 级。10J 级试验 10 个冲击点中破坏点超过 4 个，3J 级试验 10 个冲击点中破坏点不超过 4 个时，判定为 3J 级。

### 5.2.6　系统吸水量试验方法

水中浸泡 1h，只带有抹面层和带有全部保护层的系统的吸水量均不得大于或等于 1.0kg/m² 。

1. 试样制备

试样分为两种，一种由保温层和抹面层构成，另一种由保温层和保护层构成。

试样尺寸为 200mm×200mm，保温层厚度为 50mm，抹面层和饰面层厚度应符合受检外保温系统构造规定。每种试样数量各为 3 件。

试样周边涂密封材料密封。

2. 试验步骤

（1）测量试样面积。

（2）称量试样初始重量。

（3）使试样抹面层或保护层朝下浸入水中并使表面完全湿润。分别浸泡 1h 和 24h 后取出，在 1min 内擦去表面水分，称量吸水后的重量。

3. 试验结果

系统吸水量应按下式进行计算，试验结果以 3 个试验数据的算术平均值表示。

$$M = \frac{m - m_0}{A} \tag{5.2.6-1}$$

式中　$M$——系统吸水量（kg/m²）；

　　　$m$——试样吸水后的重量（kg）；

　　　$m_0$——试样初始重量（kg）；

　　　$A$——试样面积（m²）。

### 5.2.7　抗拉强度试验方法

抗拉强度试验，按《外墙外保温工程技术规程》JGJ 144 进行，其试验分为干燥状态，浸水 48h、取出后干燥 7d 进行试验两种情况。

1. 试样制备

（1）EPS 板试样在 EPS 板上切割而成。

（2）胶粉 EPS 颗粒保温浆料试样在预制成型的胶粉 EPS 颗粒保温浆料板上切割而成。

（3）胶粉 EPS 颗粒保温浆料外保温系统试样由混凝土底板（作为基层墙体）、界面砂浆层、保温层和抹面层组成并切割成要求的尺寸。

（4）EPS 板现浇混凝土外保温系统试样的制备：

① 在 EPS 板两表面喷刷界面砂浆；

② 界面砂浆固化后将 EPS 板平放于地面，并在其上浇筑 30mm 厚的 C20 豆石混凝土；

③ 混凝土固化后在 EPS 板外表面抹 10mm 厚的胶粉 EPS 颗粒保温浆料找平层；

④ 找平层固化后做抹面层；

⑤ 充分养护后按要求的尺寸切割试样。

（5）试样尺寸 100mm×100mm，保温层厚度 50mm。试样数量为每种试样数量各 5 个。

2. 试验步骤

抗拉强度应按以下规定进行试验：

（1）用适当的胶粘剂将试样上下表面分别与尺寸为 100mm×100mm 的金属试验板粘结。

（2）过万向接头将试样安装于拉力试验机上，拉伸速度为 5mm/min，拉伸至破坏，并记录破坏时的拉力及破坏部位。破坏部位在试验板粘结界面时试验数据无效。

（3）试验应在以下两种试样状态下进行：

① 干燥状态。

② 水中浸泡 48h，取出后干燥 7d（注意：EPS 板只作干燥状态试验）。

3. 试验结果

抗拉强度按下式进行计算，试验结果以 5 个试验数据的算术平均值表示。

$$\sigma_t = \frac{P_t}{A} \tag{5.2.7-1}$$

式中　$\sigma_t$——抗拉强度（MPa）；

　　$P_t$——破坏荷载（N）；

　　$A$——试样面积（mm²）。

### 5.2.8 拉伸粘结强度试验方法

1. 试样制备

（1）水泥砂浆底板尺寸 80mm×40mm×40mm，底板的抗拉强度应不小于 1.5MPa。

（2）EPS 板密度应为 18~22kg/m³，抗拉强度应不小于 0.1MPa。

（3）与水泥砂浆粘结的试样数量为 5 个，制备方法如下：

在水泥砂浆底板中部涂胶粘剂，尺寸为 40mm×40mm，厚度为 3±1mm。经过养护后，用适当的胶粘剂（如环氧树脂）按十字搭接方式在胶粘剂上粘结砂浆底板。

（4）与 EPS 板粘结的试样数量为 5 个，制备方法如下：

将 EPS 板切割成尺寸为 100mm×100mm×50mm，在 EPS 板的一个表面涂胶粘剂，厚度为 3±1mm。经过养护后，两面用适当的胶粘剂（如环氧树脂）粘结尺寸为 100mm×100mm 的钢底板。

（5）试验应在两种试样状态下进行：

① 干燥状态。

② 水中浸泡 48h，取出后 2h。

（6）将试样安装于拉力试验机上，拉伸速度为 5mm/min，拉伸至破坏，记录破坏时的拉力及破坏部位。

2. 抹面材料与保温材料拉伸粘结强度试验方法

（1）试样尺寸为 100mm×100mm，保温板厚度为 50mm。试样数量为 5 件。

（2）保温材料为 EPS 保温板时，将抹面材料抹在 EPS 板的一个表面上，厚度为 3±1mm，经过养护后，两面用适当的胶粘剂（如环氧树脂）粘结尺寸为 100mm×100mm 的钢底板。

（3）保温材料为胶粉 EPS 颗粒保温浆料板时，将抗裂砂浆抹在胶粉 EPS 颗粒保温浆料板的一个表面上，厚度为 3±1mm。经过养护后，两面用适当的胶粘剂（如环氧树脂）粘结尺寸为 100mm×100mm 的钢底板。

（4）试验应在以下三种试样状态下进行：

① 干燥状态。

② 经过耐候性试验后。

③ 经过冻融试验后。

（5）将试样安装于拉力试验机上，拉伸速度为 5mm/min，拉伸至破坏并记录破坏时的拉力及破坏部位。

3. 试验结果

拉伸粘结强度应按下式进行计算，试验结果以 5 个试验数据的算术平均值表示。

$$\sigma_b = \frac{P_b}{A} \tag{5.2.8-1}$$

式中　$\sigma_b$——拉伸粘结强度（MPa）；

$P_b$——破坏荷载（N）；

$A$——试样面积（mm²）。

### 5.2.9　系统热阻试验方法

系统热阻应按现行国家标准《绝热　稳态传热性质的测定　标定和防护热箱法》GB/T 13475 的规定进行试验。制样时 EPS 板拼缝缝隙宽度、单位面积内锚栓和金属紧固件的数量应符合受检外保温系统构造规定。

### 5.2.10　抹面层不透水性试验方法

1. 试样制备

试样由 EPS 板和抹面层组成，试样尺寸为 200mm×200mm，EPS 板厚度 60mm，试样数量 2 个。将试样中心部位的 EPS 板除去并刮干净，一直刮到抹面层的背面，刮除部分的尺寸为 100mm×100mm。

2. 试验步骤

将试样周边密封，抹面层朝下浸入水槽中，使试样浮在水槽中，底面所受压强为 500Pa。浸水时间达到 2h 时，观察是否有水透过抹面层（为便于观察，可在水中添加颜色

185

指示剂）。

3. 试验结果

2 个试样浸水 2h 均不透水时，判定为不透水。

### 5.2.11　水蒸气渗透性能试验方法

1. 试样制备

（1）EPS 板试样在 EPS 板上切割而成。

（2）胶粉 EPS 颗粒保温浆料试样在预制成型的胶粉 EPS 颗粒保温浆料板上切割而成。

（3）保护层试样是将保护层做在保温板上，经过养护后除去保温材料，并切割成规定的尺寸。

当采用以纯聚合物为粘结基料的材料作饰面涂层时，应按不同种类的饰面材料分别制样。如果仅颗粒大小不同，可视为同类材料。当采用其他材料作饰面涂层时，应对具有最厚饰面涂层的保护层进行试验。

2. 试验步骤

保护层和保温材料的水蒸气渗透性能应按现行国家标准《建筑材料及其制品水蒸气透过性能试验方法》GB/T 17146 中的干燥剂法规定进行试验。试验箱内温度应为 23±2℃，相对湿度可为 50%±2%（23℃下含有大量未溶解重铬酸钠或磷酸氢铵（$NH_4H_2PO_4$）的过饱和溶液）或 85%±2%（23℃下含有大量未溶解硝酸钾的过饱和溶液）。

### 5.2.12　玻纤网耐碱拉伸断裂强力试验方法

1. 试样制备

（1）试样尺寸：试样长度为 300mm，试样宽度为 50mm。

（2）试样数量：纬向、经向各 20 片。

2. 标准方法

（1）对 10 片纬向试样和 10 片经向试样测定初始断裂强力。将其余试样放入 23±2℃、浓度为 5% 的 NaOH 水溶液中浸泡（10 片纬向试样和 10 片经向试样，浸入 4L 溶液中）。

（2）浸泡 28d 后，取出试样，放入水中漂洗 5min，接着用流动水冲洗 5min，然后在 60±5℃ 的烘箱中烘 1h，在 10～25℃ 的环境条件下放置至少 24h 后测定耐碱拉伸断裂强力，并计算耐碱拉伸断裂强力保留率。

拉伸试验机夹具应夹住试样整个宽度。卡头间距为 200mm。加载速度为 100±5mm/min，拉伸至断裂并记录断裂时的拉力。试样在卡头中有移动和在卡头处断裂时，其试验值应被剔除。

3. 快速方法

（1）应用快速法时，使用混合碱溶液配比如下：0.88gNaOH，3.45gKOH，0.48g $Ca(OH)_2$，1L 蒸馏水（pH 值 12.5）。

（2）80℃ 下浸泡 6h。其他步骤同上述的标准方法。

4. 试验结果

耐碱断裂强力保留率按下式计算，耐碱断裂强力保留率试验结果分别以经向和纬向 5 个试样测定值的算术平均值表示。

$$B = \frac{F_1}{F_0} \times 100\% \qquad (5.2.12\text{-}1)$$

式中　$B$——耐碱拉伸断裂强力保留率（%）；

　　　$F_1$——耐碱拉伸断裂强力（N/50mm）；

　　　$F_0$——初始拉伸断裂强力（N/50mm）。

# 5.3　现场试验方法

### 5.3.1　基层与胶粘剂的拉伸粘结强度检验方法

在每种类型的基层墙体表面上取 5 处有代表性的部位分别涂胶粘剂或界面砂浆，面积为 3～4dm²，厚度为 5～8mm。干燥后应按现行行业标准《建筑工程饰面砖粘结强度检验标准》JGJ/T 110 的规定进行试验，断缝应从胶粘剂或界面砂浆表面切割至基层表面。

### 5.3.2　无网现浇系统粘结强度试验方法

1. 养护时间

混凝土浇筑后 28d。

2. 测点选择

测点选取如图 5.3.2-1 所示，共测 9 点。

3. 试验方法

应按现行行业标准《建筑工程饰面砖粘结强度检验标准》JGJ/T 110 的规定进行试验，试样尺寸为 100mm×100mm，断缝应从 EPS 板表面切割至基层表面。

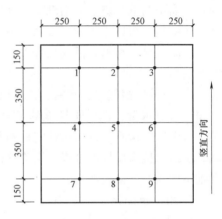

图 5.3.2-1　测点位置

### 5.3.3　系统抗冲击性试验方法

1. 试验时间

系统抗冲击性检验应在保护层施工完成 28d 后进行。

2. 测点选择

应根据抹面层和饰面层性能的不同而选取冲击点，且不要选在局部增强区域和玻纤网搭接部位。

3. 试验方法

采用摆动冲击，摆动中心固定在冲击点的垂线上，摆长至少为 1.50m。取钢球从静止开始下落的位置与冲击点之间的高差等于规定的落差。10J 级钢球质量为 1000g（直径 6.25cm），落差为 1.02m。3J 级钢球质量为 500g，落差为 0.61m。

4. 试验结果

试验结果判定时，10J 级试验 10 个冲击点中破坏点不超过 4 个时，判定为 10J 级。10J 级试验 10 个冲击点中破坏点超过 4 个，3J 级试验 10 个冲击点中破坏点不超过 4 个时，判定为 3J 级。

# 第6章 建筑外门窗检测技术

## 6.1 概　　述

门窗节能是建筑节能的关键，门窗既是能源得失的敏感部位，又关系到采光、通风、隔声、立面造型。这就对门窗的节能提出了更高的要求，其节能处理主要是改善材料的保温隔热性能和提高门窗的密闭性能。

窗户，在建筑学上是指墙或屋顶上建造的洞口，用以使光线或空气进入室内。现代的窗户的窗由窗框、玻璃和活动构件（铰链、执手、滑轮等）三部分组成。窗框负责支撑窗体的主结构，可以是木材、金属、陶瓷或塑料材料，透明部分依附在窗框上，可以是纸、布、丝绸或玻璃材料。活动构件以金属材料为主，在人手触及的地方也可能包裹以塑料等绝热材料。

《建筑外门窗气密、水密、抗风压性能分级及检测方法》GB/T 7106，规定了建筑外门窗气密、水密、抗风压性能的术语和定义、分级、检测装置、检测准备、气密性能检测、水密性能检测、抗风压性能检测及检测报告。该标准适用于建筑外窗及建筑外门的气密、水密、抗风压性能分级及实验室检测。检测对象只限于门窗试件本身，不涉及门窗与其他结构之间的接缝部位。

1. 组成及种类

1) 组成

随着建筑技术的发展以及人类生活水平的提高，窗的构造也日趋复杂以满足更高的热工要求。高级的建筑会采用双层甚至三层真空 Low-E 玻璃，双道橡胶密封条，以保证其最佳的保温隔热性能。水平天窗可以做成无框的单元，也被称为采光罩。玻璃幕墙可以被认为是一种特殊的窗，即整个建筑外墙都变成了可透光的窗。

2) 材料种类

从门窗材料来看，目前有铝合金断热型材、铝木复合型材、钢塑整体挤出型材以及 UPVC 塑料型材等一些技术含量较高的节能产品，其中使用较广的是 UPVC 塑料型材，它所使用的原料是高分子材料——硬质聚氯乙烯。

为了解决大面积玻璃造成能量损失过大的问题，将普通玻璃加工成中空玻璃、镀膜玻璃、高强度 Low-E 防火玻璃、采用磁控真空溅射放射方法镀制含金属层的玻璃以及最特别的智能玻璃。

2. 建筑外门窗热量损耗的影响因素

影响建筑外门窗热量损耗的因素很多，主要有以下几个方面。

1) 传热系数

外门窗的传热系数是在单位时间内通过单位面积的传热量，传热系数越大，则在冬季通过门窗的热量损失越大。而门窗的传热系数又与门窗的材料、类型有关。

2）气密性能

外门窗气密性能是指外门窗在正常关闭状态时，阻止空气渗透的能力。门窗气密性能的高低，对热量的损失影响极大，室外风力变化对室内气温产生不利的影响。气密性能等级越高，则热量损失就越少，对室温影响越小。国家标准《建筑外门窗气密、水密、抗风压性能分级及检测方法》GB/T 7106 规定了外门窗气密性能的分级方法。

3）窗墙比及朝向

一般建筑物在围护结构中外门窗的传热系数要比外墙的传热系数大，所以在允许范围内尽量缩小外窗面积，有利于减少热量损失，也就是说窗墙面积比越小，热量损耗就越小。

另外，热量损耗还与外窗的朝向有关，行业标准《严寒和寒冷地区居住建筑节能设计标准》JGJ 26 中规定，窗户面积不宜过大，严寒地区的窗墙面积比不宜超过 0.25，东西面不宜超过 0.30，南北面不宜超过 0.45；寒冷地区的窗墙面积比北面不宜超过 0.30，东西面不宜超过 0.35，南面不宜超过 0.50。

3. 节能措施

（1）提高材料（玻璃、窗框材料）的光学性能、热工性能和密封性能。

（2）改善门窗的构造（双层、多层玻璃，内外遮阳系统，控制各朝向的窗墙比，加保温窗帘）。

具体来讲，有下面几项工作要做：

（1）提高建筑门窗全周边高性能密封技术。降低空气渗透热损失，提高气密、水密、隔声、保温、隔热等主要物理性能。

（2）高性能中空玻璃和经济型双玻系列产品工艺技术和产品性能上要有较大的突破。重点解决热反射和低辐射中空玻璃、高性能安全中空玻璃以及经济型双玻的结露温度及耐冲击性能和安装技术，实现隔热与有效利用太阳能的科学结合。

（3）铝合金专用型材及镀锌彩板专用异形材断热技术。重点解决断热材料国产化和耐火、防有害窒息气体安全问题，降低材料成本，扩大推广面。

（4）复合型门窗专用材料开发和推广应用技术。重点开发铝塑、钢塑、木塑复合型门窗专用材料和复合型配套附件及密封材料。

（5）以建筑节能技术为动力，对我国住宅窗型结构、开启形式和窗体构造进行技术改造和创新。改变单一的推拉窗型，发展平开，特别是复合内开窗及多功能窗。改善高密封窗的换气功能和安全性能，发展断热高效节能豪华型铝合金窗和豪华型多功能门类产品。

（6）门窗成套技术，开发多功能、系列化、各具地域特色的成套产品，要在提高配套附件质量、品种、性能上有较大突破；要树立名牌产品、精品市场优势；发展多元化、多层次节能产品产业化生产体系。

（7）建筑门窗要改变消极保温隔热单一节能的技术观念。要把节能和合理利用太阳能、地下热（水）能、风能结合起来，开发节能和用能（利用太阳能、冷能、风能、地热能）相结合的门窗产品。

（8）改进门窗安装技术。提高门窗与围护结构的一体化节能技术水平，改善墙体总体节能效果。重点解决门窗锚固及填充技术和利用太阳能、空气动力节能技术。

# 6.2 性 能 分 级

## 6.2.1 气密性能分级

气密性能是指外门窗在正常关闭状态时，阻止空气渗透的能力。通风换气是建筑门窗的主要功能之一，窗本身具有开启扇，打开时室内外空气对流。但在关闭时的开启缝隙不是绝对紧闭的，另外，型材的接缝缝隙、玻璃镶嵌缝隙都会产生渗漏。在寒冷地区，冬季室内外温差较大。当室外大风时形成压力差，冷空气通过缝隙进入室内，会使室温剧烈波动，影响室内环境卫生并消耗大量热能。在炎热地区，夏季多采用空调制冷，空气流动产生的热风通过缝隙进入室内，导致制冷能耗增加。

气密性能是指外门窗在正常关闭状态时，阻止空气渗透的能力。

1. 相关定义

（1）压力差：外门窗室内、外表面所受到的绝对压力差值。当室外所受的压力高于室内表面所受的压力时，压力差为正值；反之为负值。

（2）标准状态：温度为 293K（20℃）、压力为 101.3kPa（760mmHg）、空气密度为 1.202kg/m³ 的试验条件。

（3）试件空气渗透量：在标准状态下，单位时间通过整窗（门）试件的空气量。

（4）附加空气渗透量：除试件本身的空气渗透量以外，通过设备和试件与测试箱连接部分的空气渗透量。

（5）开启缝长：外窗开启扇或外门扇开启缝隙周长的总和，以内表面测定值为准。如遇两扇搭接时，其搭接部分的两段缝长按一段计算。

（6）单位开启缝长空气渗透量：在标准状态下，单位时间通过单位开启缝长的空气量。

（7）试件面积：外门窗框外侧范围内的面积，不包括安装用附框的面积。以室内表面测定值为准。

2. 分级标准

1）分级指标

采用在标准状态下，压力差为 10Pa 时的单位开启缝长空气渗透量 $q_1$ 和单位面积空气渗透量 $q_2$ 作为分级指标。

2）分级指标值

建筑外门窗气密性能分级指标绝对值 $q_1$ 和 $q_2$ 见表 6.2.1-1。

建筑外门窗气密性能分级表

表 6.2.1-1

| 分级 | 1 | 2 | 3 | 4 | 5 | 6 | 7 | 8 |
|---|---|---|---|---|---|---|---|---|
| 单位缝长<br>分级指标值<br>$q_1[\text{m}^3/(\text{m}\cdot\text{h})]$ | $4.0{\geqslant}q_1>$<br>3.5 | $3.5{\geqslant}q_1>$<br>3.0 | $3.0{\geqslant}q_1>$<br>2.5 | $2.5{\geqslant}q_1>$<br>2.0 | $2.0{\geqslant}q_1>$<br>1.5 | $1.5{\geqslant}q_1>$<br>1.0 | $1.0{\geqslant}q_1>$<br>0.5 | $q_1{\leqslant}0.5$ |
| 单位面积<br>分级指标值<br>$q_2[\text{m}^3/(\text{m}^2\cdot\text{h})]$ | $12{\geqslant}q_2>$<br>10.5 | $10.5{\geqslant}q_2>$<br>9.0 | $9.0{\geqslant}q_2>$<br>7.5 | $7.5{\geqslant}q_2>$<br>6.0 | $6.0{\geqslant}q_2>$<br>4.5 | $4.5{\geqslant}q_2>$<br>3.0 | $3.0{\geqslant}q_2>$<br>1.5 | $q_2{\leqslant}1.5$ |

### 6.2.2　水密性能分级

防止雨水渗漏是建筑外窗的基本功能之一。雨水通过外窗孔缝进入室内会浸染房间内部装修和室内物品,不仅影响室内正常活动,而且会使人们在心理上产生对建筑物的不安全感。雨水流入窗框型材中,如不能及时排出,在冬季有将型材冻裂的可能;雨水长期滞留在型腔中会造成金属材料及五金零件的腐蚀,影响正常开关,缩短窗户的使用寿命。因此,外窗阻止雨水渗漏的功能是十分重要的。近年来,高层建筑采用大面积的窗和幕墙的做法日益增多,对水密性能的要求也越来越高。

门窗发生雨水渗漏主要有三个原因,一是存在缝隙或孔洞;二是存在雨水;三是在门窗缝隙或孔洞的两侧存在压力差。若要防止雨水渗漏就必须使上述三个条件不能在同一个部位存在。所以,门窗缝隙的几何形状、尺寸和暴露状况,雨量的大小,内外压力差都直接影响门窗雨水渗漏功能。

水密性能是指外门窗在正常关闭状态时,在风雨同时作用下,阻止雨水渗透的能力。

1. 相关定义

(1) 严重渗漏:雨水从试件室外侧持续或反复渗入外门窗试件室内侧,发生喷溅或流出试件界面的现象。

(2) 严重渗漏压力差值:外门窗试件发生严重渗漏时的压力差值。

(3) 淋水量:外门窗试件表面保持连续水膜时单位面积所需的水流量。

2. 分级标准

1) 分级指标

采用严重渗漏压力差值的前一级压力差值作为分级指标。

2) 分级指标值

分级指标值 $\Delta P$ 的分级见表 6.2.2-1。

**建筑外门窗水密性能分级表**　　　　　表 6.2.2-1

| 分级 | 1 | 2 | 3 | 4 | 5 | 6 |
|---|---|---|---|---|---|---|
| 分级指标 $\Delta P$ | $100 \leqslant \Delta P < 150$ | $150 \leqslant \Delta P < 250$ | $250 \leqslant \Delta P < 350$ | $350 \leqslant \Delta P < 500$ | $500 \leqslant \Delta P < 700$ | $\Delta P \geqslant 700$ |

注:第 6 级应在分级后同时注明具体检测压力差值。

### 6.2.3　抗风压性能分级

抗风压性能是指外门窗正常关闭时在风压作用下不发生损坏(如:开裂、面板破损、局部屈服、粘结失效等)和五金件松动、开启困难等功能障碍的能力。门窗安装在建筑物上,由于风荷载的作用,建筑物迎面存在正风压,背面和侧面存在负风压。同时,由于建筑物内部结构的不同,也可能存在正风压和负风压,导致在同一时间使门窗受到正、负压的复合作用。风压作用的结果可使门窗杆件变形,拼接缝隙变大,降低气密、水密性能。当风荷载产生的压力超过门窗的承受能力时,可产生永久性变形、玻璃破碎和五金零件损坏等情况,甚至会发生窗扇脱落的安全事故。为了维持门窗正常的使用功能,不发生损坏,门窗必须具有随风荷载作用的能力,我们用抗风压性能来表示。

门窗抗风压性能以不同类型试件变形检测对应的最大面法线挠度(角位移值)和出现功能障碍或损坏为判据,评定其定级值。

门窗受到风压作用后,可能会产生以下两种情况。

1) 功能障碍

(1) 变形引起气密、水密等功能改变,使门窗正常使用功能改变。

(2) 门窗的配件、零附件损坏,改变门窗的正常使用功能。

2) 损坏

(1) 变形引起气密、水密等功能降低至等外。

(2) 构件、镶嵌材料等变形导致主要材料发生破坏,使门窗失去正常使用功能,甚至危及人身安全。

(3) 门窗的配件、零附件损坏,使门窗失去正常使用功能。

(4) 产生过大的残余变形,影响门窗的正常使用功能。

1. 相关定义

(1) 面法线位移:试件受力构件或面板表面上任意一点沿面法线方向的线位移量。

(2) 允许挠度:主要构件在正常使用极限状态时的面法线挠度的限值。

(3) 变形检测:为了确定主要构件在变形量为 40% 允许挠度时的压力差($P_1$)而进行的检测。

(4) 反复变形检测:为了确定主要构件在变形量为 60% 允许挠度时的压力差($P_2$)反复作用下不发生损坏及功能障碍而进行的检测。

(5) 定级检测:为确定外门窗抗风压性能指标值 $P_3$ 和水密性能指标 $\Delta P$ 而进行的检测。

(6) 工程检测:为确定外门窗是否满足工程设计要求的抗风压和水密性能而进行的检测。

(7) 面法线挠度:试件受力构件或面板表面上某一点沿面法线方向的线位移量的最大差值。

(8) 相对面法线挠度:面法线挠度和两端测点间距离的比值。

2. 分级指标

1) 分级指标

采用定级检测压力差值 $P_3$ 为分级指标。

2) 分级指标值

分级指标值 $P_3$ 的分级见表 6.2.3-1。

建筑外门窗抗风压性能分级表

表 6.2.3-1

| 分级 | 1 | 2 | 3 | 4 | 5 | 6 | 7 | 8 | 9 |
|---|---|---|---|---|---|---|---|---|---|
| 分级指标值 $P_3$ | $1.0{\leqslant}P_3<1.5$ | $1.5{\leqslant}P_3<2.0$ | $2.0{\leqslant}P_3<2.5$ | $2.5{\leqslant}P_3<3.0$ | $3.0{\leqslant}P_3<3.5$ | $3.5{\leqslant}P_3<4.0$ | $4.0{\leqslant}P_3<4.5$ | $4.5{\leqslant}P_3<5.0$ | $P_3{\geqslant}5.0$ |

注:第 9 级应在分级后同时注明具体检测压力差值。

### 6.2.4 保温性能分级

《建筑外门窗保温性能分级及检测方法》GB/T 8484,规定了建筑外门、外窗保温性能分级及检测方法。该标准适用于建筑外门、外窗(包括天窗)传热系数和抗结露因子的分级及检测。有保温要求的其他类型的建筑门、窗和玻璃可参照执行。

1. 定义

（1）建筑外门窗的保温性能：以传热系数 $K$ 值和抗结露因子 $CRF$ 值表征。

（2）门窗传热系数：表征门窗保温性能的指标。表示在稳定传热条件下，外门窗两侧空气温差为 $1K$，单位时间内，通过单位面积的传热量。

（3）抗结露因子：预测门、窗阻抗表面结露能力的指标。是在稳态传热状态下，门、窗热侧表面与室外空气温度差和室内、外空气温度差的比值。

2. 分级指标

1）外门、外窗传热系数分级

外门、外窗传热系数按其大小分为 10 级，分级方法和具体指标见表 6.2.4-1。

外门、外窗传热系数分级　　　　　　　　　　　　　表 6.2.4-1

| 分级 | 1 | 2 | 3 | 4 | 5 |
|---|---|---|---|---|---|
| 分级指标值 | $K\geqslant 5.0$ | $5.0>K\geqslant 4.0$ | $4.0>K\geqslant 3.5$ | $3.5>K\geqslant 3.0$ | $3.0>K\geqslant 2.5$ |
| 分级 | 6 | 7 | 8 | 9 | 10 |
| 分级指标值 | $2.5>K\geqslant 2.0$ | $2.0>K\geqslant 1.6$ | $1.6>K\geqslant 1.3$ | $1.3>K\geqslant 1.1$ | $K<1.1$ |

2）玻璃门、外窗抗结露因子分级

玻璃门、外窗抗结露因子 $CPF$ 值分为 10 级，见表 6.2.4-2。

玻璃门、外窗抗结露因子分级　　　　　　　　　　　　表 6.2.4-2

| 分级 | 1 | 2 | 3 | 4 | 5 |
|---|---|---|---|---|---|
| 分级指标值 | $CRF\leqslant 35$ | $35<CRF\leqslant 40$ | $40<CRF\leqslant 45$ | $45<CRF\leqslant 50$ | $50<CRF\leqslant 55$ |
| 分级 | 6 | 7 | 8 | 9 | 10 |
| 分级指标值 | $55<CRF\leqslant 60$ | $60<CRF\leqslant 65$ | $65<CRF\leqslant 70$ | $70<CRF\leqslant 75$ | $CRF>75$ |

# 6.3　性 能 检 测

## 6.3.1　气密性能检测方法

1. 检测装置

1）组成

检测装置由压力箱、试件安装系统、供压系统、淋水系统及测量系统（包括空气流量、压力差及位移测量装置）组成，见图 6.3.1-1 所示。

2）要求

（1）压力箱

压力箱的开口尺寸应能满足试件安装的要求，箱体开口部位的构件在承受检测过程中可能出现的最大压力差作用下开口部位的最大挠度值不应超过 5mm 或 $l/1000$，同时应具有良好的密封性能且以不影响观察试件的水密性为最低要求。

（2）试件安装系统

试件安装系统包括试件安装框及夹紧装置。应保证试件安装牢固，不应产生倾斜及变

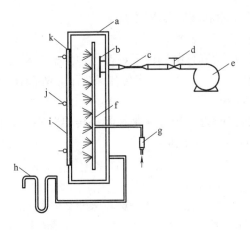

图 6.3.1-1　检测装置示意图

a—压力箱；b—进气口挡板；c—风速仪；

d—压力控制装置；e—供风设备；f—淋水装置；

g—水流量计；h—差压计；i—试件；

j—位移计；k—安装框架

形，同时保证试件可开启部分的正常开启。

（3）供压系统

供压系统应具备施加正负双向的压力差的能力，静态压力控制装置应能调节出稳定的气流，动态压力控制装置应能稳定地提供 3～5s 周期的波动风压，波动风压的波峰值、波谷值应满足检测要求。供压和压力控制能力应满足标准的要求。

（4）淋水系统

淋水系统的喷淋装置应满足在窗试件的全部面积上形成连续水膜并达到规定淋水量的要求。喷嘴布置应均匀，各喷嘴与试件的距离宜相等且不小于 500mm；装置的喷水量应能调节，并有措施保证喷水量的均匀性。

（5）测量系统

测量系统包括空气流量、压力差及位移测量装置，并应满足以下要求：

① 差压计的两个探测点应在试件两侧就近布置，差压计的误差应小于示值的 2%。

② 空气流量测量系统的测量误差应小于示值的 5%，响应速度应满足波动风压测量的要求。

③ 位移计的精度应达到满量程的 0.25%，位移测量仪表的安装支架在测试过程中应牢固，并保证位移的测量不受试件及其支承设施的变形、移动所影响。

3）校准

（1）空气流量测量系统的校准

① 校准条件

实验室内环境温度应在 20±5.0℃ 范围内，检测前仪器通电预热时间不少于 1h。

空气流量测量系统所用差压计、流量计应在正常检定周期内。

② 校准周期

校准周期不应大于 6 个月。

③ 标准试件

标准试件采用 3mm 的不锈钢板加工，外形尺寸应符合要求，表面加工应平整，测控内应清洁，不能有划痕毛刺等。

④ 校准方法

将全部开孔用胶带密封，按标准规定的试验要求顺序加压，记录相应压力下的风速值并换算为标准状态下的空气渗透量值作为附加空气渗透量。

按照 1、2、4、8、16、32 个孔的顺序，依次打开密封胶带，分别按标准规定的试验要求顺序加压，记录相应压力下的风速值并换算为标准状态下的总空气渗透量值。

重复上述步骤 2 次，得到 3 次校准结果。

⑤ 结果处理

按标准规定计算各开孔下的空气渗透量，按公式换算为标准空气渗透量。三次测值取算术平均值。正、负压分别计算。

以检测装置第一次的校准记录为初始值。分别计算不同开孔数量时的空气流量差值。当误差超过 5％时应进行修正。

（2）淋水系统的校准

① 集水箱

集水箱应只接收喷到样品表面的水而将试件上部流下的水排除。集水箱应为边长为610mm 的正方形，内部分成四个边长为 305mm 的正方形。每个区域设置导向排水管，将收集到的水排入可以测量体积的容器，见图 6.3.1-2 所示。

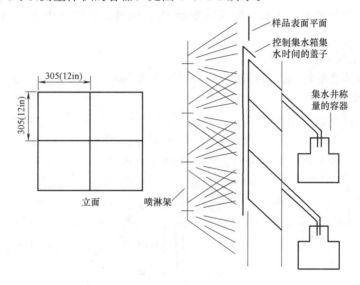

图 6.3.1-2　校准喷淋系统的集水箱

② 校准周期

校准周期不应大于 6 个月。

③ 校准方法

集水箱的开口面放置于试件外样品表面应处于位置±50mm 范围内，平行于喷淋系统。用一个边长大约为 760mm 的方形盖子在集水箱开口部位，开启喷淋系统，按照压力箱全部开口范围设定总流量达到 $2L/(min \cdot m^2)$，流入每个区域（四个分区）的水分开收集。四个喷淋区域总淋水量最少为 0.74L/min，流入任一个分区的淋水量应在 0.15～0.37L/min 范围内。

喷淋系统应在压力箱开口部位的高度及宽度的每四等分的交点上都进行校准。

不符合要求时应对喷淋装置进行调整后再次进行校准。

2. 检测准备

1）试件要求

（1）试件应为按所提供图样生产的合格产品或研制的试件，不得附有任何多余的零配件或采用特殊的组装工艺或改善措施。

（2）试件必须按照设计要求组合、装配完好，并保持清洁、干燥。

2）试件数量

相同类型、结构及规格尺寸的试件，应至少检测三樘。

3）试件安装

（1）试件应安装在安装框架上。

（2）试件与安装框架之间的连接应牢固并密封。安装好的试件要求垂直，下框要求水平，下部安装框不应高于试件室外侧排水孔。不应因安装而出现变形。

（3）试件安装后，表面不可沾有油污等不洁物。

（4）试件安装完毕后，应将试件可开启部分开关 5 次。最后关紧。

4）检测顺序

检测顺序宜按照气密、水密、抗风压变形 $P_1$、抗风压反复受压 $P_2$、安全检测 $P_3$ 的顺序进行。

5）检测安全要求

当进行抗风压性能检测或较高压力的水密性能检测时应采取适当的安全措施。

**3. 检测步骤**

检测加压顺序见图 6.3.1-3。

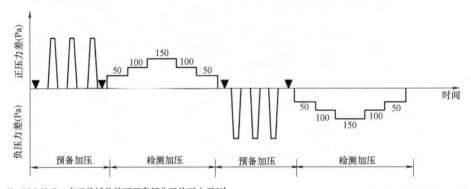

注：图中符号▼表示将试件的可开启部分开关不少于5次。

图 6.3.1-3　气密检测加压顺序示意图

**4. 预备加压**

正、负压检测前分别施加三个压力脉冲。压力差绝对值为 500Pa，加载速度约为 100Pa/s。压力稳定作用时间不少于 3s，泄压时间不少于 1s。待压力差回零后，将试件上所有可开启部分开关 5 次，最后关紧。

**5. 渗透量检测**

1）附加空气渗透量的检测

检测前应采取密封措施，充分密封试件上的可开启部分缝隙和镶嵌缝隙，或用不透气的盖板将箱体开口部盖严，然后按照图 6.3.1-3 检测加压顺序逐级加压，每级压力作用时间约为 10s，先逐级正压，后逐级负压。记录各级测量值。

2）总渗透量检测

去除试件上所加密封措施或打开密封盖板后进行检测，检测程序同 1）。

**6. 检测值的处理**

1）计算

分别计算出升压和降压过程中在 100Pa 压差下的两个附加空气渗透量测定值的平均值 $\bar{q_f}$ 和两个总渗透量测定值的平均值 $\bar{q_z}$，则窗试件本身 100Pa 压力差下的空气渗透量 $\bar{q_t}$ 按下式计算：

$$q_t = \bar{q_z} - \bar{q_f} \tag{6.3.1-1}$$

然后，再利用下式将 $q_t$ 换算成标准状态下的渗透量 $q'$ 值：

$$q' = \frac{293}{101.3} \times \frac{q_t \cdot P}{T} \tag{6.3.1-2}$$

式中　$q'$——标准状态下通过试件的空气渗透量值（$m^3/h$）；

$P$——实验室气压值（kPa）；

$T$——实验室空气温度值（K）；

$q_t$——试件渗透量测定值（$m^3/h$）。

将 $q'$ 值除以试件开启缝长度 $L$，即可得出在 100Pa 下，单位开启缝长空气渗透量 $q'_1$ [$m^3/(m \cdot h)$] 值，即下式：

$$q'_1 = \frac{q'}{L} \tag{6.3.1-3}$$

或将 $q'$ 值除以试件面积 $A$，即可得出在 100Pa 下，单位面积的空气渗透量 $q'_1$ [$m^3/(m \cdot h)$] 值，即下式：

$$q'_2 = \frac{q'}{A} \tag{6.3.1-4}$$

正压、负压分别按式（6.3.1-1）～式（6.3.1-4）进行计算。

2）分级指标的确定

为了保证分级指标值的准确度，采用由 100Pa 检测压力差下的测定值 $\pm q'_1$ 值或 $\pm q'_2$ 值，按式（6.3.1-5）或式（6.3.1-6）换算为 10Pa 检测压力差下的相应值 $\pm q_1$ [$m^3/(m^2 \cdot h)$] 值或 $\pm q_2$ [$m^3/(m^2 \cdot h)$] 值。

$$\pm q_1 = \frac{\pm q'_1}{4.65} \tag{6.3.1-5}$$

$$\pm q_2 = \frac{\pm q'_2}{4.65} \tag{6.3.1-6}$$

式中　$q'_1$——100Pa 作用压力差下单位缝长的空气渗透量值 [$m^3/(m \cdot h)$]；

$q_1$——10Pa 作用压力差下单位缝长的空气渗透量值 [$m^3/(m \cdot h)$]；

$q'_2$——100Pa 作用压力差下单位面积的空气渗透量值 [$m^3/(m^2 \cdot h)$]；

$q_2$——10Pa 作用压力差下单位面积的空气渗透量值 [$m^3/(m^2 \cdot h)$]。

3）等级判定

将三樘试件的 $\pm q_1$ 值或 $\pm q_2$ 值分别平均后对照表 6.2.1-1 确定按照缝长和按面积各自所属等级。最后取两者中的不利级别为该组试件所属等级。正、负压测值分别定级。

## 6.3.2　水密性能检测方法

1. 检测方法

（1）检测分为稳定加压法和波动加压法，检测加压程序分别如图 6.3.2-1 和图 6.3.2-2 所示。

（2）工程所在地热带风暴和台风地区，应采用波动加压法。

（3）定级检测和工程所在地为非热带风暴和台风地区的工程检测，可采用稳定加压法。

（4）水密性能最大检测压力峰值应小于抗风压定级检测压力差值 $P_3$。

（5）热带风暴和台风地区的划分按照《建筑气候区划标准》GB 50178 的规定执行。

2. 预备加压

检测加压前施加三个压力脉冲，压力差绝对值为 500Pa，加载速度约为 100Pa/s。压力稳定作用时间为 3s，泄压时间不少于 1s。待压力差回零后，将试件上所有可开启部分开关 5 次，最后关紧。

3. 稳定加压法

按照图 6.3.2-1 和表 6.3.2-1 所示顺序加压，并按以下步骤操作：

（1）淋水：对整个门窗试件均匀地淋水，淋水量为 2L/（m² · min）。

（2）加压：在淋水的同时施加稳定压力。定级检测时，逐级加压至出现严重渗漏为止。工程检测时，直接加压至水密性能指标值，压力稳定作用时间为 15min 或产生严重渗漏为止。

（3）观察记录：在逐级升压及持续作用过程中，观察并参照表 6.3.2-1 记录渗漏状态及部位。

稳定加压顺序表 　　　　　　　　　　　　　　　 表 6.3.2-1

| 加压顺序 | 1 | 2 | 3 | 4 | 5 | 6 | 7 | 8 | 9 | 10 | 11 |
|---|---|---|---|---|---|---|---|---|---|---|---|
| 检测压力（Pa） | 0 | 100 | 150 | 200 | 250 | 300 | 350 | 400 | 500 | 600 | 700 |
| 持续时间（min） | 10 | 5 | 5 | 5 | 5 | 5 | 5 | 5 | 5 | 5 | 5 |

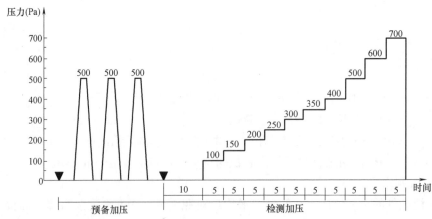

注：图中符号▼表示将试件的可开启部分开关5次。

图 6.3.2-1　稳定加压顺序示意图

4. 波动加压法

按照图 6.3.2-2 和表 6.3.2-2 所示顺序加压，并按以下步骤操作：

（1）淋水：对整个门窗试件均匀地淋水，淋水量为 3L/（m² · min）。

（2）加压：在稳定淋水的同时施加波动压力，波动压力的大小用平均值表示，波幅为平均值的 0.5 倍。定级检测时，逐级加压至出现严重渗漏。工程检测时，直接加压至水密性能指标值，加压速度约 100Pa/s，波动压力作用时间为 15min 或产生严重渗漏为止。

定级检测时，逐级加压至出现严重渗漏为止。工程检测时，直接加压至水密性能指标值，压力稳定作用时间为 15min 或产生严重渗漏为止。

（3）观察记录：在逐级升压及持续作用过程中，观察并参照表 6.3.2-3 记录渗漏状态及部位。

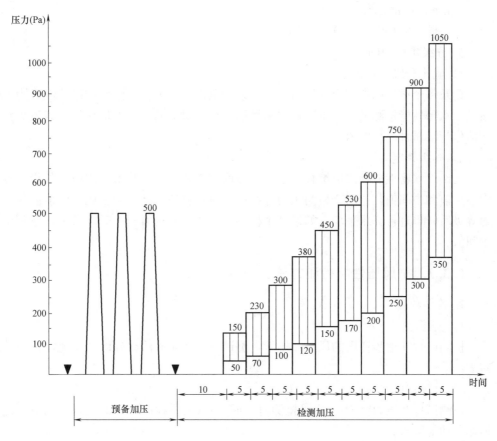

注：图中 ▼ 符号表示将试件的可开启部分开关5次。

图 6.3.2-2　波动加压顺序示意图

波动加压顺序表　　　　　　　　　　　　　　　　　　　　　表 6.3.2-2

| 加压顺序 | | 1 | 2 | 3 | 4 | 5 | 6 | 7 | 8 | 9 | 10 | 11 |
|---|---|---|---|---|---|---|---|---|---|---|---|---|
| 波动压力值（Pa） | 上限值 | 0 | 150 | 230 | 300 | 380 | 450 | 530 | 600 | 750 | 900 | 1050 |
| | 平均值 | 0 | 100 | 150 | 200 | 250 | 300 | 350 | 400 | 500 | 600 | 700 |
| | 下限值 | 0 | 50 | 70 | 100 | 120 | 150 | 170 | 200 | 250 | 300 | 350 |
| 波动周期（s） | | 3～5 | | | | | | | | | | |
| 每级加压时间（min） | | 5 | | | | | | | | | | |

渗漏状态符号表　　　　　　　　　　　　　　　　表 6.3.2-3

| 渗 漏 状 态 | 符 号 |
|---|---|
| 试件内侧出现水滴 | ○ |
| 水珠联成线,但未渗出试件界面 | □ |
| 局部少量喷溅 | △ |
| 持续喷溅出试件界面 | ▲ |
| 持续流出试件界面 | ● |

注：1. 后两项为严重渗漏。

　　2. 稳定加压和波动加压检测结果均采用此表。

　5. 分级指标的确定

　1）确定分级指标值

记录每个试件的严重渗漏压力差值。以严重渗漏压力差值的前一级检测压力差值作为该试件水密性能检测值。如果工程水密性能指标值对应的压力差值作用下未发生渗漏，则此值作为该试件的检测值。

　2）等级判定

三试件水密性能检测值综合方法：一般取三樘检测值的算术平均值。如果三樘检测值中最高值和中间值相差两个检测压力等级以上时，将该最高值降至比中间值高两个检测压力等级后，再进行算术平均。如果三个检测值中较小的两值相等时，其中任意一值可视为中间值。

## 6.3.3　抗风压性能检测方法

　1. 检测项目

　1）变形检测

检测试件在逐步递增的风压作用下，测试杆件相对面法线挠度的变化，得出检测压力差 $P_1$。

　2）反复加压检测

检测试件在压力差 $P_2$（定级检测时）或 $P'_2$（工程检测时）的反复作用下，是否发生损坏和功能障碍。

　3）定级检测或工程检测

（1）检测试件在瞬时风压作用下，抵抗损坏和功能障碍的能力。

（2）定级检测是为了确定产品的抗风压性能分级的检测，检测压力差为 $P_3$；工程检测是考核实际工程的外门窗能否满足工程设计要求的检测，检测压力差为 $P'_3$。

　2. 检测方法

　1）检测加压顺序

检测加压顺序见图 6.3.3-1。

　2）确定测点和安装位移计

将位移计安装在规定位置上。测点位置规定如下。

（1）测试杆件

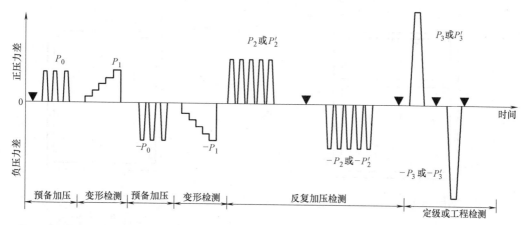

注：图中符号▼表示将试件的可开启部分开关5次。

图 6.3.3-1　检测加压顺序图

测试杆件测点布置见图 6.3.3-2。中间测点在测试杆件中点位置，两端测点在距该杆件端点向中点方向 10mm 处。当试件的相对挠度最大的杆件难以判定时，也可选取两根或多根测试杆件（见图 6.3.3-3），分别布点测量。

（2）单扇固定扇

单扇固定扇测点布置见图 6.3.3-4。

（3）单扇平开窗（门）

当采用单锁点时，测点布置见图 6.3.3-5，取距锁点最远的窗（门）扇自由边（非铰链边）端点的角位移值 $\delta$ 为最大挠度值，当窗（门）扇上有受力杆件时应同时测量该杆件的最大相对挠度，取两者中的不利者作为抗风压性能检测结果；无受力杆件外开单扇平开窗（门）只进行负压检测，无受力杆件内开单扇平开窗（门）只进行正压检测；当采用多点锁时，按照单扇固定扇的方法进行检测。

3）预备加压程序

在进行正、负变形检测前，分别提供三个压力脉冲，压力差 $P_0$ 绝对值为 500Pa，加载速度约为 100Pa/s，压力稳定作用时间为 3s，泄压时间不少于 1s。

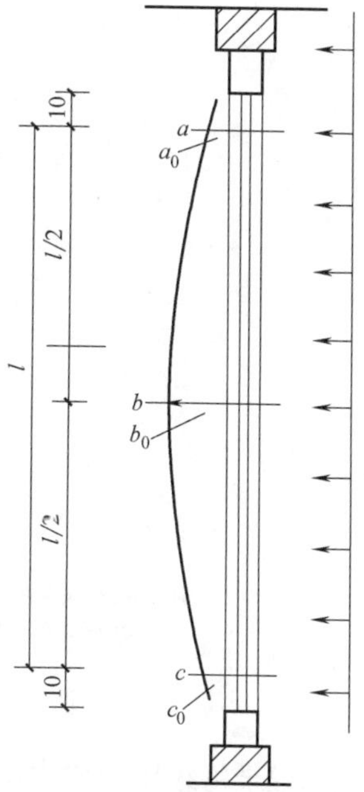

4）变形检测

（1）加压检测：

先进行正压检测，后进行负压检测，并符合以下要求：

① 检测压力逐级升、降。每级升降压力差值不超过 250Pa，每级检测压力差稳定作用时间约为 10s。不同类型试件变形检测时对应的最大面法线挠度（角位移值）应符合表 6.3.3-1 的要求。检测压力绝对值最大不宜超过 2000Pa。

图 6.3.3-2　测试杆件测点分布图

$a_0$、$b_0$、$c_0$—三测点初始读数值（mm）；

$a$、$b$、$c$—三测点在压力差作用过程中的稳定读数值（mm）；

$l$—测试杆件两端测点 $a$、$c$ 之间的长度（mm）

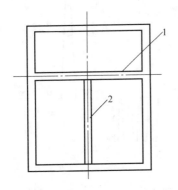

注:1、2为检测杆件。

图 6.3.3-3　多测试杆件分布图

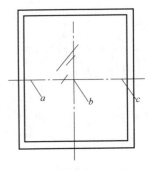

注:a、b、c为测点。

图 6.3.3-4　单扇固定扇测点分布图

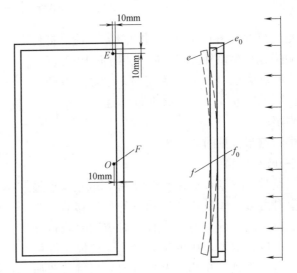

注:1.$e_0$、$f_0$测点初始读数值(mm);
2.$e$、$f$测点在压力作用过程中的稳定读数值(mm)。

图 6.3.3-5　单扇单锁点平开窗（门）位移计布置图

② 记录每级压力差作用下的面法线挠度值（角位移值），利用压力差和变形之间的相对线性关系求出变形检测时最大面法线挠度（角位移）对应的压力差值，作为变形检测压力差值，标以 $\pm P_1$。

③ 工程检测中，变形检测最大面法线挠度所对应的压力差已超过 $P'_3/2.5$ 时，检测至 $P'_3/2.5$ 为止；对于单扇单锁点平开窗（门），当 10mm 自由角位移值所对应的压力差超过 $P'_3/2$ 时，检测至 $P'_3/2$ 为止。

④ 当检测中试件出现功能障碍或损坏时，以相应压力差值的前一级压力差分级指标值为 $P_3$。

（2）挠度计算：

杆件或面板的面法线挠度可按下式计算：

**不同类型试件变形检测对应的最大面法线挠度（角位移值）**　　表 6.3.3-1

| 试件类型 | 主要构件（面板）允许挠度 | 变形检测最大面法线挠度（角位移值） |
|---|---|---|
| 窗（门）面板为单层玻璃或夹层玻璃 | $\pm l/120$ | $\pm l/300$ |
| 窗（门）面板为中空玻璃 | $\pm l/180$ | $\pm l/450$ |
| 单扇固定扇 | $\pm l/60$ | $\pm l/150$ |
| 单扇单锁点平开窗（门） | 20mm | 10mm |

$$B=(b-b_0)-\frac{(\alpha-\alpha_0)+(c-c_0)}{2} \tag{6.3.3-1}$$

式中　$\alpha_0$、$b_0$、$c_0$——为各测点在预备加压后的稳定初始读数值（mm）；

　　　$\alpha$、$b$、$c$——为某级检测压力差作用过程中的稳定读数值（mm）；

　　　$B$——为杆件中间测点的面法线挠度。

（3）单扇单锁点平开窗（门）的角位移值 $\delta$ 为 E 测点和 F 测点位移值之差，可按下式计算：

$$\delta=(e-e_0)-(f-f_0) \tag{6.3.3-2}$$

式中　$e_0$、$f_0$——为测点 E 和 F 在预备加压后的稳定初始读数值（mm）；

　　　$e$、$f$——为某级检测压力差作用过程中的稳定读数值（mm）。

5）反复加压检测

检测前可取下位移计，施加安全设施。

定级检测和工程检测应按图 6.3.3-1 反复加压检测部分进行，并分别满足以下要求：

（1）定级检测时，检测压力从零升到 $P_2$ 后降至零，$P_2=1.5P_1$，且不宜超过 3000Pa，反复 5 次。再由零降至 $-P_2$ 后升至零，$-P_2=-1.5P_1$，且不宜超过 $-3000$Pa，反复 5 次。加压速度为 $300\sim500$Pa/s，泄压时间不少于 1s，每次压力差作用时间为 3s。

（2）工程检测时，当工程设计值小于 2.5 倍 $P_1$ 时以 0.6 倍工程设计值进行反复加压检测。

反复加压后，将试件可开启部分开关 5 次，最后关紧。记录试验过程中发生损坏（指玻璃破裂、五金件损坏、窗扇掉落或被打开以及可以观察到的不可恢复的变形等现象）和功能障碍（指外门窗的启闭功能发生障碍、胶条脱落等现象）的部位。

6）定级检测或工程检测

（1）定级检测时，使检测压力从零升至 $P_3$ 后降至零，$P_3=2.5P_1$，对于单扇单锁点平开窗（门），$P_3=2.0P_1$；再降至 $-P_3$ 后升至零，$-P_3=2.5(-P_1)$，对于单扇单锁点平开窗（门），$-P_3=2(-P_1)$。加压速度为 $300\sim500$Pa/s，泄压时间不少于 1s，持续时间为 3s。正、负加压后将各试件可开关部分开关 5 次，最后关紧。试验过程中发生损坏和功能障碍时，记录发生损坏和功能障碍的部位，并记录试件破坏时的压力差值。

（2）工程检测时，当工程设计值 $P_3'$ 小于或等于 2.5$P_1$（对于单扇平开窗或门，$P_3'$ 小于或等于 2.0$P_1$）时，才按工程检测进行。压力加至工程设计值 $P_3'$ 后降至零，再降至 $-P_3'$ 后升至零。加压速度为 $300\sim500$Pa/s，泄压时间不少于 1s，持续时间为 3s。加正、负压后将各试件可开关部分开关 5 次，最后关紧。试验过程中发生损坏和功能障碍时，记录发生损坏和功能障碍的部位，并记录试件破坏时的压力差值。当工程设计值 $P_3'$ 大于

$2.5P_1$（对于单扇平开窗或门，$P'_3$ 大于 $2.0P_1$）时，以定级检测取代工程检测。

3. 检测结果的评定

1）变形检测的评定

以试件杆件或面板达到变形检测最大面法线挠度时对应的压力差值为 $\pm P_1$；对于单扇单锁点平开窗（门），以角位移值为 $10mm$ 时对应的压力差值为 $\pm P_1$。

2）反复加压检测的评定

如果经检测，试件未出现功能障碍和损坏，注明 $\pm P_2$ 值或 $\pm P'_2$ 值。如果经检测试件出现功能障碍或损坏，记录出现的功能障碍和损坏情况及其发生部位，并以试件出现功能障碍或损坏时压力差值的前一级压力差分级指标值定级；工程检测时，如果出现功能障碍或损坏时的压力值低于或等于工程设计值时，该外窗（门）判为不满足工程设计要求。

3）定级检测的评定

试件经检测未出现功能障碍或损坏时，注明 $\pm P_3$ 值，按 $\pm P_3$ 中绝对值较小者定级。如果经检测，试件出现功能障碍或损坏，记录出现功能障碍或损坏的情况及其发生的部位，并以试件出现功能障碍或损坏所对应的压力差值的前一级分级指标进行定级。

4）工程检测的评定

试件未出现功能障碍或损坏时，注明 $\pm P'_3$ 值，并与工程的风荷载标准值 $W_k$ 相比较，大于或等于 $W_k$ 时可判定为满足工程设计要求，否则判为不满足工程设计要求。

工程的风荷载 $W_k$ 的确定方法见《建筑结构荷载规范》GB 50009。

5）三试件综合评定

定级检测时，以三试件定级值的最小值为该组试件的定级值。工程检测时，三试件必须全部满足工程设计要求。

### 6.3.4　保温性能检测方法

1. 检测原理

1）传热系数检测原理

基于稳定传热原理，采用标定热箱法检测建筑门窗传热系数。试件一侧是热箱，另一侧为冷箱，模拟冬季室外气温和气流速度。在对试件缝隙进行密封处理，试件两侧各自保持稳定的空气温度、气流速度和热辐射的条件下，测量热箱中加热器的发热量，减去通过热箱外壁和试件框的热损失（两者均由标定试验确定），除以试件面积与两侧空气温差的乘积，即可计算出试件的传热系数 $K$ 值。

2）抗结露因子检测原理

基于稳定传热传质原理，采用标定热箱法检测建筑门、窗抗结露因子。抗结露因子是指预测门、窗阻抗表面结露能力的指标。是在稳定传热状态下，门、窗热侧表面与室外空气温度差和室内、外空气温度差的比值。试件一侧为热箱，模拟采暖建筑冬季室内气候条件，同时控制相对湿度不大于20％；另一侧为冷箱，模拟冬季室外气候条件。在稳定传热状态下，测量冷热箱空气平均温度和试件热侧表面温度，计算试件的抗结露因子。抗结露因子是由试件框表面温度的加权值或玻璃的平均温度与冷箱空气温度的差值除以热箱空气温度与冷箱空气温度的差值得到，再乘以100后，取所得的两个数值中较低的一个值。

2. 检测装置

1）检测装置的组成

检测装置主要由热箱、冷箱、试件框、控湿系统和环境空间五部分组成，见图6.3.4-1。

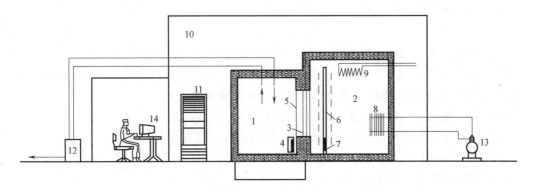

图6.3.4-1　检测装置构成

1—热箱；2—冷箱；3—试件框；4—电加热器；5—试件；6—隔风板；7—风机；8—蒸发器；

9—加热器；10—环境空间；11—空调器；12—控湿装置；13—冷冻机；14—温度控制与数据采集系统

2）热箱

（1）热箱内净尺寸不宜小于2100mm×2400mm（宽×高），进深不宜小于2000mm。

（2）热箱外壁结构应由均质材料组成，其热阻值不得小于3.5m²·K/W。

（3）热箱内表面的总的半球发射率ε值应大于0.85。

3）冷箱

（1）冷箱内净尺寸应与试件框外边缘尺寸相同，进深以能容纳制冷、加热及气流组织设备为宜。

（2）冷箱外壁应采用不吸湿的保温材料，其热阻值不得小于3.5m²·K/W，内表面应采用不吸水、耐腐蚀的材料。

（3）冷箱通过安装在冷箱内的蒸发器或引入冷空气进行降温。

（4）利用隔风板和风机进行强迫对流，形成沿试件表面自上而下的均匀气流，隔风板与试件框冷侧表面距离宜能调节。

（5）隔风板应采用热阻值不小于1.0m²·K/W的挤塑聚苯板，隔风板面向试件的表面，其总的半球发射率ε值应大于0.85。隔风板的宽度与冷箱内净宽度相同。

（6）蒸发器下部应设置排水孔或盛水盘。

4）试件框

（1）试件框外缘尺寸不应小于热箱开口部处的内缘尺寸。

（2）试件框应采用不吸湿、均质的保温材料，热阻值不小于7.0m²·K/W，其密度为20~40kg/m³。

（3）安装试件的洞口要求如下：

① 安装外窗试件的洞口不应小于1500mm×1500mm，洞口下部应留有高度不小于600mm、宽度不小于300mm的平台。平台及洞口周边的面板采用不吸水、导热系数不大于0.25W/(m·K)的材料。

② 安装外门试件的洞口不宜小于1800mm×2100mm。洞口周边的面板应采用不吸水、

导热系数小于 0.25W/(m·K) 的材料。

5）环境空间

3. 感温元件的布置

1）感温元件

（1）感温元件采用铜—康铜热电偶，测量不确定度不应大于 0.25K。

（2）感温元件为铜—康铜热电偶，铜—康铜热电偶必须使用同批生产、丝径 0.2～0.4mm 的铜丝和康铜丝制作。铜丝和康铜丝应有绝缘包皮。

（3）铜—康铜热电偶感应头应作绝缘处理。

（4）铜—康铜热电偶应定期进行校验。校验方法应符合标准的规定。

2）铜—康铜热电偶的布置

（1）空气温度测点要求如下：

① 应在热箱空间内设置两层热电偶作为空气温度测点，每层均匀布 4 个测点。

② 冷箱空气温度测点应布置在符合《绝热　稳态传热性质的测定　标定和防护热箱法》GB/T 13475 规定的平面内，与试件安装洞口对应的面积上均匀布 9 点。

③ 测量空气温度的热电偶感应头，均应进行热辐射屏蔽。

④ 测量热、冷箱空气温度的热电偶可分别并联。

（2）表面温度测点要求如下：

① 热箱每个外壁的内、外表面分别对应布 6 个温度测点。

② 试件框热侧表面温度测点不宜少于 20 个。试件框冷侧表面温度测点不宜少于 14 个。

③ 热箱外壁及试件框每个表面温度测点的热电偶可分别并联。

（3）表面温度测点要求如下：

① 热箱每个外壁的内、外表面分别对应布 6 个温度测点。

② 试件框热侧表面温度测点不宜少于 20 个。试件框冷侧表面温度测点不宜少于 14 个。

③ 热箱外壁及试件框每个表面温度测点的热电偶可分别并联。

④ 测量表面温度的热电偶感应头应连同至少 100mm 长的铜、康铜引线一起，紧贴在被测表面上。粘贴材料的总的半球发射率 ε 值应与被测表面的 ε 值相近。

（4）凡是并联的热电偶，各热电偶引线电阻必须相等。各点所代表的被测面积应相同。

4. 热箱加热装置

（1）热箱采用交流稳压电源供加热器加热。检测外窗时，窗洞口平台板至少应高于加热器顶部 50mm。

（2）计量加热功率的功率表的准确度等级不得低于 0.5 级，且应根据被测值大小转换量程，使仪表示值处于满量程的 70% 以上。

5. 控湿装置

（1）采用除湿系统控制热箱空气湿度。保证在整个测试过程中，热箱内相对湿度小于 20%。

（2）设置一个湿度计测量热箱内空气相对湿度，湿度计的测量精度不应低于 3%。

6. 风速

(1) 冷箱风速应使用热球风速仪进行测量，测点位置与冷箱空气温度测点位置相同。

(2) 不必每次试验都测定冷箱风速。当风机型号、安装位置、数量及隔风板位置发生变化时，应重新进行测量。

7. 试件安装

(1) 被检试件为一件。试件的尺寸及构造应符合产品设计和组装要求，不得附加任何多余配件或特殊组装工艺。

(2) 试件安装位置：外表面应位于距试件框冷侧表面 50mm 处。

(3) 试件与试件洞口周边之间的缝隙宜用聚苯乙烯泡沫塑料条填塞，并密封。

(4) 试件开启缝应采用透明塑料胶带双面密封。

(5) 当试件面积小于试件洞口面积时，应用与试件厚度相近，已知热导率 $A$ 值的聚苯乙烯泡沫塑料板填堵。在聚苯乙烯泡沫塑料板两侧表面粘贴适量的铜—康铜热电偶，测量两表面的平均温差，计算通过该板的热损失。

(6) 当进行传热系数检测时，宜在试件热侧表面适当部位布置热电偶，作为参考温度点。

(7) 当进行抗结露因子检测时，应在试件窗框和玻璃热侧表面共布置 20 个热电偶供计算使用。热电偶的设置应符合标准的规定。

8. 检测条件

1) 传热系数检测

(1) 热箱空气平均温度设定范围为 19～21℃，温度波动幅度不应大于 0.2℃。

(2) 热箱内空气为自然对流。

(3) 冷箱空气平均温度设定范围为 19～21℃，温度波动幅度不应大于 0.3℃。

(4) 与试件冷侧表面距离符合《绝热 稳态传热性质的测定 标定和防护热箱法》GB/T 13475 规定的平面内的平均风速为 （3.0±0.2）m/s（气流速度系指在设定值附近的某一稳定值）。

2) 抗结露因子检测

(1) 热箱空气平均温度设定为 20±0.5℃，温度波动幅度不应大于±0.3℃。

(2) 热箱空气为自然对流，其相对湿度不大于 20%。

(3) 冷箱空气平均温度设定范围为 −20±0.5℃，温度波动幅度不应大于±0.3℃。

(4) 与试件冷侧表面距离符合《绝热 稳态传热性质的测定 标定和防护热箱法》GB/T 13475 规定的平面内的平均风速为 3.0±0.2m/s。

(5) 试件冷侧总压力与热侧静压力之差在 0±10Pa 范围内。

9. 检测程序

1) 传热系数检测

(1) 检查热电偶是否完好。

(2) 启动检测装置，设定冷、热箱和环境空气温度。

(3) 当冷、热箱和环境空气温度达到设定值后，监控各控温点温度，使冷、热箱和环境空气温度维持稳定。达到稳定状态后，如果逐时测量得到热箱和冷箱的空气平均温度 $t_h$ 和 $t_c$ 每小时变化的绝对值分别不大于 0.1℃ 和 0.3℃；温差 $\Delta\theta_1$ 和 $\Delta\theta_2$ 每小时变化的绝对值分别不大于 0.1K 和 0.3K，且上述温度和温差的变化不是单向变化，则表示传热过程已经稳定。

（4）传热过程稳定之后，每隔 30min 测量一次参数 $t_h$、$t_c$、$\Delta\theta_1$、$\Delta\theta_2$、$\Delta\theta_3$、$Q$，共测 6 次。

（5）测量结束之后，记录热箱空气相对湿度，试件热侧表面及玻璃夹层结露、结霜状况。

2）抗结露因子检测

（1）检查热电偶是否完好。

（2）启动检测设备和冷、热箱的温度自控系统，设定冷、热箱和环境空气温度。

（3）调节压力控制装置，使热箱静压力和冷箱总压力之间的静压差在 $0\pm10Pa$ 范围内。

（4）当冷、热箱和环境空气温度达到设定值后，每隔 30min 测量各控温点温度，检查是否稳定。如果逐时测量得到热箱和冷箱的空气平均温度 $t_h$ 和 $t_c$ 每小时变化的绝对值与标准条件相比不超过 $\pm0.3℃$，总热量输入变化不超过 $\pm2\%$，则表示抗结露因子检测已经处于稳定状态。

（5）当冷热箱空气温度达到稳定后，启动热箱控湿装置，保证热箱内的空气相对湿度不大于 $20\%$。

（6）热箱内的空气相对湿度满足要求后，每隔 5min 测量一次参数 $t_h$、$t_c$、$t_1$、$t_2\cdots$ $t_{20}$、$\varphi$，共测 6 次。

（7）测量结束之后，记录试件热侧表面结露、结霜状况。

10. 数据处理

1）传热系数

（1）各参数 6 次测量的平均值。

（2）试件传热系数按下式计算：

$$K=\frac{Q-M_1\cdot\Delta\theta_1-M_2\cdot\Delta\theta_2-S\cdot\Lambda\cdot\Delta\theta_3}{A\cdot(t_h-t_c)} \tag{6.3.4-1}$$

式中　$Q$——加热器加热功率（W）。

$M_1$——由标定试验确定的热箱外壁热流系数（W/K）。

$M_2$——由标定试验确定的试件框热流系数（W/K）。

$\Delta\theta_1$——热箱外壁内、外表面面积加权平均温度之差（K）。

$\Delta\theta_2$——试件框热侧冷侧表面面积加权平均温度之差（K）。

$S$——填充板的面积（$m^2$）。

$\Lambda$——填充板的热导率 $[W/(m^2\cdot K)]$。

$\Delta\theta_3$——填充板热侧表面与冷侧表面的平均温差（K）。

$A$——试件面积（$m^2$）；按试件外缘尺寸计算，如试件为采光罩，其面积按采光罩水平投影面积计算。

$t_h$——热箱空气平均温度（℃）。

$t_c$——冷箱空气平均温度（℃）。

$\Delta\theta_1$、$\Delta\theta_2$ 见检测方法标准规定。如果试件面积小于试件洞口面积时，式（6.3.4-1）中分子项 $S\cdot\Lambda\cdot\Delta\theta_3$ 为聚苯乙烯泡沫塑料填充板的热损失。

（3）试件传热系数 $K$ 值取两位有效数字。

2）抗结露因子

（1）各参数取 6 次测量的平均值。

（2）试件抗结露因子 $CRF$ 值按下式计算：

$$CRF_g = \frac{t_g - t_c}{t_h - t_c} \times 100 \tag{6.3.4-2}$$

$$CRF_f = \frac{t_f - t_c}{t_h - t_c} \times 100 \tag{6.3.4-3}$$

式中　$CRF_g$——试件玻璃的抗结露因子；

　　　$CRF_f$——试件框的抗结露因子；

　　　　$t_h$——热箱空气平均温度（℃）；

　　　　$t_c$——冷箱空气平均温度（℃）；

　　　　$t_g$——试件玻璃热侧表面平均温度（℃）；

　　　　$t_f$——试件框热侧表面平均温度的加权值（℃）。

试件抗结露因子 $CRF$ 值取 $CRF_g$ 与 $CRF_f$ 中较低值。试件抗结露因子 $CRF$ 值取 2 位有效数字。

（3）试件框热侧表面平均温度的加权值 $t_f$ 由 14 个规定位置的内表面温度平均值（$t_{fp}$）和 4 个位置非确定的、相对较低的框温度平均值（$t_{fr}$）计算得到。

$t_f$ 可通过下式计算得到：

$$t_f = t_{fp}(1-W) + W \cdot t_{fy} \tag{6.3.4-4}$$

式中　$W$——加权系数，由 $t_{fp}$ 和 $t_{fr}$ 之间的比例关系确定，即：

$$W = \frac{t_{fp} - t_{fr}}{t_{fp} - (t_c + 10)} \times 0.4 \tag{6.3.4-5}$$

式中　$t_c$——冷箱的空气平均温度（℃）；

　　　10——温度的修正系数；

　　0.4——温度修正系数取 10 时的加权因子。

# 6.4　检　测　报　告

## 6.4.1　气密、水密、抗风压性能检测报告

建筑外门窗气密、水密、抗风压性能的检测报告包括以下内容：

（1）试件的名称、系列、型号、主要尺寸及图样（包括试件立面、剖面和主要节点，型材和密封条的截面、排水构造及排水孔的位置、主要受力构件的尺寸以及可开启部分的开启方式和五金件的种类、数量及位置）。工程检测时宜说明工程名称、工程地点、工程概况、工程设计要求，既有建筑门窗的已用年限。

（2）玻璃品种、厚度及镶嵌方法。

（3）明确注出有无密封条。如有密封条则应注出密封条的材质。

（4）明确注出有无采用密封胶类材料填缝。如采用则应注出密封材料的材质。

（5）五金配件的配置。

(6) 气密性能单位缝长及面积的计算结果，正负压所属级别。未定级时说明是否符合工程设计要求。

(7) 水密性能最高未渗漏压差值及所属级别。注明检测的加压方法，出现渗漏时的状态及部位。以一次加压（按符合设计要求）或逐级加压（按定级）检测结果进行定级。未定级时说明是否符合工程设计要求。

(8) 抗风压性能定级检测给出 $P_1$、$P_2$、$P_3$ 值及所属级别。工程检测给出 $P_1'$、$P_2'$、$P_3'$ 值，并说明是否满足工程设计要求。主要受力构件的挠度和状况，以压力差和挠度的关系曲线图表示检测记录值。

### 6.4.2　保温性能检测报告

建筑外门窗保温性能的检测报告包括以下内容：

(1) 委托和生产单位。

(2) 试件名称、编号、规格、玻璃品种、玻璃及两层玻璃间空气层厚度、窗框面积与窗面积之比。

(3) 检测依据、检测设备、检测项目、检测类别和检测时间，以及报告日期。

(4) 检测条件：热箱空气平均温度和空气相对湿度、冷箱空气平均温度和气流速度。

(5) 检测结果如下：

① 传热系数：试件传热系数和保温性能等级；试件热侧表面温度、结露和结霜情况。

② 抗结露因子：试件的 $CRF$ 值（$CRF_g$ 与 $CRF_f$ 中较低值）和等级；试件玻璃表面（或框表面）的抗结露因子 $CRF$ 值（$CRF_g$ 与 $CRF_f$ 中的另外一个数值），以及 $t_f$、$t_{fp}$、$t_{fr}$、$W$、$t_g$ 的值；试件热侧玻璃表面和框表面的温度、结露情况。

(6) 测试人、审核人及负责人签名。

(7) 检测单位。

# 第7章 供暖通风与空气调节系统检测技术

建筑节能，包括两方面的含义，一是节约建筑使用过程中的能耗，其中包括供暖、通风、空气调节、热水供给、照明、动力等能耗。实现节约的方式可以包含在建筑的规划、设计、施工中采取节约材料，应用先进的技术手段，采用可再生能源利用技术，在运行管理和使用维护过程中提高管理水平以及应用计算机信息化技术等。二是提高能源使用效率。但是，在实践中发现，建筑能效的提高并不一定能够降低能耗水平，这与建筑管理水平有一定的关系，因此，应在建筑能耗总量控制的前提下进一步提高建筑能效。

以前，"供暖"习惯称为"采暖"，近年来随着社会和经济的发展，采暖设计的范围不断扩大，已由最早的侧重室内需求的"采暖"设计扩展到同时包含管网及热源的"供暖"设计；同时，还需考虑与现行政府法规文件及管理规定用词一致，统称为"供暖"比较合适。

空气调节系统是指以空气调节为目的而对空气进行处理、输送、分配并控制其参数的所有设备、管道及附件、仪器仪表的统称。按空气处理设备（AHU）集中程度通常可分为：集中式空气调节系统、半集中式空气调节系统和分散式空气调节系统等；按运行控制方式可以分为：定空气风量调节系统、变风量空气调节系统和低温送风空气调节系统等。

空调系统制冷量是指空调制冷机组相应工况下的制冷量，系统总输入能量包括，相应工况下制冷机组、水泵、冷却塔、风机盘管、空调箱等的输入能量之和。

建筑给水排水的节能主要体现在节电方面，包括给水加压节能技术、热水制备节能技术和其他建筑给水排水节能技术三大部分。给水加压节能技术包括变频供水技术、管网叠压或无负压供水技术、给水系统优化等。热水制备节能技术包括太阳能热水技术、热泵热水技术、多热源组合技术、废水热回收技术等。其他建筑给水排水节能技术包括建筑中水回用、雨水收集利用、节水型节能、管径减小、管道优化等其他技术。

## 7.1 居住建筑节能检测

### 7.1.1 室内平均温度检测

室内平均温度是指在某房间室内活动区域内一个或多个代表性位置测得的，不少于24h检测持续时间内室内空气温度逐时值的算数平均值。

室内活动区域是指在室内居住空间内，由距地面或楼板面100mm和1800mm，距内墙内表面300mm，距外墙内表面或固定的供暖空调设备600mm所围成的区域。

为了使我国建筑节能事业不偏离既定的轨道，切实保护房屋使用者的合法权益，室内平均温度的检测不可缺失。室内平均温度检测主要应用在如下两类情况：

（1）由于我国严寒和寒冷地区居住建筑的供暖收费仍采用按面积收费的制度，也即热用户所负担的供暖费不与室内供暖供热品质的优劣挂钩。正因如此，少数供热部门一般对采暖系统的平衡问题不是特别关心，只要热用户不投诉就姑且认为供暖系统运行"合理"。但是，随着我国私有化进程的加快和人们思想的逐步解放，百姓的维权意识和维权信心日益增强，在北方地区因为冬季室内温度不达标而引发的司法纠纷会时有发生。这种局面的出现将会促使供热部门变粗放型管理为精细化服务，于建筑节能这一大局有利。为了解决供热部门和热用户之间供暖质量纠纷，要求对建筑物室内平均温度进行检测。在这种情况下，为了便于法院的经济赔偿裁定，室内平均温度的检测持续时间宜为整个供暖期。这样规定在技术上也是可行的。因为带计算机芯片的温度自动检测仪不仅价格合理，而且对住户的日常生活也没有影响，所以，实施起来较容易。

（2）在检测围护结构热桥内表面温度和隔热性能等过程中，都要求对室内温度进行检测，在这种情况下检测时间应和这些物理量的检测起止时间一致。

1. 检测时间

室内平均温度的检测持续时间宜为整个供暖期。当该项检测是为配合其他物理量的检测而进行时，检测的起止时间应符合相应检测项目检测方法中的有关规定。

2. 测定布置

当受检房间使用面积大于或等于 30m² 时，应设置两个测点。测点应设于室内活动区域，且距地面或楼面 700～1800mm 范围内有代表性的位置；温度传感器不应受到太阳辐射或室内热源的直接影响。

3. 检测

室内平均温度应采用温度自动检测仪进行连续检测，检测数据记录时间间隔不宜超过 30min。

4. 计算

（1）室内温度逐时值按下式计算：

$$t_{\mathrm{m}, i} = \frac{\sum\limits_{j=1}^{p} t_{i, j}}{p}$$ （7.1.1-1）

（2）室内平均温度按下式计算：

$$t_{\mathrm{m}} = \frac{\sum\limits_{j=1}^{n} t_{\mathrm{m}, j}}{n}$$ （7.1.1-2）

式中 $t_{\mathrm{m}}$——受检房间的室内平均温度（℃）；

$t_{\mathrm{m}, i}$——受检房间第 $i$ 个室内温度逐时值（℃）；

$t_{i, j}$——受检房间第 $j$ 个测点的第 $i$ 个室内温度逐时值（℃）；

$n$——受检房间的室内温度逐时值的个数；

$p$——受检房间布置的温度测点的点数。

5. 合格指标与判定方法

（1）集中热水供暖居住建筑的供暖期室内平均温度应在设计范围内；当设计无规定时，应符合现行国家标准《工业建筑供暖通风与空气调节设计规范》GB 50019 中的相应规定。

（2）集中热水供暖居住建筑的供暖期室内温度逐时值不应低于室内设计温度的下限；当设计无规定时，该下限温度应符合现行国家标准《工业建筑供暖通风与空气调节设计规范》GB 50019 中的相应规定。

（3）对于已实施按热量计量且室内散热设备具有可调节的温控装置的供暖系统，当住户人为调低室内温度设定值时，供暖期室内温度逐时值可不作判定。

（4）当受检房间的室内平均温度和室内温度逐时值分别满足（1）和（2）的规定时，应判为合格，否则应判为不合格。

### 7.1.2 室外管网的水力平衡度检测

水力平衡度是指在集中热水供暖系统中，整个系统的循环水量满足设计条件时，建筑物热力入口处循环水量检测值与设计值之比。

水力平衡度的检测应在供暖系统正常运行后进行。

1. 要求

（1）室外供暖系统水力平衡度的检测宜以建筑物热力入口为限。

（2）受检热力入口位置和数量的确定：

① 当热力入口总数不超过 6 个时，应全数检测；

② 当热力入口总数超过 6 个时，应根据各个热力入口距热源距离的远近，按近端 2 处、远端 2 处、中间区域 2 处的原则确定受检热力入口；

③ 受检热力入口的管径不应小于 40mm。

（3）水力平衡度检测期间，供暖系统总循环水量应保持恒定，且为设计值的 100%～110%。

（4）流量计量装置宜安装在建筑物相应的热力入口处，且宜符合产品的使用要求。

（5）循环水量的检测值应以相同检测持续时间内各热力入口处测得的结果为依据进行计算。检测持续时间宜取 10min。

2. 水力平衡度计算

水力平衡度应按下式计算：

$$HB_j = \frac{G_{wm,j}}{G_{wd,j}} \tag{7.1.2-1}$$

式中 $HB_j$——第 $j$ 个热力入口的水力平衡度；

$G_{wm,j}$——第 $j$ 个热力入口的循环水量检测值（$m^3/s$）；

$G_{wd,j}$——第 $j$ 个热力入口的设计循环水量检测值（$m^3/s$）。

3. 合格指标与判定

（1）供暖系统室外管网热力入口处的水力平衡度应为 0.9～1.2。

（2）在所有受检的热力入口中，各热力入口水力平衡度均满足（1）时，应判为合格，否则应判为不合格。

### 7.1.3 供热系统的补水率检测

补水率是指集中热水供暖系统在正常运行工况下，检测时间内，该系统单位建筑面积单位时间内的补水量与该系统单位建筑面积单位时间设计循环水量的比值。

正常运行工况是指处于热态运行中的集中热水供暖系统同时满足以下条件时则该系统处于正常运行工况：

（1）所有供暖管道和设备处于热状态。

（2）某时间段中，任意两个 24h 内，后一个 24h 内系统补水量的变化值不超过前一个 24h 内系统补水量的 10％。

（3）采用定流量方式运行时，系统的循环水量为设计值的 100％～110％；采用变流量方式运行时，系统的循环水量和扬程在设计规定的运行范围内。

补水率的检测应在供暖系统正常运行后进行。检测持续时间宜为整个供暖期。

1. 检测

（1）总补水量应采用具有累计流量显示功能的流量计量装置检测。

（2）流量计量装置应安装在系统补水管上适宜的位置，且应符合产品的使用要求。当供暖系统中固有的流量计量装置在检定有效期内时，可直接利用该装置进行检测。

2. 计算

供暖系统补水率按下列公式计算：

$$R_{mp} = \frac{g_a}{g_d} \times 100\% \tag{7.1.3-1}$$

$$g_d = 0.861 \times \frac{q_q}{t_s - t_r} \tag{7.1.3-2}$$

$$g_a = \frac{G_a}{A_0} \tag{7.1.3-3}$$

式中　$R_{mp}$——供暖系统补水率；

$g_d$——供暖系统单位设计循环水量 $[kg/(m^2 \cdot h)]$；

$g_a$——检测持续时间内供暖系统单位补水量 $[kg/(m^2 \cdot h)]$；

$G_a$——检测持续时间内供暖系统平均单位时间内的补水量（kg/h）；

$A_0$——居住小区内所有供暖建筑物的总建筑面积（$m^2$），应按《居住建筑节能检测标准》JGJ/T 132 的规定计算；

$q_q$——供热设计热负荷指标（$W/m^2$）；

$t_s$、$t_r$——供暖热源设计供水、回水温度（℃）。

3. 合格指标与判定方法

（1）供暖系统补水率不应大于 0.5％。

（2）当供暖系统补水率满足（1）时，应判为合格，否则应判为不合格。

### 7.1.4　室外管网的热损失率检测

供暖系统室外管网热损失率的检测应在供暖系统正常运行 120h 后进行，检测持续时间不应少于 72h。

1. 检测

（1）检测期间，供暖系统应处于正常运行工况，热源供水温度的逐时值不应低于 35℃。

（2）热计量装置的安装：

① 建筑物供暖供热量应采用热计量装置在建筑物热力入口处检测，供回水温度和流

量传感器的安装宜满足相关产品的使用要求。

②　温度传感器宜安装于受检建筑物外墙外侧且距外墙外表面 2.5m 以内的地方。

③　供暖系统总供暖供热量宜在供暖热源出口处检测，供回水温度和流量传感器宜安装在供暖热源机房内，当温度传感器安装在室外时，距供暖热源机房外墙外表面的垂直距离不应大于 2.5 m。

（3）供暖系统室外管网供水温降应采用温度自动检测仪进行同步检测，数据记录时间间隔不应大于 60min。

2. 计算

室外管网热损失率按下式计算：

$$\alpha_{ht} = \left(1 - \sum_{j=1}^{n} Q_{a,j}/Q_{a,t}\right) \times 100\% \qquad (7.1.4\text{-}1)$$

式中　$\alpha_{ht}$——供暖系统室外管网热损失率；

$Q_{a,j}$——检测持续时间内第 $j$ 个热力入口处的供热量（MJ）；

$Q_{a,t}$——检测持续时间内热源的输出热量（MJ）。

3. 合格指标与判定方法

（1）供暖系统室外管网热损失率不应大于 10%。

（2）当供暖系统室外管网热损失率满足（1）时，应判为合格，否则应判为不合格。

# 7.2　公共建筑节能检测

## 7.2.1　供暖空调水系统性能检测要求

供暖空调水系统各项性能检测均应在系统实际运行状态下进行。

1）冷水（热泵）机组及其水系统性能检测工况要求：

（1）冷水（热泵）机组运行正常，系统负荷不宜小于实际运行最大负荷的 60%，且运行机组负荷不宜小于其额定负荷的 80%，并处于稳定状态。

（2）冷水出水温度应在 6～9℃之间。

（3）水冷冷水（热泵）机组要求冷却水进水温度在 29～32℃之间；风冷冷水（热泵）机组要求室外干球温度在 32～35℃之间。

2）锅炉及其水系统各项性能检测工况要求：

（1）锅炉运行正常。

（2）燃煤锅炉的日平均运行负荷率不应小于 60%，燃油和燃气锅炉瞬时运行负荷率不应小于 30%。

3）锅炉运行效率、补水率检测方法应按照现行行业标准《居住建筑节能检测标准》JGJ/T 132 的有关规定执行。

4）供暖空调水系统管道的保温性能检测应按照现行国家标准《建筑节能工程施工质量验收规范》GB 50411 的有关规定执行。

## 7.2.2　冷水（热泵）机组实际性能系数检测

1. 检测数量

（1）对于 2 台及以下（含 2 台）同型号机组，应至少抽取 1 台。

（2）对于 3 台及以下（含 3 台）同型号机组，应至少抽取 2 台。

2. 检测方法

（1）检测工况下，应每隔 5～10min 读 1 次数，连续测量 60min，并应取每次读数的平均值作为检测值。

（2）供冷（热）量测量应符合《公共建筑节能检测标准》JGJ/T 177 的规定。

3. 计算

（1）冷水（热泵）机组的供冷（热）量应按下式计算：

$$Q_0 = V\rho c\,\Delta t/3600 \tag{7.2.2-1}$$

式中　$Q_0$——冷水（热泵）机组的供冷（热）量（kW）；

$V$——冷水平均流量（$m^3/h$）；

$\Delta t$——冷水进出口平均温差（℃）；

$\rho$——冷水平均密度（$kg/m^3$）；

$c$——冷水平均定压比热［$kJ/(kJ\cdot℃)$］；

$\rho$、$c$ 可根据介质进出口平均温度由物性参数表查取。

（2）电驱动压缩机的蒸汽压缩循环冷水（热泵）机组的输入功率应在电动机输入线端测量。输入功率检测应符合《公共建筑节能检测标准》JGJ/T 177 附录 D 的规定。

（3）电驱动压缩机的蒸汽压缩循环冷水（热泵）机组的实际性能系数（$COP_d$）应按下式计算：

$$COP_d = \frac{Q_0}{N} \tag{7.2.2-2}$$

式中　$COP_d$——电驱动压缩机的蒸汽压缩循环冷水（热泵）机组的实际性能系数；

$N$——检测工况下机组平均输入功率（kW）。

（4）溴化锂吸收式冷水机组的实际性能系数 $COP_x$ 应按下式计算：

$$COP_x = \frac{Q_0}{(Wq/3600 + p)} \tag{7.2.2-3}$$

式中　$COP_x$——溴化锂吸收式冷水机组的实际性能系数；

$W$——检测工况下机组平均燃气消耗量（$m^3/h$），或燃油消耗量（kg/h）；

$q$——燃气发热值（$kJ/m^3$ 或 $kJ/kg$）；

$p$——检测工况下机组平均电力消耗量（折算成一次能，kW）。

4. 合格指标与判定

（1）检测工况下，冷水（热泵）机组的实际性能系数应符合现行国家标准《公共建筑节能设计标准》GB 50189 的规定。

（2）当检测结果符合本条（1）的规定时，应判定为合格。

### 7.2.3　风机单位风量耗功率检测

空调风系统各项性能检测均应在系统实际运行状态下进行。

空调风系统管道的保温性能检测应按照现行国家标准《建筑节能工程施工质量验收规范》GB 50411 的有关规定执行。

1. 检测数量

（1）抽检比例不应少于空调机组总数的 20％。

（2）不同风量的空调机组检测数量不应少于 1 台。

2. 检测方法

（1）检测应在空调通风系统正常运行工况下进行。

（2）风量检测应采用风管风量检测方法。

（3）风机的风量应取吸入端和压出端风量的平均值，且风机前后的风量之差不应大于 5％。

（4）风机的输入功率应在电动机输入线端同时测量。

3. 计算

风机单位风量耗功率 $W_s$ 应按下式计算：

$$W_s = \frac{N}{L} \tag{7.2.3-1}$$

式中　$W_s$——风机单位风量耗功率 $[W/(m^3/h)]$；

　　　　$N$——风机的输入功率（W）；

　　　　$L$——风机的实际风量（$m^3/h$）。

4. 合格指标与判定

（1）风机单位风量耗功率检测值应符合国家标准《公共建筑节能设计标准》GB 50189 的规定。

（2）当检测结果符合本条（1）的规定时，应判定为合格。

### 7.2.4　新风量检测

1. 检测数量

（1）抽检比例不应少于新风系统数量的 20％。

（2）不同风量的新风系统不应少于 1 个。

2. 检测方法

（1）检测应在系统正常运行后进行，且所有的风口应处于正常开启状态。

（2）新风量检测应采用风管风量检测方法，并应符合《公共建筑节能检测标准》JGJ/T 177—2009 附录 E 的规定。

3. 合格指标与判别

（1）新风量检测值应符合设计要求，且允许偏差应为 ±10％。

（2）当检测结果符合本条（1）的规定时，应判为合格。

### 7.2.5　定风量系统平衡度检测

1. 检测数量

（1）每个一级支管路均应进行风系统平衡度检测。

（2）当其余支路小于或等于 5 个时，宜全数检测。

（3）当其余支路大于 5 个时，宜按照近端 2 个、中间区域 2 个、远端 2 个的原则进行检测。

2. 检测方法

（1）检测应在系统正常运行后进行，且所有的风口应处于正常开启状态。

（2）风系统检测期间，受检风系统的总风量应维持恒定且宜为设计值的 100%～110%。

（3）风量检测方法可采用风管风量检测方法，也可采用风量罩风量检测方法，并应符合《公共建筑节能检测标准》JGJ/T 177—2009 附录 E 的规定。

3. 计算

风系统平衡度应按下式计算：

$$FHB_j = \frac{G_{a, j}}{G_{d, j}} \tag{7.2.5-1}$$

式中　$FHB_j$——第 $j$ 个支路的风系统平衡度；

$G_{a,j}$——第 $j$ 个支路的实际风量（m³/h）；

$G_{d,j}$——第 $j$ 个支路的设计风量（m³/h）；

$j$——支路编号。

4. 合格指标与判别

（1）90% 的受检支路平衡度应为 0.9～1.2。

（2）检测结果符合本条（1）的规定时，应判为合格。

### 7.2.6　风量检测方法

1. 仪器设备

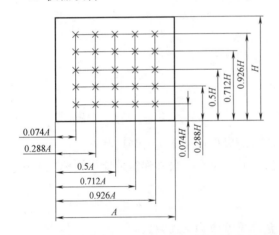

图 7.2.6-1　矩形风管 25 个测点时的测点布置

风管风量检测宜采用毕托管和微压计；当动压小于 10Pa 时，宜采用数字式风速计。

2. 断面选择

风量测量断面应选择在机组出口或入口直管段上，且宜距上游局部阻力部件大于或等于 5 倍管径（或矩形风管长边尺寸），并距下游局部阻力构件大于或等于 2 倍管径（或矩形风管长边尺寸）的位置。

3. 测量断面测点

（1）矩形断面测点布置数及方法应符合图 7.2.6-1 和表 7.2.6-1 的规定。

矩形断面测点位置　　　　　　　　　　表 7.2.6-1

| 横线数或每条横线上的测点数目 | 测点 | 测点位置 $X/A$ 或 $X/H$ |
| --- | --- | --- |
| 5 | 1 | 0.074 |
| | 2 | 0.288 |
| | 3 | 0.500 |
| | 4 | 0.712 |
| | 5 | 0.926 |

| 横线数或每条横线上的测点数目 | 测点 | 测点位置 $X/A$ 或 $X/H$ |
|---|---|---|
| 6 | 1 | 0.061 |
| | 2 | 0.235 |
| | 3 | 0.437 |
| | 4 | 0.563 |
| | 5 | 0.765 |
| | 6 | 0.939 |
| 7 | 1 | 0.053 |
| | 2 | 0.203 |
| | 3 | 0.366 |
| | 4 | 0.500 |
| | 5 | 0.634 |
| | 6 | 0.797 |
| | 7 | 0.947 |

① 当矩形截面的纵横比（长短边比）小于 1.5 时横线（平行于短边）的数目和每条线条上的测点数目均不小于 5 个。当长边大于 2m 时横线（平行于短边）的数目宜增加到 5 个以上。

② 当矩形截面的纵横比（长短边比）大于或等于 1.5 时，横线（平行于短边）的数目宜增加到 5 个以上。

③ 当矩形截面的纵横比（长短边比）小于或等于 1.2 时，也可按等截面划分小截面，每个小截面边长宜为 200～250mm。

（2）圆形断面测点布置数及方法应符合图 7.2.6-2 和表 7.2.6-2 的规定。

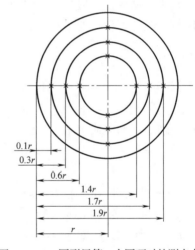

图 7.2.6-2　圆形风管 3 个圆环时的测点布置

圆形截面测点布置　　　　　　　　　　　表 7.2.6-2

| 风管直径 | ≤200mm | 200～400mm | 400～700mm | ≥700mm |
|---|---|---|---|---|
| 圆环个数 | 3 | 4 | 5 | 5～6 |
| 测点编号 | 测点到管壁的距离（$r$ 的倍数） | | | |
| 1 | 0.10 | 0.10 | 0.05 | 0.05 |
| 2 | 0.30 | 0.20 | 0.20 | 0.15 |
| 3 | 0.60 | 0.40 | 0.30 | 0.25 |
| 4 | 1.40 | 0.70 | 0.50 | 0.35 |
| 5 | 1.70 | 1.30 | 0.70 | 0.50 |
| 6 | 1.90 | 1.60 | 1.30 | 0.70 |

| 风管直径 | ≤200mm | 200～400mm | 400～700mm | ≥700mm |
|---|---|---|---|---|
| 圆环个数 | 3 | 4 | 5 | 5～6 |
| 测点编号 | 测点到管壁的距离（r 的倍数） | | | |
| 7 | — | 1.80 | 1.50 | 1.30 |
| 8 | — | 1.90 | 1.70 | 1.50 |
| 9 | | | 1.80 | 1.65 |
| 10 | — | — | 1.95 | 1.75 |
| 11 | | | | 1.85 |
| 12 | — | — | — | 1.95 |

4. 检测

测量时，每个测点应至少测量 2 次。当 2 次测量值接近时，应取 2 次测量的平均值作为测点的测量值。

5. 计算

当采用毕托管和微压计测量风量时，风量计算应按下列方法进行：

（1）平均动压计算应取各测点的算术平均值作为平均动压。当各测点数据变化较大时，应按下式计算动压的平均值：

$$P_v = \left( \frac{\sqrt{P_{v1}} + \sqrt{P_{v2}} + \cdots + \sqrt{P_{vn}}}{n} \right)^2 \tag{7.2.6-1}$$

式中　　　　　　$P_v$——平均动压（Pa）；

$P_{v1}$、$P_{v2}$、$\cdots$、$P_{vn}$——各测点的动压（Pa）。

（2）断面平均风速按下式计算：

$$V = \sqrt{\frac{2P_v}{\rho}} \tag{7.2.6-2}$$

式中　$V$——断面平均风速（m/s）；

　　　$\rho$——空气密度（kg/m³），$\rho = 0.349B/(273.15 + t)$；

　　　$B$——大气压力（hPa）；

　　　$t$——空气温度（℃）。

（3）机组或系统实测风量按下式计算：

$$L = 3600VF \tag{7.2.6-3}$$

式中　$L$——机组系统风量（m³/h）；

　　　$F$——断面面积（m²）。

6. 注意事项

采用数字式风速计测量风量时，断面平均风速应取算术平均值；机组或系统实测风量应按式（7.2.6-3）计算。

7. 风量检测判定

依据《建筑节能工程施工质量验收规范》GB 50411—2007 中的要求：被检测系统的总风量与设计风量的允许偏差不应大于 10%，风口的风量与设计风量的允许偏差不应大于

15%。

### 7.2.7　风量罩风口风量检测

（1）风量罩安装应避免产生紊流，安装位置应位于检测风口的居中位置。

（2）风量罩应将待测风口罩住，并不得漏风。

（3）应在显示值稳定后记录读数。

### 7.2.8　照度值与功率密度值检测

1. 照度值检测

1）抽检数量

每类房间或场所应至少抽测 1 个进行照度值检测。

2）检测方法

照度值检测应采用现行国家标准《照明测量方法》GB/T 5700 中规定的照度值检测方法。

3）合格指标与判定

（1）检测照度值与设计要求或现行国家标准《建筑照明设计标准》GB 50034 中的照明标准值的允许偏差应为±10%。

（2）当检测结果符合（1）的规定时，应判为合格。

2. 功率密度值检测

1）抽检数量

每类房间或场所应至少抽测 1 个进行功率密度值检测。

2）检测方法

照明功率密度值检测应采用现行国家标准《照明测量方法》GB/T 5700 中规定的照明功率值检测方法。

3）计算

照明功率密度值应按下式计算：

$$\rho = \frac{P}{S} \tag{7.2.8-1}$$

式中　$\rho$——照明功率密度（kW/m²）；

　　　$P$——实测照明功率（kW）；

　　　$S$——被检测区域面积（m²）。

4）合格指标与判定

（1）照明功率密度应符合设计文件的规定；设计无要求时，应符合现行国家标准《建筑照明设计标准》GB 50034 中的规定。

（2）当检测结果符合（1）的规定时，应判为合格。

## 7.3　风机盘管机组检测

《风机盘管机组》GB/T 19232，规定了风机盘管机组的分类、基本规格与参数、要求、试验方法、检验规则及标志、包装、运输和贮存等。该标准适用于外供冷水、热水由风机和盘管组成的机组，对房间直接送风，具有供冷、供热或分别供冷和供热功能，其送风量在 2500m³/h 以下，出风口静压小于 100Pa 的机组；不适用于自带冷、热源和直接蒸发盘管、蒸汽盘管、电加热等盘管机组。分类如下。

1. 按结构形式分类

卧式（代号 W）、立式（代号 L）、卡式（代号 K）和壁挂式（代号 B）。

2. 按安装形式分类

明装（代号 M）、暗装（代号 A）。

3. 按进水方位分类

左式：面对机组出风口，供回水管在左侧（代号 Z）；右式：面对机组出风口，供回水管在右侧（代号 Y）。

4. 按出口静压分类

低静压型（代号省略）、高静压型（代号 G30 或 G50）。

5. 按特征分类

单盘管机组：机组内有 1 个盘管冷、热兼用，代号省略；双盘管机组：机组内有 2 个盘管，分别供冷和供热，代号 ZH；其他。

### 7.3.1　风量试验方法

风机盘管机组风量试验方法规定了风机盘管机组风量、出口静压、输入功率试验装置和方法。

1. 试验装置

（1）试验装置由静压室、流量喷嘴、穿孔板、排气室（包括风机）组成，见图 7.3.1-1。

（2）空气流量测量装置中流量喷嘴，应符合《空气冷却器与空气加热器性能试验方法》JG/T 21—1999 附录 A 的要求。

① 喷嘴喉部速度必须在 15～35m/s 之间。

② 多个喷嘴应按图 7.3.1-1 所示方式布置，即两个喷嘴之间中心距离不得小于 3 倍最大喷嘴喉部直径，喷嘴距箱体距离不得小于 1.5 倍最大喷嘴喉部直径。

③ 喷嘴加工要求，喷嘴的出口边缘应呈直角，不得有毛刺、浊痕或圆角。

（3）穿孔板的穿孔率约为 40%。

（4）被试机组的安装

① 卧式、立式风机盘管机组按图 7.3.1-2 所示方式安装，也可将机组出口直接与静压箱相连。

②卡式风机盘管机组按图 7.3.1-3 所示方式安装。

2. 试验条件

（1）应按照表 7.3.1-1～表 7.3.1-3 规定的试验工况、表 7.3.1-4 规定的测量仪表准确度进行试验。

（2）试验机组应为安装完好的产品。

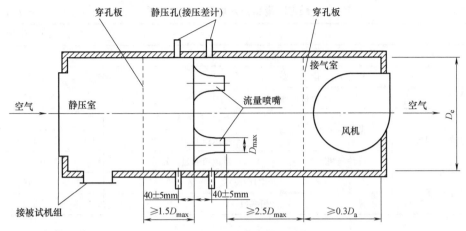

注：$D_e$为箱体当量直径。

图 7.3.1-1 空气流量测量装置

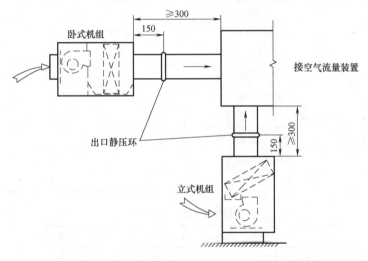

图 7.3.1-2 卧式、立式风机盘管机组风量试验安装图

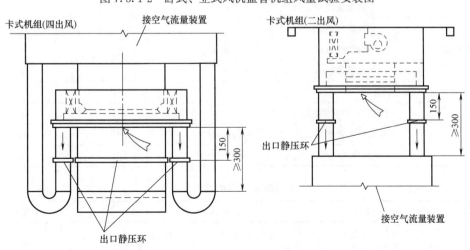

图 7.3.1-3 卡式风机盘管机组风量试验安装图

**额定风量和输入功率的试验参数**　　表 7.3.1-1

| 项　目 | | | 试验参数 |
|---|---|---|---|
| 机组进口空气干球温度(℃) | | | 14～27 |
| 供水状态 | | | 不供水 |
| 风机转速 | | | 高档 |
| 出口静压(Pa) | 低静压机组 | 带风口和过滤器等 | 0 |
| | | 不带风口和过滤器等 | 12 |
| | 高静压机组 | 不带风口和过滤器等 | 30 或 50 |
| 机组电源 | 电压(V) | | 220 |
| | 频率(Hz) | | 50 |

**额定供冷量、供热量的试验工况参数**　　表 7.3.1-2

| 项　目 | | 供冷工况 | 供热工况 |
|---|---|---|---|
| 进口空气状态 | 干球温度(℃) | 27.0 | 21.0 |
| | 湿球温度(℃) | 19.5 | — |
| 供水状态 | 供水温度(℃) | 7.0 | 60.0 |
| | 供回水温差(℃) | 5.0 | — |
| | 供水量(kg/h) | 按水温差得出 | 与供冷工况同 |
| 风机转速 | | 高档 | |
| 出口静压(Pa) | 低静压机组 带风口和过滤器等 | 0 | |
| | 不带风口和过滤器等 | 12 | |
| | 高静压机组 | 30 或 50 | |

**其他性能试验工况参数**　　表 7.3.1-3

| 项　目 | | 凝露试验 | 凝结水处理试验 | 噪声试验 |
|---|---|---|---|---|
| 进口空气状态 | 干球温度(℃) | 27.0 | 27.0 | 常温 |
| | 湿球温度(℃) | 24.0 | 24.0 | |
| 供水状态 | 供水温度(℃) | 6.0 | 6.0 | — |
| | 水温差(℃) | 3.0 | 3.0 | — |
| | 供水量(kg/h) | — | — | 不通水 |
| 风机转速 | | 低档 | 高档 | 高档 |
| 出口静压(Pa) | 带风口和过滤器机组 | 0 | 0 | 0 |
| | 不带风口和过滤器机组 | 按低档风量时的静压值 | 12 | 12 |
| | 高静压机组 | | 30 或 50 | 30 或 50 |

**各类测量仪器的准确度**　　表 7.3.1-4

| 测量参数 | 测量仪表 | 测量项目 | 单位 | 仪表准确度 |
|---|---|---|---|---|
| 温度 | 玻璃水银温度计 电阻温度计 热电偶 | 空气进、出口干、湿球温度、水温 | ℃ | 0.1 |
| | | 其他温度 | | 0.3 |

| 测量参数 | 测量仪表 | 测量项目 | 单位 | 仪表准确度 |
|---|---|---|---|---|
| 压力 | 倾斜式微压计<br>补偿式微压计 | 空气动压、静压 | Pa | 1.0 |
| | U形水银压力计、水压表 | 水阻力 | hPa | 1.5 |
| | 大气压力计 | 大气压力 | hPa | 2 |
| 水量 | 各类流量计 | 冷、热水量 | % | 1.0 |
| 风量 | 各类计量器具 | 风量 | % | 1.0 |
| 时间 | 秒表 | 测时间 | s | 0.2 |
| 重量 | 各类台秤 | 称重量 | % | 0.2 |
| 电特性 | 功率表 | 测量电气特性 | 级 | 0.5 |
| | 电压表 | | | |
| | 电流表 | | | |
| | 频率表 | | | |
| 噪声 | 声级计 | 机组噪声 | dB(A) | 0.5 |

3. 试验方法

（1）机组应在高、中、低三档风量和规定的出口静压下测量风量、输入功率、出口静压和温度、大气压力。无级调速机组，可仅进行高档下的风量测量。高静压机组应进行风量和出口静压关系的测量，得出高、中、低三档风量时的出口静压值，或按下式进行计算：

$$P_M = (L_M/L_H)^2 P_H \tag{7.3.1-1}$$

$$P_L = (L_L/L_H)^2 P_H \tag{7.3.1-2}$$

式中　$P_H$、$P_M$、$P_L$——高、中、低三档的出口静压（Pa）；

$L_H$、$L_M$、$L_L$——高、中、低风量（m³/h）。

（2）出口静压测量：

① 在机组出口测量截面上将相互成 90°分布静压孔的取压口连接成静压环，将压力计一端与该环连接，另一端和周围大气相通，压力计的读数为机组出口静压。

② 管壁上静压孔直径应取 1～3mm，孔边必须呈直角、无毛刺，取压接口管的内径应不小于两倍静压孔直径。

4. 风量计算

（1）单个喷嘴的风量按下式计算：

$$L_n = CA_n \sqrt{\frac{2\Delta P}{\rho_n}} \tag{7.3.1-3}$$

其中

$$\rho_n = \frac{P_t + B}{287T} \tag{7.3.1-4}$$

式中　$L_n$——流经每个喷嘴的风量（m³/h）。

$C$——流量系数，见表 7.3.1-5；喷嘴喉部直径大于等于 125mm 时，可设定 $C=$0.99。

$A_n$——喷嘴面积（$m^2$）。

$\Delta P$——喷嘴前后的静压差或喷嘴喉部的动压（Pa）。

$\rho_n$——喷嘴处空气密度（$kg/m^3$）。

$P_t$——机组出口空气全压（Pa）。

$B$——大气压力（Pa）。

$T$——机组出口热力学温度（K）。

（2）若采用多个喷嘴测量时，机组风量等于各单个喷嘴测量的风量总和。

（3）试验结果按下式换算为标准空气状态下的风量：

$$L_s = \frac{L\rho_n}{1.2} \tag{7.3.1-5}$$

喷嘴流量系数 表 7.3.1-5

| 雷诺数 $Re$ | 流量系数 $C$ | 雷诺数 $Re$ | 流量系数 $C$ | 备 注 |
|---|---|---|---|---|
| 40000 | 0.973 | 150000 | 0.988 | |
| 50000 | 0.977 | 200000 | 0.991 | |
| 60000 | 0.979 | 250000 | 0.993 | 式中 $\quad\omega$——喷嘴喉部速度(m/s)； |
| 70000 | 0.981 | 300000 | 0.994 | $Re=\omega D/\upsilon$ |
| 80000 | 0.983 | 350000 | 0.994 | $\upsilon$——空气的运动黏性系数($m^2/s$) |
| 100000 | 0.985 | | | |

### 7.3.2 供冷量和供热量试验方法

风机盘管机组供冷量和供热量试验方法，规定了风机盘管机组供冷量和供热量的试验装置和方法。

1. 试验装置

风机盘管机组供冷量和供热量试验采用图 7.3.2-1～图 7.3.2-3 所示试验装置之一进行测量。试验装置由空气预处理设备、风路系统、水路系统及控制系统组成。整个试验装置应保温。

1）空气预处理设备

（1）空气预处理设备应包括加热器、加湿器、冷却器及制冷设备等。

（2）空气预处理设备要有足够的容量，应能确保被试机组入口空气状态参数的要求。

2）风路系统

（1）风路系统由测试段、静压室、空气混合室、空气流量测量装置、静压环和空气取样装置等组成。

（2）测试段截面尺寸应与被试机组出口尺寸相同。

（3）风路系统需满足下列要求：

① 便于调节机组测量所需的风量，并能满足机组出口所要求的静压值。

② 保证空气取样处的温度、湿度、速度分布均匀。

③ 机组出口至流量喷嘴段之间的漏风量应小于被试机组风量的 1%。

④ 测试段和静压室至排气室之间应隔热，其漏热量应小于被试机组换热量的 2%。

（4）空气取样装置和该装置前的混合器见图 7.3.2-4、图 7.3.2-5。

3）水路系统

（1）水路系统包括空气预处理设备水路系统和被试机组水路系统。

① 预处理设备水系统应包括冷、热水输送和水量、水温的控制调节处理功能。

② 被试机组水系统应包括水温、水阻测量装置、水量测量、水箱和水泵、量筒（应能贮存至少 2min 的水量）及称重设备、调节阀等，水管应保温。

③ 水温测量装置。

④ 水阻测量装置。

（2）水路系统测量时的要求

① 便于调节水量，并确保测量时水量稳定。

② 确保测量时所规定的水温。

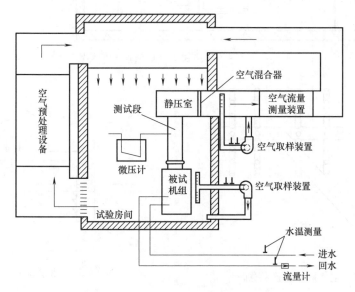

图 7.3.2-1　房间空气焓值法测量装置

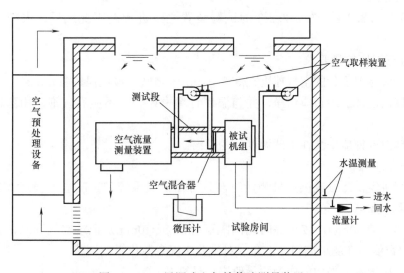

图 7.3.2-2　风洞式空气焓值法测量装置

227

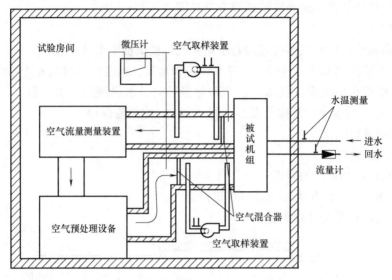

图 7.3.2-3 环路式空气焓值法测量装置

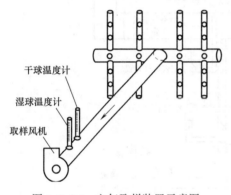

图 7.3.2-4 空气取样装置示意图

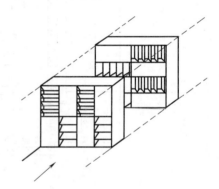

图 7.3.2-5 空气混合器

2. 试验方法

（1）按图 7.3.2-1～图 7.3.2-3 的试验装置之一进行湿工况风量、供冷量和供热量测量。

（2）湿球温度测量要求：

① 流经湿球温度计的空气速度在 3.5～10m/s 之间，最佳保持在 5m/s。

② 湿球温度计的纱布应洁净，并与温度计紧密贴住，不应有气泡。用蒸馏水使其保持润湿。

③ 湿球温度计应安装在干球温度计的下游。

（3）测量步骤：

① 进行机组供冷量或供热量测量时，只有在试验系统和工况达到稳定 30min 后，才能进行测量记录。

② 连续测量 30min，按相等时间间隔（5min 或 10min）记录空气和水的各参数，至少记录 4 次数值。在测量期间内，允许对试验工况参数作微量调节。

③ 取每次记录的平均值作为测量值进行计算。

④ 应分别计算风侧和水侧的供冷量或供热量，两侧热平衡偏差应在 5% 以内为有效。取风侧和水侧的算术平均值为机组的供冷量或供热量。

（4）试验记录：

试验需记录的数据如下：

日期、试验者、制造厂、型号规格、机组进出口尺寸、大气压力、流量喷嘴前后静压差或喷嘴出口处动压、使用喷嘴个数与直径、进入流量喷嘴的空气温度和全压、被试机组出口静压、被试机组进出口空气干球和湿球温度、被试机组进出口水温、被试机组流量、被试机组进出口空气输入功率。

3. 测量结果计算

1）湿工况风量计算

标准空气状态下湿工况的风量按下式计算：

$$L_Z = CA_n\sqrt{\frac{2\Delta P}{\rho}} \qquad (7.3.2-1)$$

其中

$$\rho = \frac{(B+P_t)(1+d)}{461T(0.622+d)} \qquad (7.3.2-2)$$

2）供冷量计算

（1）风侧供冷量和显冷量按下式计算：

$$Q_a = L_s\rho(I_1-I_2) \qquad (7.3.2-3)$$

$$Q_{se} = L_s\rho C_{pa}(t_{a1}-t_{a2}) \qquad (7.3.2-4)$$

（2）水侧供冷量按下式计算：

$$Q_w = GC_{pw}(t_{w2}-t_{w1})-N \qquad (7.3.2-5)$$

（3）实测供冷量按下式计算：

$$Q_L = \frac{1}{2}(Q_a+Q_w) \qquad (7.3.2-6)$$

（4）两侧供冷量平衡误差按下式计算：

$$\left|\frac{Q_8-Q_w}{Q_L}\right| \times 100\% \leqslant 5\% \qquad (7.3.2-7)$$

3）供热量计算

（1）风侧供热量按下式计算：

$$Q_{ah} = L_s\rho C_{pa}(t_{a2}-t_{a1}) \qquad (7.3.2-8)$$

（2）水侧供热量按下式计算：

$$Q_{wh} = GC_{pw}(t_{w2}-t_{w1})+N \qquad (7.3.2-9)$$

（3）实测供热量按下式计算：

$$Q_h = \frac{1}{2}(Q_{ah}+Q_{wh}) \qquad (7.3.2-10)$$

（4）两侧供热量平衡误差按下式计算：

$$\left|\frac{Q_{ah}-Q_{wh}}{Q_L}\right| \times 100\% \leqslant 5\% \qquad (7.3.2-11)$$

4）计算式中符号说明

$L_Z$——湿工况风量（m³/s）；

$L_s$——标准状态下湿工况风量（m³/s）；

$A_n$——喷嘴面积（m²）；

$C$——喷嘴流量系数；

$\Delta P$——喷嘴前后静压差或喷嘴喉部处的动压（Pa）；

$P_t$——在喷嘴进口处空气的全压（Pa）；

$B$——大气压力（Pa）；

$\rho$——湿空气密度（kg/m³）；

$d$——喷嘴处湿空气的含湿量（kg/kg）（干空气）；

$T$——被试机组出口空气绝对温度（K），$T=273+t_{a2}$；

$G$——供水量（kg/s）；

$t_{a1}$、$t_{a2}$——被试机组进出口空气温度（℃）；

$t_{w1}$、$t_{w2}$——被试机组进出口水温（℃）；

$C_{pa}$——空气定压比热［kJ/(kg·℃)］；

$C_{pw}$——水的定压比热［kJ/(kg·℃)］；

$N$——输入功率（kW）；

$I_1$、$I_2$——被试机组进出口空气焓值（kJ/kg）（干空气）；

$Q_a$——风侧供冷量（kW）；

$Q_{se}$——风侧显热供冷量（kW）；

$Q_w$——水侧供冷量（kW）；

$Q_{ah}$——风侧供热量（kW）；

$Q_{wh}$——水侧供热量（kW）；

$Q_L$——被试机组实测供冷量（kW）；

$Q_h$——被试机组实测供热量（kW）。

### 7.3.3　噪声测量

1. 噪声测量室要求

（1）噪声测量室为消声室或半消声室，半消声室地面为反射面。

（2）测量室的声学环境应符合表 7.3.3-1 的要求。

声学环境要求　　　　　　　　　　　　表 7.3.3-1

| 测量室类型 | 1/3 倍频带中心频率(Hz) | 最大允许差(dB) |
| --- | --- | --- |
| 消声室 | ＜630 | ±1.5 |
| | 800～5000 | ±1.0 |
| | ＞6300 | ±1.5 |
| 半消声室 | ＜630 | ±2.5 |
| | 800～5000 | ±2.0 |
| | ＞6300 | ±3.0 |

2. 噪声测量条件

（1）被试机组电源输入为额定电压、额定频率，并可进行高、中、低三档风量运行。

（2）被试机组出口静压值应与风量测量时一致。

3. 噪声测量

（1）被试机组在测量室内按图 7.3.3-1 所示的位置进行噪声测量。

① 立式机组按图 7.3.3-1（a）所示的位置测量。

② 卧式机组按图 7.3.3-1（b）所示的位置测量。

③ 卡式机组按图 7.3.3-1（c）所示的位置测量。

④ 在半消声室内测量时，测点距反射面大于 1m。

（2）有出口静压的机组按图 7.3.3-2 所示的位置测量。

① 在机组固风口安装测试管段，并在端部安装阻尼网，调节到要求的静压值。

② 按图 7.3.3-2 所示的噪声测点进行测量。

（3）用声级计测出机组高、中、低三档风量时的声压级。

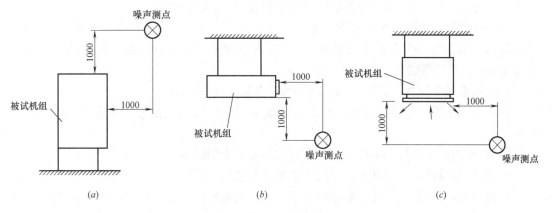

图 7.3.3-1　风机盘管噪声测量

（a）立式机组；（b）卧式机组；（c）卡式机组

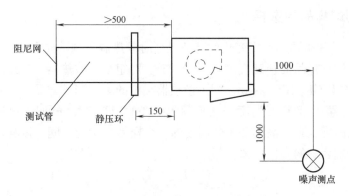

图 7.3.3-2　有出口静压的机组噪声测量

# 7.4　供暖散热器性能检测

《供暖散热器散热量测定方法》GB/T 13754，规定了散热量测定的术语和定义、符号与单位、测试样品的选择、测试系统配置和测试方法及测试报告。该标准适用于热媒为水

（热媒温度低于当地大气压力下水的沸点温度）的散热器标准散热量的测定；测试样品的标准散热量不宜小于 400W，且不宜大于 2600W。该标准不适用于自带热源散热器。定义如下：

（1）组装式散热器：生产和销售都以同样形式的待组装单元出现，并可将这些单元组装成一个整体的散热器。

（2）标准散热器：各检测实验室规定的用于验证测试装置重复性的散热器。

（3）散热器类：具有类似构造，当高度或长度变化时，散热器的横断面保持不变，或在不影响热媒侧的情况下，散热器干换热面仅有一个特征尺寸（如板式散热器对流片的高度）发生系统性变化，并至少包含三种以上散热器型号的一类散热器。

（4）基准点空气温度：测试小室中心垂线上距地 0.75m 处的空气温度。

（5）过余温度：样品进出水平均温度与基准点空气温度的差值。

（6）标准大气压力：101.325kPa（1.01325bar）的大气压力。

（7）标准测试工况：小室基准点空气温度为 18℃，大气压力为标准大气压力；辐射散热器进水口水温为 75℃，出水口水温为 50℃；对流散热器进水口水温为 68.75℃，出水口水温为 56.25℃ 的测试工况。

（8）标准过余温度：标准测试工况下的过余温度（44.5K）。

（9）金属热强度：散热器在标准工况测试下，每单位过余温度下单位质量金属的散热量。

（10）水的质量流量：单位时间内流过散热器的水的质量。

（11）标准散热量：标准测试工况下的散热器散热量。

（12）标准特征公式：在标准水流量下有效，散热量作为过余温度的函数表达式。

（13）某散热器类的特征公式：作为某一特征尺寸的函数，可以给出某散热器类所包含的所有型号的标准散热量和特征指数的公式。

### 7.4.1　测试样品的选择

1. 当散热器长度相同、高度变化的特征尺寸时散热器类测试样品的选择

（1）散热器测试样品的长度宜为 0.5～1.5m。对组装式散热器，其组装单元的数量宜为 10 且散热器长度不应小于 0.5m。同一散热器类中的不同测试样品应具有相同长度。

（2）当散热器类中散热器高度变化范围为 0.3m≤$H_r$≤1.0m 时，测试样品应分别选取所属类中最大高度、最小高度和中间高度的 3 个样品，所选中间高度样品高度值不应小于且应最接近下式表示的高度均值。

$$H_a = \frac{H_{max} + H_{min}}{2} \tag{7.4.1-1}$$

式中　$H_s$——高度均值（m）；

$H_{max}$——高度最大值（m）；

$H_{min}$——高度最小值（m）。

（3）当散热器类中散热器高度变化范围为 1.0m＜$H_r$≤2.5m 时，被测样品应分别选取所属类中最大高度、最小高度和两个中间高度的样品，所选中间高度样品高度值应分别最接近于下式表示的值。

$$H_{a1} = \frac{2H_{max} + H_{min}}{3} \qquad (7.4.1\text{-}2)$$

$$H_{a2} = \frac{H_{max} + 2H_{min}}{3} \qquad (7.4.1\text{-}3)$$

式中　$H_{a1}$——第 1 个高度中间值（m）；

　　　$H_{a2}$——第 2 个高度中间值（m）。

（4）当该散热器类中所有散热器的高度均小于 0.3m 时，被测样品应选择所属类中最大高度和最小高度的样品。

（5）当散热器高度范围大于 2.5m 时，不宜以散热器类作为测试对象。

2. 高度相同、其他特征尺寸变化时散热器类测试样品的选择

所选择的测试样品应具有相同高度，且其特征尺寸分别为该散热器类中相关特征尺寸的最小值、中间值和最大值，中间值宜参考上述（2）的规定确定。

### 7.4.2　测试系统配置和测试方法

1. 测试目的

利用标准规定的测试方法，获得散热器标准特征公式，确定散热器的标准散热量。

2. 仪器设备

1）测试装置

测试装置示意图如图 7.4.2-1 所示。

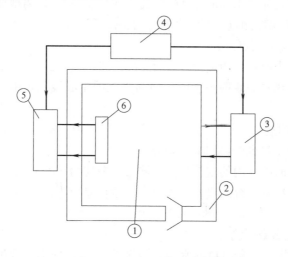

图 7.4.2-1　测试装置示意图

1—安装被测散热器的闭式小室；2—小室六个壁面外的循环空气或水夹层；

3—冷却夹层内循环空气或水夹层循环处理装置；4—检测和控制的仪表及设备；

5—供给被测试散热器能量的热媒循环系统；6—测试样品

2）小室

（1）小室内部的净尺寸应为：长度为 $4.00 \pm 0.02$m、宽度为 $4.00 \pm 0.02$m、高度为 $2.80 \sim 3.00$m。

（2）小室在测试过程中均应保持气密且小室内壁面不应结露。

233

（3）小室的内表面应涂非金属亚光涂料，其发射率不应小于 0.9。

（4）小室采用空气冷却时，其构造应符合下列要求：

① 小室周围应设夹层，夹层内的宽度不应小于 0.3m，宜为 0.5m。

② 小室四壁、门、屋顶和地面的热阻偏差应小于 20%。

③ 小室门应直接对着夹层外门。夹层外门应气密，并宜具有和夹层墙相同的热阻。

④ 夹层外围护层的墙、屋顶和地面总热阻应不小于 $1.73m^2 \cdot K/W$。

⑤ 夹层内应维持稳定的温度环境，夹层内由可控温的送回风系统形成的循环空气，使小室的 6 个面得到均匀冷却。夹层内冷却空气的平均流速宜为 $0.1 \sim 0.5m/s$。

（5）小室采用水冷却时，其构造应符合下列要求：

① 冷却水的循环方式应使小室表面温度均匀。

② 冷却水的总流量不应少于 6000kg/h，每面墙夹层内的水流量应可分别控制。

③ 冷却小室构造参见标准规定。

3）小室内的参数测量

（1）空气温度测点

① 小室中心轴线上温度测点的布置及其测量误差应符合下列规定：

基准点空气温度，距地 0.75m，测量误差应为 $\pm 0.1℃$。

其他点温度：距地 0.05、0.50、1.50m 及距顶面 0.05m 共 4 点，测量误差应为 $\pm 0.2℃$。

② 在每条距两面相邻墙 1.0m 处的垂直线上（共 4 条线），离地面 0.75、1.50m 高的 2 点（共 8 点）宜设置温度测点，测量误差应为 $\pm 0.2℃$。

（2）小室内表面温度测点

① 六个内表面的中心点，测量误差应为 $\pm 0.2℃$。

② 在安装被测散热器的墙壁内表面与地面垂直的中心线上，距地面 0.30m 的点，测量误差应为 $\pm 0.2℃$。

（3）其他参数的测量

① 小室内空气的相对湿度，测量误差应为 5%。

② 采用空气冷却时夹层内的空气温度，测量误差应为 $\pm 0.5℃$。

③ 采用水冷却时冷却系统入口处的水温，测量误差应为 $\pm 0.2℃$。

④ 大气压力，测量误差应为 $\pm 0.1kPa$。

4）热媒循环系统参数的测量

（1）应测量散热器进口和出口的水温，或测量其中一处水温及散热器进出口的热水温差。

（2）水的质量流量宜采用称重法测量，其测试装置参见标准规定。称量水的质量流量时水温应降至 $25 \pm 5℃$，否则应采用密闭容器称量。

（3）当采用其他方法测量水的质量流量时，该方法应能用称重法验证，且其测量精度不应低于称重法。

（4）热媒参数的测量应满足以下要求：

① 流量测量误差应为 $\pm 0.5\%$。

② 温度测量误差应为 $\pm 0.1℃$。

5）标准散热器

各检测实验室应至少规定一组散热器作为本实验室标准散热器。标准散热器应不易变形和腐蚀，热性能稳定。

6）测试装置的验证

（1）散热器散热量的测试都应在符合标准要求的试验环境和条件下进行。

（2）实验室所采用的数据采集软件不应对采集数据进行处理，并应能提供验证采集数据真实性的方法。

（3）实验室验收时应使用标准散热器进行散热量测试，连续 5 次测试结果的相对偏差不应超过 2%。

（4）实验室应至少每 6 个月使用标准散热器组进行散热量测试。测试结果与实验室初始时连续 5 次测试结果的相对偏差不应超过 2%。

（5）采用风冷小室的实验室验收时，其测试结果应与采用水冷小室的实验室进行比对验证。验证时应使用同一组标准散热器进行散热量测试，两个实验室测试结果的相对偏差不应超过 2%。

3. 试验准备

（1）无特殊要求时，被测散热器应按以下规定安装：

① 散热器应与安装位置所在的壁面平行，并对称于该壁面的中心线。

② 散热器安装位置所在的壁面与距其最近的散热器表面之间的距离应为 0.050±0.005m。

③ 散热器底部应与小室地面平行，其底部与小室底部的间距应为 0.11±0.01m。

④ 散热器与支管的连接采用同侧上进下出，并应有坡度。

⑤ 支撑及固定散热器的构件不应影响散热器的散热量。

⑥ 应保证在水系统中不发生气堵。

（2）如果委托方的技术文件或标准连接件与上述（1）的规定不同，散热器应按委托方的规定安装，相关安装元件出委托方提供。

（3）测试报告中给出了散热器的安装条件，委托方也应在其技术文件中给出同样的说明。

4. 测试方法

1）原理

散热器的散热量通过测量流经散热器的水的质量流量（称重法）和散热器进出口的焓差来确定。

2）测量和计算

通过确定散热器散热量和过余温度的相关值，建立散热器的标准特征公式。

（1）称重法

在标准大气压下，散热器散热量按下式计算：

$$Q=G_m(h_1-h_2) \tag{7.4.2-1}$$

$$G_m=\frac{m}{\tau} \tag{7.4.2-2}$$

式中 $Q$——标准大气压下的散热器散热量（W）；

　　$G_m$——流经散热器的水的质量流量（kg/s）；

$h_1$、$h_2$——散热器进出口比焓（J/kg），根据测量到的散热器进出口温度 $t_1$ 和 $t_2$，通过计算或参照标准规定中 100kPa 压力下的水的物性参数表得到；

　　$m$——集水容器中水的质量（kg）；

　　$\tau$——集水容器收集水的采样时长（s）。

（2）大气压力修正

当测试小室大气压力与标准大气压力有偏离时，按下式计算散热量：

$$Q=Q_{me}\times a \qquad (7.4.2\text{-}3)$$

式中 $Q$——标准大气压力下的散热器散热量（W）；

　　$Q_{me}$——非标准大气压力下的散热器散热量（W）；

　　$a$——非标准大气压力条件下的散热量修正系数。

$$a=1+\beta(p_0-p)/p_0 \qquad (7.4.2\text{-}4)$$

式中 $\beta$——系数，辐射散热器为 0.3，对流散热器为 0.5；

　　$p$——测试小室的平均大气压力（kPa）；

　　$p_0$——标准大气压力，101.3 kPa。

3）特征公式的确定

（1）测试工况

特征公式的确定至少应在过余温度分别为 30.0±2.5K、44.5±1.0K 和 60.0±2.5K 这三个工况测试的基础上进行。

在确定特征公式的过程中，除应满足规定的稳态条件外，不同工况间基准点空气温度的变化不应超过 1K。

不同工况间的水的质量流量应相同，与平均值的相对偏差不超过±1%。该流量应在符合以下要求的工况下测出：

① 过余温度为 44.5±1.0K。

② 对于辐射散热器，散热器进出口温差为 25.0±1.0K；对于对流散热器，散热器进出口温差为 12.5±1.0K。

对流散热器宜进行变流量测试，辐射散热器可根据委托方要求确定是否进行变流量测试。变流量测试宜在标准流量、1/2 倍标准流量和 2 倍标准流量这三个不同工况下进行。

（2）稳态条件

① 在测试过程中热媒循环系统和测试小室都应保持稳定条件。应通过自控系统对相关参数进行定时监测。当在至少 30min 内得到的所有读数（至少 12 组）与平均值的最大偏差小于标准规定的条件时，可以认为达到稳态条件。

② 热媒循环系统的稳态条件：

流量：与平均值的最大偏差为±1%。

温度：与平均值的最大偏差为±0.1℃。

③ 测试小室的稳态条件：

各壁面中心温度：与平均值的最大偏差为±0.3℃。

安装散热器墙壁内表面温度：与平均值的最大偏差为±0.5℃。

基准点温度：与平均值的最大偏差为±0.1℃。

（3）测试时间和记录

① 测量数据可采用电子文件记录。

② 在热媒循环系统和测试小室在某一状态下已达到稳定要求后，在等时间间隔上连续进行 12 次测试，且总时间不得小于 0.5h。应记录规定的相关数据。

③ 若记录值符合所规定的偏差范围（包括稳态条件），可计算平均值后确定散热器的特征公式。

5. 测量仪器的准确度与不确定度

1）质量

（1）采用称重法称重时，称量装置在称量水容器中水的质量时，每 10kg 测量误差不应大于 2g。

（2）散热器质量应采用不应低于三级的台秤称量得到。

2）时间

采用称重法称重时，用来测量收集水的时间计时器的测量误差不应大于 0.01s。每次称量时间不应少于 60s。

3）温度

（1）应在被测散热器与水系统的连接点处直接测量水温。如不可能在该处测量水温时，可在离散热器进出口不大于 0.3m 的管道处测量。应对这段管道采取保温措施，宜采用橡塑保温材料，且保温材料厚度不应低于 50mm。保温层应延伸到测温点外 0.3m 以上。

（2）水流温度测量的扩展不确定度（$k=2$）不应大于 0.05K，进出口温差和过余温度测量的扩展不确定度（$k=2$）不应大于 0.1K。

（3）空气温度测量点应作防热辐射屏蔽。

4）大气压力

大气压力的测量准确度应在±0.2kPa（2mbar）内。

5）测量仪器的校准

测量主要参数仪器的校准应溯源到国家基准。

6. 测试结果

1）标准特征公式

（1）测试对象为单个散热器型号时散热器的标准特征公式

对单个散热器型号，测试得到的标准特征公式见下式：

$$Q = K_M \cdot \Delta T^n \tag{7.4.2-5}$$

式中　$Q$——标准大气压力下的散热器散热量（W）；

　　　$K_M$——针对该组散热器型号，测试所得标准特征的常数；

　　　$\Delta T$——过余温度（K）；

　　　$n$——针对该组散热器型号，测试所得标准特征公式的指数。

（2）测试对象为某散热器类时散热器类的标准特征公式

① 散热器类的标准特征公式见下式：

$$Q = K_T \cdot H^b \Delta T^{(c_0 + c_1 H)} \tag{7.4.2-6}$$

式中　$Q$——标准大气压力下的散热器散热量（W）；

$\Delta T$——过余温度（K）；

$H$——特征尺寸（m）；

$c_0+c_1H$——特征尺寸 $H$ 的线性函数；

$K_T$——该散热器类标准特征公式的常数；

$b$——该散热器类标准特征公式的指数。

② 变流量下某散热器类的特征公式见下式：

$$Q=K_T \cdot H^b \cdot G_m^c \Delta T^{(c_0+c_1H)} \tag{7.4.2-7}$$

式中　$Q$——标准大气压力下的散热器散热量（W）；

$\Delta T$——过余温度（K）；

$H$——特征尺寸（m）；

$K_T$——变流量下某散热器类特征公式的常数；

$c_0+c_1H$——特征尺寸 $H$ 的线性函数；

$G_m$——通过散热器的水的质量流量（kg/s）；

$b$——该散热器类的常数，通过最小二乘法求得；

$c$——该散热器类特征公式中流量的指数。

2）标准散热量

散热器的标准散热量可以通过将标准过余温度代入到式（7.4.2-5）计算得到；也可通过将标准过余温度、该型号的特征尺寸代入式（7.4.2-6）中计算得到。

3）金属热强度

散热器金属热强度按下式确定：

$$q=\frac{Q_s}{\Delta T_s \cdot G} \tag{7.4.2-8}$$

式中　$q$——散热器金属热强度 $[W/(kg \cdot K)]$；

$Q_s$——散热器标准散热量（W）；

$\Delta T_s$——标准过余温度，$\Delta T_s=44.5K$；

$G$——散热器未充水时的质量（kg）。

### 7.4.3　检测报告

1）测试报告中应包括以下内容：

（1）小室尺寸。

（2）每个被测样品或散热器类的标准特征公式。

（3）每个被测样品的标准散热量、金属热强度、散热量与过余温度的关系曲线、水的质量流量。

（4）样品安装中的任何非标准做法。

（5）能反映被测散热器构造、形状、主要尺寸及特点的照片或简图。

（6）不符合标准规定的测试项目及原因。

（7）注明被测散热器片数组合长度、重量、制造材料、表面涂料、外形尺寸、连接方式、接管尺寸及安装情况。

2）被测散热器散热量计算结果修约时应保留 1 位小数，特征公式中的指数和系数应保留 4 位小数，温度应保留 1 位小数。

# 第 8 章　围护结构现场检测技术

## 8.1　围护结构现场实体检验

对已完工的工程进行实体检验，是验证工程质量的有效手段之一。通常只有对涉及安全或重要功能的部位采取验证。围护结构对于建筑节能意义重大，虽然在施工过程中采取了多种质量控制手段，但是其节能效果到底如何仍难确认。《建筑节能工程施工质量验收规范》GB 50411 中规定了建筑节能工程现场检验的规定，其包括了围护结构现场实体检验和系统节能性能检测两方面内容。

建筑围护结构施工完成后，应对围护结构的外墙节能构造和严寒、寒冷、夏热冬冷地区的外窗气密性进行现场实体检测。由于对墙体等进行传热系数检测，受到检测条件、检测费用和检测周期的制约，不宜广泛推广。当条件具备时，也可直接对围护结构的传热系数进行检测。

1. 外墙节能构造检验目的

(1) 验证墙体保温材料的种类是否符合设计要求；

(2) 验证保温层厚度是否符合设计要求；

(3) 检查保温层构造做法是否符合设计和施工方案要求。

2. 抽检数量

外墙节能构造和外窗气密性的现场实体检验，其抽样数量可以在合同中约定，但合同中约定的抽样数量不应低于《建筑节能工程施工质量验收规范》GB 50411 的要求。当无合同约定时应按照下列规定抽样：

(1) 每个单位工程的外墙至少抽查 3 处，每处一个检查点；当一个单位工程外墙有 2 种以上节能保温做法时，每种节能做法的外墙应抽查不少于 3 处。

(2) 每个单位工程的外窗至少抽查 3 樘。当一个单位工程外窗有 2 种以上品种、类型和开启方式时，每种品种、类型和开启方式的外窗应抽查不少于 3 樘。

(3) 当对围护结构的传热系数进行检测时，应由建设单位委托具备检测资质的检测机构承担；其检测方法、抽样数量、检测部位和合格判定标准等可在合同中约定。

3. 检验类别

严寒、寒冷、夏热冬冷地区的外窗现场实体检测应按照国家现行有关标准的规定执行。其检验目的是验证建筑外窗气密性是否符合节能设计要求和国家有关标准的规定。

(1) 外墙节能构造的现场实体检验应在监理（建设）人员见证下实施，可委托有资质的检测机构实施，也可由施工单位实施。

(2) 外窗气密性的现场实体检测应在监理（建设）人员见证下抽样，委托有资质的检测机构实施。

4. 不合格处理

（1）当外墙节能构造或外窗气密性现场实体检验出现不符合设计要求和标准规定的情况时，应委托有资质的检测机构扩大一倍数量抽样，对不符合要求的项目或参数再次检验。仍然不符合要求时应给出"不符合设计要求"的结论。

（2）对于不符合设计要求的围护结构节能构造应查找原因，对因此造成的对建筑节能的影响程度进行计算或评估，采取技术措施予以弥补或消除后重新进行检测，合格后方可通过验收。

（3）对于建筑外窗气密性不符合设计要求和国家现行标准规定的，应查找原因进行修理，使其达到要求后重新进行检测，合格后方可通过验收。

### 8.1.1 外墙节能构造钻芯检验

1. 适用范围

《建筑节能工程施工质量验收规范》GB 50411 规定，外墙节能构造钻芯检验方法适用于检验带有保温层的建筑外墙其节能是否符合设计要求。钻芯检验外墙节能构造应在外墙施工完工后、节能分部工程验收前进行。

2. 取样部位

（1）取样部位应由监理（建设）与施工双方共同确定，不得在外墙施工前预先确定。

（2）取样部位应选取节能构造有代表性的外墙上相对隐蔽的部位，并宜兼顾不同朝向和楼层。

（3）取样部位宜均匀分布，不宜在同一个房间外墙上取 2 个或 2 个以上芯样。

（4）取样部位必须确保钻芯操作安全，且应方便操作。

3. 取样数量

外墙取样数量为一个单位工程每种节能保温做法至少取 3 个芯样。

4. 检验类型

钻芯检验外墙节能构造应在监理（建设）人员见证下实施。

5. 芯样钻取

（1）钻芯检验外墙节能构造可采用空心钻头，从保温层一侧钻取直径 70mm 的芯样。钻取芯样深度为钻透保温层到达结构层或基层表面，必要时也可钻透墙体。

（2）当外墙的表层坚硬不易钻透时，也可局部剔除坚硬的面层后钻取芯样。但钻取芯样后应恢复原有外墙的表面装饰层。

（3）钻取芯样时应尽量避免冷却水流入墙体内及污染墙面。从空心钻头中取出芯样时应谨慎操作，以保持芯样完整。当芯样严重破损难以准确判断节能构造或保温层厚度时，应重新取样检验。

（4）外墙取样部位的修补，可采用聚苯板或其他保温材料制成的圆柱形塞填充并用建筑密封胶密封。修补后宜在取样部位挂贴注有"外墙节能构造检验点"的标志牌。

6. 芯样检查

（1）对照设计图纸观察、判断保温材料种类是否符合设计要求；必要时也可采用其他方法加以判断。

（2）用分度值为 1mm 的钢尺，在垂直于芯样表面（外墙面）的方向上量取保温层厚度，精确到 1mm。

（3）观察或剖开检查保温层构造做法是否符合设计和施工方案要求。

7. 检验结果

（1）在垂直于芯样表面（外墙面）的方向上实测芯样保温层厚度，当实测芯样厚度的平均值达到设计厚度的 95％及以上且最小值不低于设计厚度的 90％时，应判定保温层厚度符合设计要求；否则，应判定保温层厚度不符合设计要求。

（2）当取样检验结果不符合设计要求时，应委托具备检测资质的见证检测机构增加一倍数量再次取样检验。仍不符合设计要求时应判定围护结构节能构造不符合设计要求。此时，应根据检验结果委托原设计单位或其他有资质的单位重新验算房屋的热工性能，提出技术处理方案。

8. 检验报告

实施钻芯检验外墙节能构造的机构应出具检验报告。检验报告至少应包括下列内容：

（1）抽样方法、抽样数量与抽样部位。

（2）芯样状态的描述。

（3）实测保温层厚度，设计要求厚度。

（4）按照规范的检验目的给出是否符合设计要求的检验结论。

（5）附有带标尺的芯样照片并在照片上注明每个芯样的取样部位。

（6）监理（建设）单位取样见证人的见证意见。

（7）参加现场检验的人员及现场检验时间。

（8）检测发现的其他情况和相关信息。

## 8.1.2　外窗气密性现场实体检测

《建筑外窗气密、水密、抗风压性能现场检测方法》JG/T 211，规定了建筑外窗气密、水密、抗风压性能现场检测方法的性能评价及分析、现场检测、检测结果的评定、检测报告。该标准适用于已安装的建筑外窗气密、水密、抗风压性能现场检测。检测对象除建筑外窗本身还可包括安装连接部位。不适用于建筑外窗产品的形式检验。

1. 性能评价及分析

检测外窗的气密性能。以 10Pa 压差下检测外窗单位缝长空气渗透量或单位面积空气渗透量进行评价，气密性能分级应符合《建筑外门窗气密、水密、抗风压性能分级及检测方法》GB/T 7106 的规定。

2. 现场检测

1）检测原理

现场利用密封板（或透明膜）、围护结构和外窗形成静压箱，通过供风系统从静压箱抽风或向静压箱吹风在检测对象两侧形成正压差或负压差。在静压箱引出测量孔测量压差，在管路上安装流量测量装置测量空气渗透量。

2）检测装置

（1）检测装置见图 8.1.2-1 所示。

（2）密封板与围护结构组成静压箱，各连接处应密封良好。

（3）密封板宜采用组合方式，应有足够的刚度，与围护结构的连接应有足够的强度。

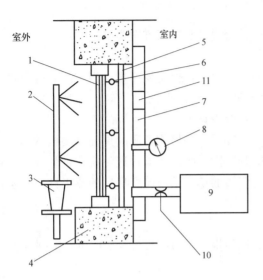

图 8.1.2-1 检测装置示意图

1—外窗；2—淋水装置；3—水流量计；4—围护结构；

5—位移传感器安装杆；6—位移传感器；

7—静压箱密封板（透明膜）；8—差压传感器；

9—供风系统；10—流量传感器；11—检查门

3）试件及检测要求

（1）外窗及连接部位安装完毕达到正常使用状态。

（2）试件选取同窗型、同规格、同型号三樘为一组。

（3）气密检测时的环境条件记录应包括外窗室内外的大气压及温度。当温度、风速、降雨等环境条件影响检测结果时，应排除干扰因素后继续检测，并在报告中注明。

（4）检测过程中应采取必要的安全措施。

4）检测步骤

（1）检测顺序宜按照抗风压性能（$P_1$检测），气密、水密、抗风压安全性能（$P_3'$检测）依次进行。

（2）气密性能检测前，测量外窗面积，弧形窗、折线窗应按展开面积计算。

从室内侧用厚度不小于 0.2mm 的透明塑料薄膜覆盖整个窗范围并沿窗边框处密封，密封膜不应重复使用。在室内侧的窗洞口上安装密封板，确认密封良好。

（3）气密性能检测压差顺序见图 8.1.2-2，并按以下步骤进行：

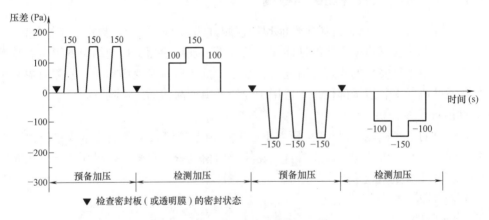

图 8.1.2-2 气密性能检测压差顺序图

① 预备加压：正负压检测前，分别施加三个压差脉冲，压差绝对值为 150Pa，加压速度约为 50Pa/s。压差稳定作用时间不少于 3s，泄压时间不少于 1s，检查密封板及透明膜的密封状态。

② 附加渗透量的测定：按照图 8.1.2-2 逐级加压，每级压力作用时间不少于为 10s，先逐级正压，后逐级负压。记录各级测量值。附加空气渗透量系指除通过试件本身的空气渗透量以外通过设备和密封板，以及各部分之间连接缝等部位的空气渗透量。

③ 总空气渗透量测量：打开密封板检查门，去除试件上所加密封措施薄膜后关闭检查门进行检测。检测程序同①。

3. 检测结果

气密性能检测结果按照《建筑外门窗气密、水密、抗风压性能分级及检测方法》GB/T 7106 进行处理，根据工程设计值进行判定或按照《建筑外门窗气密、水密、抗风压性能分级及检测方法》GB/T 7106 规定确定检测分级指标值。

4. 检测报告

检测报告至少应包括下列信息：

（1）试件的品种、系列、型号、规格、位置（横向和纵向）、连接件连接形式、主要尺寸及图样（包括试件立面、剖面、型材和镶嵌条的截面、排水孔位置及大小、安装及连接）。工程名称、工程地点、工程概况、工程设计要求，既有建筑门窗的已用年限。

（2）玻璃品种、厚度及镶嵌方法。

（3）明确注出有无密封条。如有密封条则应注出密封条的材质。

（4）明确注出有无采用密封胶类材料填缝。如采用则应注出密封材料的材质。

（5）五金配件的配置。

（6）气密性能单位面积的计算结果，正负压所属级别。未定级时说明是否符合工程设计要求。

（7）检测用的主要仪器设备。

（8）对检测结果有影响的温度、大气压、有无降雨、风力等级等试验环境信息以及对各因素的处理。

（9）检测日期和检测人员。

### 8.1.3　围护结构主体部位传热系数检测

《居住建筑节能检测标准》JGJ/T 132，适用于新建、扩建、改建居住建筑的节能检测。对围护结构主体部位传热系数的检测方法作出以下规定：

围护结构主体部位传热系数的现场检测宜采用热流计法。围护结构主体部位传热系数的检测宜在受检围护结构施工完成至少 12 个月后进行。

1. 仪器设备

（1）热流计及其标定应符合现行行业标准《建筑用热流计》JG/T 3016 的规定。

（2）热流和温度应采用自动检测仪检测，数据存储方式应适用于计算机分析。温度测量不确定度不应大于 0.5℃。

2. 检测要求

（1）测点位置不应靠近热桥、裂缝和有空气渗漏的部位，不应受加热、制冷装置和风扇的直接影响，且应避免阳光直射。

（2）检测时间宜选在最冷月，且应避开气温剧烈变化的天气。对设置供暖系统的地区，冬季检测应在供暖系统正常运行后进行；对未设置供暖系统的地区，应在人为适当地提高室内温度后进行。在其他季节，可采取人工加热或制冷的方式建立室内外温差。围护结构高温侧表面温度应高于低温侧 10℃以上，且在检测过程中的任何时刻均不得等于或低于低温侧表面温度。当传热系数小于 1W/(m² · K) 时，高温侧表面温度宜高于低温侧

243

$10/U$℃以上（$U$ 为围护结构主体部位传热系数，单位为 W/(m² · K)。

（3）检测持续时间不应少于 96h。检测期间，室内空气温度应保持稳定，受检区域外表面宜避免雨雪侵袭和阳光直射。

3. 检测步骤

1）热流计和温度传感器的安装

（1）热流计应直接安装在受检围护结构的内表面上，且应与表面完全接触。

（2）温度传感器应在受检围护结构两侧表面安装。内表面温度传感器应靠近热流计安装，外表面温度传感器宜在与热流计相对应的位置安装。

（3）温度传感器连同 0.1m 长引线应与受检表面紧密接触，传感器表面的辐射系数应与受检表面基本相同。

2）检测

（1）检测期间，应定时记录热流密度和内、外表面温度，记录时间间隔不应大于 60min。

（2）记录多次采样数据的平均值，采样间隔宜短于传感器最小时间常数的 1/2。

4. 算术平均法

数据分析宜采用动态分析法。当满足下列条件时，可采用算术平均法：

（1）围护结构主体部位热阻的末次计算值与 24h 之前的计算值相差不大于 5%。

（2）检测期间内第一个 INT（2×DT/3）天内与最后一个同样长的天数内围护结构主体部位热阻的计算值相差不大于 5%。

注：DT 为检测持续天数，INT 表示取整数部分。

当采用算术平均法进行数据分析时，应按下式计算围护结构主体部位的热阻，并应使用全天数据（24h 的整数倍）进行计算：

$$R = \frac{\sum\limits_{i=1}^{n}(\theta_{1j} - \theta_{Ej})}{\sum\limits_{j=1}^{n} q_j} \qquad (8.1.3\text{-}1)$$

式中　$R$——围护结构主体部位的热阻（m² · K/W）；

　　　$\theta_{1j}$——围护结构主体部位内表面温度的第 $j$ 次测量值（℃）；

　　　$\theta_{Ej}$——围护结构主体部位外表面温度的第 $j$ 次测量值（℃）；

　　　$q_j$——围护结构主体部位热流密度的第 $j$ 次测量值（W/m²）。

5. 动态分析法

当采用动态分析方法时，宜使用与检测标准配套的数据处理软件进行计算。

6. 传热系数计算

围护结构主体部位传热系数应按下式计算：

$$U = \frac{1}{R_i + R + R_e} \qquad (8.1.3\text{-}2)$$

式中　$U$——围护结构主体部位传热系数，[W/(m² · K)]；

　　　$R_i$——内表面换热阻，应按国家标准《民用建筑热工设计规范》GB 50176 中的规定采用；

$R_e$——外表面换热阻，应按国家标准《民用建筑热工设计规范》GB 50176 中的规定
采用。

7. 合格指标与判定方法

（1）受检围护结构主体部位传热系数应满足设计图纸的规定；当设计图纸未作具体规
定时，应符合国家现行有关标准的规定。

（2）当受检围护结构主体部位传热系数的检测结果满足（1）时，应判为合格，否则
应判为不合格。

### 8.1.4　外围护结构热工缺陷检测

《居住建筑节能检测标准》JGJ/T 132，适用于新建、扩建、改建居住建筑的节能检
测。对外围护结构热工缺陷的检测方法作出以下规定：

外围护结构热工缺陷检测包括外表面热工缺陷检测和内表面热工缺陷检测。

1. 仪器设备

（1）外围护结构热工缺陷检测宜采用红外热像仪进行。

（2）红外热像仪及其温度测量范围应符合现场检测要求。红外热像仪设计适用波长范
围应为 $8.0～14.0\mu m$，传感器温度分辨率（NETD）不应大于 $0.08℃$，温差检测不确定度
不应大于 $0.5℃$，红外热像仪的像素不应少于 76800 点。

2. 环境条件要求

（1）检测前至少 24h 内室外空气温度的逐时值与开始检测时的室外空气温度相比，其
变化不应大于 $10℃$。

（2）检测前至少 24h 内和检测期间，建筑物外围护结构内外平均空气温度差不宜小
于 $10℃$。

（3）检测期间与开始检测时的空气温度相比，室外空气温度逐时值变化不应大于 $5℃$，
室内空气温度逐时值变化不应大于 $2℃$。

（4）1h 内室外风速（采样时间间隔为 30min）变化不应大于 2 级（含 2 级）。

（5）检测开始前至少 12h 内受检的外表面不应受到太阳直接照射，受检的内表面不应
受到灯光的直接照射。

（6）室外空气相对湿度不应大于 75％，空气中粉尘含量不应异常。

3. 检测流程

外围护结构热工缺陷检测流程见图 8.1.4-1。

4. 检测步骤

（1）检测前宜采用表面式温度计在受检表面上测出参照温度，调整红外热像仪的发射
率，使红外热像仪的测定结果等于该参照温度；宜在与目标距离相等的不同方位扫描同一
个部位，并评估临近物体对受检外围护结构表面造成的影响；必要时可采取遮挡措施或关
闭室内辐射源，或在合适的时间段进行检测。

（2）受检表面同一个部位的红外热像图不应少于 2 张。当拍摄的红外热像图中，主体
区域过小时，应单独拍摄 1 张以上（含 1 张）主体部位红外热像图。应用图说明受检部位
的红外热像图在建筑中的位置，并应附上可见光照片。红外热像图上应标明参照温度的位

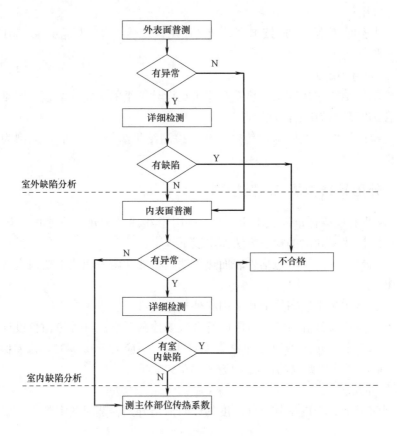

图 8.1.4-1 外围护结构热工缺陷检测流程

置，并应随红外热像图一起提供参照温度的数据。

（3）受检外表面的热工缺陷应采用相对面积（$\psi$）评价，受检内表面的热工缺陷应采用能耗增加比（$\beta$）评价。两者应分别根据下列公式计算：

$$\psi = \frac{\sum\limits_{i=1}^{n} A_{2,i}}{\sum\limits_{i=1}^{n} A_{1,i}} \tag{8.1.4-1}$$

$$\beta = \psi \left| \frac{T_1 - T_2}{T_1 - T_0} \right| \times 100\% \tag{8.1.4-2}$$

$$T_1 = \frac{\sum\limits_{i=1}^{n} (T_{1,i} \cdot A_{1,i})}{\sum\limits_{i=1}^{n} A_{1,i}} \tag{8.1.4-3}$$

$$T_2 = \frac{\sum\limits_{i=1}^{n} (T_{2,i} \cdot A_{2,i})}{\sum\limits_{i=1}^{n} A_{2,i}} \tag{8.1.4-4}$$

$$T_{1,i} = \frac{\sum\limits_{j=1}^{m}(A_{1,i,j} \cdot T_{1,i,j})}{\sum\limits_{j=1}^{m}A_{1,i,j}} \qquad (8.1.4\text{-}5)$$

$$T_{2,i} = \frac{\sum\limits_{j=1}^{m}(A_{2,i,j} \cdot T_{2,i,j})}{\sum\limits_{j=1}^{m}A_{2,i,j}} \qquad (8.1.4\text{-}6)$$

$$A_{1,i} = \frac{\sum\limits_{j=1}^{m}A_{1,i,j}}{m} \qquad (8.1.4\text{-}7)$$

$$A_{2,i} = \frac{\sum\limits_{j=1}^{m}A_{2,i,j}}{m} \qquad (8.1.4\text{-}8)$$

式中　$\psi$——受检表面缺陷区域面积与主体区域面积的比值；

　　$\beta$——受检内表面由于热工缺陷所带来的能耗增加比；

　$T_1$——受检表面主体区域（不包括缺陷区域）的平均温度（℃）；

　$T_2$——受检表面缺陷区域的平均温度（℃）；

　$T_{1,i}$——第 $i$ 幅热像图主体区域的平均温度（℃）；

　$T_{2,i}$——第 $i$ 幅热像图缺陷区域的平均温度（℃）；

　$A_{1,i}$——第 $i$ 幅热像图主体区域的面积（m²）；

　$A_{2,i}$——第 $i$ 幅热像图缺陷区域的面积（m²），指与 $T_1$ 的温度差大于或等于 1℃的点
　　　　所组成的面积；

　$T_0$——环境温度（℃）；

　　$i$——热像图的幅数，$i=1\sim n$；

　　$j$——每一幅热像图的张数，$j=1\sim m$。

5. 合格指标与判定方法

（1）受检外表面缺陷区域与主体区域面积的比值应小于20%，且单块缺陷面积应小于
0.5m²。

（2）受检内表面因缺陷区域导致的能耗增加比值应小于 5%，且单块缺陷面积应小
于 0.5m²。

（3）热像图中的异常部位，宜通过将实测热像图与受检部分的预期温度分布进行比较
确定。必要时可采用内窥镜、取样等方法进行确定。

（4）当受检外表面的检测结果满足（1）时，应判为合格，否则应判为不合格。

（5）当受检内表面的检测结果满足（2）时，应判为合格，否则应判为不合格。

## 8.1.5　建筑物围护结构传热系数检测

《建筑物围护结构传热系数及采暖供热量检测方法》GB/T 23483，规定了建筑物围护
结构传热系数及采暖供热量的术语和定义、检测条件、检测装置、检测方法、数据处理和

检测报告。该标准适用于建筑物围护结构主体部位传热系数及采暖供热量的检测。

围护结构传热系数是指围护结构两侧空气温度差为 1K，在单位时间内通过单位面积围护结构的传热量，单位为 $W/(m^2 \cdot K)$。

1. 检测条件

建筑物围护结构的检测宜选在最冷月，且应避开气温剧烈变化的天气。

2. 检测装置

1）热流计

热流计的物理性能应符合表 8.1.5-1 的规定，其他性能应满足《建筑用流量计》JG/T 3016 的要求。

热流计的物理性能                                   表 8.1.5-1

| 项目指标 | | 指 标 |
|---|---|---|
| 标定系数 | 范围 | $10\sim200W/(m^2 \cdot mV)$ |
| | 稳定性 | 在正常使用条件下三年内标定系数变化不应大于 5% |
| | 不确定度 | ≤5% |
| 热阻 | | $\leq0.008m^2 \cdot K/W$ |
| 使用温度 | | $-10\sim70℃$ |

2）自动数据采集记录仪

时钟误差不应大于 0.5s/d，应支持手动采集和定时采集两种数据采集模式，且定时采集周期可以从 10min 到 60min 灵活配置，扫描速率不应低于 60 通道/s。

3）温度传感器

测量温度范围应为 $-50\sim100℃$，分辨率为 0.1℃，误差不应大于 0.5℃。

4）温度记录仪

测量温度范围为 $-50\sim85℃$，误差不应大于 0.5℃，系统时间误差不应大于 $20\times10^{-6}$。

3. 检测步骤

1）建筑物围护结构传热系数的测定

（1）建筑物围护结构主体传热系数宜采用热流计法进行检测。

（2）测点位置：宜用红外热像技术协助确定，测点应避免靠近热桥、裂缝和有空气渗漏的部位，不要受加热、制冷装置和风扇的直接影响。被测区域的外表面要避免雨雪侵袭和阳光直射。

（3）将热流计直接安装在被测围护结构的内表面上，要与表面完全接触；热流计不应受阳光直射。

（4）在被测围护结构两侧表面安装温度传感器。内表面温度传感器应靠近热流计安装，外表面温度传感器宜在与热流计相对应的位置安装。温度传感器的安装位置不应受到太阳辐射或室内热源的直接影响。温度传感器连同其引线应与被测表面接触紧密，引线长度不应少于 0.1m。

（5）检测期间室内空气温度应保持基本稳定，测试时室内空气温度的波动范围在 ±3K 之内，围护结构高温侧表面温度与低温侧表面温度应满足表 8.1.5-2 的要求。在检测过程中的任何时刻高温侧表面温度均不应高于低温侧表面温度。

温差要求

表 8.1.5-2

| $K[W/(m^2 \cdot K)]$ | $T_h - T_1(K)$ |
|:---:|:---:|
| $K \geqslant 0.8$ | $\geqslant 12$ |
| $0.4 \leqslant K < 0.8$ | $\geqslant 15$ |
| $K < 0.4$ | $\geqslant 20$ |

注：其中 $K$ 为设计值；$T_h$ 为测试期间高温侧表面平均温度；$T_1$ 为测试期间低温侧表面平均温度。

（6）热流密度和内、外表面温度应同步记录，记录时间间隔不应大于 30min，可以采用多次采样数据的平均值，采样间隔应短于传感器最小时间常数的 1/2。

2）建筑物室内、外平均温度的测定

（1）采用温度记录仪进行连续检测，检测数据记录时间间隔不应大于 60min，测试时间不应小于 72h。

（2）建筑物室内平均温度的检测部位应为底层、顶层和中间层的代表房间，且每层的测点数不应少于 3 个。

（3）温度自动仪的放置位置不应受到太阳辐射或室内外热源的影响。

（4）室外温度自动仪应设置在百叶箱内；当无百叶箱时，应采取防护措施；感温测头应距地面 1.5～2.0m，且宜在建筑物不同方向同时设置室外温度测点。

4. 检测结果

（1）围护结构传热系数的检测数据分析宜采用算术平均法计算，当算术平均法计算误差不满足要求时，可采用动态分析法。

（2）采用算术平均法进行数据分析时，按下式计算围护结构的热阻：

$$R = \frac{\sum\limits_{i=1}^{n}(T_{ij} - T_{0j})}{\sum\limits_{j=1}^{n}q_j} \tag{8.1.5-1}$$

式中 $R$——围护结构的热阻；

$T_{ij}$——围护结构内表面温度的第 $j$ 次测量值；

$T_{0j}$——围护结构外表面温度的第 $j$ 次测量值。

（3）对于轻型围护结构，宜使用夜间采集的数据计算围护结构的热阻。当经过连续四个夜间测量之后，相邻两次测量的计算结果相差不大于 5% 时即可结束测量。

（4）对于重型围护结构应使用全天数据计算围护结构的热阻，且只有在下列条件得到满足时方可结束测量：

① 末次 $R$ 计算值与 24h 之前的 $R$ 计算值相差不应大于 5%。

② 检测期间第一个周期内与最后一个同样周期内的 $R$ 计算值相差不大于 5%。且每个周期天数采用 2/3 检测持续天数的取整值。

③ 围护结构的传热系数应按下式计算：

$$K = \frac{1}{R_i + R + R_e} \tag{8.1.5-2}$$

式中 $K$——围护结构的传热系数；

$R_i$——内表面换热阻，按《民用建筑热工设计规范》GB 50176 的规定采用；

$R_e$——外表面换热阻，按《民用建筑热工设计规范》GB 50176 的规定采用。

### 8.1.6　中空玻璃露点现场检测

《建筑门窗、幕墙中空玻璃性能现场检测方法》JG/T 454，规定了建筑门窗、幕墙用中空玻璃露点、墙体间隔层厚度、惰性气体含量、波形弯曲度、表面应力的现场检测方法。该标准适用于建筑门窗、幕墙用中空玻璃的现场检测。其中，表面应力的现场检测方法适用于浮法玻璃制备的钢化中空玻璃，测试面为浮法玻璃的浸锡面；惰性气体含量的现场检测方法适用于充气中空玻璃。

1. 检测原理

利用干冰的低温特性将可调温露点仪的冷端降温，通过控制干冰与冷端的距离，使冷端的温度连续可控。现场检测时，将冷端与中空玻璃表面完全接触，冷端使中空玻璃表面局部冷却降温。当逐渐降低冷端温度达到规定的温度并与中空玻璃表面检测规定的时间后，观察中空玻璃腔内水汽是否在接触部位结露或结霜。

2. 检测仪器

（1）可调温露点仪或符合要求的其他检测仪器。检测仪器温度测量范围－60～0℃，精度为±1℃。

（2）可调温露点仪：由冷端、导热块、内桶、外桶、调节环、弹簧、百分表等组成，如图 8.1.6-1 所示。冷端与玻璃接触面的直径应为 25mm。

（3）可调温露点仪与《中空玻璃》GB/T 11944 中规定的露点仪在实验室条件下的测试结果存在差异，但可以通过降低可调温露点仪冷端温度的方法减小差异。

（4）仪器工作原理：内桶装入干冰后，冷端开始降温。然后将温度测量元件插入冷端温度检测孔采集冷端温度，通过调节环调整冷端与干冰的距离，从而达到控制冷端温度的目的，该调整距离可以通过百分表读出。

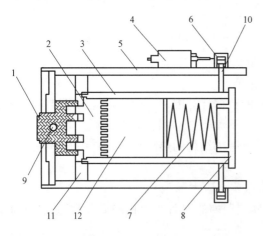

图 8.1.6-1　现场玻璃露点检测装置结构示意图
1—冷端；2—导温块；3—内桶；4—百分表；5—外桶；
6—调节环；7—内桶盖；8—弹簧；9—冷端温度检测孔；
10—连接杆；11—固定块；12—干冰腔

3. 检测条件

室外环境温度应小于 35℃，避免太阳直射。

4. 检测步骤

（1）向可调温露点仪内部加入足量干冰，使其冷端温度下降到所需温度测量范围内，如－45℃（可直接往内桶喷入少量无水乙醇，加快降温速度）。

（2）调整调节环，使冷端温度保持在所需测试温度范围内，该调整距离可以通过百分表读出。

（3）用无水乙醇或丙酮擦拭中空玻璃被测区域，及可调温露点仪冷端。

（4）将玻璃真空吸盘支架通过玻璃真空吸盘吸附到被测中空玻璃的被测区域。

（5）将可调温露点仪安放到真空玻璃吸盘支架上调整可调温露点仪使测试区域与可调温露点仪冷端完全接触，试样与冷端之间不应存在缝隙。放置方式如图 8.1.6-2 所示。

（6）调整调节环，使冷端温度保持±2℃范围内。

（7）开始计时，测试时间不小于表 8.1.6-1 的规定。

（8）计时结束，取下可调温露点仪及支架，用乙醇或丙酮擦拭试样测试区域，立即观察中空玻璃内表面是否出现结露或结霜现象。

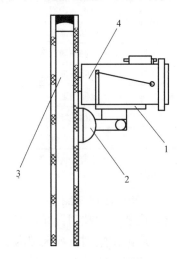

图 8.1.6-2　露点测量装置现场
安装示意图
1—玻璃真空吸盘支架；2—玻璃真空吸盘；
3—中空玻璃；4—露点仪

露点测试时间　　　　　　　　表 8.1.6-1

| 单片玻璃厚度（mm） | 接触时间（min） | |
| --- | --- | --- |
| | 环境温度≤25℃ | 环境温度>25℃ |
| ≤4 | 3 | $3+[(t-25)/5]^a$ |
| 5 | 4 | $4+(t-25)/5$ |
| 6 | 5 | $5+(t-25)/5$ |
| 8 | 7 | $7+1.5\times[(t-25)/5]$ |
| ≥10 | 10 | $10+1.5\times[(t-25)/5]$ |

注：$t$ 为测定时的室外环境温度。

a：结果取整数后再进行接触时间的计算。

5. 检测结果

是否出现结露或结霜现象。

## 8.2　建筑红外热像检测技术

1. 红外热成像检测技术的原理

红外线辐射是自然界存在的一种最为广泛的电磁波辐射。红外线和无线电波同为电磁波，但红外线的波长比无线电短。红外检测是利用红外辐射对物体或材料表层进行检测和测量的专门技术，可将被测目标表面的热信息瞬间可视化，快速定位故障，并且可在专门软件的帮助下进行分析，完成节能、建筑质量等检测工作。

2. 红外热像仪组成

红外热像仪一般分光机扫描成像系统和非扫描成像系统。

红外热像仪由光学会聚系统、扫描系统、探测器、视频信号处理器、显示器等几个主要部分组成。

1）建筑用红外热像仪主要技术参数（表 8.2-1）。

建筑红外热像仪的主要技术参数　　　　　　　表 8.2-1

| 序号 | 主要项目 | 参　　　数 |
| --- | --- | --- |
| 1 | 工作波段 | $8.0\sim14.0\mu m$ |
| 2 | 测温范围 | $-20\sim100℃$（严寒地区$-40\sim+100℃$） |
| 3 | 准确度 | ±2%及±2℃中的大值 |

| 序号 | 主要项目 | 参　　数 |
|---|---|---|
| 4 | 温度分辨率 | ≤0.08℃ |
| 5 | 热像仪像素 | ≥320×240 像素 |
| 6 | 探测器 | 应为氧化钒或非晶硅晶体材料 |
| 7 | 空间分辨力 | 配合适当的光学镜头、可满足相关的检测要求 |
| 8 | 温度稳定性 | 能连续工作 100min 以上 |
| 9 | 环境温度影响 | 应能保证测温的准确度 |
| 10 | 测温一致性 | 测温一致性的值不应超过±0.5℃ |

注：测温一致性的试验方法按《工业检测型红外热像仪》GB/T 19870 的规定进行，并按其中的公式（6）进行计算。

2）红外热像仪功能

（1）应能检测被测目标物表面的温度并生成红外热谱图。

（2）应能采集到所视区域内的红外信息，进行测量并及时显示表面温度分布图像。

（3）应能快速、准确地记录及存储图像、数据和文本注释。

3. 红外热像检测技术在建筑中的应用

1）建筑物内部缺陷检测

红外热像检测技术可用于建筑物内部缺陷的检测。建筑物内部存在的诸如内部孔（空）洞、不密实区、保护层厚度不足、温度裂缝、变形裂缝、由表及里的层状疏松及一些受力裂缝等缺陷，会影响到建筑物的承载能力和耐久性。

正常情况下，建筑物红外热图像是均匀一致的，成像区域的颜色单一均匀，无明显颜色差异。当墙体结构存在空洞、蜂窝等缺陷时，由于改变了表面与内部的热导通性，因此，会存在相对于正常部位的红外辐射异常。这就可以快速发现温度异常所代表的潜在问题而检测出结构缺陷。

2）渗漏检测

当建筑物屋面、墙面存在渗漏部位时，阳光被建筑物吸收和传导的情况能够暴露渗漏部位与周边的温度分布差异，进而对热红外图像产生不同的影响，因此，可以采用红外线热像检测技术检测、分析，判断漏水缺陷。

3）建筑物外墙饰面质量缺陷检测

采用红外热像仪检测技术可检测外墙饰面表面温度分布，判别饰面是否空鼓及空鼓范围，避免饰面脱落危险。

4）外围护结构热工缺陷检测

采用红外热像仪检测技术可检测建筑物的热工缺陷，例如热、冷桥，保温层缺失或损坏等，能够清晰地检测出建筑物热工缺陷存在的位置、形状。

4. 要求

《建筑红外热像检测要求》JG/T 269，规定了建筑红外热像检测、检测结果的分级以及检测报告的基本内容。该标准适用于采用红外热像仪对建筑物外墙饰面质量缺陷、渗漏、外围护结构热工缺陷等方面进行检测。

应由专业的检测机构和人员进行建筑红外热像检测。

5. 检测程序

建筑红外热像检测的工作流程见图 8.2-1 所示。

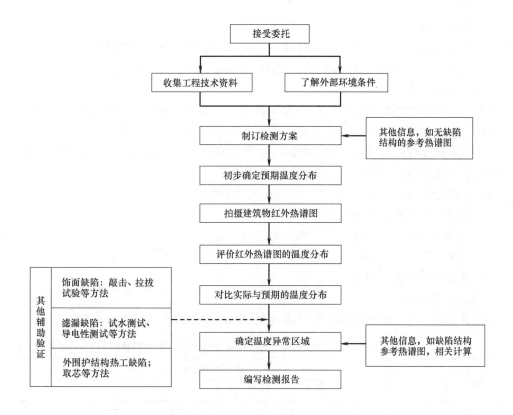

图 8.2-1　建筑红外热像检测的工作流程

## 8.2.1　外墙饰面质量缺陷检测

1. 收集资料

（1）建筑物概况，包括结构形式、饰面情况、竣工时间等。

（2）建筑物的相关竣工图纸等。

（3）建筑物的维护记录，如使用过程中的检查、维修记录等。

（4）建筑物所处环境，包括建筑物方位、日照情况、周边环境有无遮挡。

（5）现场考察建筑物有无渗漏、开裂、脱落、发霉等质量缺陷。并考察建筑物所处的环境对测试的影响因素等。

2. 检测方案

应根据委托的内容和检测前的调查结果制订检测方案，检测方案应包括下列内容：

（1）检测项目名称。

（2）委托单位名称。

（3）拟检测时间及最佳检测时段。

（4）检测的区域。

（5）检测仪器型号等。

（6）检测仪器在现场的工作位置。

（7）检测距离。

（8）检测次数。

（9）检测环境（包括日照、饰面材料、风速、建筑物表面温度等因素）。

（10）如可能需要使用其他方法确认检测结果的，应在方案内提出。

3. 检测环境条件

红外检测建筑物外墙饰面缺陷时，建筑物室内外温差需因当地气候而定，应在无雨、低风速的环境条件下进行。检测时应充分考虑下列外部环境条件的因素：

（1）宜避免干扰辐射能进入测试范围，如果被测墙面或屋面与红外热像仪之间有障碍物（例如：树木或其他遮挡物）则不能进行检测。

（2）室外检测时，当平均风速大于 5m/s 时不宜进行。

（3）待测目标物发射率的影响。

（4）建筑物内外空调及其他冷、热源的影响。

（5）晴天时阳光照射的影响。

（6）被测物体表面无明水。

4. 检测推荐时间

全国部分城市夏季红外检测建筑外墙饰面层粘结缺陷的推荐时间参见表 8.2.1-1。

**全国部分城市夏季红外检测建筑外墙饰面层粘结缺陷的推荐时间** 表 8.2.1-1

| 城市 | 建筑立面的朝向 | | | |
|---|---|---|---|---|
| | 东 | 南 | 西 | 北 |
| 北京 | 7:00~9:00 | 11:00~13:00 | 15:00~17:00 | 11:00~13:00 |
| 上海 | 8:00~9:00 | 11:00~13:00 | 15:00~16:00 | 11:00~13:00 |
| 南宁 | 8:00~9:00 | 11:00~13:00 | 15:00~16:00 | 11:00~13:00 |
| 广州 | 8:00~9:00 | 11:00~13:00 | 15:00~16:00 | 11:00~13:00 |
| 福州 | 8:00~9:00 | 11:00~13:00 | 15:00~16:00 | 11:00~13:00 |
| 贵阳 | 8:00~9:00 | 11:00~13:00 | 15:00~16:00 | 11:00~13:00 |
| 长沙 | 8:00~9:00 | 11:00~13:00 | 15:00~16:00 | 11:00~13:00 |
| 郑州 | 8:00~9:00 | 11:00~13:00 | 15:00~16:00 | 11:00~13:00 |
| 武汉 | 8:00~9:00 | 11:00~13:00 | 15:00~16:00 | 11:00~13:00 |
| 西安 | 8:00~9:00 | 11:00~13:00 | 15:00~16:00 | 11:00~13:00 |
| 重庆 | 8:00~9:00 | 11:00~13:00 | 15:00~16:00 | 11:00~13:00 |
| 杭州 | 8:00~9:00 | 11:00~13:00 | 15:00~16:00 | 11:00~13:00 |
| 南京 | 8:00~9:00 | 11:00~13:00 | 15:00~16:00 | 11:00~13:00 |
| 南昌 | 8:00~9:00 | 11:00~13:00 | 15:00~16:00 | 11:00~13:00 |
| 合肥 | 8:00~9:00 | 11:00~13:00 | 15:00~16:00 | 11:00~13:00 |

5. 检测要求及方法

（1）调试仪器，使其处于正常工作状态。

（2）记录环境条件（包括天气、气温、墙面或屋面温度、日照情况、风速风向等）。

（3）应在相同部位拍摄一定数量的红外热谱图和可见光照片，缺陷部位红外热谱图数量宜适当增加。

（4）记录拍摄条件和拍摄时间等相关信息。

（5）所选拍摄位置（角度与距离）及光学变焦镜头应确保每张红外热谱图的最小可探测面积在目标物上不大于 50mm×50mm，即当空间分辨力为 1mrad 时拍摄距离不超过 50m，如因环境所限无法达到以上要求则需要在报告中相应的红外热谱图旁注明。现场记录异常区域。

（6）操作员需在现场分析红外热谱图，根据现场分析结果，采用敲击法、拉拔试验或其他方法进一步确认缺陷并作记录。

（7）拍摄角度（红外热像仪观察方向与被测物体辐射表面法线方向的夹角）不宜超过 45°，超过 45°时则需要在报告中的红外热谱图旁注明。

（8）拍摄时应选择目标物表面拍到最少反射物的角度。

（9）准确记录、标识拍摄位置（层数与方向）、对应的红外热谱图及可见光照片。

6. 缺陷温度异常参考值

（1）一般外墙缺陷温差在晴朗天气下为 1℃（有阳光直接照射下）及 0.5℃（无阳光直接照射下），温差会根据现场环境及目标物状态有轻微变化，应配合目视法及敲击法进行确认，亦应以热聚焦的方法进一步检视红外热谱图。

（2）严重外墙缺陷温差在晴朗天气下为 2℃（有阳光直接照射下）及 1℃（无阳光直接照射下），温差会根据现场环境及目标物状态有轻微变化，应配合目视法及敲击法进行确认，亦应以热聚焦的方法进一步检视红外热谱图。

## 8.2.2　建筑物渗漏检测

1. 收集资料

所应收集待检建筑物的相关资料包括下列内容：

（1）渗漏程度记录。

（2）其他应收集的相关资料同上，其中竣工图纸应重点收集给水排水布置图及相关的防水构造图、可能产生渗漏的水源等。

2. 检测方案

（1）检测方案的内容除同上外，还应包括试水测试的开始、结束时间及位置（以模拟漏水状况为主）。

（2）红外热像进行室内检测时，宜使用像素大于或等于 640×480 且温度分辨率小于或等于 0.06℃ 的红外热像仪，或采用辅助手段。

3. 检测环境条件

（1）除符合内容同上外，检测时宜充分考虑下列因素：

① 应配合试水测试模拟漏水状况，例如：色水测试、相对湿度分布测试、超声波测试、导电性测试等。

② 应考虑渗漏造成的热谱图异常与渗漏源之间的相关性。

（2）应配合试水测试模拟漏水状况，例如：色水测试、相对湿度分布测试、超声波测试、导电性测试等。

（3）应考虑渗漏造成的热谱图异常与渗漏源之间的相关性。

4. 检测要求及方法

（1）检测要求及方法同上。

（2）其中的辅助验证可采用试水测试、导电性测试等方法。

（3）当找不到渗漏源时，应采用试水测试方法，并符合下列要求：

① 先确认使用水的水温与室温的对比，应在对比度大的环境下进行试水测试。

② 试水位置应以测试目标附近的水源为主。

③ 试水时间应模拟该水源的一般使用状况（例如：屋面应模拟雨水，在防水层上浸水至少 24h）。

④ 试水测试后，需排除积水待表面干燥后进行测试。

5. 缺陷温度异常参考值

（1）一般户外渗漏温差在晴朗天气下为 1～2℃（有阳光直接照射下）及 0.5～1℃（无阳光直接照射下），但温差会根据现场环境及目标物状态有轻微变化，应配合相对湿度检测进行确认，亦应以热聚焦的方法进一步检视红外热谱图。

（2）一般室内渗漏温差在 0.3～0.5℃，但温差会根据现场环境及目标物状态有轻微变化，应配合相对湿度检测进行确认，亦应以热聚焦的方法进一步检视红外热谱图，由于相对温差较小而不能确定渗漏部位时，应使用其他辅助手段进行检测。

### 8.2.3　建筑物外围护结构热工缺陷检测

1. 收集资料

所应收集的被检测建筑物的相关资料包括下列内容：

（1）建筑物屋面、外墙、外飘窗、阳台板、门窗洞口等处的保温构造情况。

（2）其他应收集的相关资料同上，其中应重点收集保温构造做法及相关热工计算书等热工资料。

2. 检测方案

（1）检测方案的内容同上。

（2）建筑物外围护结构热工缺陷检测宜先从室外开始，当发现异常点时，应在室内相应部位进行检测。所选择的检测部位避免受到太阳光的直射。严寒地区、寒冷地区检测时建筑物室内外温差宜大于 10℃，其他地区宜大于 5℃。

3. 检测环境条件

除同上外，检测时还应充分考虑下列因素：

（1）室外检测时，选择有云天气或晚上以排除日光的影响；室内检测时，应关掉空调、照明灯等，避免辐射源干扰。

（2）严寒地区、寒冷地区，宜在采暖期的中期进行围护结构热工缺陷检测。

（3）其他地区宜在夏季夜间进行围护结构热工缺陷检测，选择的检测部位在检测前 12h 内应避免阳光直射，在检测前 24h 内室外空气温度变化不应大于 30%；在检测过程中，室内的温度变化应小于 2℃。

4. 检测要求和方法

检测要求及方法同上，其中的辅助验证可采用取芯等方法。

5. 缺陷温度异常参考值

外围护结构热工缺陷的温度差受建筑物室内外温差影响较大，在检测过程中应按现场实际情况而定。

### 8.2.4　检测结果分级及检测报告

1. 检测结果分级

1）检测数据分析

（1）根据相关的工程技术资料、外部环境条件及相关维修情况等，确定被测目标物的预期表面温度分布。

（2）红外热谱图的分析应以热聚焦为基础，调整热谱图的温度范围及中心温度值，以获得最佳的图像。

（3）应将被检目标物上的其他热能影响分类并记录，排除热谱图上的干扰因素，其他热能影响的参考热谱图参见图 8.2.4-1～图 8.2.4-5，并应考虑下列几种类型：

① 结构变化（例如：热桥等）所造成的温差。

② 不同的材料、颜色等所造成的温差，常用材料的发射率参见《建筑红外热像检测要求》JG/T 269—2010 附录 C。

③ 反射所造成的温差。

④ 不平均的阳光分布。

⑤ 其他热源（例如：热水炉、空调等）所造成的温差。

（4）根据红外热谱图得到被测目标物的实际表面温度分布，与预期温度分布进行对比分析，结合设计图纸、建筑物内部热源的影响、材料发射率的不同、传热系数不同等因素并可配合其他检测手段，综合分析热谱图上的温度异常区域是否为可疑缺陷。

（5）对于既无条件进行其他检测方法验证，又没有合适的"红外缺陷图谱"进行对比时，可由经验丰富的检测人员对缺陷的类型、程度进行分析。

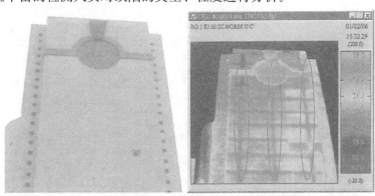

图 8.2.4-1　结构变化所造成温差的参考热谱图

2）检测结论

红外热成像检测应对所检测目标物进行缺陷分级，缺陷分级应符合表 8.2.4-1 的规定，在结合其他检测手段的基础上可以对目标物的缺陷进行进一步的定性或定量分级。

图 8.2.4-2　反射所造成温差的参考热谱图

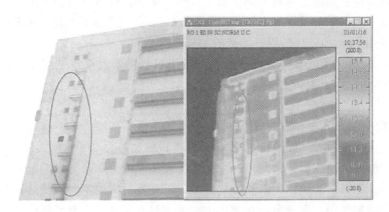

图 8.2.4-3　不同材料、颜色等所造成温差的参考热谱图

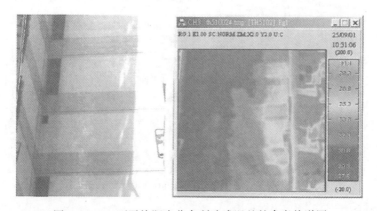

图 8.2.4-4　不平均阳光分布所造成温差的参考热谱图

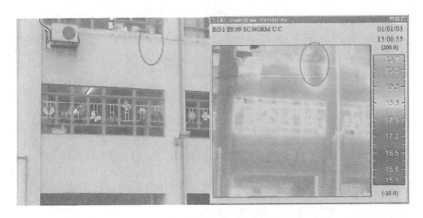

图 8.2.4-5　其他热源所造成温差的参考热谱图

各检测项目的分级　　　　　　　　　　　表 8.2.4-1

| 检测项目 | 缺陷分级 | | |
|---|---|---|---|
| | 一级 | 二级 | 三级 |
| 外墙饰面质量缺陷 | 最大缺陷面积小于 35mm×35mm 或相等面积 | 最大缺陷面积大于等于 35mm×35mm 且小于等于 100mm×100mm 或相等面积 | 最大缺陷面积大于 100mm×100mm 或相等面积 |
| 渗漏缺陷 | 无明显渗漏情况 | 有渗漏情况 | — |
| 外围护结构热工缺陷 | 最大缺陷面积小于 100mm×100mm 或相等面积 | 最大缺陷面积大于等于 100mm×100mm 且小于等于 300mm×300mm 或相等面积 | 最大缺陷面积大于 300mm×300mm 或相等面积 |

2. 检测报告

检测报告可通过相应软件自动生成，宜采用红外数据库管理软件对所有图像进行系统化管理。检测报告应包括下列内容：

（1）工程名称及工程概况。

（2）委托单位。

（3）检测单位及人员名称。

（4）所用红外设备的型号、系列号等。

（5）检测日期及时间。

（6）建筑物外部空气温度（包括检测开始前 24h 内的平均气温及检测时的最低、最高观测值）。

（7）太阳光照条件（包括检测开始前 12h 及检测时的观测结果）。

（8）检测时的风向、风速、相对湿度等条件。

（9）建筑物内部空气温度及内外温差。

（10）检测仪器的位置布点图。

（11）检测结果（包括红外热谱图及相关位置的可见光照片）。

（12）检测结论。

# 第二篇　建筑幕墙检测技术

# 第9章 绪 论

建筑幕墙包括玻璃幕墙（透明幕墙）、金属幕墙、石材幕墙及其他板材幕墙，种类非常繁多。随着建筑的现代化，越来越多的建筑使用建筑幕墙，建筑幕墙以其美观、轻质、耐久、易维修等优良特性被建筑师和业主青睐，在建筑中禁止使用建筑幕墙是不现实的。

虽然建筑幕墙的种类繁多，但作为建筑物的围护结构，在建筑节能的要求方面还是有一定的共性，节能标准对其性能指标也有明确的要求。玻璃幕墙属于透明幕墙，与建筑外窗在节能方面有着共同的要求。但是玻璃幕墙的节能要求也与外窗有着明显的不同，玻璃幕墙往往与其他的非透明幕墙是一体的，不可分离。非透明幕墙虽然与墙体有着一样的节能指标的要求，但由于其构造的特殊性，施工与墙体有着很大的不同。

建筑幕墙的性能包括安全性、节能性、适用性和耐久性等。安全性包括抗风压性能、层间变形性能、耐撞击性能、抗风携碎物冲击性能和抗爆炸冲击波性能等。节能性包括气密性能、保温性能等。适用性包括水密性能、空气声隔声性能等。耐久性包括热循环性能。

1. 一般要求

（1）建筑幕墙的外观、材料、尺寸及装配质量应符合构件现行相应产品标准的规定。

（2）建筑幕墙面板、型材等主要构配件的设计使用年限不应低于 25 年。

（3）建筑幕墙的防火、防雷要求应符合《建筑设计防火规范》GB 50016 和《建筑物防雷设计规范》GB 50057 的规定。

（4）建筑幕墙用钢化玻璃应符合《玻璃幕墙工程技术规范》JGJ 102 的规定。

（5）玻璃幕墙的结构胶应符合《建筑用硅酮结构密封胶》GB 16776 的规定。

2. 代表性试件选取

（1）不同分格形式的幕墙试件选取分格最大的试件。

（2）同一分格形式的幕墙试件选取风荷载最大的部位。

（3）带有可开启部位的试件选取含开启部位的试件，且与幕墙总开启面积比一致。

3. 性能类型及试件数量

（1）性能类型为破坏及试件数量为 1 件的性能：抗风压性能、层间变形性能、耐撞击性能、抗风携碎物冲击性能和抗爆炸冲击波性能等。

（2）性能类型为非破坏及试件数量为 1 件的性能：气密性能、保温性能、水密性能、空气声隔声性能、热循环性能等。

4. 试验方法

（1）《建筑幕墙气密、水密、抗风压性能检测方法》GB/T 15227

（2）《建筑幕墙层间变形性能分级及检测方法》GB/T 18250

（3）《建筑幕墙》GB/T 21086

（4）《建筑幕墙和门窗抗风携碎物冲击性能分级及检测方法》GB/T 29738

（5）《玻璃幕墙和门窗抗爆炸冲击波性能分级及检测方法》GB/T 29908

（6）《建筑幕墙保温性能分级及检测方法》GB/T 29043

（7）《建筑幕墙热循环试验方法》JG/T397

# 9.1　质　量　验　收

1. 装饰装修工程验收规定

《建筑装饰装修工程质量验收规范》GB 50210 中对玻璃幕墙、金属幕墙、石材幕墙工程验收作出了如下规定：

1）幕墙工程验收时应检查的文件和记录

（1）幕墙工程的施工图、结构设计说明及其他设计文件。

（2）建筑设计单位对幕墙工程设计的确认文件。

（3）幕墙工程所用各种材料、五金配件、构件及组件的产品合格证书、性能检测报告、进场验收记录和复验报告。

（4）幕墙工程所用硅酮结构胶的认定证书和抽查合格证明；进口硅酮结构胶的商检证；国家指定检测机构出具的硅酮结构胶相容性和剥离粘结性试验报告；石材用密封胶的耐污染性试验报告。

（5）后置埋件的现场拉拔强度检测报告。

（6）幕墙的抗风压性能、空气渗透性能、雨水渗漏性能及平面变形性能检测报告。

（7）打胶、养护环境的温度、湿度记录；双组分硅酮结构胶的混匀性试验记录及拉断试验记录。

（8）防雷装置测试记录。

（9）隐蔽工程验收记录。

（10）构件和组件的加工制作记录；幕墙安装施工记录。

2）幕墙工程应对下列材料及其性能指标进行复验

（1）铝塑复合板的剥离强度。

（2）石材的弯曲强度；寒冷地区石材的耐冻融性；室内用花岗石的放射性。

（3）玻璃幕墙用结构胶的邵氏硬度、标准条件拉伸粘结强度、相容性试验；石材用结构胶的粘结强度；石材用结构胶的粘结强度污染性。

3）各项工程的检验批划分

（1）相同设计、材料、工艺和施工条件的幕墙工程每 500～1000m² 应划分为一个检验批，不足 500m² 也应划分为一个检验批。

（2）同一单位工程的不连续的幕墙工程应单独划分检验批。

（3）对于异形或有特殊要求的幕墙，检验批的划分应根据幕墙的结构、工艺特点及幕墙工程规模，由监理单位（或建设单位）和施工单位协商确定。

2. 建筑节能工程验收规定

《建筑节能工程施工质量验收规范》GB 50411 中对幕墙工程提出了以下规定。

1）对隔热型材的要求

铝合金隔热型材、钢隔热型材在一些幕墙工程中已经得到应用。隔热型材的隔热材料一般是尼龙或发泡的树脂材料等。这些材料是很特殊的，既要保证足够的刚度，又要有较小的导热系数，还要满足幕墙型材在尺寸方面的苛刻要求。从安全的角度而言，型材的力学性能是非常重要的。型材的力学性能包括抗剪强度和横向抗拉强度；热变形性能包括热膨胀系数、热变形温度等。所以，《建筑节能工程施工质量验收规范》GB 50411 对型材的要求如下：

当幕墙节能工程采用隔热型材时，隔热型材生产厂家应提供型材所使用的隔热材料的力学性能和热变形性能试验报告。

2）幕墙材料、构配件热工性能要求

幕墙材料、构配件等的热工性能是保证幕墙节能指标的关键，所以必须满足要求。材料的热工性能主要是导热系数，许多构件也是如此，但复合材料和复合构件的整体性能则主要是热阻。

玻璃的传热系数、遮阳系数、可见光透射比对于玻璃幕墙都是主要的节能指标要求，所以应该满足设计要求。中空玻璃露点应满足产品标准要求，以保证产品的密封质量和耐久性。《建筑节能工程施工质量验收规范》GB 50411 规定的强制性条文如下：

幕墙工程使用保温隔热材料，其导热系数、密度、燃烧性能应符合设计要求。幕墙玻璃的传热系数、遮阳系数、可见光透射比、中空玻璃露点应符合设计要求。

3）材料进场

非透明幕墙保温材料的导热系数非常重要，而达到设计值往往并不困难，所以应要求不大于设计值。保温材料的密度与导热系数有很大的关系，而且密度偏差过大，往往意味着测量的性能也发生了很大的变化。

幕墙玻璃是决定玻璃幕墙节能性能的关键构件。玻璃的传热系数越大，对节能越不利；而遮阳系数越大，对空调的节能越不利（严寒地区由于冬季很冷，采暖期很长，情况正好相反）；可见光透射比对自然采光很重要，可见光透射比越大，对采光越有利。中空玻璃露点是反映中空玻璃产品密封性能的重要指标，露点不满足要求，产品的密封则不合格，其节能性能必然受到很大影响。

隔热型材的力学性能非常重要，直接关系到幕墙的安全，所以应符合设计要求和相关产品标准的规定。不能因为节能而影响到幕墙的结构安全，所以要对型材的力学性能进行复验。

综上所述，《建筑节能工程施工质量验收规范》GB 50411 的规定如下：

幕墙节能工程使用的材料、构件等进场时应进行复验，复验应为见证取样送检：

（1）保温材料：导热系数、密度。

（2）幕墙玻璃：可见光透射比、传热系数、遮阳系数、中空玻璃露点。

（3）隔热型材：抗拉强度、抗剪强度。

4）幕墙的气密性能检测要求

幕墙的气密性能指标是幕墙节能的重要指标。一般幕墙设计均规定有气密性能的等级要求，幕墙产品应该符合要求。

由于幕墙的气密性能与节能关系重大，所以当建筑所设计的幕墙面积超过一定量后，应该对幕墙的气密性能进行检测。但是，由于幕墙是特殊的产品，其性能需要现场的安装工艺来保证，所以一般要求进行建筑幕墙的三个性能（气密、水密、抗风压性能）的检测。

由于一栋建筑中的幕墙往往比较复杂，可能由多种幕墙组合成组合幕墙，也可能是多幅不同的幕墙。对于组合幕墙，只需要进行一个试件的检测即可，而对于不同的幕墙幅面，则要求分别进行检测。对于面积比较小的幅面，则可以不分开对其进行检测。

在保证幕墙气密性能的材料中，密封条很重要，所以要求镶嵌牢固、位置正确、对接严密。单元式幕墙板块之间的密封一般采用密封条。单元板块间的缝隙有水平缝和垂直缝，还有水平缝和垂直缝交叉处的十字缝，为了保证这些缝隙的密封，单元式幕墙都有专门的密封设计。施工时应该严格按照设计进行安装。第一方面，需要密封条完整，尺寸满足要求；第二方面，单元板块必须安装到位，缝隙的尺寸不能偏大；第三方面，板块之间还需要在少数部位加装一些附件，并进行注胶密封，保证特殊部位的密封。

幕墙的开启扇是幕墙密封的另一关键部件。开启扇位置到位，密封条压缩合适，开启扇方能关闭严密。由于幕墙的开启扇一般是平开窗或悬窗，气密性能比较好，只要关闭严密，可以保证其设计的密封性能。

《建筑节能工程施工质量验收规范》GB 50411，提出了以下要求：

（1）幕墙的气密性能应符合设计规定的等级要求。当幕墙面积大于 $3000m^2$ 时或建筑外窗面积的 50％时，应现场抽取材料和配件，在检测实验室安装制作试件进行气密性能检测，检测结果应符合设计规定的等级要求。

（2）气密性能检测试件应包括幕墙的典型单元、典型拼缝、典型可开启部分。试件应按照幕墙工程施工图进行设计。试件应经建筑设计单位项目负责人、监理工程师同意并确认。气密性能的检测应按照国家现行有关标准的规定执行。

（3）气密性能检测应对一个单位工程中面积超过 $1000m^2$ 的每一种幕墙均抽取一个试件进行。

# 9.2　幕墙类别

## 9.2.1　玻璃幕墙工程

由玻璃面板与支承结构体系组成的、相对主体结构有一定位移能力、不分担主体结构荷载和作用的建筑外围护结构或装饰性结构，通称为玻璃幕墙。早在 100 多年前幕墙已开始在建筑上应用，但由于种种原因，主要是材料和加工工艺的因素，也有思想意识和传统观念束缚的因素，使幕墙在 20 世纪中期以前，发展十分缓慢。随着科学技术和工业生产的发展，许多有利于幕墙发展的新原理、新技术、新材料和新工艺被开发出来，如雨幕原理的发现，并成功应用到幕墙设计和制造上，解决了长期妨碍幕墙发展的雨水渗漏难题；又如铝及铝合金型材、各种玻璃的研制和生产，特别是高性能粘结、密封材料（如硅酮结构密封胶和硅酮建筑密封胶），以及防火、隔热保温和隔声材料的研制和生产，使幕墙所要求的各项性能，如风压变形性能、水密性能、气密性能、隔热保温性能和隔声性能等，都有了比较可靠的解决办法。因而，幕墙在近数十年获得了飞速发展，在建筑上得到了比较广泛的应用。

应用大面积的玻璃装饰于建筑物的外表面，通过建筑师的构思和造型，并利用玻璃本身的特性，使建筑物显得别具一格，光亮、明快和挺拔，较之其他装饰材料，无论在色彩还是在光泽方面，都给人一种全新的视觉效果。

玻璃幕墙在国外已获得广泛的应用与发展。我国自20世纪80年代以来，在一些大中城市和沿海开放城市，开始使用玻璃幕墙作为公共建筑物的外装饰，如商场、宾馆、写字楼、展览中心、文化艺术交流中心、机场、车站和体育场馆等，取得了较好的社会经济效益，为美化城市作出了贡献。

为了使玻璃幕墙工程的设计、材料选用、性能要求、加工制作、安装施工和工程验收等有章可循，使玻璃幕墙工程做到安全可靠、实用美观和经济合理，我国于1996年颁布实施了《玻璃幕墙工程技术规范》JGJ 102—1996，对玻璃幕墙的健康发展起到了重要作用。但是近年来，我国建筑幕墙行业发展很快，建筑幕墙建造量已位居世界前列，玻璃幕墙不仅数量多而且形式多样化，一方面新材料、新工艺、新技术、新体系被不断采用，如点支承玻璃幕墙的大量应用；另一方面，一些相关的国家标准、行业标准已经陆续完成了制订或修订，并发布实施。因此，在2003年以原规范《玻璃幕墙工程技术规范》JGJ 102—1996为基础，考虑了现行有关国家标准或行业标准的有关规定，调研、总结了我国近年来玻璃幕墙行业科研、设计、施工安装成果和经验，补充了部分试验研究和理论分析，同时参考了国际上有关玻璃幕墙的先进标准和规范而完成，并颁布实施《玻璃幕墙工程技术规范》JGJ 102—2003。

1. 定义

（1）建筑幕墙：由支承结构体系与面板组成的、可相对主体结构有一定位移能力、不分担主体结构所受作用的建筑外围护结构或装饰性结构。

（2）组合幕墙：由不同材料的面板（如玻璃、金属、石材等）组成的建筑幕墙。

（3）玻璃幕墙：面板材料为玻璃的建筑幕墙。

（4）框支承玻璃幕墙：玻璃面板周边由金属框架支承的玻璃幕墙。主要包括下列类型：

① 按幕墙形式，可分为：

a. 明框玻璃幕墙：金属框架的构件显露于面板外表面的框支承玻璃幕墙。

b. 隐框玻璃幕墙：金属框架的构件完全不显露于面板外表面的框支承玻璃幕墙。

c. 半隐框玻璃幕墙：金属框架的竖向或横向构件显露于面板外表面的框支承玻璃幕墙。

② 按幕墙安装施工方法，可分为：

a. 单元式玻璃幕墙：将面板和金属框架（横梁、立柱）在工厂组装为幕墙单元，以幕墙单元形式在现场完成安装施工的框支承玻璃幕墙。

b. 构件式玻璃幕墙：在现场依次安装立柱、横梁和玻璃面板的框支承玻璃幕墙。

（5）全玻幕墙：由玻璃肋和玻璃面板构成的玻璃幕墙。

（6）点支承玻璃幕墙：由玻璃面板、点支承装置和支承结构构成的玻璃幕墙。

（7）硅酮结构密封胶：幕墙中用于板材与金属构架、板材与板材、板材与玻璃肋之间的结构用硅酮粘结材料，简称硅酮结构胶。

（8）硅酮建筑密封胶：幕墙嵌缝用的硅酮密封材料，又称耐候胶。

（9）相容性：粘结密封材料之间或粘结密封材料与其他材料相互接触时，相互不产生有害物理、化学反应的性能。

2. 性能和检测要求

（1）玻璃幕墙的抗风压、气密、水密、保温、隔声等性能分级，应符合现行国家标准《建筑幕墙》GB/T 21086 的规定。

（2）幕墙抗风压性能应满足在风荷载标准值作用下，其变形不超过规定值，并且不发生任何损坏。

（3）有采暖、通风、空气调节要求时，玻璃幕墙的气密性能不应低于 3 级。

（4）玻璃幕墙性能检测项目，应包括抗风压性能、气密性能和水密性能，必要时可增加平面内变形性能及其他性能检测。

（5）玻璃幕墙的性能检测，应由国家认可的检测机构实施。检测试件的材质、构造、安装施工方法应与实际工程相同。

（6）幕墙性能检测中，由于安装缺陷使某项性能未达到规定要求时，允许在改进安装工艺、修补缺陷后重新检测检测报告中应叙述改进的内容，幕墙工程施工时应按改进后的安装工艺实施，由于设计或材料缺陷导致幕墙性能检测未达到规定值域时，应停止检测，修改设计或更换材料后，重新制作试件，另行检测。

3. 玻璃幕墙验收时应提交的资料

（1）幕墙工程的竣工图或施工图、结构计算书、设计变更文件及其他设计文件。

（2）幕墙工程所用各种材料、附件及紧固件、构件及组件的产品合格证书、性能检测报告、进场验收记录和复验报告。

（3）进口硅酮结构胶的商检证；国家指定检测机构出具的硅酮结构胶相容性和剥离粘结性试验报告。

（4）后置埋件的现场拉拔检测报告。

（5）幕墙的风压变形性能、气密性能、水密性能检测报告及其他设计要求的性能检测报告。

（6）打胶、养护环境的温度、湿度记录；双组分硅酮结构胶的混匀性试验记录及拉断试验记录。

（7）防雷装置测试记录。

（8）隐蔽工程验收文件。

（9）幕墙构件和组件的加工制作记录；幕墙安装施工记录。

（10）张拉杆索体系预拉力张拉记录。

（11）淋水试验记录。

（12）其他质量保证资料。

## 9.2.2　金属与石材幕墙工程

由金属构件与各种板材组成的悬挂在主体结构上、不承担主体结构荷载与作用的建筑物外围护结构，称为建筑幕墙。按建筑幕墙的面材可将其分为玻璃幕墙、金属幕墙、石材幕墙、混凝土幕墙及组合幕墙。近几年来，随着我国经济的发展，在一些大中城市中采用金属与石材幕墙作为公用建筑物外围护结构的越来越多。但在金属与石材幕墙的设计、加工制作和安装施工中，由于缺乏统一的技术规范，也曾发生过一些质量问题。

为了使金属与石材幕墙工程的设计、材料选用、性能要求、加工制作、安装施工和工程验收等有章可循，使金属与石材幕墙工程做到安全可靠、实用美观和经济合理，2001年制定了《金属与石材幕墙工程技术规范》JGJ 133—2001。该规范是依照国家和行业标准、规范的有关规定，并在对我国近些年来使用金属与石材幕墙进行调研的基础上，结合金属与石材幕墙的特性和技术要求，同时参考了一些先进国家有关金属与石材幕墙的有关标准、规范而编制的。

1. 适用范围

适用于下列民用建筑金属与天然石材幕墙工程的设计、制作、安装施工及验收：

（1）建筑高度不大于 150m 的民用建筑金属幕墙工程。

（2）建筑高度不大于 100m、设防烈度不大于 8 度的民用建筑石材幕墙工程。

2. 定义

（1）建筑幕墙：由金属构架与板材组成的、不承担主体结构荷载与作用的建筑外围护结构。

（2）金属幕墙：板材为金属板材的建筑幕墙。

（3）石材幕墙：板材为建筑石板的建筑幕墙。

（4）组合幕墙：板材为玻璃、金属、石材等不同板材组成的建筑幕墙。

（5）单元建筑幕墙：由金属构架、各种板材组装成一层楼高单元板块的建筑幕墙。

（6）小单元建筑幕墙：由金属副框、各种单块板材，采用金属挂钩与立柱、横梁连接的可拆装的建筑幕墙。

（7）结构胶：幕墙中粘结各种板材与金属构架、板材与板材的受力用的粘结材料。

（8）硅酮耐候胶：幕墙嵌缝用的低模数中性硅酮密封材料。

（9）相容性：粘结密封材料与其他材料接触时，不发生影响粘结密封材料粘结性的物理、化学变化的性能。

3. 材料要求

材料是保证幕墙质量和安全的物质基础。幕墙所使用的材料概括起来，基本上可有四大类型。即：骨架材料、板材、密封填缝材料、结构粘结材料。这些材料由于生产厂家不同，质量差别还是较大的。因此，为确保幕墙安全可靠，就要求幕墙所使用的材料都必须符合国家或行业标准规定的质量指标；对其中少量暂时还没有国家或行业标准的材料，可按国外先进国家同类产品标准要求；生产企业制定的企业标准只作为产品质量控制的依据。总之，不合格的材料严禁使用，出厂时，必须有出厂合格证。

幕墙处于建筑物的外表面，经常会受到自然环境不利因素的影响，如日晒、雨淋、冰冻、风沙等不利因素的侵蚀。因此，要求幕墙材料有足够的耐候性和耐久性。

硅酮结构密封胶、耐候硅酮密封胶必须有与接触材料相容性的试验和报告，橡胶条应有保证年限及组分化验单。两种胶目前在玻璃幕墙上已被广泛采用，而且已有了比较成熟的经验，应十分重视对石材的粘结和密封，因石材是多孔的材料，不论是硅酮结构胶还是耐候硅酮密封胶都应采用石材专用的，以确保石材长久不被污染，否则不能使用。

1）石材

（1）幕墙石材宜选用火成岩，石材吸水率应小于 0.8%。

（2）花岗石板材的弯曲强度应经法定检测机构检测确定，其弯曲强度不应小于 8.0MPa。

（3）幕墙石材的技术要求和性能试验方法应符合国家现行标准的规定。

2）金属材料

幕墙采用的不锈钢奥氏体不锈钢材，其技术要求和性能试验方法应符合国家现行标准的规定。

3）建筑密封材料

（1）幕墙采用的橡胶制品宜采用三元乙丙橡胶、氯丁橡胶；密封胶条应为挤出成型，橡胶块应为压模成型。

（2）密封胶条的技术要求和性能试验方法应符合国家现行标准的规定。

4）硅酮结构密封胶

（1）幕墙应采用中性硅酮结构密封胶；硅酮结构密封胶分单组分和双组分，其性能应符合现行国家标准《建筑用硅酮结构密封胶》GB 16776 的规定。

（2）同一幕墙工程应采用同一品牌的单组分或双组分的硅酮结构密封胶，并应有保质年限的质量证书。用于石材幕墙的硅酮结构密封胶还应有证明无污染的试验报告。

（3）同一幕墙工程应采用同一品牌的硅酮结构密封胶和硅酮耐候密封胶配套使用。

（4）硅酮结构密封胶和硅酮耐候密封胶应在有效期内使用。

4. 幕墙性能

（1）幕墙的性能应包括下列项目：

① 风压变形性能。

② 雨水渗漏性能。

③ 空气渗透性能。

④ 平面内变形性能。

⑤ 保温性能。

⑥ 隔声性能。

⑦ 耐撞击性能。

（2）幕墙的性能等级应根据建筑物所在地的地理位置、气候条件、建筑物的高度、体形及周围环境进行确定。

（3）幕墙构架的立柱与横梁在风荷载标准值作用下，钢型材的相对挠度不应大于 $L/300$（$L$ 为立柱或横梁两支点间的跨度），绝对挠度不应大于 15mm；铝合金型材的相对挠度不应大于 $L/180$，绝对挠度不应大于 20mm。

（4）幕墙在风荷载标准值除以阵风系数后的风荷载值作用下，不应发生雨水渗漏。其雨水渗漏性能应符合设计要求。

（5）有热工性能要求时，幕墙的空气渗透性能应符合设计要求。

（6）幕墙的平面内变形性能应符合下列规定：

① 平面内变形性能可用建筑物的层间相对位移值表示；在设计允许的相对位移范围内，幕墙不应损坏。

② 平面内变形性能应按主体结构弹性层间位移值的 3 倍进行设计。

5. 金属与石材幕墙工程验收时应提交的资料

(1) 设计图纸、计算书、文件、设计更改的文件等。

(2) 材料、零部件、构件出厂质量合格证书，硅酮结构胶相容性试验报告及幕墙的物理性能检验报告。

(3) 石材的冻融性试验报告。

(4) 金属板材表面氟碳树脂涂层的物理性能试验报告。

(5) 隐蔽工程验收文件。

(6) 施工安装自检记录。

(7) 预制构件出厂质量合格证书。

(8) 其他质量保证资料。

### 9.2.3 小单元建筑幕墙

《小单元建筑幕墙》JG/T 216，规定了小单元建筑幕墙的术语和定义、分类、材料、要求、试验方法、检验规则、标志、使用说明书、包装、运输、贮存。该标准适用于以玻璃、石材、金属板为面板材料的挂插式小单元建筑幕墙。人造板材小单元建筑幕墙可参照使用。

1. 定义

(1) 小单元建筑幕墙：小单元板块与构件式或单元式幕墙框架采用挂钩和插接连接的、可方便安装和拆换的幕墙。

(2) 空隙小单元建筑幕墙：幕墙面板间不注密封胶但具有密封性能的小单元建筑幕墙。

(3) 小单元板块：由墙面板和支撑附框在工厂预制成的挂插式连接的幕墙组件。

2. 分类

(1) 按面板材料可分为：小单元玻璃幕墙、小单元石材幕墙、小单元金属板幕墙。

(2) 按附框形式构造面板材料可分为：明框小单元玻璃幕墙、隐框小单元玻璃幕墙、半隐框小单元建筑幕墙。

(3) 按密封形式可分为：注胶密封小单元建筑幕墙、空缝密封小单元建筑幕墙。

3. 材料要求

1) 金属构件

(1) 铝合金

铝合金型材和板材应符合标准规定，精度为高精级，表面处理层厚度应满足要求。

(2) 钢材

幕墙构件与支撑结构所选用的结构钢应符合标准的规定。不锈钢宜采用奥氏体不锈钢。钢材表面应具有抗腐蚀能力，并采取措施避免双金属的接触腐蚀。

2) 橡胶及胶粘密封材料

(1) 密封胶及胶粘剂

① 幕墙选用的密封胶性能应符合标准的规定，位移能力还应符合设计位移量的要求。

② 所有与多孔性材料面板接触、粘结的密封胶应符合相关标准对面材的污染性要求。干挂石材幕墙用环氧型胶粘剂应符合相关标准对面板的污染性要求。

（2）橡胶密封条

幕墙用橡胶密封条宜采用三元乙丙橡胶、氯丁橡胶或硅橡胶，符合相关标准的规定。

3）面板材料

（1）玻璃

幕墙用的钢化玻璃、夹层玻璃、中空玻璃除应符合相关标准的规定外，还应符合《小单元建筑幕墙》JG/T 216 的规定。

（2）石材

① 石材面板的性能应满足建筑物所在地的地理、气候、环境及幕墙设计功能的要求，并符合相关标准的规定。

② 幕墙选用的石材的放射性应符合《建筑材料放射性核素限量》GB 6566 中 A 级、B 级、C 级的要求。

③ 石材表面应进行防护处理。

（3）金属板

金属板幕墙可按建筑设计的要求，选用单层铝板、铝塑复合板、蜂窝铝板、彩色钢板、搪瓷涂层钢板、不锈钢板、锌合金板、钛合金板、铜合金板作为面板材料。各种金属面板材料的选择应满足《小单元建筑幕墙》JG/T 216 的相应要求。

4. 中间检验组批

（1）同一工程、同种型号、同种类型的构件及小单元板块以 100 件为一批，不足 100 件时按一批计，随机抽取 10 件。

（2）隐框及半隐框小单元板块每 100 件抽取 1 件进行剥离试验。

（3）淋水试验的检验批按设计、材料、工艺和施工条件相同的小单元幕墙 500m$^2$ 为一个检验批，不足 500m$^2$ 应划为一个独立的检验批。每个检验批随机抽查 5 处，每处应至少包括三条竖缝和三条横缝，异形幕墙可取同一区域的 9 条分格缝。

5. 出厂检验组批

（1）幕墙试验样品应具有代表性，不同结构的幕墙可分别或以组合形式进行必检项目的检验。

（2）安装工艺质量的检验：设计、材料、工艺和施工条件相同的小单元幕墙 500～1000m$^2$ 为一个检验批，不足 500m$^2$ 应划为一个独立的检验批。同一单位工程中不连续的幕墙工程应单独划分检验批。每个检验批每 100m$^2$ 应至少抽查 1 处，且每处不得少于 10m$^2$。

（3）淋水试验：按上述（2）条进行组批，每个检验批随机抽查 5 处，每处应至少包括三条竖缝和三条横缝，异形幕墙可取同一区域的 9 条分格缝。

# 9.3　幕墙工程检测方法

建筑幕墙作为建筑物外围护结构的重要组成部分，其性能直接影响到建筑物的美观、安全、节能、环保等诸多方面。采用科学、合理、准确的方法检测建筑幕墙工程的质量，是保证建筑幕墙正常使用的前提条件。

建筑幕墙检测技术近年来发展迅速，原有检测方法多为实验室检测方法。近年来，建筑幕墙工程检测要求与日俱增，新的工程检测技术不断发展和完善。幕墙检测从实验室对幕墙设计验证性检测逐步走向对建筑幕墙工程现场检测，这对我国建筑幕墙产品质量和工程质量的提高起到了积极的促进作用，使得建筑幕墙工程检测更能达到方法可靠、技术适用、数据准确、评价正确的要求。

### 9.3.1 适用范围及类别

1. 适用范围

《建筑幕墙工程检测方法标准》JGJ/T 324，适用于新建和已竣工建筑幕墙工程的现场检测和实验室检测。

2. 检测项目

根据幕墙工程的不同阶段、工程实际情况和委托要求，可选择现场检测和实验室检测。现场检测可在工程现场完成对幕墙的检测，检测对象可包括幕墙试件本身及幕墙与其他结构之间的接缝部位，但检测难度较高；实验室检测技术成熟、先进、稳定性好，但只能对试件本身进行检测。工程现场检测和实验室检测往往是相辅相成的，工程现场检测不能替代产品的交收检验、形式检验和新建、改建、扩建幕墙的设计验证性实验室检测。

3. 检测类别

建筑幕墙工程检测方法可对幕墙的寿命周期各个阶段进行检测。根据检测地点的不同，检测类别可分为现场检测和实验室检测，二者是相互补充的关系。实验室检测条件较好，设备稳定，当建筑幕墙工程尚未进行施工安装，有条件进行实验室检测时，建议进行实验室检测；而当幕墙工程已经安装竣工，或已经运行多年之后，往往不具备实验室检测条件，这种情况下，应采用现场检测为主；当工程不宜进行现场检测或有必要进行实验室检测时，可取样到实验室检测。根据幕墙安全及节能等要求，气密、水密、抗风压和保温性能检测应为必检项目。

实验室检测所选样品能代表幕墙设计方案，但不一定能全面反映工程的实际情况；幕墙工程现场检测虽难度较大，但检测结果能真实地反映幕墙的实际性能和质量水平。随着检测设备和检测方法的不断增加和完善，工程现场检测项目已逐渐增多，特别是我国许多既有幕墙已达到或将达到建筑设计使用年限，加之早期建筑幕墙在设计、施工中可能存在较多的问题，所以采用现场检测来评定既有幕墙的实际性能已是非常现实的问题。另外，当建筑幕墙工程不具备实验室检测条件或需要进行实地验证时，宜进行工程现场检测。

建筑幕墙的检测类别可根据幕墙工程的不同阶段按表 9.3.1-1 确定。当现场检测和实验室检测均适用时，对于已经安装的幕墙工程及材料，宜进行现场检测；对于未安装的幕墙工程及材料，宜进行实验室检测。

### 9.3.2 检测程序

1. 建筑幕墙工程检测程序
（1）检测方接受委托方的委托，并明确检测要求。
（2）勘验现场、查阅设计文件、制订检测方案。
（3）双方确认检测方案。

幕墙工程的不同阶段适用的检测类别　　　　表 9. 3. 1-1

| 序号 | 幕墙工程的不同阶段 | 检测类别 | |
| :---: | :---: | :---: | :---: |
| | | 实验室检测 | 现场检测 |
| 1 | 设计验证 | √ | × |
| 2 | 生产加工 | √ | × |
| 3 | 施工安装 | √ | √ |
| 4 | 交付验收 | ○ | √ |
| 5 | 使用运行 | ○ | √ |

注：√—适用；×—不适用；○—现场可以取样时适用。

（4）签订检测合同。

（5）开展现场检测、实验室检测。

（6）出具检测报告。

2. 程序框图及内容

建筑幕墙工程检测程序框图见图 9.3.2-1 所示。

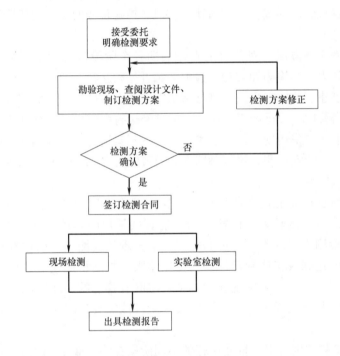

图 9.3.2-1　检测程序

（1）委托方提供的工程资料，是检测人员获取建筑幕墙信息的重要技术资料，检测各方均应对此项工作予以重视。工程主体相关资料包括建筑设计说明、建筑高度、层高等；幕墙用材料包括面板、金属构件、密封材料、五金件及附件等。

（2）现场勘验可为检测人员提供更为详细的工程概况、试件信息和工程安装使用情况。通过现场勘验，可初步确定幕墙的检测项目和检测方法，为制订详细的检测方案提供依据。现场勘验应对幕墙的状态进行详细调查和初步检查，同时宜查阅相关的存档文件，包括建筑幕墙计算书、竣工图纸、隐蔽工程验收记录、竣工验收资料、材料进场检测报告、性能检验报告等。工程现场勘察阶段可进行简单的初步检测，一般可采用目测、手试或借助简单的工具对可视部位进行检查和检测。现场勘察还可明确建筑幕墙是否具备现场检测条件，对不具备现场检测条件的幕墙部件进行标注。现场勘察是检测人员获取的最直接的第一手工程信息，是编制检测方案的重要依据。

（3）检测方案应由检测方提出，这是因为检测方具有专业的检测技术、检测设备、检测人员和检测经验。检测方案是委托双方共同开展检测工作的重要依据，因此应由委托方予以确认，检测方案尽可能细致。在检测进行过程中，需要对检测方案进行修改或补充时，应由检测方修改并经委托方重新确认。

（4）对于现场检测的组批要求，现行行业标准《玻璃幕墙工程质量检验标准》JGJ/T 139 及其他相关标准都有所规定，抽样数量应满足标准要求。对于各单项性能检测，抽样数量应符合相应检测方法规定的最小数量，根据检测结果分别评定。

（5）委托要求和检测目的可分为安全性、节能性、适用性和耐久性等，不同的检测项目和不同的检测目的相对应。当检测项目与检测目的相对应时，该项目应为必检项目。

### 9.3.3 检测方案

1. 委托方应向检测方提交资料
（1）检测目的、检测要求、检测项目及检测所依据的标准。
（2）幕墙所在建筑工程主体的相关资料。
（3）幕墙工程设计文件，包括设计说明、图纸及计算书等。
（4）幕墙出厂相关质量文件。
（5）已有的检测报告。
（6）施工过程质量控制及阶段验收文件。
（7）幕墙用材料的产品合格证和性能检测报告；对于硅酮结构胶和密封胶，还应提供与其相接触材料的剥离粘结性与相容性检验报告。

2. 现场勘验
现场检测前应进行工程现场勘验，并宜包括下列内容：
（1）查阅待检测幕墙工程的设计、施工、验收资料；
（2）调查幕墙现状，记录出现的问题；
（3）向有关设计、施工、监理、使用等人员了解相关情况；
（4）明确委托方的检测要求。

3. 检测方案
检测方应编制幕墙工程的检测方案，并应经过委托方确认。检测方案宜包括下列内容：
（1）建筑幕墙工程概况：对于幕墙的形式检验和新型幕墙开发研究，应包括幕墙类型、规格、适用范围等；对于新建和已竣工的幕墙工程，应包括幕墙类型、面积，建筑结构形式、层高、总高，设计、施工及监理单位，幕墙工程开工和竣工日期等。
（2）检测目的和要求。
（3）检测依据。
（4）检测项目及样品要求，现场检测还应包括抽样方案。

（5）检测设备和检测方法说明。

（6）检测进度计划。

（7）需委托方配合的工作。

（8）检测中拟采取的安全及环保措施。

（9）对检测中可能发生局部损坏的程度说明以及修复方案。

4. 检测批量

建筑幕墙进行现场检测时，应根据检测方案现场抽取具备检测条件的幕墙试件。检测组批及抽样数量应符合现行行业标准《玻璃幕墙工程质量检验标准》JGJ/T 139 的规定，并应满足性能评定的最少数量要求。

### 9.3.4　检测报告

1. 检测项目与检测目的

1）以安全性为检测目的

以安全性为检测目的的检测项目有材料、连接、安装质量、抗风压性能、平面内变形性能、抗冲击性能、抗震性能和抗爆炸冲击波性能。

2）以节能性为检测目的

以节能性为检测目的的检测项目有气密性能和热工性能。

3）以适用性为检测目的

以适用性为检测目的的检测项目有水密性能、光学性能和隔声性能。

4）以耐久性为检测目的

以耐久性为检测目的的检测项目有热循环性能。

2. 检测报告

检测报告应包括下列内容：

（1）委托方名称。

（2）检测项目及依据的标准。

（3）幕墙工程情况描述，包括工程名称、地点、设计要求、产品名称、生产厂家、施工单位、幕墙的使用年限等。

（4）试件名称、系列、类型、规格尺寸、材料、构造、五金件及其位置的详细情况。

（5）试件外立面图、纵横剖面和节点图；试件的支承体系和可开启部分的开启方式。

（6）现场检测时，还应包括检测单元的位置、幕墙类型、系列及规格尺寸。

（7）试件检测前的存放情况。

（8）检测过程中发生破坏的详细情况。

（9）检测结束后，试样的情况描述及定级结果。

（10）检测结果及判定。

（11）实验室名称和地址。

（12）检测使用的仪器。

（13）检测日期。

（14）检测环境条件。

（15）主检、审核及批准人的签名。

# 第10章 建筑幕墙物理性能检测技术

## 10.1 概 述

近年来，伴随着建筑业中新技术、新材料、新工艺的发展和应用，采用建筑幕墙做外围护的建筑物日益增多。为适应建筑幕墙工程在设计、制作、施工等系统的质量控制，质量检测及性能等级评定的需要，确保幕墙工程的质量安全和使用功能，贯彻国家和各级建设行政主管部门对幕墙产品加强物理性能检测的要求，很有必要。

建筑幕墙的物理性能定义为建筑幕墙气密性能、水密性能、抗风压性能、层间变形性能、保温性能等多项物理性能指标。

建筑工程所有幕墙及幕墙材料必须按照国家有关规定进行使用前检测，检测合格后方可使用。

试件的制作安装由工程实际承包的制作单位施工负责。试件可由制作单位在工厂生产后，在幕墙检测现场安装。试件所用的各种金属材料、胶粘材料、玻璃及配件应符合我国现行的质量技术标准，并有相应的质量保证书和产品合格证。试件的规格、制作工艺、装配组合工艺、节点处理应符合设计要求，并符合我国现行的建筑幕墙技术标准、规范、规程，试件应能代表幕墙工程实际状况。

### 10.1.1 产品分类

幕墙的分类形式较多，而且不完全统一，常见的分类方式有以下几种。

1. 按支承结构分类

按主要支承结构形式分类及标记代号，见表 10.1.1-1。

建筑幕墙主要支承结构形式分类及标记代号 表 10.1.1-1

| 主要支承结构 | 构件式 | 单元式 | 点支承 | 全玻 | 双层 |
|---|---|---|---|---|---|
| 代号 | CJ | DY | DZ | QB | SM |

2. 按密闭形式分类

按密闭形式分类及标记代号，见表 10.1.1-2。

幕墙密闭形式分类及标记代号 表 10.1.1-2

| 密闭形式 | 封闭式 | 开放式 |
|---|---|---|
| 代号 | FB | KF |

3. 按面板材料分类

(1) 玻璃幕墙，代号为 BL。

(2) 金属板幕墙，代号见表 10.1.1-3。

（3）石材幕墙，代号为 SC。

（4）人造板材幕墙，代号见表 10.1.1-4。

（5）组合面板幕墙，代号为 ZH。

金属板面板材料分类及标记代号　　　　表 10.1.1-3

| 材料名称 | 单层铝板 | 铝塑复合板 | 蜂窝铝板 | 彩色涂层钢板 | 搪瓷涂层钢板 | 锌合金板 | 不锈钢板 | 铜合金板 | 钛合金板 |
|---|---|---|---|---|---|---|---|---|---|
| 代号 | DL | SL | FW | CG | TG | XB | BG | TN | TB |

人造板材材料分类及标记代号　　　　表 10.1.1-4

| 材料名称 | 瓷板 | 陶板 | 微晶玻璃 |
|---|---|---|---|
| 标记代号 | CB | TB | WJ |

4. 按面板支撑及单元接口形式分类

（1）构件式玻璃幕墙面板支承形式分类及标记代号，见表 10.1.1-5。

（2）石材幕墙、人造板材幕墙面板支承形式分类及标记代号，见表 10.1.1-6。

（3）单元式幕墙单元部件接口形式分类及标记代号，见表 10.1.1-7。

（4）点支承玻璃幕墙单面板支承形式分类及标记代号，见表 10.1.1-8。

（5）全玻幕墙面板支承形式分类及标记代号，见表 10.1.1-9。

构件式玻璃幕墙面板支承形式分类及标记代号　　　　表 10.1.1-5

| 支承形式 | 隐框结构 | 半隐框结构 | 明框结构 |
|---|---|---|---|
| 代号 | YK | BY | MK |

石材幕墙、人造板材幕墙面板支承形式分类及标记　　　　表 10.1.1-6

| 支承形式 | 嵌入 | 钢销 | 短槽 | 通槽 | 勾托 | 平挂 | 穿透 | 蝶形背卡 | 背栓 |
|---|---|---|---|---|---|---|---|---|---|
| 代号 | QR | GX | DC | TC | GT | PG | CT | BK | BS |

单元式幕墙单元部件接口形式分类及标记代号　　　　表 10.1.1-7

| 接口形式 | 插接型 | 对接型 | 连接型 |
|---|---|---|---|
| 标记代号 | CJ | DJ | LJ |

点支承玻璃幕墙单面板支承形式分类及标记　　　　表 10.1.1-8

| 支承形式 | 钢结构 | 索杆结构 | 玻璃肋 |
|---|---|---|---|
| 标记代号 | GG | RG | BLL |

全玻幕墙面板支承形式分类及标记代号　　　　表 10.1.1-9

| 支承形式 | 落地式 | 吊挂式 |
|---|---|---|
| 标记代号 | LD | DG |

5. 按通风方式（双层幕墙）分类

双层幕墙按通风方式分类及标记代号，见表 10.1.1-10。

双层幕墙通风方式分类及标记代号　　　　表 10.1.1-10

| 通风方式 | 外通风 | 内通内 |
|---|---|---|
| 代号 | WT | NT |

## 10.1.2　性能及分级

### 1. 抗风压性能

（1）幕墙的抗风压性能指标应根据幕墙所承受的风荷载标准值 $W_k$ 确定，其标准值不应低于 $W_k$，且不应小于 1.0kPa。$W_k$ 的计算应符合《建筑结构荷载规范》GB 50009 的规定。

（2）在抗风压性能作用下，幕墙的支承体系和面板的相对挠度和绝对挠度不应大于表 10.1.2-1 的规定。

幕墙支承结构、面板相对挠度和绝对挠度要求　　表 10.1.2-1

| 支承结构类型 | | 相对挠度（L 跨度） | 绝对挠度（mm） |
|---|---|---|---|
| 构件式玻璃幕墙 单元式幕墙 | 铝合金型材 | $L/180$ | $20(30)^a$ |
| | 钢型材 | $L/250$ | $20(30)^a$ |
| | 玻璃面板 | 短边距/60 | — |
| 石材幕墙 金属板幕墙 人造板材幕墙 | 铝合金型材 | $L/180$ | — |
| | 钢型材 | $L/250$ | — |
| 点支承玻璃幕墙 | 钢结构 | $L/250$ | — |
| | 索杆结构 | $L/200$ | — |
| | 玻璃面板 | 长边孔距/60 | — |
| 全玻璃墙 | 玻璃肋 | $L/200$ | — |
| | 玻璃面板 | 跨距/60 | — |

注：a. 括号内数据适用于跨距超过 4500mm 的建筑幕墙产品。

（3）开放式建筑幕墙的抗风压性能应符合设计要求。

（4）抗风压性能分级指标应符合上述（1）的规定，并符合表 10.1.2-2 的规定。

建筑幕墙抗风压性能分级　　表 10.1.2-2

| 分级代号 | 1 | 2 | 3 | 4 | 5 | 6 | 7 | 8 | 9 |
|---|---|---|---|---|---|---|---|---|---|
| 分级指标值 $P_3$（kPa） | $1.0 \leqslant P_3 < 1.5$ | $1.5 \leqslant P_3 < 2.0$ | $2.0 \leqslant P_3 < 2.5$ | $2.5 \leqslant P_3 < 3.0$ | $3.0 \leqslant P_3 < 3.5$ | $3.5 \leqslant P_3 < 4.0$ | $4.0 \leqslant P_3 < 4.5$ | $4.5 \leqslant P_3 < 5.0$ | $P_3 \geqslant 5.0$ |

注：1. 9 级时需同时标注 $P_3$ 的测试值。如：属 9 级（5.5kPa）。
　　2. 分级指标值 $P_3$ 为正、负风压测试值绝对值的较小值。

### 2. 水密性能

（1）水密性能指标的确定方法：

①《建筑气候区划标准》GB 50178 中，ⅢA、ⅣA 地区，即热带风暴和台风多发地区，按下式计算，且固定部分不宜小于 1000Pa，可开启部分与固定部分同级。

$$P = 1000\mu_s\mu_c\omega_u \qquad (10.1.2-1)$$

式中　$P$——水密性能指标（Pa）；

　　　$\mu_s$——风压高度变化系数，按《建筑结构荷载规范》GB 50009 的有关规定采用；

　　　$\mu_c$——风力系数，可取 1.2；

$\omega_u$——基本风压，按《建筑结构荷载规范》GB 50009 的有关规定采用；

② 其他地区可按上述①条计算值的 75% 进行设计，且固定部分不宜低于 700Pa，可开启部分与固定部分同级。

（2）水密性能分级指标应符合表 10.1.2-3 的规定。

建筑幕墙水密性能分级　　　　　　　　　　　　表 10.1.2-3

| 分级代号 | | 1 | 2 | 3 | 4 | 5 |
|---|---|---|---|---|---|---|
| 分级指标值 $\Delta P$(Pa) | 固定部分 | $500 \leqslant \Delta P$ $<700$ | $700 \leqslant \Delta P$ $<1000$ | $1000 \leqslant \Delta P$ $<1500$ | $1500 \leqslant \Delta P$ $<2000$ | $\Delta P \geqslant 2000$ |
| | 可开启部分 | $250 \leqslant \Delta P$ $<350$ | $350 \leqslant \Delta P$ $<500$ | $500 \leqslant \Delta P$ $<700$ | $700 \leqslant \Delta P$ $<1000$ | $\Delta P \geqslant 1000$ |

注：5 级时需同时标注固定部分和开启部分 $\Delta P$ 的测试值。

（3）有水密性要求的建筑幕墙在现场淋水试验中，不应发生水渗漏现象。

（4）开放式建筑幕墙的水密性能可不作要求。

3. 气密性能

（1）气密性能指标应符合《民用建筑热工设计规范》GB 50176、《公共建筑节能设计标准》GB 50189、《居住建筑节能检测标准》JGJ/T 132、《夏热冬冷地区居住建筑节能设计标准》JGJ 134、《严寒和寒冷地区居住建筑节能设计标准》JGJ 26 的有关规定，并满足相关节能标准的要求。一般情况可按表 10.1.2-4 确定。

建筑幕墙气密性能设计指标一般规定　　　　　　　　表 10.1.2-4

| 地区分类 | 建筑层数、高度 | 气密性能分级 | 气密性能指标小于 | |
|---|---|---|---|---|
| | | | 开启部分 $q_L$ [m³/(m·h)] | 幕墙整体 $q_A$ [m³/(m²·h)] |
| 夏热冬暖地区 | 10 层以下 | 2 | 2.5 | 2.0 |
| | 10 层及以上 | 3 | 1.5 | 1.2 |
| 其他地区 | 7 层以下 | 2 | 2.5 | 2.0 |
| | 7 层及以上 | 3 | 1.5 | 1.2 |

（2）开启部分气密性能分级指标应符合表 10.1.2-5 的要求。

建筑幕墙开启部分气密性能分级　　　　　　　　　表 10.1.2-5

| 分级代号 | 1 | 2 | 3 | 4 |
|---|---|---|---|---|
| 分级指标值 $q_L$[m³/(m·h)] | $4.0 \geqslant q_L > 2.5$ | $2.5 \geqslant q_L > 1.5$ | $1.5 \geqslant q_L > 0.5$ | $q_L \leqslant 0.5$ |

（3）幕墙整体（含开启部分）气密性能分级指标应符合表 10.1.2-6 的要求。

建筑幕墙整体气密性能分级　　　　　　　　　　表 10.1.2-6

| 分级代号 | 1 | 2 | 3 | 4 |
|---|---|---|---|---|
| 分级指标值 $q_A$[m³/(m²·h)] | $4.0 \geqslant q_A > 2.0$ | $2.0 \geqslant q_A > 1.2$ | $1.2 \geqslant q_A > 0.5$ | $q_A \leqslant 0.5$ |

（4）开放式建筑幕墙的气密性能可不作要求。

4. 热工性能

（1）建筑幕墙传热系数应按《民用建筑热工设计规范》GB 50176 的规定确定，并满足《公共建筑节能设计标准》GB 50189、《居住建筑节能检测标准》JGJ/T 132、《夏热冬冷地区居住建筑节能设计标准》JGJ 134、《严寒和寒冷地区居住建筑节能设计标准》JGJ 26 和《夏热冬暖地区居住建筑节能设计标准》JGJ 75 的要求。玻璃幕墙遮阳系数应满足《公共建筑节能设计标准》GB 50189 和《夏热冬暖地区居住建筑节能设计标准》JGJ 75 的要求。

（2）幕墙传热系数应按相关规范进行设计计算。

（3）幕墙在设计环境条件下应无结露现象。

（4）对热工性能有较高要求的建筑，可进行现场热工性能试验。

（5）幕墙传热系数分级指标应符合表 10.1.2-7 的要求。

建筑幕墙传热系数分级　　　　　　　　　　　表 10.1.2-7

| 分级代号 | 1 | 2 | 3 | 4 | 5 | 6 | 7 | 8 |
|---|---|---|---|---|---|---|---|---|
| 分级指标值 $K$ [W/(m² · K)] | $K \geqslant 5.0$ | $5.0 > K \geqslant 4.0$ | $4.0 > K \geqslant 3.0$ | $3.0 > K \geqslant 2.5$ | $2.5 > K \geqslant 2.0$ | $2.0 > K \geqslant 1.5$ | $1.5 > K \geqslant 1.0$ | $K < 1.0$ |

注：8 级时需同时标注 $K$ 的测试值。

（6）玻璃幕墙的遮阳系数

① 遮阳系数应按相关规范进行设计计算。

② 玻璃幕墙的遮阳系数分级指标 $SC$ 应符合表 10.1.2-8 的要求。

玻璃幕墙遮阳系数分级　　　　　　　　　　　表 10.1.2-8

| 分级代号 | 1 | 2 | 3 | 4 | 5 | 6 | 7 | 8 |
|---|---|---|---|---|---|---|---|---|
| 分级指标值 $SC$ | $0.9 \geqslant SC > 0.8$ | $0.8 \geqslant SC > 0.7$ | $0.7 \geqslant SC > 0.6$ | $0.6 \geqslant SC > 0.5$ | $0.5 \geqslant SC > 0.4$ | $0.4 \geqslant SC > 0.3$ | $0.3 \geqslant SC > 0.2$ | $SC \leqslant 0.2$ |

注：1. 8 级时需同时标注 $SC$ 的测试值。

　　2. 玻璃幕墙遮阳系数＝幕墙玻璃遮阳系数×外遮阳的遮阳系数× $\left(1 - \dfrac{\text{非透光部分面积}}{\text{玻璃幕墙总面积}}\right)$

（7）开放式建筑幕墙的热工性能应符合要求。

5. 空气声隔声性能

（1）空气声隔声性能以计权隔声量作为分级指标，应满足室内声环境的需要，符合《民用建筑隔声设计规范》GB 50118 的规定。

（2）空气声隔声性能以计权隔声量作为分级指标，应符合表 10.1.2-9 的要求。

建筑幕墙空气声隔声性能分级　　　　　　　　　　　表 10.1.2-9

| 分级代号 | 1 | 2 | 3 | 4 | 5 |
|---|---|---|---|---|---|
| 分级指标值 $R_w$(dB) | $25 \leqslant R_w < 30$ | $30 \leqslant R_w < 35$ | $35 \leqslant R_w < 40$ | $40 \leqslant R_w < 45$ | $R_w \geqslant 45$ |

注：5 级时需同时标注 $R_w$ 测试值。

（3）开放式建筑幕墙的空气声隔声性能应符合要求。

6. 平面内变形性能和抗震要求

（1）抗震性能应满足《建筑抗震设计规范》GB 50011 的要求。

（2）平面内变形性能：

① 建筑幕墙平面内变形性能以建筑幕墙层间位移角为性能指标。在非抗震设计时，指标值应不小于主体结构弹性层间位移角抗震值；在抗震设计时，指标值应不小于主体结构弹性层间位移角控制值的 3 倍。主体结构楼层最大弹性层间位移角控制值可按表

10.1.2-10 执行。

**主体结构楼层最大弹性层间位移角**　　　　　　　　　　表 10.1.2-10

| 结构类型 | | 建筑高度 $H$(m) | | |
|---|---|---|---|---|
| | | $H \leqslant 150$ | $150 < H \leqslant 250$ | $H > 250$ |
| 钢筋混凝土结构 | 框架 | 1/550 | — | — |
| | 板柱-剪力墙 | 1/800 | — | — |
| | 框架-剪力墙、框架-核心筒 | 1/800 | 线性插值 | — |
| | 筒中筒 | 1/1000 | 线性插值 | 1/500 |
| | 剪力墙 | 1/1000 | 线性插值 | — |
| | 框支层 | 1/1000 | — | — |
| 多、高层钢结构 | | 1/300 | | |

注：1. 表中弹性层间位移角 $= \Delta / h$，$\Delta$ 为最大弹性层间位移量，$h$ 为层高。
　　2. 线性插值系指建筑高度在 150～250m 间，层间位移角取 1/800（1/1000）与 1/500 线性插值。

② 平面内变形性能分级指标应符合表 10.1.2-11 的要求。

**建筑幕墙平面内变形性能分级**　　　　　　　　　　表 10.1.2-11

| 分级代号 | 1 | 2 | 3 | 4 | 5 |
|---|---|---|---|---|---|
| 分级指标值 $\gamma$ | $\gamma < 1/300$ | $1/300 \leqslant \gamma < 1/200$ | $1/200 \leqslant \gamma < 1/150$ | $1/150 \leqslant \gamma < 1/100$ | $\gamma \geqslant 1/100$ |

注：表中分级指标为建筑幕墙层间位移角。

（3）建筑幕墙应满足所在地抗震设防烈度的要求。对有抗震设防烈度要求的建筑幕墙其试验样品在设计的试验峰值加速度条件下不应发生破坏。幕墙具备下列条件之一时应进行振动台抗震性能试验或其他可行的验证试验：

① 面板为脆性材料，且单块面板面积或厚度超过现行标准或规范的限制。

② 面板为脆性材料，且与后部支撑结构的连接体系首次使用。

③ 应用高度超过标准或规范规定的高度限制。

④ 所在地区为 9 度以上（含 9 度）设防烈度。

7. 耐撞击性能

（1）耐撞击性能应满足设计要求。人员流动密度大、幼儿活动的公共建筑的建筑幕墙，耐撞击性能指标不应低于表 10.1.2-12 中的 2 级。

（2）撞击能量与撞击物体的降落高度分级指标和表示方法应符合表 10.1.2-12 的要求。

**建筑幕墙耐撞击性能分级**　　　　　　　　　　表 10.1.2-12

| 分级指标 | | 1 | 2 | 3 | 4 |
|---|---|---|---|---|---|
| 室内侧 | 撞击能量 $E$(N·m) | 700 | 900 | >900 | — |
| | 降落高度 $H$(mm) | 1500 | 2000 | >2000 | — |
| 室外侧 | 撞击能量 $E$(N·m) | 300 | 500 | 800 | >800 |
| | 降落高度 $H$(mm) | 700 | 1100 | 1800 | >1800 |

注：1. 性能标注时应按：室内侧定级值/室外侧定级值。例如：2/3 为室内 2 级，室外 3 级。
　　2. 当室内侧定级值为 3 级时标注撞击能量实际测试值，当室外侧定级值为 4 级时标注撞击能量实际测试值。
　　　例如：1200/1900 室内 1200N·m，室外 1900N·m。

8. 光热性能

（1）有采光功能要求的幕墙，其透光折减系数不应低于 0.45。

（2）建筑幕墙采光性能分级指标透光折减系数应符合表 10.1.2-13 的要求。

建筑幕墙耐撞击性能分级　　　　　　　　　　　　　表 10.1.2-13

| 代级代号 | 1 | 2 | 3 | 4 | 5 |
|---|---|---|---|---|---|
| 分级指标值 $T_T$ | $0.2 \leqslant T_T < 0.3$ | $0.3 \leqslant T_T < 0.4$ | $0.4 \leqslant T_T < 0.5$ | $0.5 \leqslant T_T < 0.6$ | $T_T \geqslant 0.6$ |

注：5 级时需同时标注 $T_T$ 的测试值。

（3）玻璃幕墙的光热性能应符合《玻璃幕墙光热性能》GB/T 18091 的规定。

9. 承重性能

（1）幕墙应能承受自重和设计时规定的各种附件的重量，并能可靠地传递到主体结构。

（2）在自重标准值作用下，水平受力构件在单块面板两端跨距内的最大挠度不应超过该面板两端跨距的 1/500，且不应超过 3mm。

10. 层间变形性能

《建筑幕墙层间变形性能分级及检测方法》GB/T 18250，规定了建筑幕墙层间变形性能的术语和定义、分级、一般规定、检测原理、检测设备、加载方式、试件及安装要求、检测步骤、检测结果及评定和检测报告。该标准适用于建筑幕墙层间变形的定级检测和工程检测。

1）定义

（1）层间变形

在地震、风荷载等作用下，建筑物相邻两个楼层间在幕墙平面内水平方向（$X$ 轴）、平面外水平方向（$Y$ 轴，垂直于 $X$ 轴方向）和垂直方向（$Z$ 轴）的相对位移。$X$ 轴、$Y$ 轴、$Z$ 轴方向见图 10.1.2-1。

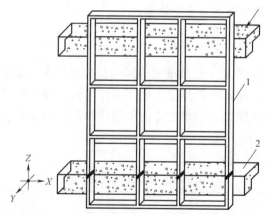

图 10.1.2-1　$X$ 轴、$Y$ 轴、$Z$ 轴方向示意图
1—幕墙试件；2—楼层

（2）幕墙层间变形性能

在建筑主体结构发生反复层间位移时，幕墙保持其自身及与主体连接部位不发生损坏及功能障碍的能力。

（3）拟静力试验

伪静力试验

低周反复加载试验

用一定的荷载控制或变形控制模拟地震作用或风荷载，对楼层进行低周反复加载，试验幕墙在楼层反复层间位移时的受力和变形过程。

（4）幕墙平面内变形性能

幕墙 $X$ 轴维度变形性能

楼层在 $X$ 轴维度反复位移时，幕墙保持其自身及与主体连接部位不发生损坏及功能障碍的能力。

（5）幕墙平面外变形性能

幕墙 $Y$ 轴维度变形性能

楼层在 $Y$ 轴维度反复位移时，幕墙保持其自身及与主体连接部位不发生损坏及功能障碍的能力。

（6）幕墙垂直方向变形性能

幕墙 $Z$ 轴维度变形性能

楼层在 $Z$ 轴维度反复位移时，幕墙保持其自身及与主体连接部位不发生损坏及功能障碍的能力。

（7）幕墙层间组合位移变形性能

楼层在 $X$ 轴、$Y$ 轴、$Z$ 轴三个维度中同时产生两个或三个维度的反复位移时，幕墙保持其自身及与主体连接部位不发生损坏及功能障碍的能力。

（8）层间位移角

沿 $X$ 轴、$Y$ 轴维度方向层间位移值和层高之比值。

（9）层间高度变化量

沿 $Z$ 轴维度方向相邻楼层间高度变化量。

2）分级

（1）分级指标

① 幕墙平面内变形性能以 $X$ 轴维度方向层间位移角作为分级指标值，用 $y_x$ 表示。

② 幕墙平面内变形性能以 $Y$ 轴维度方向层间位移角作为分级指标值，用 $y_y$ 表示。

③ 幕墙平面内变形性能以 $Z$ 轴维度方向层间位移角作为分级指标值，用 $\delta_z$ 表示。

（2）幕墙层间变形性能分级

建筑幕墙层间变形性能分级，见表 10.1.2-14。

**建筑幕墙层间变形性能分级** 表 10.1.2-14

| 分级指标 | 分级代号 | | | | |
| --- | --- | --- | --- | --- | --- |
| | 1 | 2 | 3 | 4 | 5 |
| $y_x$ | $1/400 \leqslant y_x < 1/300$ | $1/300 \leqslant y_x < 1/200$ | $1/200 \leqslant y_x \leqslant 1/150$ | $1/150 \leqslant y_x < 1/100$ | $y_x \geqslant 1/100$ |
| $y_y$ | $1/400 \leqslant y_y < 1/300$ | $1/300 \leqslant y_y < 1/200$ | $1/200 \leqslant y_y \leqslant 1/150$ | $1/150 \leqslant y_y < 1/100$ | $y_y \geqslant 1/100$ |
| $\delta_z$ (mm) | $5 \leqslant \delta_z < 10$ | $10 \leqslant \delta_z < 15$ | $15 \leqslant \delta_z < 20$ | $20 \leqslant \delta_z < 25$ | $\delta_z \geqslant 25$ |

注：5 级时应注明相应的数值，组合层间位移检测时分别注明级别。

11. 保温性能

《建筑幕墙保温性能分级及检测方法》GB/T 29043，规定了建筑幕墙保温性能术语和定义、分级、检测方法及检测报告。该标准适用于构件式幕墙和单元式幕墙传热系数以及抗结露因子的分级及检测，其他形式幕墙和有保温要求的透光围护结构可参照执行。

1）定义

（1）幕墙传热系数：表征建筑幕墙保温性能的参数。在稳定传热状态下，幕墙两侧空气温差为 1K，单位时间内通过单位面积的传热量。

（2）抗结露因子：表征玻璃幕墙阻抗表面结露能力的参数。在稳定传热状态下，幕墙试件玻璃（或幕墙框架）热侧表面温度与冷箱空气平均温度差和热箱空气平均温度与冷箱空气平均温度差的比值。

2）分级

（1）建筑幕墙传热系数

幕墙传热系数 $K$ 值分为 8 级，见表 10.1.2-15。

建筑幕墙传热系数分级　　　　　　　　　　表 10.1.2-15

| 分　　级 | 1 | 2 | 3 | 4 |
|---|---|---|---|---|
| 分级指标值 $K[W/(m^2 \cdot K)]$ | $K \geqslant 5.0$ | $5.0 > K \geqslant 4.0$ | $4.0 > K \geqslant 3.0$ | $3.0 > K \geqslant 2.5$ |
| 分　　级 | 5 | 6 | 7 | 8 |
| 分级指标值 $K[W/(m^2 \cdot K)]$ | $2.5 > K \geqslant 2.0$ | $2.0 > K \geqslant 1.5$ | $1.5 > K \geqslant 1.0$ | $K < 1.0$ |

（2）玻璃幕墙抗结露因子

玻璃幕墙抗结露因子 $CRF$ 值分为 8 级，见表 10.1.2-16。

玻璃幕墙抗结露因子分级　　　　　　　　　表 10.1.2-16

| 分　　级 | 1 | 2 | 3 | 4 |
|---|---|---|---|---|
| 分级指标值 $CRF$ | $CRF \leqslant 40$ | $40 < CRF \leqslant 45$ | $45 < CRF \leqslant 50$ | $50 < CRF \leqslant 55$ |
| 分　　级 | 5 | 6 | 7 | 8 |
| 分级指标值 $CRF$ | $55 < CRF \leqslant 60$ | $60 < CRF \leqslant 65$ | $65 < CRF \leqslant 75$ | $CRF > 75$ |

### 10.1.3　材料

幕墙所用材料执行标准参见《建筑幕墙》GB/T 21086，符合《玻璃幕墙工程技术规范》JGJ 102、《金属与石材幕墙工程技术规范》JGJ 133 和《建筑玻璃应用技术规程》JGJ 113 的规定。

1. 金属材料

1）铝合金

（1）铝合金型材和板材执行标准参见《建筑幕墙》GB/T 21086。

（2）铝合金隔热型材执行标准参见《建筑幕墙》GB/T 21086，应符合其中《铝合金建筑型材第 6 部分：隔热型材》GB/T 5237.6 的规定。

2）钢材

（1）幕墙构件与支撑结构所选用的结构钢执行标准参见《建筑幕墙》GB/T 21086。

（2）不锈钢材宜采用奥氏体不锈钢，执行标准参见《建筑幕墙》GB/T 21086。

（3）不锈钢复合钢管、板材执行标准参见《建筑幕墙》GB/T 21086，应符合其中《不锈钢复合钢板和钢带》GB/T 8165 的规定。

（4）钢材表面要具有抗腐蚀能力，并采取措施避免双金属的接触腐蚀。

2. 密封材料

1）胶

（1）玻璃幕墙用硅酮结构密封胶、硅酮接缝密封胶及金属、石材用密封胶必须在有效期内。

（2）幕墙接缝密封胶执行标准参见《建筑幕墙》GB/T 21086。位移能力级别应符合设计位移量的要求，不宜小于 20 级。

（3）干挂石材幕墙用环氧胶粘剂执行标准参见《建筑幕墙》GB/T 21086。

（4）所有与多孔性材料面板接触、粘结的密封胶、密封剂执行标准参见《建筑幕墙》GB/T 21086。

（5）中空玻璃用丁基密封胶和中空玻璃弹性密封胶执行标准参见《建筑幕墙》GB/T 21086。

（6）玻璃幕墙用硅酮结构密封胶的宽度、厚度尺寸应通过计算确定。

（7）硅酮结构密封胶、硅酮密封胶同相粘结的幕墙基材、饰面板、附件和其他材料应具有相容性，随批单元切割粘结性达到合格要求。

2）橡胶密封条

（1）幕墙用橡胶材料宜采用三元乙丙橡胶、氯丁橡胶或硅橡胶，执行标准参见《建筑幕墙》GB/T 21086，应符合其中《工业用橡胶板》GB/T 5574 的规定。

（2）幕墙可开启部分采用的密封橡胶条可参照《建筑幕墙》GB/T 21086。

3. 五金配件

幕墙专用五金配件应符合相关标准的要求，主要五金配件的使用寿命应满足设计要求。

4. 转接件和连接件

1）紧固件

紧固件规格和尺寸应根据设计计算确定，应有足够的承载力和可靠性。

2）转接件

（1）幕墙采用的转接件及材料应满足设计要求，应有足够的承载力和可靠性。

（2）宜具有三维位置可调能力。

3）金属挂装件

（1）石材连接用挂装件执行标准参见《建筑幕墙》GB/T 21086，应符合其中《干挂饰面石材及其金属挂件　第二部分：金属挂件》JC830.2 的规定。

（2）背栓、蝶形背卡应符合相关标准的要求。

# 10.2　建筑幕墙物理性能检测

《建筑幕墙气密、水密、抗风压性能检测方法》GB/T 15227，规定了建筑幕墙气密、水密、抗风压性能检测方法的术语和定义、检测及检测报告。该标准适用于建筑幕墙气密、水密及抗风压性能的检测。检测对象只限于幕墙试件本身，不涉及幕墙与其他结构之间的接缝部位。

检测宜按照气密、抗风压变形 $P_1$、水密、抗风压反复受压 $P_2$、安全检测 $P_3$ 的顺序进行。

### 10.2.1　气密性能检测

气密性能是指幕墙可开启部分在关闭状态时，可开启部分以及幕墙整体阻止空气渗透的能力。

1. 定义

（1）压力差：幕墙试件室内、外表面所受到的空气绝对压力差值。当室外表面所受的压力高于室内表面所受的压力时，压力差为正值；反之为负值。

（2）标准状态：标准状态是指温度为 293K（20℃）、压力为 101.3kPa（760mmHg）、空气密度为 1.202kg/m³ 的试验条件。

（3）总空气渗透量：在标准状态下，单位时间通过整个幕墙试件的空气渗透量。

（4）附加空气渗透量：除幕墙试件本身的空气渗透量以外，单位时间通过设备和试件与测试箱连接部分的空气渗透量。

（5）开启缝长：幕墙试件上开启扇周长的总和，以室内表面测定值为准。

（6）单位开启缝长空气渗透量：幕墙试件在标准状态下，单位时间通过单位开启缝长的空气渗透量。

（7）试件面积：幕墙试件周边与箱体密封的缝隙所包容的平面或曲面面积。以室内表面测定值为准。

2. 检测项目

幕墙试件的气密性能，检测 100Pa 压力差作用下可开启部分的单位缝长空气渗透量和整体幕墙试件（含可开启部分）的单位面积空气渗透量。

3. 检测装置

（1）检测装置由压力箱、供压系统、测量系统及试件安装系统组成。检测装置的构成如图 10.2.1-1 所示。

（2）压力箱的开口尺寸应能满足试件安装的要求，箱体应能承受检测过程中可能出现的压力差。

（3）支承幕墙的安装横架应有足够的刚度，并固定在有足够刚度的支承结构上。

（4）供风设备应能施加正负双向的压力差，并能达到检测所需要的最大压力差；压力控制装置应能调节出稳定的压力差。

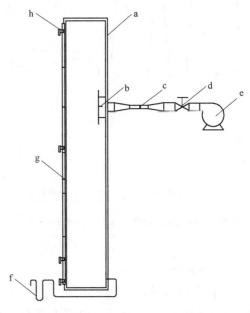

图 10.2.1-1　气密性能检测装置示意
a—压力箱；b—进气口挡板；c—空气流量计；
d—压力控制装置；e—供风设备；
f—差压计；g—试件；h—安装横架

（5）差压计的两个探测点应在试件两侧就近布置，差压计的精度应达到示值的 2%。

（6）空气流量计的测量误差不应大于示值的 5%。

4. 试件要求

（1）试件规格、型号和材料等应与生产厂家所提供的图样一致，试件的安装应符合设计要求，不得加设任何特殊附件或采取其他措施，试件应干燥。

（2）试件宽度至少应包括一个承受设计荷载的垂直构件。试件高度至少应包括一个层高，并在垂直方向上应有两处或两处以上和承重结构连接，试件组装和安装的受力状况应和实际情况相符。

（3）单元式幕墙应至少包括一个与实际工程相符的典型十字缝，并有一个完整单元的四边形成与实际工程相同的接缝。

（4）试件应包括典型的垂直接缝、水平接缝和可开启部分，并使试件上可开启部分占试件总面积的比例与实际工程接近。

5. 检测方法

1）检测前准备

（1）试件安装完毕后应进行检查，符合设计要求后才能进行检测。检测前，应将试件可开启部分开关不少于 5 次，最后关紧。

（2）检测压差顺序见图 10.2.1-2。

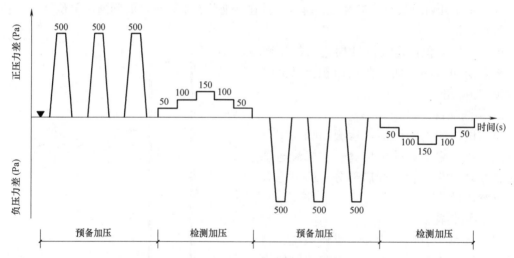

注：图中符号▼表示将试件的可开启部分开关不少于5次。

图 10.2.1-2　检测加压顺序示意图

2）预备加压

在正负压检测前分别施加 3 个脉冲。压力差绝对值为 500Pa，持续时间为 3s，加压速度宜为 100Pa/s。然后待压力回零后进行检测。

3）空气渗透量的检测

（1）附加空气渗透量

充分密封试件上的可开启缝隙和镶嵌缝隙，或用不透气的材料将箱体开口部分密封。然后按照检测加压顺序逐级加压，每级压力作用时间应大于 10s。先逐级加正压，后逐级加负压。记录各级压差下的检测值。箱体的附加空气渗透量不应高于试件总渗透量的 20%，否则应在处理后重新进行检测。

（2）总渗透量

去除试件上所加密封措施后进行检测。检测程序同（1）。

（3）固定部分空气渗透量

将试件上的可开启部分的开启缝隙密封起来后进行检测。检测程序同（1）。

（4）允许对总渗透量、固定部分空气渗透量检测顺序进行调整

6. 检测值处理

1）计算

（1）分别计算正压检测升压和降压过程中在 100Pa 压差下的两次附加渗透量检测值的平均值，两个总渗透量检测值的平均值，两个固定部分空气渗透量检测值的平均值，则 100Pa 压差下整体幕墙试件（包括可开启部分）的空气渗透量和可开启部分空气渗透量，即按下列公式计算：

$$q_t = \bar{q}_z - \bar{q}_f \qquad (10.2.1\text{-}1)$$

$$q_k = \bar{q}_z - \bar{q}_g \qquad (10.2.1\text{-}2)$$

式中　$q_t$——整体幕墙试件（含可开启部分）的空气渗透量（$m^3/h$）；

　　　$\bar{q}_z$——两次总渗透量检测值的平均值（$m^3/h$）；

　　　$\bar{q}_f$——两个附加渗透量检测值的平均值（$m^3/h$）；

　　　$\bar{q}_k$——试件可开启部分空气渗透量值（$m^3/h$）；

　　　$\bar{q}_g$——两个固定部分渗透量检测值的平均值（$m^3/h$）。

（2）利用下式将 $q_t$ 和 $q_k$ 换算成标准状态下的渗透量 $q_1$ 值和 $q_2$ 值。

$$q_1 = \frac{293}{101.3} \times \frac{q_t \cdot P}{T} \qquad (10.2.1\text{-}3)$$

$$q_2 = \frac{293}{101.3} \times \frac{q_k \cdot P}{T} \qquad (10.2.1\text{-}4)$$

式中　$q_1$——标准状态下通过整体幕墙（含可开启部分）的空气渗透量值（$m^3/h$）；

　　　$q_2$——标准状态下通过试件可开启部分的空气渗透量值（$m^3/h$）；

　　　$P$——实验室气压值（kPa）；

　　　$T$——实验室空气温度值（K）。

（3）将 $q_1$ 值除以试件总面积 $A$，即可得出在 100Pa 下，整体幕墙（含可开启部分）单位面积的空气渗透量 $q_1'[m^3/(m \cdot h)]$ 值，即下式：

$$q_1' = \frac{q_1}{A} \qquad (10.2.1\text{-}5)$$

式中　$q_1'$——在 100Pa 下通过整体幕墙（含可开启部分）单位面积的空气渗透量值（$m^3/h$）；

　　　$A$——试件总面积（$m^2$）。

（4）将 $q_2$ 值除以试件可开启部分开启缝长 $l$，即可得出在 100Pa 下，幕墙试件可开启部分单位空气缝长的空气渗透量 $q_2'[m^3/(m \cdot h)]$ 值，即下式：

$$q_2' = \frac{q_2}{l} \qquad (10.2.1\text{-}6)$$

式中　$q_2'$——在100Pa压差作用下，试件可开启部分单位缝长的空气渗透量值（m³/h）；

　　　$l$——试件可开启部分空气缝长（m）。

（5）负压检测时的结果，也可采用同样的方法，分别按上述公式进行计算。

2）分级指标值的确定

采用由100Pa检测压力差作用下的计算值$\pm q_1'$值或$\pm q_2'$值，按下列公式换算为10Pa压力差作用下的相应值$\pm q_A$值或$\pm q_l$值。以试件的$\pm q_A$值或$\pm q_l$值确定按面积和按缝长各自所属的级别，取最不利的级别定级。

$$\pm q_A=\frac{\pm q_1'}{4.65} \tag{10.2.1-7}$$

$$\pm q_l=\frac{\pm q_2'}{4.65} \tag{10.2.1-8}$$

式中　$q_1'$——100Pa压力差作用下试件单位面积空气渗透量值 [m³/(m·h)]；

　　　$q_A$——10Pa压力差作用下试件单位面积空气渗透量值 [m³/(m·h)]；

　　　$q_2'$——100Pa压力差作用下单位开启缝长空气渗透量值 [m³/(m·h)]；

　　　$q_l$——10Pa压力差作用下单位开启缝长空气渗透量值 [m³/(m·h)]。

### 10.2.2　水密性能检测

水密性能是指幕墙可开启部分为关闭状态时，在风雨同时作用下，阻止雨水渗漏的能力。

1. 定义

（1）严重渗漏：雨水从幕墙试件室外侧持续或反复渗入试件室内侧，发生喷溅或流出试件界面的现象。

（2）严重渗漏压力差值：幕墙试件发生严重渗漏时的压力差值。

2. 检测项目

幕墙试件的水密性能，检测幕墙试件发生严重渗漏时的最大压力差值。

3. 检测装置

（1）检测装置由压力箱、供压系统、测量系统、淋水装置及试件安装系统组成。检测装置的构成如图10.2.2-1所示。

（2）压力箱的开口尺寸应能满足试件安装的要求；箱体应具有好的水密性能，以不影响观察试件的水密性为最低要求；箱体应能承受检测过程中可能出现的压力差。

（3）支承幕墙的安装横架应有足够的刚度和强度，并固定在有足够刚度和强度的支承结构上。

（4）供风设备应能施加正负双向的压力差，并能达到检测所需要的最大压力差；压力控制装置应能调节出稳定的压力差，并能稳定地提供3～5s周期的波动风压，波动风压的波峰值、波谷值应满足检测要求。

（5）差压计的两个探测点应在试件两侧就近布置，精度应达到示值的2%，供风系统的响应速度应满足波动风压测量的要求。差压计的输出信号应由图表记录仪或可显示压力变化的设备记录。

（6）喷淋装置应能以不小于4L/(m²·min) 的淋水量均匀地喷淋到试件的室外表面

上，喷嘴应布置均匀，各喷嘴与试件的距离宜相等；装置的喷水量应能调节，并有措施保证喷水量的均匀性。

4. 试件要求

（1）试件规格、型号和材料等应与生产厂家所提供的图样一致，试件的安装应符合设计要求，不得加设任何特殊附件或采取其他措施，试件应干燥。

（2）试件宽度至少应包括一个承受设计荷载的垂直承力构件。试件高度至少应包括一个层高，并在垂直方向上要有两处或两处以上和承重结构相连接。试件的组装和安装时的受力状况应和实际使用情况相符。

（3）单元式幕墙至少应包括一个与实际工程相符的典型十字缝，并有一个完整单元的四边形成与实际工程相同的接缝。

（4）试件应包括典型的垂直接缝、水平接缝和可开启部分，并且使试件上可开启部分占试件总面积的比例与实际工程接近。

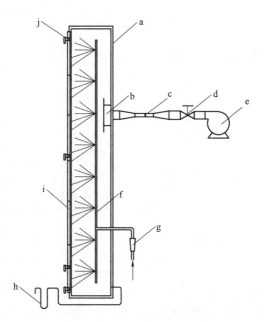

图 10.2.2-1　水密性能检测装置示意
a—压力箱；b—进气口挡板；c—空气流量计；
d—压力控制装置；e—供风设备；f—淋水装置；
g—水流量计；h—差压计；i—试件；j—安装横架

5. 检测方法

1）检测前准备

（1）试件安装完毕后应进行检查，符合设计要求后才可进行检测。检查前，应将试件可开启部分开关不少于 5 次，最后关紧。

（2）已进行波动加压法检测的可不再进行稳定加压法检测。热带风暴和台风地区的划分按照《建筑气候区划标准》GB 50178 的规定执行。

（3）水密性能最大检测压力峰值应不大于抗风压安全检测压力值。

2）稳定加压法

按照表 10.2.2-1、图 10.2.2-2 的顺序加压，并按以下步骤操作。

（1）预备加压

施加三个压力脉冲。压力差绝对值为 500Pa。加压速度约为 100Pa/s，压力差持续作用时间为 3s，泄压时间不少于 1s。待压力差回零后，将试件所有可开启部分开关不少于 5次，最后关紧。

稳定加压顺序表 表 10.2.2-1

| 加压顺序 | 1 | 2 | 3 | 4 | 5 | 6 | 7 | 8 |
|---|---|---|---|---|---|---|---|---|
| 检测压力差（Pa） | 0 | 250 | 350 | 500 | 700 | 1000 | 1500 | 2000 |
| 持续时间（mm） | 10 | 5 | 5 | 5 | 5 | 5 | 5 | 5 |

注：水密设计指标值超过 2000Pa 时，按照水密设计压力值加压。

（2）淋水

对整个幕墙试件均匀地淋水，淋水量为 3L/(m² · min)。

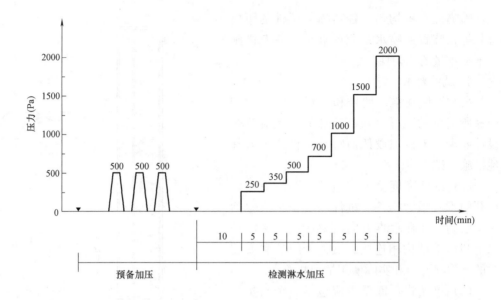

注：图中符号▼表示将试件的可开启部分开关5次。

图 10.2.2-2　检测加压顺序示意图

（3）加压

在淋水的同时施加稳定压力。定级检测时，逐级加压至幕墙固定部位出现严重渗漏为止。工程检测时，首先加压至可开启部分水密性能指标值，压力稳定作用时间为 15min 或幕墙可开启部分产生严重渗漏为止，然后加压至幕墙固定部位水密性能指标值，压力稳定作用时间为 15min 或产生幕墙固定部位严重渗漏为止；无开启结构的幕墙试件压力稳定作用时间为 30min 或产生严重渗漏为止。

（4）观察记录

在逐级升压及持续作用过程中，观察并参照表 10.2.2-2 记录渗漏状态及部位。

**渗漏状态符号表**　　　　　　　　　　　　　　　　　表 10.2.2-2

| 渗　漏　状　态 | 符　号 |
|---|---|
| 试件内侧出现水滴 | ○ |
| 水珠联成线，但未渗出试件界面 | □ |
| 局部少量喷溅 | △ |
| 持续喷溅出试件界面 | ▲ |
| 持续流出试件界面 | ● |

注：1. 后两项为严重渗漏。

　　2. 稳定加压和波动加压检测结果均采用此表。

3）波动加压法

按照表 10.2.2-3、图 10.2.2-3 的顺序加压，并按以下步骤操作：

**波动加压顺序表**　　　　　　　　　　　　　表 10. 2. 2-3

| 加压顺序 | | 1 | 2 | 3 | 4 | 5 | 6 | 7 | 8 |
|---|---|---|---|---|---|---|---|---|---|
| 波动<br>压力差值 | 上限值(Pa) | — | 313 | 438 | 625 | 875 | 1250 | 1875 | 2500 |
| | 平均值(Pa) | 0 | 250 | 350 | 500 | 700 | 1000 | 1500 | 2000 |
| | 下限值(Pa) | — | 187 | 262 | 375 | 525 | 750 | 1125 | 1500 |
| 波动周期(s) | | — | 3~5 | | | | | | |
| 每级加压时间(min) | | 10 | 5 | | | | | | |

注：水密设计指标值超过 2000Pa 时，以该压力差为平均值、波幅为实际压力差的 1/4。

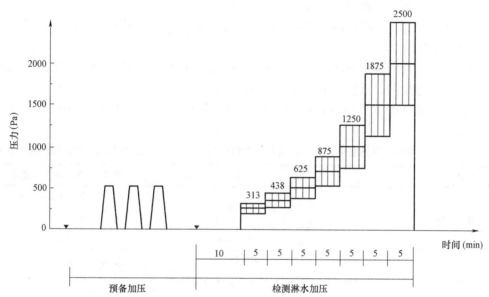

注：图中 ▼ 符号表示将试件的可开启部分开关 5 次。

图 10. 2. 2-3　波动加压示意图

（1）预备加压

施加三个压力脉冲。压力差绝对值为 500Pa。加压速度约为 100Pa/s，压力差持续作用时间为 3s，泄压时间不少于 1s。待压力差回零后，将试件所有可开启部分开关不少于 5次，最后关紧。

（2）淋水

对整个幕墙试件均匀地淋水，淋水量为 4L/(m² · min)。

（3）加压

在淋水的同时施加波动压力。定级检测时，逐级加压至幕墙试件固定部位出现严重渗漏。工程检测时，首先加压至可开启部分水密性能指标值，压力稳定作用时间为 15min 或幕墙可开启部分产生严重渗漏为止；然后加压至幕墙固定部位水密性能指标值，压力稳定作用时间为 15min 或产生幕墙固定部位严重渗漏为止；无开启结构的幕墙试件压力稳定作用时间为 30min 或产生严重渗漏为止。

（4）观察记录

在逐级升压及持续作用过程中，观察并参照表 10.2.2-2 记录渗漏状态及部位。

6. 分级指标值的确定

以未发生严重渗漏时的最高压力差值作为分级指标值。

## 10.2.3 抗风压性能检测

抗风压性能是指幕墙可开启部分处于关闭状态时，在风压力作用下，幕墙变形不超过允许值且不发生结构损坏（如裂缝、面板破损、局部屈服、粘结失效等）及五金松动、开启困难等功能障碍的能力。

1. 定义

（1）定级检测：为确定幕墙抗风压性能指标值而进行的检测。

（2）工程检测：为确定幕墙是否满足工程设计要求的抗风压性能而进行的检测。

2. 检测项目

（1）幕墙试件的抗风压性能，检测变形不超过允许值且不发生结构损坏的最大压力差值。包括：变形检测、反复加压检测、安全检测。

（2）幕墙试件的主要构件在风荷载标准值作用下最大允许相对面法线挠度参见表10.2.3-1。

幕墙试件的主要构件在风荷载标准值作用下最大允许相对面法线挠度 表 10.2.3-1

| 幕墙类型 | 材 料 | 最大挠度发生部位 | 最大允许相对画法线挠度 $f_0$ |
|---|---|---|---|
| 有框幕墙 | 杆件 | 跨中 | 铝合金型材 1/180 |
| | | | 钢型材 1/250 |
| | 玻璃面板 | 短边边长中点 | 1/60 |
| 全玻幕墙 | 支承结构 | 钢架钢梁的跨中 | 1/250 |
| | 玻璃面板 | 玻璃面板中心 | 1/60 |
| | 玻璃肋 | 玻璃肋跨中 | 1/200 |
| 点支承玻璃幕墙 | 支承结构 | 钢管、桁架及空腹桁架跨中 | 1/250 |
| | | 张拉索杆体系跨中 | 1/200 |
| | 玻璃面板 | 玻璃面板中心（四点支承时） | 1/60 |

3. 检测装置

（1）检测装置由压力箱、供压系统、测量系统及试件安装系统组成。检测装置的构成如图10.2.3-1。

（2）压力箱的开口尺寸应能满足试件安装的要求；箱体应能承受检测过程中可能出现的压力差。

（3）试件安装系统用于固定幕墙试件并将试件与压力箱开口部位密封，支承幕墙的试件安装系统宜与工程实际相符，并具有满足试验要求的面外变形刚度和强度。

（4）构件式幕墙、单元式幕墙应通过连接件固定在安装横架上，在幕墙自重的作用下，横架的面内变形不应超过5mm；安装横架在最大试验风荷载作用下面外变形应小于其跨度的1/1000。

（5）点支承幕墙和全玻幕墙宜有独立的安装框架，在最大检测压力差的作用下，安装框架的变形不得影响幕墙的性能。吊挂处在幕墙重力作用下的面内变形不应大于5mm；采用张拉索杆体系的点支承幕墙在最大预拉力作用下，安装框架的受力部位在预拉力方向的最大变形应小于 3mm。

（6）供风设备应能施加正负双向的压力，并能达到检测所需要的最大压力差；压力控制装置应能调节出稳定的压力差，并应能在规定的时间达到检测压力差。

（7）差压计的两个探测点应在试件两侧就近布置，精度应达到示值的 1%，响应速度应满足波动风压测量的要求。差压计的输出信号应由图表记录仪或可显示压力变化的设备记录。

（8）位移计的精度应达到满量程的 0.25%；位移计的安装支架在测试过程中应有足够的紧固性，并应保证位移的测量不受试件及其支承设施的变形、移动所影响。

（9）试件的外侧应设置安全防护网或采取其他安全措施。

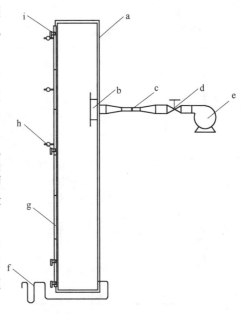

图 10.2.3-1　抗风压性能检测装置示意
a—压力箱；b—进气口挡板；c—风速仪；d—压力控制装置；e—供风设备；f—差压计；g—试件；h—位移计；i—安装横架

4. 试件要求

（1）试件规格、型号和材料等应与生产厂家所提供的图样一致，试件的安装应符合设计要求，不得加设任何特殊附件或采取其他措施。

（2）试件应有足够的尺寸和配置，代表典型部分的性能。

（3）试件必须包括典型的垂直接缝和水平接缝。试件的组装、安装方向和受力状况应和实际相符。

（4）构件式幕墙试件宽度至少应包括一个承受设计荷载的典型垂直承力构件。试件高度不宜少于一个层高，并应在垂直方向上有两处或两处以上与支承结构相连接。

（5）单元式幕墙试件应至少有一个与实际工程相符的典型十字接缝，并应有一个完整单元的四边形成与实际工程相同的接缝。

（6）全玻璃幕墙试件应有一个完整跨距高度，宽度应至少有 2 个完整的玻璃宽度或 3 个玻璃肋。

（7）点支承幕墙试件应满足以下要求：

① 至少应有 4 个与实际工程相符的玻璃板块或一个完整的十字接缝，支承结构至少应有一个典型承力单元。

② 张拉索杆体系支承结构应按照实际支承跨度进行测试，预张拉力应与设计相符，张拉索杆体系宜检测拉索的预张拉力。

③ 当支承跨度大于 8m 时，可用玻璃及其支承装置的性能测试和支承结构的结构静力试验模拟幕墙系统的检测。玻璃及其支承装置的性能测试至少应检测 4 块与实际工程相符的玻璃板块及一个典型十字接缝。

④ 采用玻璃肋支承的点支承幕墙同时应满足全玻璃幕墙的规定。

5. 检测方法

检测加压顺序见图 10.2.3-2。

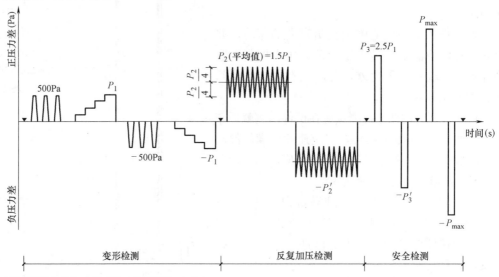

注：1. 当工程有要求时，可进行$P_{max}$的检测（$P_{max} > P_3$）。

2. 图中符号 ▼ 表示将试件的可开启部分开关5次。

图 10.2.3-2　检测加压顺序示意图

1）试件安装

试件安装完毕，应经检查，符合设计图样要求后才可进行检测。检测前应将试件可开启部分开关不少于 5 次，最后关紧。

2）位移计安装

位移计宜安装在构件的支承处和较大位移处，测点布置要求为：

（1）采用简支梁形式的构件式幕墙测点布置见图 10.2.3-3，两端的位移计应靠近支承点。

（2）单元式幕墙采用拼接式受力杆件且单元高度为一个层高时，宜同时检测相邻板块的杆件变形，取变形大者为检测结果；当单元板块较大时其内部的受力杆件也应布置测点。

（3）全玻璃幕墙玻璃板块应按照支承于玻璃肋的单向简支板检测跨中变形；玻璃肋按照简支梁检测变形。

（4）点支承幕墙应检测面板的变形，测点应布置在支点跨距较长方向的玻璃上。

（5）点支承幕墙支承结构应分别测试结构支承点和挠度最大节点的位移，承受荷载的受力杆件多于一个时可分别检测，变形大者为检测结果；支承结构采用双向受力体系时应分别检测两个方向上的变形。

（6）其他类型幕墙的受力支承构件根据有关标准规范的技术要求或设计要求确定。

（7）点支承玻璃幕墙支承结构的结构静力试验应取一个跨度的支承单元，支承单元的结构应与实际工程相同，张拉索杆体系的预张拉力应与设计相符；在玻璃支承装置位置同步施加与风荷载方向一致且大小相同的荷载，测试各个玻璃支承点的变形。

（8）简支梁形式构件式幕墙测点分布示意图、全玻璃幕墙玻璃面板位移计布置示意图和点支撑幕墙玻璃面板位移计布置示意图，参见图 10.2.3-3～图 10.2.3-5 所示。

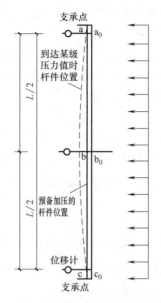

图 10.2.3-3　简支梁形式构件式幕墙测点分布示意

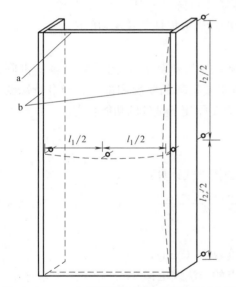

图 10.2.3-4　全玻璃幕墙玻璃面板位移计布置

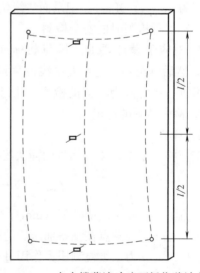

图 10.2.3-5　点支撑幕墙玻璃面板位移计布置

3）预备加压

在正负压检测前分别施加 3 个压力脉冲。压力差绝对值为 500Pa，加压速度约为 100Pa/s，持续时间为 3s，待压力差回零后开始进行检测。

4）变形检测

（1）定级检测时的变形检测

定级检测时检测压力分级升降。每级升、降压力差不超过 250Pa，加压级数不少于 4 个，每级压力差持续时间不少于 10s。压力的升、降直到任一受力构件的相对面法线挠度值达到 $f_0/2.5$ 或最大检测压力达到 2000Pa 时停止检测，记录每级压力差作用下各个测点的面法线位移量，并计算面法线挠度值 $f_{max}$。采用线性方法推算出面法线挠度对应于 $f_0/$

297

2.5 时的压力值 $\pm P_1$。以正负压检测中绝对值较小的压力差值作为 $P_1$ 值。

（2）工程检测时的变形检测

工程检测时检测压力分级升降。每级升、降压力差不超过风荷载标准值的 10%，每级压力作用时间不少于 10s。压力的升、降达到幕墙风荷载标准值的 40% 时停止检测，记录每级压力差作用下各个测点的面法线位移量。

5）反复加压检测

以检测压力差 $P_2$（$P_2=1.5P_1$）为平均值，以平均值的 1/4 为波幅，进行波动检测，先后进行正负压检测。波动压力周期为 5～7s，波幅次数不少于 10 次。记录反复检测压力值 $\pm P_2$，并记录出现的功能障碍或损坏的状况和部位。

6）安全检测

（1）安全检测的条件

当反复加压检测未出现功能障碍或损坏时，应进行安全检测。安全检测过程中施加正、负压力差后分别将试件可开关部分开关不少于 5 次，最后关紧。升、降压速度为 300～500Pa/s，压力持续时间不少于 3s。

（2）定级检测时的安全检测

使检测压力升至 $P_3$（$P_3=2.5P_1$），随后降至零，再降到 $-P_3$，然后升至零。升、降压速度为 300～500Pa/s。记录面法线位移量、功能障碍或损坏的状况和部位。

（3）工程检测时的安全检测

$P_3$ 对应于设计要求的风荷载标准值，检测压力差升至 $P_3$，随后降至零，再降到 $-P_3$，然后升至零。记录面法线位移量、功能障碍或损坏的状况和部位。当有特殊要求时，可进行压力差为 $f_{max}$ 的检测，并记录在该压力差作用下试件的功能状态。

6. 检测结果的评定

1）计算

变形检测中求取受力构件的面法线挠度的方法按下式计算：

$$f_{max}=(b-b_0)-\frac{(\alpha-\alpha_0)+(c-c_0)}{2} \tag{10.2.3-1}$$

式中　$f_{max}$——面法线挠度值（mm）；

$\alpha_0$、$b_0$、$c_0$——各测点在预备加压后的稳定初始读数值（mm）；

　$\alpha$、$b$、$c$——为某级检测压力作用过程中各测点的面法线位移（mm）。

2）评定

（1）变形检测的评定

定级检测时，注明相对面法线挠度达到 $f_0/2.5$ 时的压力差值 $\pm P_1$。

工程检测时，在 40% 风荷载标准值作用下，相对面法线挠度应小于或等于 $f_0/2.5$，否则应判为不满足工程使用要求。

（2）反复加压检测的评定

经检测，试件未出现功能障碍和损坏时，注明 $\pm P_2$ 值；检测中试件出现功能障碍和损坏时，应注明出现的功能障碍、损坏情况以及发生部位，并以发生功能障碍和损坏时压力差的前一级检测压力值作为安全检测压力 $\pm P_3$ 值进行评定。

（3）安全检测的评定

① 定级检测时，经检测试件未出现功能障碍和损坏，注明相对面法线挠度达到 $f_0$ 时的压力差值±$P_3$，并按±$P_3$ 的绝对值较小值作为幕墙抗风压性能的定级值；检测中试件出现功能障碍和损坏时，应注明出现功能障碍或损坏的情况及其发生部位，并应以试件出现功能障碍或损坏所对应的压力差值的前一级压力差值作为定级值。

② 工程检测时，在风荷载标准值作用下对应的相对面法线挠度小于或等于允许挠度 $f_0$，且检测时未出现功能障碍和损坏，应判为满足工程使用要求；在风荷载标准值作用下对应的相对面法线挠度大于允许挠度 $f_0$ 试件出现功能障碍和损坏时，应注明出现功能障碍或损坏的情况及其发生部位，并应判为不满足工程使用要求。

### 10.2.4　层间变形性能检测

《建筑幕墙层间变形性能分级及检测方法》GB/T 18250，规定了建筑幕墙层间变形性能的术语和定义、分级、一般规定、检测原理、检测设备、加载方式、试件及安装要求、检测步骤、检测结果及评定和检测报告。该标准适用于建筑幕墙层间变形的定级检测和工程检测。

1. 检测原理

通过静力加载装置，模拟主体结构受地震、风荷载等作用时产生的 $X$ 轴、$Y$ 轴、$Z$ 轴或组合位移变形，使幕墙试件产生低周反复运动，以检测幕墙对层间变形的承受能力。

2. 检测方法的选择

(1) 单楼层及两个楼层高度的幕墙试件，可根据检测需要选取连续平行四边形法或层间变形法进行加载；两个楼层以上高度的幕墙试件，宜选用连续平行四边形法进行加载。

(2) 当采用层间变形法时，应选取最不利的两个相邻楼层进行检测。

(3) 建筑幕墙层间组合位移变形性能可参照《建筑幕墙层间变形性能分级及检测方法》GB/T 18250 的方法进行检测。

(4) 仲裁检测应采用连续平行四边形法进行加载。

3. 检测设备

1) 组成

检测设备由安装架、静力加载装置和位移测量装置组成，见图 10.2.4-1。

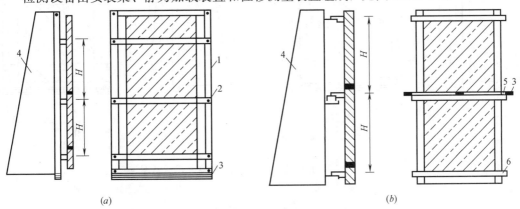

图 10.2.4-1　检测设备组成示意图

(a) 连续平行四边形法；(b) 层间变形法

1—摆杆；2—横梁；3—静力加载装置；4—固定架；5—活动梁；6—固定梁

注：$H$ 表示层高。

　　2）安装架

　　连续平行四边形法检测安装架由固定架、摆杆及横梁组成，对称变形法安装架由固定架、固定梁和活动梁组成。安装架应具有足够的强度、刚度和整体稳定性，且应满足试件支承方式的要求。在试件达到最大变形时，固定架层间变形不应大于幕墙试件层间变形的10%，层间高度变化量不应大于幕墙试件层间高度变化量的20%。摆杆及活动梁移动范围应满足检测最大位移角或位移量的要求。

　　3）静力加载装置

　　静力加载装置应具备与安装架连接的机构和驱动装置，且应具备使幕墙在三个维度作低周反复运动的能力，最大允许行程不应小于最大试验变形量的1.5倍。

　　4）位移测量装置

　　$X$轴维度位移计、$Y$轴维度位移计的精度不应低于满量程的1%，$Z$轴维度位移计的精度不应低于满量程的0.25%。

　　4. 加载方式

　　1）连续平行四边形法

　　静力加载装置在摆杆下端沿$X$轴或$Y$轴维度方向推动摆杆以规定的层间位移角进行反复运动。连续平行四边形法加载方式见图10.2.4-2。

　　2）层间变形法

　　静力加载装置在中间活动梁两端沿$X$轴、$Y$轴或$Z$轴维度方向推动活动梁以规定的层间位移角或位移量进行反复运动。层间变形法加载方式见图10.2.4-3。

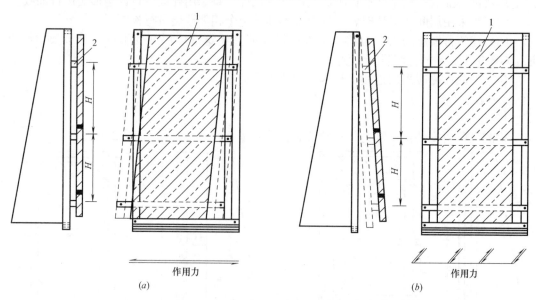

图10.2.4-2　连续平行四边形法加载方式示意图

(a) 连续平行四边形法加载方式一（$X$轴）；(b) 连续平行四边形法加载方式二（$Y$轴）

1—幕墙试件；2—连接角码

注：$H$表示层高。

　　5. 试件及安装要求

　　1）试件

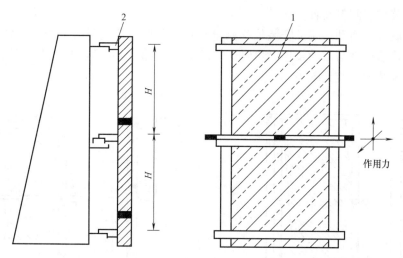

图 10.2.4-3　层间变形法加载方式示意图

1—幕墙试件；2—连接角码

注：H 表示层高。

（1）试件规格、型号、材料、五金配件等应与委托单位所提供的图样一致。

（2）试件应包括典型的垂直接缝、水平接缝和可开启部分，并且试件上可开启部分占试件总面积的比例与实际工程接近。

（3）构件式幕墙试件宽度至少应包括一个承受设计荷载的典型垂直承力构件，试件高度不应少于一个层高，并应在垂直方向上有两处或两处以上与支承结构相连接。

（4）单元式幕墙试件应至少有一个与工程实际相符的典型十字接缝，并应有一个完整单元的四边形成与实际工程相同的接缝。

（5）全玻璃幕墙试件应有一个完整跨距高度，宽度应至少有两个完整的玻璃宽度和一个玻璃肋。

（6）点支承幕墙试件应至少有四个与实际工程相符的玻璃板块和一个完整的十字接缝，支承结构至少应有一个典型承力单元。采用玻璃肋支承的点支承幕墙同时应满足全玻璃幕墙的规定。

2）安装要求

试件的安装应符合设计要求，不应加设任何特殊附件或采取其他措施。试件的组装、安装方式和受力状况应与实际相符，试件应按实际的连接方法安装在固定梁或活动梁上，固定梁或活动梁应安装在固定架上。

6. 检测步骤

1）检测前准备

（1）试件安装完毕后应进行检查。检查完毕后将试件的可开启部分开关五次后关紧。

（2）检查确认摆杆或活动梁在沿位移方向行程内不受约束，同时应在行程外有相应限位措施，以确保摆杆或活动梁在该方向移动时不产生其他方向的位移。

（3）根据所选取的加载方式安装试验静力加载装置。加载装置的布置应合理，确保所产生位移的有效性。

2）$X$ 轴维度变形性能检测

（1）安装位移测量装置

在摆杆底部或活动梁端部安装位移测量装置，并使位移测量装置处于正常工作状态。同时，可在幕墙试件与活动梁连接角码处的幕墙构件侧增加位移测量装置。$X$ 轴维度变形性能位移测量装置安装见图 10.2.4-4。

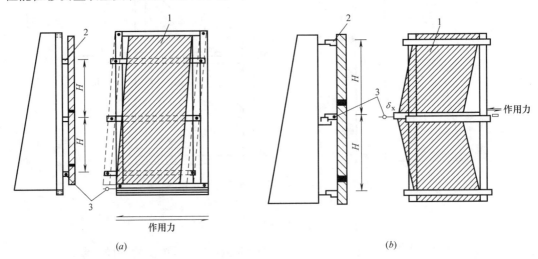

图 10.2.4-4　$X$ 轴维度变形性能位移测量装置安装示意图
（$a$）连续平行四边形法；（$b$）层间变形法
1—幕墙试件；2—连接角码；3—位移测量装置
注：$\delta_x$ 表示 $X$ 轴方向水平位移绝对值；$H$ 表示层高。

（2）预加载

对于工程检测，层间位移角取工程设计指标的 $50\%$；对于定级检测，层间位移角取 $L/800$。推动摆杆或活动梁沿 $X$ 轴维度作一个周期的左右相对移动。当幕墙连接角码与活动梁产生相对位移时，应调整并紧固后重复预加载（注：从零开始到正位移，回零后到负位移再回零为一个周期）。

（3）定级检测

按表 10.2.4-1 规定的分级值从最低级开始逐级进行检测。每级检测均使摆杆或活动梁沿 $X$ 轴维度作相对往复移动三个周期，每个周期宜为 $3\sim10s$，在各级检测周期结束后，检查并记录试件状态。定级检测加载顺序见图 10.2.4-5。当幕墙试件或其连接部位出现损坏或功能障碍时应停止检测。

建筑幕墙层间变形分级　　　　　　　　　　　　　　表 10.2.4-1

| 分级指标 | 分 级 代 号 | | | | |
|---|---|---|---|---|---|
| | 1 | 2 | 3 | 4 | 5 |
| $\gamma_x$ | $1/400 \leqslant \gamma_x < 1/300$ | $1/300 \leqslant \gamma_x < 1/200$ | $1/200 \leqslant \gamma_x < 1/150$ | $1/150 \leqslant \gamma_x < 1/100$ | $\gamma_x \geqslant 1/100$ |
| $\gamma_y$ | $1/400 \leqslant \gamma_y < 1/300$ | $1/300 \leqslant \gamma_y < 1/200$ | $1/200 \leqslant \gamma_y < 1/150$ | $1/150 \leqslant \gamma_y < 1/100$ | $\gamma_y \geqslant 1/100$ |
| $\delta_z$(mm) | $5 \leqslant \delta_z < 10$ | $10 \leqslant \delta_z < 15$ | $15 \leqslant \delta_z < 20$ | $20 \leqslant \delta_z < 25$ | $\delta_z \geqslant 25$ |

注：5 级时应注明相应的数值，组合层间位移检测时分别注明级别。

（4）工程检测

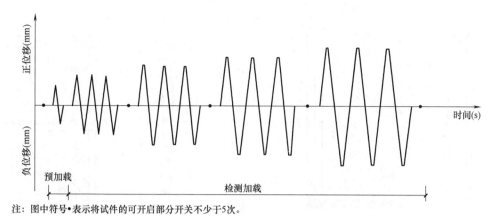

注：图中符号•表示将试件的可开启部分开关不少于5次。

图 10.2.4-5　X 轴维度变形性能定级检测加载顺序示意图

对于判定是否达到设计要求的工程检测，层间位移角取工程设计指标值，操作静力加载装置，推动摆杆或活动梁沿 X 轴维度作三个周期的相对反复移动。工程检测加载顺序见图 10.2.4-6，每个周期宜为 3～10s，三个周期结束后将试件的可开启部分开关五次，然后关紧。检查并记录试件状态。当试件发生损坏（指面板破裂或脱落、连接件损坏或脱落、金属框或金属面板产生明显不可恢复的变形）或功能障碍（指启闭功能障碍、胶条脱落等现象）时应停止检测，记录试件状态。

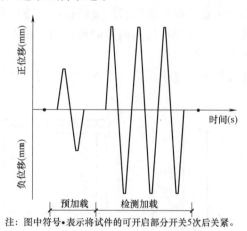

注：图中符号•表示将试件的可开启部分开关5次后关紧。

图 10.2.4-6　X 轴维度变形性能工程检测加载顺序示意图

3）Y 轴维度变形性能检测

（1）操作静力加载装置推动每根摆杆或活动梁两端沿 Y 轴维度作相对反复移动，共三个周期。

（2）在摆杆底部或活动梁端部及中点部位安装位移测量装置，并使位移测量装置处于正常工作状态。同时，可在幕墙试件与活动梁连接角码处的幕墙构件侧增加位移测量装置。加载装置及安装位移测量装置见图 10.2.4-7。

（3）检测步骤按上述预加载、定级检测、工程检测进行。

4）Z 轴维度变形性能检测

（1）操作静力加载装置推动每根摆杆或活动梁两端沿 Z 轴维度作相对反复移动，共三

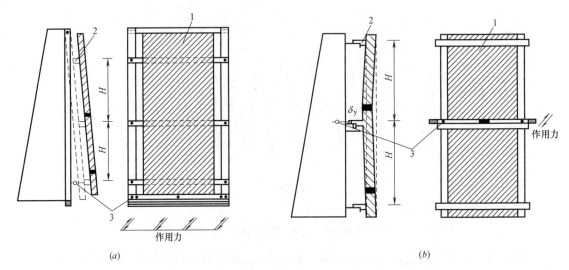

图 10.2.4-7　Y 轴维度变形性能加载方式及位移测量装置示意图

(a) 连续平行四边形法；(b) 层间变形法

1—幕墙试件；2—连接角码；3—位移测量装置

注：$\delta_y$ 表示 Y 轴方向水平位移绝对值；H 表示层高。

个周期。

(2) 在或活动梁端部及中点部位安装位移测量装置，并使位移测量装置处于正常工作状态。同时，可在幕墙试件与活动梁连接角码处的幕墙构件侧增加位移测量装置。加载装置及安装位移测量装置见图 10.2.4-8。

(3) 检测步骤按上述预加载、定级检测、工程检测进行，每个检测周期宜为 60s。

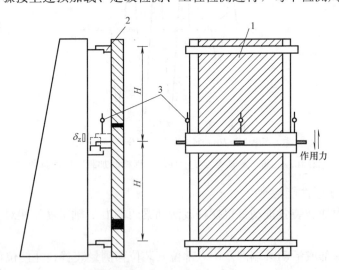

图 10.2.4-8　Z 轴维度变形性能加载方式及位移测量装置示意图

1—幕墙试件；2—连接角码；3—位移测量装置

注：$\delta_z$ 表示 Z 轴方向垂直位移绝对值，H 表示层高。

7. 检测结果与评定

1) 检测结果计算

（1）$X$ 轴维度层间位移角按照下式计算：

$$\gamma_x = \frac{\delta_x}{H}$$

（10.2.4-1）

式中　$H$——层高（mm）；

　　　$\delta_x$——$X$ 轴维度方向水平位移绝对值（mm）。

（2）$Y$ 轴维度层间位移角按照下式计算：

$$\gamma_y = \frac{\delta_y}{H}$$

（10.2.4-2）

式中　$H$——层高（mm）；

　　　$\delta_y$——$Y$ 轴维度方向水平位移绝对值（mm）。

（3）$Z$ 轴维度层间位移变化高度量用 $Z$ 轴方向垂直位移绝对值 $\delta_z$ 表示（mm）

2）评定

（1）定级检测以发生损坏或功能障碍时的分级指标值的前一级定级。当第 5 级多个变形量顺序检测通过时，可定为第 5 级，同时注明未发生损坏或功能障碍时的检测变形值。

（2）工程检测达到设计位移值时，如未发生损坏或功能障碍，判定为满足工程使用要求，否则应判定为不满足工程使用要求。

（3）有特殊要求可在每项层间变形性能检测前后按《建筑幕墙气密、水密、抗风压性能检测方法》GB/T 15227 各进行一次气密、水密性能检测，并对前后两次检测结果进行比较，按设计技术要求进行评定。

### 10.2.5　保温性能检测

《建筑幕墙保温性能分级及检测方法》GB/T 29043，规定了建筑幕墙保温性能术语和定义、分级、检测方法及检测报告。该标准适用于构件式幕墙和单元式幕墙传热系数以及抗结露因子的分级及检测，其他形式的幕墙和有保温要求的透光围护结构可参照执行。

1. 检测原理

1）传热系数检测

（1）根据稳定传热原理，采用标定热箱法检测建筑幕墙传热系数。

（2）将标定热箱试验装置放置在可控温度的环境中。幕墙试件安装在试验装置的热箱与冷箱之间，其两侧分别模拟建筑物冬季室内空气温度和气流状态以及室外空气温度和气流速度。利用已知热阻的标准试件，通过标定试验（见《建筑外门窗保温性能分级及检测方法》GB/T 8484—2008 附录 A）确定试验装置的热箱外壁传热的热流系数以及试件框壁传热和迂回损失产生的热流系数。

（3）根据稳定状态下测量的各项参数，与经修正的投入热量计算得到建筑幕墙传热系数。

2）抗结露因子检测

（1）根据稳定传热原理，采用标定热箱法检测玻璃幕墙抗结露因子。

（2）将玻璃幕墙试件安装在可控温度的环境的试验装置上。试验装置除模拟 1）中规定的条件外，还应能够控制热箱内空气的相对湿度。在试件两侧各自保持稳定的空气温度、相对湿度、气流速度和热辐射的条件下，测量试件玻璃热侧表面温度、热箱空气温度和冷箱空气温度，通过计算得到玻璃幕墙试件的抗结露因子。

2. 检测装置

1) 检测装置的组成

检测装置主要由热箱、冷箱、试件框、除湿系统和环境空间五部分组成。见图 10.2.5-1。

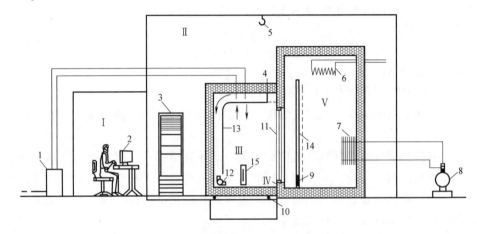

图 10.2.5-1　建筑幕墙传热系数与抗结露因子检测装置
1—除湿机；2—控制台；3—空调器；4—可调送风口；5—吊装设备；6—冷箱加热设备；
7—蒸发器；8—冷冻机；9—风机；10—滑轮；11—试件；12—离心风机；13—挡风隔板；
14—隔风板；15—热箱加热设备；Ⅰ—控制室；Ⅱ—环境空间；Ⅲ—热箱；
Ⅳ—试件框；Ⅴ—冷箱

2) 热箱

(1) 热箱开口尺寸不宜小于 4600mm×4700mm（宽×高），进深尺寸不宜小于 1500mm 。

(2) 热箱外壁结构所采用的材料应符合《建筑外门窗保温性能分级及检测方法》GB/T 8484 中相应的规定。

(3) 热箱应可灵活水平移动。

(4) 加热设备采用交流稳定电源供电，热箱加热功率的计量表精度等级不应低于 0.5 级。

(5) 送风系统通过可调送风口控制热箱内风速，保证距试件框热侧表面 50mm 平面平均风速在 $0.2\pm0.1m/s$ 范围内。

(6) 采用除湿系统控制热箱内空气相对湿度。设置湿度计测量热箱内相对湿度，湿度计的测量精度为 $\pm5\%$。

(7) 在抗结露因子检测全过程中，保证热箱内相对湿度不大于 25%。除湿系统原理应符合《建筑外门窗保温性能分级及检测方法》GB/T 8484 中相应的规定。

3) 试件框

(1) 试件框洞口尺寸宜为 3600mm×4200mm（宽×高）。

(2) 试件框应采用不吸湿、均质的保温材料制作。其热阻值不应小于 $7.0m^2\cdot K/W$，其密度为 $20\sim40kg/m^3$ 范围内。

（3）安装试件的洞口下部平台宽度宜为 300mm。平台及洞口周边的面板采用不吸水、导热系数不大于 0.25W/（m·K）的材料制作。

4）冷箱

（1）冷箱开口外边缘尺寸应与试件框外边缘尺寸相同，进深以能容纳制冷、加热及气流组织设备为宜。

（2）冷箱外壁所采用的材料应符合《建筑外门窗保温性能分级及检测方法》GB/T 8484 中相应的规定。

（3）外壁内设置蒸发器或引入冷空气进行降温。蒸发器下部应设置排水孔或盛水盘。

（4）利用隔风板和风机进行强迫对流，形成沿试件表面自上而下的均匀气流，隔风板与试件框冷侧表面距离宜能调节。

（5）隔风板应采用热阻值不应小于 $1.0m^2·K/W$ 的复合板制作，隔风板面向试件的表面，其总的半球发射率ε值应大于 0.85。隔风板的宽度根据冷箱内净宽度确定。

5）感温元件

（1）采用铜—铜镍热电偶作为温度测量感温元件，其测量不确定度不应大于 0.1K。

（2）铜—铜镍热电偶制作所使用的材料和制作要求以及校验规定应符合《建筑外门窗保温性能分级及检测方法》GB/T 8484 的规定。

（3）热电偶的布置：

① 空气温度测点要求：

热箱内应沿竖向设置 3 层热电偶作为空气温度测点，每层均匀布置 4 个测点。

冷箱空气温度测点应布置在符合《绝热　稳态传热性质的测定　标定和防护热箱法》GB/T 13475 规定的平面内，与试件安装洞口对应的面积上均匀布置 16 个测点。

测量空气温度的热电偶感应头，均应进行热辐射屏蔽。

② 表面温度测点要求：

热箱每个外壁的内、外表面分别对应布置 8 个温度测点。

试件框热侧、冷侧表面分别对应布置 8 个温度测点。测点宜根据试件框宽度取中设置。

热箱和冷箱内分别设置不应少于 12 个和 6 个活动温度测点，以供测量试件热侧和填充板表面温度使用。

测量表面温度的热电偶感应头应连同至少 100mm 长的铜、铜镍引线一起，紧贴在被测表面上。粘贴材料的总的半球发射率ε值应与被测表面的ε值相近。

③ 测量同一温度的热电偶可分别并联。凡是并联的热电偶，各热电偶引线电阻应相等，各点所代表被测的面积应相同。

6）风速测量

（1）采用热球风速仪测量热箱和冷箱内风速。

（2）热箱内风速测点应设在距试件框热侧表面 50mm 平面，与冷箱空气温度相对应的位置。

（3）冷箱内风速测点位置与冷箱空气温度测点位置相同。不必每次试验都测定冷箱风速。当风机型号、安装位置、数量及隔风板位置发生变化时，应重新进行测量。

7）环境空间

（1）检测装置应设置在装有空调设备的实验室内，以保证热箱外壁内、外表面加权平均温差小于 1.0K。

（2）实验室围护结构应有良好的保温性能和热稳定性。墙体及屋顶应进行绝热处理，并避免太阳光射入室内。

（3）热箱外壁与周边壁面之间至少应留有 1000mm 的空间。

8）标定

传热系数试验装置应定期进行热流系数的标定，标定试验的相关规定应符合《建筑外门窗保温性能分级及检测方法》GB/T 8484 的规定。热流系数的标定方法如下。

（1）标定内容

热箱外壁热流系数和试件框热流系数。

（2）标准试件

① 标准试件的材料要求

标准试件应使用材质均匀、不透气、内部无空气层、热性能稳定的材料制作。宜采用经过长期存放、厚度为 50±2mm 左右的聚苯乙烯泡沫塑料板，其密度为 20～40kg/m³。

② 标准试件的导热率

标准试件导热率 $\Lambda[W/(m^2 \cdot k)]$ 值，应在与标定试验温度相近的温差条件下，采用单向防护热板仪进行测定。

（3）标定方法

① 单层窗（包括单框单层玻璃窗、单框中空玻璃窗和单框多层玻璃窗）及外门。

a. 用与试件洞口面积相同的标准试件安装在洞口上，位置与单层窗（及外门）安装位置相同。标准试件周边与洞口之间的缝隙用聚苯乙烯泡沫塑料条塞紧，并密封。在标准试件两表面分别均匀布置 9 个铜—康铜热电偶。

b. 标定试验应与保温 3. 性能试验相同的冷、热箱空气温度、风速等条件下，改变环境温度，进行两种不同工况的试验。当传热过程达到稳定之后，每隔 30min 测量一次有关参数，共测 6 次，取各测量参数的平均值，按下式联解求出热流系数 $M_1$ 和 $M_2$。

$$Q - M_1 \cdot \Delta\theta_1 - M_2 \cdot \Delta\theta_2 = S_b \cdot \Lambda_b \cdot \Delta\theta_3 \qquad (10.2.5\text{-}1)$$

$$Q' - M_1 \cdot \Delta\theta'_1 - M_2 \cdot \Delta\theta'_2 = S_b \cdot \Lambda_b \cdot \Delta\theta'_3 \qquad (10.2.5\text{-}2)$$

式中　$Q$、$Q'$——分别为两次标定试验的热箱加热器加热功率（W）；

$\Delta\theta_1$、$\Delta\theta'_1$——分别为两次标定试验的热箱外壁内、外表面积加权平均误差（K）；

$\Delta\theta_2$、$\Delta\theta'_2$——分别为两次标定试验的试件框热侧与冷侧表面积加权平均误差（K）；

$\Delta\theta_3$、$\Delta\theta'_3$——分别为两次标定试验的标准试件两表面之间平均误差（K）；

$\Lambda_b$——标准试件的导热率 $[W/(m^2 \cdot K)]$；

$S_b$——标准试件面积（m²）。

$Q$、$\Delta\theta_1$、$\Delta\theta_2$、$\Delta\theta_3$ 为第 1 次标定试验测量的参数，右上角带有 " ′ " 的参数，为第 2 次标定试验测量的参数。$\Delta\theta_1$、$\Delta\theta_2$、$\Delta\theta_3$、$\Delta\theta'_1$、$\Delta\theta'_2$、$\Delta\theta'_3$ 的计算公式见《建筑外门窗保温性能分级及检测方法》GB/T 8484 的规定。

② 双层窗

a. 双层窗热流系数 $M_1$ 值与单层窗标定结果相同。

b. 双层窗的热流系数 $M_2$ 应按下面方法进行标定：

在试件洞口安装两块标准试件。第 1 块标准试件的安装位置与单层窗标定试验的标准试件位置相同，并在标准试件两侧表面分别均匀布置铜—康铜热电偶。第 2 块标准试件安装在距第 1 块标准试件表面不小于 100mm 的位置。标准试件周边与试件洞口之间缝隙按以上要求处理，并按上述规定的试验条件进行标定试验，将测定的参数 $Q$、$\Delta\theta_1$、$\Delta\theta_2$、$\Delta\theta_3$ 及标定单层窗的热流系数 $M_1$ 值带入式（10.2.5-1），计算双层窗的热流系数 $M_2$。

③ 标定试验的规定

a. 两次标定试验应在标准板两侧空气温差相同或相近的条件下进行，$\Delta\theta_1$、$\Delta\theta'_1$ 的绝对值不应小于 4.5K；且 $|\Delta\theta_1 - \Delta\theta'_1|$ 应大于 9.0K，$\Delta\theta_2$、$\Delta\theta'_2$ 尽可能相同或接近。

b. 热流系数 $M_1$ 和 $M_2$ 应每年定期标定 1 次。如试验箱体构造、尺寸发生变化必须重新标定。

④ 标定试验的误差分析

新建门窗保温性能试验装置，应进行热流系数 $M_1$ 和 $M_2$ 标定误差和门窗传热系数 $K$ 值检测误差分析。

3. 性能试验

1）传热系数试验

（1）试件安装

① 试件的尺寸及构造应符合产品设计和组装要求，不应附加任何多余配件或特殊组装工艺。

② 试件的宽度不宜少于两个标准水平分格，试验高度应包括一个层高，试件组装应和实际相符。

③ 试件的安装应符合设计要求，包括典型的接缝和可开启部分，并且试件上可开启部分占试件总面积的比例与实际工程相符。

④ 安装时，幕墙试件热侧表面应与试件框热侧表面平齐，且安装方向与实际工程一致。试件的可开启缝应采用透明塑料胶带双面密封。

⑤ 构件式幕墙试件安装方法：

构件式幕墙的单根边部立柱和单根边部立柱横梁应采用有一定强度的木料（或其他同类材料）制作，木料的物理性能满足试验要求。

采用螺钉将幕墙板块与木料进行固定，其安装节点应符合《建筑幕墙保温性能分级及检测方法》GB/T 29043 的要求。

⑥ 单元式幕墙试件安装方法：

单元式幕墙试件安装节点应符合《建筑幕墙保温性能分级及检测方法》GB/T 29043 的要求。

⑦ 幕墙试件安装到位后，用保温材料将幕墙试件与箱体洞口空隙填实，试件与试件洞口周边之间的缝隙宜用聚苯乙烯泡沫塑料条塞填，并密封。

⑧ 当试件面积小于试件框洞口面积时，宜用与试件厚度相近，已知热导率值的聚苯乙烯泡沫塑料板填塞后密封。并且，在聚苯乙烯泡沫塑料板两侧表面粘贴一定数量的铜—康铜热电偶，测量两表面的平均温差，以计算通过该板的热损失。

⑨ 当进行传热系数检测时，宜在试件热侧表面适当部位布置热电偶，作为参考温

度点。

（2）试验条件

① 热箱空气温度设定、温度波幅和相对湿度的要求应符合《建筑外门窗保温性能分级检测方法》GB/T 8484 的规定。

② 热箱内与试件框热侧表面距离 50 mm 平面内的平均风速为 0.2±0.1m/s。

③ 冷箱空气温度设定、温度波幅和气流速度的要求应符合《绝热 稳态传热性质的测定 标定和防护热箱法》GB/T 13475 的相应规定。

（3）试验步骤

① 检查热电偶是否完好。

② 启动检测装置，设定冷箱、热箱和环境空气温度。

③ 监控各控温点温度，使冷箱、热箱和环境空气温度达到设定值。当温度达到设定值后，如果逐时测量得到热箱和冷箱的空气平均温度 $t_h$ 和 $t_c$ 每小时变化的绝对值分别不大于 0.3℃，温差 $\Delta\theta_1$ 和 $\Delta\theta_2$ 每小时变化的绝对值均不大于 0.3K，且上述温度和温差的变化不是单向变化，则表示传热已达到稳定状态。

④ 传热过程稳定之后，每隔 30min 测量一次参数 $t_h$、$t_c$、$\Delta\theta_1$、$\Delta\theta_2$、$\Delta\theta_3$、$Q$，共测 6 次。

⑤ 测量结束之后，记录热箱内空气的相对湿度，试件热侧表面及玻璃夹层结露或结霜状况。

（4）数据处理

① 取参数 $t_h$、$t_c$、$\Delta\theta_1$、$\Delta\theta_2$、$\Delta\theta_3$、$Q$ 6 次测量的平均值。

② 幕墙传热系数按下式计算：

$$K=\frac{Q-M_1\cdot\Delta\theta_1-M_2\cdot\Delta\theta_2-S\cdot\lambda\cdot\Delta\theta_3+Q_f}{A\cdot\Delta t}\tag{10.2.5-3}$$

式中　$Q$——加热设备投入电功率（W）；

　　　$Q_f$——送风机电机发热量（通过标定获得）（W）；

　　　$M_1$——由标定试验确定的热箱外壁热流系数（W/K）；

　　　$M_2$——由标定试验确定的试件框热流系数（W/K）；

　　　$\Delta\theta_1$——热箱外壁内、外表面积加权平均温度之差（K）；

　　　$\Delta\theta_2$——试件框热侧、冷侧表面积加权平均温度之差（K）；

　　　$S$——填充板的面积（m²）；

　　　$\lambda$——填充板的热导率 [W/(m²·K)]；

　　　$\Delta\theta_3$——填充板热侧表面与冷侧表面的平均温差（K）；

　　　$A$——试件面积（m²）；

　　　$\Delta t$——热箱空气平均温度 $t_h$ 与冷箱空气平均温度 $t_c$ 之差（K）；

$\Delta\theta_1$、$\Delta\theta_2$ 的计算见《建筑外门窗保温性能分级及检测方法》GB/T 8484。当试件面积小于试件洞口面积时，式（10.2.5-3）分子中的 $S\cdot\lambda\cdot\Delta\theta_3$ 为聚苯乙烯泡沫塑料填充板的热损失。

（5）试验数据表示

幕墙传热系数 $K$ 值取两位有效数字。

2) 抗结露因子检测

（1）试件安装

① 玻璃幕墙试件安装位置、安装方法应符合传热系数试件安装的要求。

② 应在试件的框架和玻璃热侧表面共布置 20 个热电偶。

（2）试验条件

① 热箱空气平均温度设定为 $20\pm0.5℃$ ，温度波动幅度不应大于$\pm0.3℃$。

② 热箱空气相对湿度应小于等于 25％。

③ 冷箱空气温度设定、温度波幅和气流速度的要求应符合《建筑外门窗保温性能分极及检测方法》GB/T 8484 的相应规定。

④ 试件冷侧总压力与热侧静压力之差在 $0\pm10Pa$ 之间。

（3）试验步骤

① 检查热电偶是否完好。

② 启动检测设备和冷、热箱的温度自控系统，设定冷、热箱和环境空气平均温度分别为$-20$、20 和 20℃。

③ 当冷、热箱空气温度达到$-20\pm0.5℃$和$20\pm0.5℃$后，每隔 30min 测量各控温点温度，检查是否稳定。

④ 当冷热箱空气温度达到稳定时，启动热箱控湿装置，保证热箱内的最大相对湿度小于等于 25 ％。

⑤ 2h 后，如果逐时测量得到热箱和冷箱的空气平均温度 $t_h$ 和 $t_c$ 每小时变化的绝对值与标准条件相比不超过$\pm0.3℃$，总热量输入变化不超过 2％，则表示抗结露因子检测过程已经处于稳定传热传湿过程。

⑥ 抗结露因子检测过程稳定之后，每隔 5min 测量一次参数 $t_h$、$t_c$、$t_1$、$t_2$、…、$t_{20}$、$\varphi$ 值，共测 6 次。

⑦ 测量结束之后，记录试件热侧表面及玻璃夹层结露、结霜状况。

（4）数据处理

① 取参数 $t_h$、$t_c$、$t_1$、$t_2$、…、$t_{20}$ 6 次测量的平均值。

② 试件抗结露因子 $CRF$ 值按下式计算：

$$CRF_g=\frac{t_g-t_c}{t_h-t_c}\times100 \qquad (10.2.5\text{-}4)$$

$$CRF_f=\frac{t_f-t_c}{t_h-t_c}\times100 \qquad (10.2.5\text{-}5)$$

式中　$CRF_g$——试件玻璃的抗结露因子；

　　　$CRF_f$——试件框架的抗结露因子；

　　　　$t_h$——热箱内空气平均温度（℃）；

　　　　$t_c$——冷箱内空气平均温度（℃）；

　　　　$t_g$——试件的玻璃热侧表面平均温度（℃）；

　　　　$t_f$——试件框架热侧表面平均温度的加权值（℃）。

③ 试件框架热侧表面平均温度的加权值：

试件框架热侧表面平均温度的加权值 $t_f$ 由 14 个规定位置的内表面温度平均值（$t_{fp}$）

311

和 4 个位置非确定的、相对较低的框架温度平均值（$t_{\mathrm{fr}}$）计算得到。

$t_{\mathrm{f}}$ 可通过下式计算得到：

$$t_{\mathrm{f}}=t_{\mathrm{fp}}(1-W)+W \cdot t_{\mathrm{fy}} \tag{10.2.5-6}$$

式中　$W$——加权系数，它给出了 $t_{\mathrm{fp}}$ 和 $t_{\mathrm{fr}}$ 之间的比例关系，其计算见下式：

$$W=\frac{t_{\mathrm{fp}}-t_{\mathrm{fr}}}{t_{\mathrm{fp}}-(t_{\mathrm{c}}+10)}\times 0.4 \tag{10.2.5-7}$$

式中　$t_{\mathrm{c}}$——冷箱的空气平均温度（℃）；

　10——温度的修正系数；

　0.4——温度修正系数取 10 时的加权因子。

（5）试验数据取值

① 抗结露因子是由加权的玻璃幕墙框平均温度（或玻璃的平均温度）分别与冷箱的空气温度和热箱的空气温度进行计算得到，试件抗结露因子 $CRF$ 值取 $CRF_{\mathrm{g}}$ 与 $CRF_{\mathrm{f}}$ 中较低值。

② 玻璃幕墙抗结露因子 $CRF$ 值取 2 位有效数字。

### 10.2.6　检测报告

1. 建筑幕墙气密、水密、抗风压性能检测报告

检测报告至少应包括下列内容：

（1）试件的名称、系列、型号、主要尺寸及图样（包括试件立面、剖面和主要节点，型材和密封条的截面、排水构造及排水孔的位置、试件的支承体系、主要受力构件的尺寸以及可开启部分的开启方式和五金件的种类、数量及位置）。

（2）面板的品种、厚度、最大尺寸和安装方法。

（3）密封材料的材质和牌号。

（4）附件的名称、材质和配置。

（5）试件可开启部分与试件总面积的比例。

（6）点支式玻璃幕墙的拉索预拉力设计值。

（7）水密检测的加压方法，出现渗漏时的状态及部位。定级检测时应注明所属级别，工程检测时应注明检测结论。

（8）检测用的主要仪器设备。

（9）检测室的温度和气压。

（10）试件单位面积和单位开启缝长的空气渗透量正负压计算结果及所属级别。

（11）主要受力构件在变形检测、反复受荷检测、安全检测时的挠度和状况。

（12）对试件所作的任何修改应注明。

（13）检测日期和检测人员。

2. 建筑幕墙层间变形性能检测报告

检测报告应包括以下内容：

（1）试件名称、类型、系列及规格尺寸。

（2）委托单位、生产单位、施工单位、工程名称、检测类别及委托检测要求（指标）。

（3）试件有关图示（包括外立面，纵、横剖面和节点）必须表示出试件的支承体系和

可开启部分的开启方式。

（4）型材、面板材料、镶嵌材料的品种、材质、牌号、尺寸和镶嵌方法、密封材料和附件的品种材质和牌号。

（5）层高和最大分格尺寸。

（6）检测依据的标准和使用的仪器。

（7）检测结果：给出检测结束后的试件情况及对应的层间位移角或位移量，如有损坏则以图示发生损坏的部位。如有，则说明检测前后气密、水密性能的变化。

（8）检测结论：定级检测时给出等级，工程检测时判定是否符合设计要求。

（9）检测日期、主检人、审核人和批准人的签名。

3. 建筑幕墙保温性能检测报告

检测报告包括以下内容：

（1）委托单位和生产单位。

（2）试件名称、编号、规格、面板、框架和保温材料种类，框架面积与试件面积之比。

（3）检测依据、检测设备、检测项目、检测类别和检测时间，以及报告日期。

（4）试验条件：热箱和冷箱空气平均温度、空气相对湿度和气流速度。

（5）试验结果：

① 传热系数：幕墙试件传热系数 $K$ 值和等级；试件热侧表面温度、结露和结霜情况。

② 抗结露因子：玻璃幕墙试件的 $CRF$ 值和等级；试件玻璃（或框架）的抗结露因子 $CRF_g$（或 $CRF_f$）值，以及 $t_f$、$t_{fp}$、$t_{fr}$、$W$、$t_g$ 的值；试件热侧玻璃表面和框架表面的温度、结露情况。

（6）试件图纸（包括立面图和节点图）及其他应说明的事项。

（7）测试人、审核人及批准人签名。

（8）检测单位。

# 第 11 章　幕墙相关材料检测技术

建筑幕墙是用各种不同材质、性能的材料组合而成，设计时根据建筑物性质、使用功能、高度、体形以及所在地的地理、气候等条件，合理地选择幕墙形式、材料、安装构造等，均应满足气密、水密、抗风压、节能、隔声、层间变形、防火、防雷和光学性能等性能要求。

材料是保证建筑幕墙质量和安全的物质基础。建筑幕墙所使用的材料概括起来，基本上可有四大类型，即骨架材料、板材、密封填缝材料和结构粘结材料。这些材料由于生产厂家不同，质量差别还是较大的。因此，为确保幕墙工程安全、可靠，就要求幕墙所使用的材料都必须符合国家或行业标准规定的质量标准；对其中少量暂时还没有国家或行业标准的材料，可按先进国家同类产品标准要求；生产企业制定的企业标准只作为产品质量控制的依据。总之，不合格的材料严禁使用，出厂时，必须有出厂合格证。

幕墙主要材料包括面板材料、支撑结构材料、隔热保温材料、防火封堵材料、五金配件、紧固件和锚固件等。

## 11.1　建筑玻璃相关性能检测

### 11.1.1　可见光透射比的测定

《建筑玻璃　可见光透射比、太阳光直接透射比、太阳能总透射比、紫外线透射比及有关窗玻璃参数的测定》GB/T 2680，适用于建筑玻璃以及它们的单层、多层窗玻璃构件光学性能的测定。

《建筑玻璃　可见光透射比、太阳光直接透射比、太阳能总透射比、紫外线透射比及有关窗玻璃参数的测定》GB/T 2680 规定了建筑玻璃可见光透射（反射）比、太阳光直接透射（反射、吸收）比、太阳能总透射比、紫外线透射（反射）比、半球辐射率和遮蔽系数的测定条件和计算公式。

1. 测定条件

1）试样

（1）一般建筑玻璃和单层窗玻璃构件的试样，均采用同材质玻璃的切片。

（2）多层窗玻璃构件的试样，采用同材质单片玻璃切片的组合体。

2）标样

（1）在光谱透射比测定中，采用与试样相同厚度的空气层作参比标准。

（2）在透射比测定中，采用仪器配置的参比白板作参比标准。

（3）在光谱透射比测定中，采用标准镜面反射体作为工作标准，例如镀铝镜，而不采用完全漫反体作为工作标准。

3）仪器设备

（1）分光光度计

测定光谱反射比时，配有镜面反射装置。

（2）波长范围

紫外区：280～380mm；

可见区：380～780mm；

太阳光区：350～1800mm；

远红外区：4.5～25$\mu$m。

（3）波长准确度

紫外－可见区：±1mm 以内；

近红外区：±5 nm 以内；

远红外区：±0.2$\mu$m 以内。

（4）光度测量准确度

紫外-可见区：1％以内，重复性 0.5％；

近红外区：2％以内，重复性 1％；

远红外区：2％以内，重复性 1％。

（5）谱带半宽度

紫外-可见区：10nm 以下；

近红外区：50nm 以下；

远红外区：0.1$\mu$m 以下。

（6）波长间隔

紫外区：5nm；

可见区：10nm；

近红外区：50nm 或 40nm；

远红外区：0.5$\mu$m。

4）照明和探测的几何条件

（1）光谱透射比测定中，照明光束的光轴与试验表面法线的夹角不超过 10°，照明光束中任一光线与光轴的夹角不超过 5°。采用垂直照明和垂直探测的几何条件，表示为垂直/垂直（缩写为 0/0）。

（2）光谱透射比测定中，照明光束的光轴与试验表面法线的夹角不超过 10°；照明光束中任一光线与光轴的夹角不超过 5°。采用 $t°$ 照明和 $t°$ 探测的几何条件，表示为 $t°/t°$（缩写为 $t/t$）。

2. 可见光透射比

可见光透射比按下式计算：

$$\tau_\lambda = \frac{\int_{380}^{780} D_\lambda \cdot \tau(\lambda) \cdot V(\lambda) \cdot \mathrm{d}\lambda}{\int_{380}^{780} D_\lambda \cdot V(\lambda) \cdot \mathrm{d}\lambda} \approx \frac{\sum\limits_{380}^{780} D_\lambda \cdot \tau(\lambda) V(\lambda) \cdot \Delta\lambda}{\sum\limits_{380}^{780} D_\lambda \cdot V(\lambda) \cdot \Delta\lambda} \tag{11.1.1-1}$$

式中　$\tau_\lambda$——试样的可见光透射比（％）；

$\tau(\lambda)$——试样的可见光光谱透射比（%）；

$D_\lambda$——标准照明体 $D_{65}$ 的相对光谱功率表，见表11.1.1-1；

$V(\lambda)$——明视觉光谱视效率；

$\Delta\lambda$——波长间隔，此处为10nm。

标准照明体 $D_{65}$ 的相对光谱功率分布 $D_\lambda$ 与明视觉光谱光视<br>效率 $V(\lambda)$ 和波长间隔 $\Delta\lambda$ 相乘     表 11.1.1-1

| $\lambda$(nm) | $D_\lambda \cdot V(\lambda) \cdot \Delta\lambda$ | $\lambda$(nm) | $D_\lambda \cdot V(\lambda) \cdot \Delta\lambda$ |
|---|---|---|---|
| 380 | 0.0000 | 590 | 8.3306 |
| 390 | 0.0005 | 600 | 5.3542 |
| 400 | 0.0030 | 610 | 4.8491 |
| 410 | 0.0103 | 620 | 3.1502 |
| 420 | 0.0352 | 630 | 2.0812 |
| 430 | 0.0948 | 640 | 1.3810 |
| 440 | 0.2274 | 650 | 0.8070 |
| 450 | 0.4192 | 660 | 0.4612 |
| 460 | 0.6663 | 670 | 0.2485 |
| 470 | 0.9850 | 680 | 0.1255 |
| 480 | 1.5189 | 690 | 0.0536 |
| 490 | 2.1336 | 700 | 0.0276 |
| 500 | 3.3491 | 710 | 0.0146 |
| 510 | 6.1393 | 720 | 0.0057 |
| 520 | 7.0523 | 730 | 0.0035 |
| 530 | 8.7990 | 740 | 0.0021 |
| 540 | 9.4427 | 750 | 0.0008 |
| 550 | 9.8077 | 760 | 0.0001 |
| 560 | 9.4306 | 770 | 0.0000 |
| 570 | 8.6891 | 780 | 0.0000 |
| 580 | 7.8994 | | |

$$\sum_{380}^{780} D_i \cdot V(\lambda) \cdot \Delta\lambda = 100$$

1）单片玻璃或多层窗玻璃构件

$\tau(\lambda)$ 是实测可见光光谱透射比。

2）双层窗玻璃构件

$\tau(\lambda)$ 按下式计算：

$$\tau(\lambda) = \frac{\tau_1(\lambda) \cdot \tau_2(\lambda)}{1 - \rho_1(\lambda)\rho_2(\lambda)} \tag{11.1.1-2}$$

式中 $\tau(\lambda)$——双层窗玻璃构件的可见光光谱透射比（%）；

$\tau_1(\lambda)$——第一片（室外侧）玻璃的可见光光谱透射比（%）；

$\tau_2(\lambda)$——第二片（室内侧）玻璃的可见光光谱透射比（％）；

$\rho_1(\lambda)$——第一片玻璃，在光由室内侧射向室外侧条件下，所测定的可见光光谱透射比（％）；

$\rho_2(\lambda)$——第二片玻璃，在光由室外侧射向室内侧条件下，所测定的可见光光谱透射比（％）。

3）三层窗玻璃构件

$\tau(\lambda)$ 按下式计算：

$$\tau(\lambda) = \frac{\tau_1(\lambda) \cdot \tau_2(\lambda) \cdot \tau_3(\lambda)}{[1-\rho_1(\lambda) \cdot \rho_2(\lambda)] \cdot [1-\rho_2(\lambda) \cdot \rho_3(\lambda)] \cdot \tau_2^2(\lambda) \cdot \rho_1(\lambda) \cdot \rho_3(\lambda)}$$

(11.1.1-3)

式中 $\rho_3(\lambda)$——第三片（室内侧）玻璃，在光由室外侧射入室内侧条件下，所测定的可见光光谱透射比（％）。

3. 检测报告

检测报告的内容如下：

（1）注明使用标准。

（2）测定条件：

① 仪器设备：名称、型号、光源类别、照明和探测几何条件。

② 试样：编号、实测厚度、测定方位。

（3）测定日期及测定人员姓名。

（4）其他必要说明。

## 11.1.2　玻璃遮阳系数的测定

遮阳系数，表征窗玻璃在无其他遮阳措施情况下对太阳辐射透射得热的减弱程度，其数值为透过窗玻璃的太阳辐射得热与透过 3mm 厚普通透明窗玻璃的太阳辐射得热之比值，即试样的太阳能总透射比与 3mm 厚的普通透明平板玻璃的太阳能总透射比（其理论值取 88.9％）。在我国的《建筑玻璃　可见光透射比、太阳光直接透射比、太阳能总透射比、紫外线透射比及有关窗玻璃参数的测定》GB/T 2680 中称为遮蔽系数。

在夏季，通过窗户进入室内的空调负荷主要来自太阳辐射，主要能耗也来自太阳辐射。降低外窗的负荷和能耗必须采取有效的遮阳措施，采用减少空气渗透或者降低传热系数等手段的作用很有限。所以，在空调建筑的负荷和建筑节能计算中，遮阳的计算是很重要的。建筑遮阳比较复杂，包括了建筑外遮阳、窗遮阳设施、建筑内遮阳等。这些遮阳措施都可以有很好的效果，均可以满足遮阳的需要。建筑的外遮阳是非常有效的遮阳措施。它可以是永久性的建筑遮阳构造，如遮阳板、遮阳挡板、屋檐等；也可以是可拆卸的，如百叶、活动挡板、花格等。这些遮阳构造在传统建筑中使用是很普遍的。

降低玻璃的遮蔽系数也是非常有效的措施。随着玻璃镀膜技术的发展，玻璃已经可以对入射的太阳光进行选择，将可见光引入室内，而将增加负荷和能耗的红外线反射出去。玻璃系统遮阳已经成为现代建筑遮阳最主要的手段之一。

《建筑玻璃　可见光透射比、太阳光直接透射比、太阳能总透射比、紫外线透射比及有关窗玻璃参数的测定》GB/T 2680，规定了建筑玻璃可见光透射（反射）比、太阳光直接透射（反射、吸收）比、太阳能总透射比、紫外线透射（反射）比、半球辐射率和遮蔽系数的测定条件和计算公式。

1. 测定条件

同可见光透射比的测定。

2. 可见光反射比

可见光反射比按下式计算：

$$\rho_v = \frac{\int_{380}^{780} D_\lambda \cdot \rho(\lambda) \cdot V(\lambda) \cdot \mathrm{d}\lambda}{\int_{380}^{780} D_\lambda \cdot V(\lambda) \cdot \mathrm{d}\lambda} \approx \frac{\sum_{380}^{780} D_\lambda \cdot \rho(\lambda) \cdot V(\lambda) \cdot \Delta\lambda}{\sum_{380}^{780} D_\lambda \cdot V(\lambda) \cdot \Delta\lambda} \quad (11.1.2-1)$$

式中　　$\rho_v$——试样的可见光反射比（%）；

$\rho(\lambda)$——试样的可见光光谱反射比（%）；

$D_\lambda$、$V(\lambda)$、$\Delta\lambda$——同式（11.1.1-1）。

1）单片玻璃或单层窗玻璃构件

$\rho(\lambda)$ 是实测可见光光谱反射比。

2）双层窗玻璃构件

$\rho(\lambda)$ 按下式计算：

$$\rho(\lambda) = \rho_1(\lambda) + \frac{\tau_1^2(\lambda) \cdot \rho_2(\lambda)}{1 - \rho_1'(\lambda) \cdot \rho_2(\lambda)} \quad (11.1.2-2)$$

式中　　$\rho(\lambda)$——双层窗玻璃构件的可见光光谱反射比（%）；

$\rho_1(\lambda)$——第一片（室外侧）玻璃，在光由室外侧射入室内侧条件下，所测定的可见光光谱反射比（%）；

$\tau_1(\lambda)$、$\rho_1'(\lambda)$、$\rho_2(\lambda)$——同式（11.1.1-1）。

3. 入射太阳光的分布

太阳光是指紫外线、可见光和近红外线组成的辐射光，波长范围为 300～2500nm。

《建筑玻璃　可见光透射比、太阳光直接透射比、太阳能总透射比、紫外线透射比及有关窗玻璃参数的测定》GB/T 2680 中是指太阳光透过大气层直接照射到受光物体上，而不包括地面、建筑物的反射、散射光。

太阳辐射光射到窗玻璃上，入射部分分为 $\phi_e$，$\phi_e$ 又分为三部分：

透射部分——$\tau_e \phi_e$；

反射部分——$\rho_e \phi_e$；

吸收部分——$a_e \phi_e$。

三者关系如下：

$$\tau_e + \rho_e + a_e = 1 \quad (11.1.2-3)$$

式中　$\tau_e$——太阳光直接透射比；

$\rho_e$——太阳光直接反射比；

$a_e$——太阳光直接吸收比。

窗玻璃吸收部分 $a_e \phi_e$ 以热对流方式通过窗玻璃向室外侧传递部分为 $q_0 \phi_e$，向室内侧传递部分为 $q_i \phi_e$，其中：

$$a_e = q_0 + q_i \tag{11.1.2-4}$$

式中 $q_0$——窗玻璃向室外侧的二次热传递系数；

$q_i$——窗玻璃向室内侧的二次热传递系数。

4. 太阳光直接透射比

太阳光直接透射比按下式计算：

$$\tau_e = \frac{\int_{300}^{2500} S_\lambda \cdot \tau(\lambda) \cdot d\lambda}{\int_{300}^{2500} S_\lambda \cdot d\lambda} \approx \frac{\sum\limits_{350}^{1800} S_\lambda \cdot \tau(\lambda) \cdot \Delta\lambda}{\sum\limits_{350}^{1800} S_\lambda \cdot \Delta\lambda} \tag{11.1.2-5}$$

式中 $S_\lambda$——太阳光辐射相对光谱分析，见表 11.1.2-1 或表 11.1.2-2；

$\Delta\lambda$——波长间隔（mm）；

$\tau(\lambda)$——试样的太阳光光谱透射比（%），其测定和计算方法同可见光透射比中的 $\tau(\lambda)$，仅波长范围不同。

**大气质量为 1 时太阳光球辐射相对光谱分布 $S_\lambda$ 和波长间隔 $\Delta\lambda$ 相乘　表 11.1.2-1**

| $\lambda$(nm) | $S_\lambda \cdot \Delta\lambda$ | $\lambda$(nm) | $S_\lambda \cdot \Delta\lambda$ |
|---|---|---|---|
| 350 | 0.026 | 700 | 0.046 |
| 380 | 0.032 | 740 | 0.041 |
| 420 | 0.050 | 780 | 0.037 |
| 460 | 0.065 | 900 | 0.139 |
| 500 | 0.063 | 1100 | 0.097 |
| 540 | 0.058 | 1300 | 0.058 |
| 580 | 0.054 | 1500 | 0.039 |
| 620 | 0.055 | 1700 | 0.026 |
| 660 | 0.049 | 1800 | 0.022 |

$$\sum\limits_{350}^{1800} S_\lambda \cdot \Delta\lambda = 0.954$$

**大气质量为 2 时太阳光直接辐射相对光谱分布 $S_\lambda$ 和波长间隔 $\Delta\lambda$　表 11.1.2-2**

| $\lambda$(nm) | $S_\lambda \cdot \Delta\lambda$ | $\lambda$(nm) | $S_\lambda \cdot \Delta\lambda$ |
|---|---|---|---|
| 350 | 0.0128 | 1100 | 0.0199 |
| 400 | 0.0353 | 1150 | 0.0145 |
| 450 | 0.0665 | 1200 | 0.0256 |
| 500 | 0.0813 | 1250 | 0.0247 |
| 550 | 0.0802 | 1300 | 0.0185 |
| 600 | 0.0788 | 1350 | 0.0026 |
| 650 | 0.0791 | 1400 | 0.0001 |
| 700 | 0.0694 | 1450 | 0.0016 |
| 750 | 0.0595 | 1500 | 0.0103 |
| 800 | 0.0566 | 1550 | 0.0148 |
| 850 | 0.0564 | 1600 | 0.0136 |
| 900 | 0.0303 | 1650 | 0.0118 |
| 950 | 0.0291 | 1700 | 0.0089 |
| 1000 | 0.0426 | 1750 | 0.0051 |
| 1050 | 0.0377 | 1800 | 0.0003 |

$$\sum_{350}^{1800} S_\lambda \cdot \Delta\lambda = 0.9756$$

**5. 太阳光直接反射比**

太阳光直接反射比按下式计算：

$$\rho_e = \frac{\int_{300}^{2500} S_\lambda \cdot \rho(\lambda) \cdot d\lambda}{\int_{300}^{2500} S_\lambda \cdot d\lambda} \approx \frac{\sum_{350}^{1800} S_\lambda \cdot \rho(\lambda) \cdot \Delta\lambda}{\sum_{350}^{1800} S_\lambda \cdot \Delta\lambda} \tag{11.1.2-6}$$

式中　$\rho_e$——试样的太阳光直接反射比（％）；

$\rho(\lambda)$——试样的太阳光光谱反射比（其测定和计算方法见本节"可见光透射比的测定"中的 $\rho(\lambda)$，仅波长范围不同）（％）；

$S_\lambda$、$\Delta\lambda$——同式（11.1.2-5）。

**6. 太阳光直接吸收比**

1）单片玻璃或单层窗玻璃构件

单片玻璃或单层窗玻璃构件的太阳光直接吸收比，必须首先测定出它们的太阳光直接透射比和太阳光直接反射比，然后按式（11.1.2-3）计算。

2）双层窗玻璃构件第一、第二片玻璃的太阳光直接吸收比

双层窗玻璃构件第一片玻璃的太阳光直接吸收比用式（11.1.2-7）～式（11.1.2-10）计算，第二片玻璃的太阳光直接吸收比用式（11.1.2-7）、式（11.1.2-11）、式（11.1.2-12）计算：

$$\alpha_{e_{1(2)}} = \frac{\int_{300}^{2500} S_\lambda \cdot \alpha_{12(\dot{1}2)}(\lambda) \cdot d\lambda}{\int_{300}^{2500} S_\lambda \cdot d\lambda} \approx \frac{\sum_{350}^{1800} S_\lambda \cdot \alpha_{12(\dot{1}2)}(\lambda) \cdot \Delta\lambda}{\sum_{350}^{1800} S_\lambda \cdot \Delta\lambda} \tag{11.1.2-7}$$

$$\alpha_{\dot{1}2}(\lambda) = \alpha_1(\lambda) + \frac{\alpha_1'(\lambda)\tau_1(\lambda)\rho_2(\lambda)}{1 - \rho_1'(\lambda)\rho_2(\lambda)} \tag{11.1.2-8}$$

$$\alpha_1(\lambda) = 1 - \tau_1(\lambda) - \rho_1(\lambda) \tag{11.1.2-9}$$

$$\alpha_1'(\lambda) = 1 - \tau_1(\lambda) - \rho_1'(\lambda) \tag{11.1.2-10}$$

$$\alpha_{1\dot{2}}(\lambda) = \frac{\alpha_2(\lambda) \cdot \tau_1(\lambda)}{1 - \rho_1'(\lambda) \cdot \rho_2(\lambda)} \tag{11.1.2-11}$$

$$\alpha_2(\lambda) = 1 - \tau_1(\lambda) - \rho_2(\lambda) \tag{11.1.2-12}$$

式中　$\alpha_{e_{1(2)}}$——双层窗玻璃构件第一或第二片玻璃的太阳光直接吸收比（％）；

$\alpha_{1\dot{2}}(\lambda)$——双层窗玻璃构件第一片玻璃的太阳光光谱吸收比（％）；

$\alpha_{1\dot{2}}(\lambda)$——双层窗玻璃构件第二片玻璃的太阳光光谱吸收比（％）；

$\alpha_1(\lambda)$——第一片玻璃，在光由室外侧射入室内侧条件下，测定的太阳光光谱吸收比（％）；

$\alpha_1'(\lambda)$——第一片玻璃，在光由室内侧射向室外侧条件下，测定的太阳光光谱吸收比（％）；

$\alpha_2(\lambda)$——第二片玻璃，在光由室外侧射入室内侧条件下，测定的太阳光光谱吸收比（％）；

$\tau_1(\lambda)$——第一片玻璃的太阳光光谱透射比（％）；

$\rho_1(\lambda)$——第一片玻璃，在光由室外侧射入室内侧条件下，测定的太阳光光谱反射比（％）；

$\tau_2(\lambda)$——第二片玻璃的太阳光光谱透射比（％）；

$\rho_1'(\lambda)$——第一片玻璃，在光由室内侧射向室外侧条件下，测定的太阳光光谱反射比（％）；

$\rho_2(\lambda)$——第二片玻璃，在光由室外侧射入室内侧条件下，测定的太阳光光谱反射比（％）；

$S_\lambda$、$\Delta\lambda$——同式（11.1.2-5）。

7. 半球辐射率

半球辐射率等于垂直辐射率乘以下面相应玻璃表面的系数：

未涂膜的平板玻璃表面，0.94；

涂金属氧化物膜的玻璃表面，0.94；

涂金属膜或含有金属膜的多层涂膜的玻璃表面，1.0。

常见玻璃的半球辐射率如表 11.1.2-3 所示。

**半球辐射率**　　　　　　　　　　　　　　　　　表 11.1.2-3

| 玻 璃 品 种 | 半球辐射率 $\varepsilon_i$ | |
|---|---|---|
| | 可见光透射比≤15％ | 可见光透射比＞15％ |
| 普通透明玻璃 | — | 0.83 |
| 真空磁控阴极 | 0.45 | 0.70 |
| 溅射镀膜玻璃 | 0.45 | 0.70 |
| 离子镀膜玻璃 | 0.45 | 0.70 |
| 电浮法玻璃 | — | 0.83 |

垂直辐射率

对于垂直入射的热辐射，其热辐射吸收率 $a_h$ 定为垂直辐射率。按下式计算：

$$a_h = 1 - \tau_h - \rho_h \approx 1 - \rho_h \qquad (11.1.2\text{-}13)$$

$$\rho_h \approx \sum_{4.5}^{25} G_\lambda \cdot \rho_{(\lambda)} \qquad (11.1.2\text{-}14)$$

式中　$a_h$——试样的热辐射吸收率，即垂直辐射率（％）；

　　　$\rho_h$——试样的热辐射反射率（％）；

　　　$\rho_{(\lambda)}$——试样实测热辐射光谱反射率（％）；

　　　$G_\lambda$——绝对温度 293K 下，热辐射相对光谱分布，见表 11.1.2-4。

8. 太阳能总透射比

太阳能总透射比按下式计算：

$$g = \tau_e + q_i \qquad (11.1.2\text{-}15)$$

式中　$g$——试样的太阳能总透射比（％）；

　　　$\tau_e$——试样的太阳光直接透射比（％）；

　　　$q_i$——试样向室内侧的二次热传递系数（％）。

1) 单片玻璃或单层窗玻璃构件

**293K 热辐射相对光谱分布 $G_\lambda$**　　　　　　　　　　　　　　表 11.1.2-4

| 波长($\mu$m) | $G_\lambda$ | 波长($\mu$m) | $G_\lambda$ |
|---|---|---|---|
| 4.5 | 0.0053 | 15.0 | 0.0281 |
| 5.0 | 0.0094 | 15.5 | 0.0266 |
| 5.5 | 0.0143 | 16.0 | 0.0252 |
| 6.0 | 0.0194 | 16.5 | 0.0238 |
| 6.5 | 0.0244 | 17.0 | 0.0225 |
| 7.0 | 0.0290 | 17.5 | 0.0212 |
| 7.5 | 0.0328 | 18.0 | 0.0200 |
| 8.0 | 0.0358 | 18.5 | 0.0189 |
| 8.5 | 0.0379 | 19.0 | 0.0179 |
| 9.0 | 0.0393 | 19.5 | 0.0168 |
| 9.5 | 0.0401 | 20.0 | 0.0159 |
| 10.0 | 0.0402 | 20.5 | 0.0150 |
| 10.5 | 0.0399 | 21.0 | 0.0142 |
| 11.0 | 0.0392 | 21.5 | 0.0134 |
| 11.5 | 0.0382 | 22.0 | 0.0126 |
| 12.0 | 0.0370 | 22.5 | 0.0119 |
| 12.5 | 0.0356 | 23.0 | 0.0113 |
| 13.0 | 0.0342 | 23.5 | 0.0107 |
| 13.5 | 0.0327 | 24.0 | 0.0101 |
| 14.0 | 0.0311 | 24.5 | 0.0096 |
| 14.5 | 0.0296 | 25.0 | 0.0091 |

$\tau_e$ 为单片玻璃或单层窗玻璃构件的太阳光直接透射比，其 $q_i$ 按下式计算：

$$q_i = a_e \times \frac{h_i}{h_i + h_e} \tag{11.1.2-16}$$

$$h_i = 3.6 + \frac{4.4\varepsilon_i}{0.83} \tag{11.1.2-17}$$

式中　　$q_i$——单片玻璃或单层窗玻璃构件向室内侧的二次热传递系数（%）；

　　　　$a_e$——太阳光直接吸收比；

　　　　$h_i$——试件构件内侧表面的传热系数 [W/(m² · K)]；

　　　　$h_e$——试件构件外侧表面的传热系数，$h_e = 23$W/(m² · K)；

　　　　$\varepsilon_i$——半球辐射率。

2）双层窗玻璃构件

$\tau_e$ 为双层窗玻璃构件的太阳光直接透射比，其 $q_i$ 按下式计算：

$$q_i = \frac{\dfrac{a_{e1} + a_{e2}}{h_e} + \dfrac{a_{e2}}{G}}{\dfrac{1}{h_i} + \dfrac{1}{h_e} + G} \tag{11.1.2-18}$$

式中　$q_i$——双层窗玻璃构件，向室内侧的二次热传递系数（％）；

　　$G$——双层窗两片玻璃之间的热导率［W/(m² · K)］，$G=1/R$，$R$ 为热阻；

$a_{e1}$、$a_{e2}$——同太阳光直接吸收比的双层玻璃构件；

　$h_i$、$h_e$——同太阳能总透射比的双层玻璃构件；

9. 遮蔽系数

各种窗玻璃构件对太阳辐射热的遮蔽系数按下式计算：

$$S_e = \frac{g}{\tau_s}$$ （11.1.2-19）

式中　$S_e$——试样的遮蔽系数；

　　$g$——试样的太阳能总透射比（％）；

　　$\tau_s$——3mm 厚的普通透明平板玻璃的太阳能总透射比，其理论值取 88.9％。

### 11.1.3　玻璃传热系数的测定

《建筑外门窗保温性能分级及检测方法》GB/T 8484，规定了玻璃传热系数的检测方法。

1. 仪器设备

1）检测装置

检测装置主要由热箱、冷箱、试件框、控湿系统和环境空间等五部分组成。

2）要求

应符合《建筑外门窗保温性能分级及检测方法》GB/T 8484 中对检测装置的要求。

2. 试件的要求

（1）试件宜为 800mm×1250mm 的玻璃板块，尺寸偏差为 ±2mm；试件框洞口尺寸应不小于 820mm×1270mm。

（2）试件构造应符合产品设计和制作要求，不得附加任何多余的配件或特殊组装工艺。

（3）试件应完好：无裂纹、缺角、明显变形，周边密封无破损等现象。

3. 试件的安装

1）检测洞口的要求

（1）安装试件的洞口尺寸不应小于 820mm×1270mm。当洞口尺寸大于 820mm×1270mm 时，多余部分应用已知导热率 $\Lambda$ 值的膨胀聚苯乙烯板填堵。

（2）洞口距热箱下部内表面应留有不小于 600mm 高的平台。

2）试件的固定

（1）试件检测通过检测辅助装置进行固定。热箱及冷箱两侧分别安装可调节支架，用于固定洞口中的玻璃试件。可调节支架上共设置 3 个可调支撑触点，支撑触点应采用导热系数较小的材料制作。

（2）支撑触点与试件的接触面应平整，接触面积应尽量小，触点应可拆卸；试件与填堵膨胀聚苯乙烯板间的缝隙可用聚苯乙烯泡沫塑料条填塞。缝隙较小不宜填塞时，可用聚氨酯发泡填充。用透明胶带将接缝处双面密封。

4. 玻璃传热系数检测步骤

按照门窗传热系数的检测步骤进行。

5. 玻璃传热系数计算

同门窗传热系数计算。

### 11.1.4　中空玻璃露点的测定

中空玻璃由美国人于 1865 年发明，是一种良好的隔热、隔声、美观适用，并可降低建筑物自重的新型建筑材料，它是用两片（或三片）玻璃，使用高强度高气密性复合胶粘剂，将玻璃片与内含干燥剂的铝合金框架粘结，制成的高效能隔声隔热玻璃。中空玻璃多种性能优越于普通双层玻璃，因此得到了世界各国的认可，中空玻璃是将两片或多片玻璃以有效支撑均匀隔开并周边粘结密封，使玻璃层间形成有干燥气体空间的玻璃制品。其主要材料是玻璃、铝间隔条、弯角栓、丁基橡胶、聚硫胶、干燥剂。

中空玻璃大多用于门窗行业，因为大家需要门窗结构合理，设计符合标准的中空玻璃，才能发挥其隔热、隔声、防盗、防火的功效。采用抽真空双层钢化玻璃更可以达到实验室标准。市场上还有添加惰性气体和彩色颜料气体的中空玻璃，以及增加美景条等起到加固和装饰作用。

《中空玻璃》GB/T 11944，规定了中空玻璃的术语和定义、分类、要求、试验方法、检验规则、包装、标志、运输和贮存。该标准适用于建筑及建筑以外的冷藏、装饰和交通用中空玻璃，其他用途的中空玻璃可参照使用。

中空玻璃是指两片或多片玻璃以有效支撑均匀隔开并周边粘结密封，使玻璃层间形成有干燥气体空间的玻璃制品。制作中空玻璃的各种材料的质量与中空玻璃的使用寿命有关，使用符合标准规范的材料生产的中空玻璃，其使用寿命一般不少于 15 年。

1. 分类

按形状分类：平面中空玻璃、曲面中空玻璃。

按中空腔体内气体分类：

（1）普通中空玻璃：中空腔内为空气的中空玻璃。

（2）充气中空玻璃：中空腔内充入氩气、氪气等气体的中空玻璃。

2. 性能要求

中空玻璃的性能要求主要项目有：尺寸偏差、外观质量、露点、耐紫外线辐照性能、水气密封耐久性能、初始气体含量、气体密封耐久性能和 $U$ 值等。

3. 露点试验

1）试样

试样为制品或与制品相同材料、在同一工艺条件下制作的尺寸为 510mm×360mm 试样，试样数量 15 块。

2）试验条件

试验在温度 23±2℃，相对湿度 30～75％的环境中进行。试验前全部试样在该环境中放置至少 24h。

3）仪器设备

露点仪：测量表为铜质材料，直径为 50±1mm，厚度为 0.5mm。温度测量范围可以达到 −60℃ ，精度≤1°。

4）试验步骤

（1）向露点仪内注入深约 25mm 的乙醇或丙酮，再加入干冰，使其温度降低到等于或低于−60℃，并保持该温度。

（2）将试样水平放置，在上面涂一层乙醇或丙酮，使露点仪与该表面紧密接触，停留时间按表 11.1.4-1 的规定。

（3）移开露点仪，立即观察玻璃试样的内表面上有无结露或结霜。

（4）如无结霜或结露，露点温度记为−60℃。

（5）如结霜或结露，将试样放置到完全无结霜或结露后，提高露点仪温度继续测量，直至测量到−40℃，记录试样最高的结露温度。该温度为试样结露温度。

（6）对于两腔中空玻璃露点测试，应分别测试中空玻璃的两个表面。

**露点测试时间**  表 11.1.4-1

| 原片玻璃厚度（mm） | 接触时间（min） |
|---|---|
| ≤4 | 3 |
| 5 | 4 |
| 6 | 5 |
| 8 | 7 |
| ≥10 | 10 |

4. 组批及抽样

组批：采用相同材料、在同一工艺条件下生产的中空玻璃 500 块为一批。

抽样：产品的外观质量、尺寸偏差按"抽样方案表"从交货批中随机抽样进行检验。

# 11.2 支承材料相关性能检测

## 11.2.1 隔热铝合金型材性能检测

1. 建筑用隔热铝合金型材

《建筑用隔热铝合金型材》JG 175，规定了建筑用隔热铝合金型材的术语、定义和符号、分类与标记、材料及一般要求、要求、试验方法、检验规则、标志、包装、运输及贮存。该标准适用于建筑门窗、幕墙采用的穿条或浇筑方式复合成的隔热型材。

1）定义

（1）穿条式隔热型材：由铝合金型材和建筑用硬质塑料隔热条（以下简称隔热条）通过滚齿、穿条、滚压等工序进行结构连接，形成的有隔热功能的复合铝合金型材。

（2）浇筑式隔热型材：将双组分的液态胶混合注入铝合金型材预留的隔热槽中，待胶体固化后，除去铝合金型材隔热槽上的临时铝桥，形成有隔热功能的复合铝合金型材。

（3）横向抗拉值：在平行于隔热型材横截面方向作用的单位长度的拉力极限值。

（4）纵向抗剪值：在垂直隔热型材横截面方向作用的单位长度的纵向剪切极限值。

（5）特征值：根据 75％置信度对数正态分布，按 95％的保证概率计算的性能值。

2）试样制备

（1）取样

隔热型材试样的端头应平整，取样应符合表 11.2.1-1 的规定。

隔热型材试验取样规定　　　　　　　　　　表 11.2.1-1

| 项目 | 取 样 规 定 |
|------|------------|
| 纵向抗剪试验 | 每项试验应在每批中取隔热型材 2 根，每根取长 100±1mm 的试样 15 个，其中每根中部取 5 个试样，两端各取 5 个试样，其取 30 个试样。将试样均分三份（每份至少有 3 个中部试样），做好标识。将试样分别作室温、高温、低温试验。横向抗拉试验的试样长度允许缩短至 50mm |
| 横向抗拉试验 | |
| 高温持久负荷试验 | 每批取隔热型材 4 根，每根取长 100±1mm 的试样 5 个，其中每根中部取 1 个试样，两端各取 2 个试样，共取 20 个试样，做好标识。将试样均分两份（每份至少有 2 个中部试样），分别作高温、低温拉伸试验 |
| 热循环试验 | 每批取隔热型材 2 根，每根取长 305±1mm 的试样 5 个，其中每根中部取 1 个试样，两端各取 2 个试样，共取 10 个试样，做好标识 |

（2）试样状态调节

① 穿条式隔热型材试样应在温度 23±2℃，相对湿度 50%±5% 的环境条件下存放 48h。

② 浇筑式隔热型材试样应在温度 23±2℃，相对湿度 50%±5% 的环境条件下存放 168h。

3）纵向剪切试验

（1）试验装置

隔热型材一端紧固在固定装置上，作用力通过刚性支撑件均匀传递给隔热型材另一端，固定装置和刚性支撑件均不得直接作用在隔热材料上，加载时隔热型材不应发生扭转或偏移（图 11.2.1-1）。

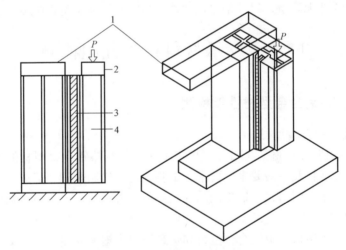

图 11.2.1-1　纵向抗剪试验装置

1—固定装置；2—刚性支承件；3—隔热材料（隔热条或隔热胶）；4—铝合金型材

（2）试验温度

试验温度应符合表 11.2.1-2 的规定。

（3）试验程序

将隔热型材试样固定在检测装置上，在规定的试验温度下放置 10min，以初始速度 1mm/min 逐渐加至 5mm/min 的速度进行加载，记录所加的荷载和相应的剪切位移（负荷—位移曲线），直至剪切力失效。测量试样上的滑移量。

隔热型材试验温度
表 11.2.1-2

| 试验条件 | 试验温度 | 试样数 |
|---|---|---|
| 室温试验 | 23±2℃ | 10 |
| 低温试验 | −30±2℃ | 10 |
| 高温试验 | 80±2℃（穿条式隔热型材）<br>70±2℃（浇筑式隔热型材） | 10 |

（4）计算

纵向抗剪值按下式计算：

$$T_i = \frac{P_{1i}}{L_i} \tag{11.2.1-1}$$

式中　$T_i$——第 $i$ 个试样的纵向抗剪值（N/mm）；

　　　$P_{1i}$——第 $i$ 个试样的最大抗剪力（N）；

　　　$L_i$——第 $i$ 个试样的试样长度（mm）。

相应样本估算标准差按下式计算：

$$S = \sqrt{\frac{\sum_{i=1}^{n}(\overline{T} - T_i)^2}{9}} \tag{11.2.1-2}$$

纵向抗剪特征值按下式计算：

$$T_c = \overline{T} - 2.02S \tag{11.2.1-3}$$

式中　$T_c$——纵向抗剪特征值（N/mm）；

　　　$\overline{T}$——10 个试样所能承受纵向抗剪值的算术平均值（N/mm）；

　　　$S$——相应样本估算的标准差（N/mm）。

4）横向拉伸试验

（1）试验装置

隔热型材试样在试验装置的 U 形夹具中受力均匀，拉伸过程试样不应倾斜和偏移（图 11.2.1-2）。

（2）试样

① 穿条式隔热型材试样应采用先通过室温纵向抗剪试验抗剪失效后的试样，再作横向拉伸试验。

② 浇筑式隔热型材试样直接进行横向抗拉试验。

（3）试验温度

试验温度按规定进行。

（4）试验程序

将隔热型材固定在 U 形夹具上，在规定的试验温度下放置 10 min，以初始速度 1mm/min 逐渐加至 5mm/min 的速度进行加载，进行横向抗拉试验，直至试样抗拉失效（出现型材撕裂、隔热材料断裂、型材与隔热材料脱落等现象），测定其最大荷载。

（5）计算

横向拉伸值按下式计算：

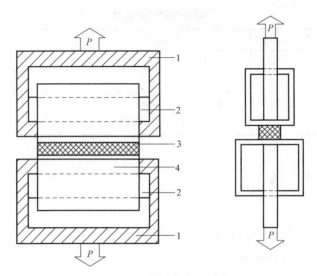

图 11.2.1-2 横向拉伸试验装置

1—U形夹具；2—刚性支撑；3—隔热材料（隔热条或隔热胶）；4—铝合金型材

$$Q_i = \frac{P_{2i}}{L_i} \tag{11.2.1-4}$$

式中 $Q_i$——第 $i$ 个试样的横向抗拉值（N/mm）；

$P_{2i}$——第 $i$ 个试样的最大抗拉剪力（N）；

$L_i$——第 $i$ 个试样的试样长度（mm）。

相应样本估算标准差按下式计算：

$$S = \sqrt{\frac{\sum_{i=1}^{n}(\overline{Q} - Q_i)^2}{9}} \tag{11.2.1-5}$$

横向抗拉特征值按下式计算：

$$\overline{Q}_c = \overline{Q} - 2.02S \tag{11.2.1-6}$$

式中 $Q_c$——横向抗拉特征值（N/mm）；

$\overline{Q}$——10 个试样所能承受最大抗拉力的算术平均值（N/mm）；

$S$——相应样本估算的标准差（N/mm）。

2. 铝合金隔热型材复合性能检测

《铝合金隔热型材复合性能试验方法》GB/T 28289，规定了铝合金隔热型材纵向剪切试验、横向剪切试验、抗扭性能试验、高温持久荷载横向拉伸试验、热循环试验、蠕变系数（$A_2$）测定试验等复合性能试验方法。该标准适用于建筑用铝合金隔热型材复合性能试验。其他类型的复合型材可参照使用该标准。

1）纵向剪切试验

（1）仪器设备

① 试验机：精度为 1 级或更优级别。

② 试验机最大荷载不小于 20kN。

③ 高低温环境试验箱基本要求符合标准的规定。

④ 纵向剪切试验夹具，见图 11.2.1-3。

纵向剪切试验夹具平台的水平度为 0.2‰；在试验过程中，平台不应出现明显的偏转现象，如图 11.2.1-4 所示，偏转量应不大于 0.05mm。剪切座尺寸见图 11.2.1-5 所示。

剪切座在平台上可以左右移动，以保证受力轴线与夹具轴线平行，并尽量靠近。剪切试验夹具受力部位应进行热处理。

刚性支撑边缘至隔热材料与铝合金型材相接部位的距离如图 11.2.1-6 所示。

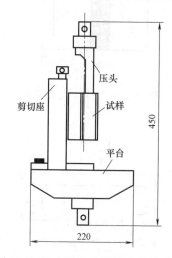

图 11.2.1-3　纵向剪切试验夹具示意

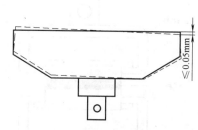

图 11.2.1-4　纵向剪切试验夹具平台偏转示意

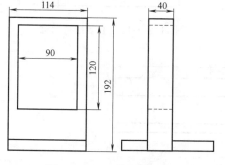

图 11.2.1-5　剪切座示意

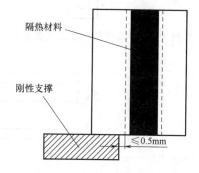

图 11.2.1-6　刚性支撑的位置示意

试验过程中，试样的横向滑移量不大于 0.1mm，如图 11.2.1-7 所示。位移传感器应与夹角轴线同轴，偏差不大于 0.5mm。位移传感器应保证准确显示试样的剪切位移量，如图 11.2.1-8 所示。

⑤ 横向剪切夹具，见图 11.2.1-9。

横向拉伸试验夹具的上下挂具应有足够的刚度，设计结构尺寸如图 11.2.1-10 所示。

刚性支撑条设计结构尺寸如图 11.2.1-11 所示。支撑条在试验过程中不许有变形，弯曲挠度不大于 0.01mm，支撑条应热处理。

（2）试样

① 试样应从符合相应产品标准规定的型材上切取，应保留其原始表面，清除加工后

试样上的毛刺。

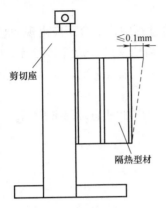

图 11.2.1-7 试样滑移示意

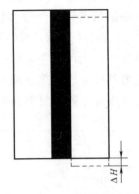

图 11.2.1-8 剪切位移示意

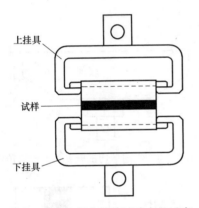

图 11.2.1-9 横向拉伸试验夹具示意

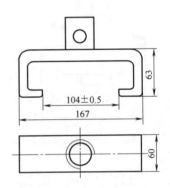

图 11.2.1-10 上下挂具示意

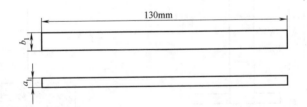

图 11.2.1-11 刚性支撑条示意

② 切取试样时应预防因加工受热而影响试样的性能测试结果。

③ 试样形位公差应符合图 11.2.1-12。

④ 试样尺寸为 $100\pm2$mm，用分辨率不大于 0.02mm 的游标卡尺，在隔热材料与铝型材复合部位进行尺寸测量，每个试样测量两个位置的尺寸，计算其平均值。

⑤ 试样按相应产品标准中的规定进行分组和编号。

（3）试样状态调节

① 产品性能试验前，试样应进行状态调节。

② 铝合金隔热型材试样应在温度为 $23\pm2$℃、相对湿度为 $50\%\pm10\%$ 的环境条件下放置 48h。

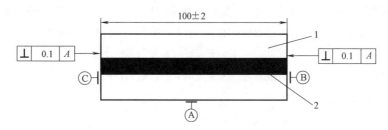

图 11.2.1-12　试样形位公差图

1—铝合金型材；2—隔热材料

（4）试验温度

① 穿条式隔热型材试验温度：

室温：23±2℃；低温：−20±2℃；高温：＋80±2℃。

② 浇筑式隔热型材试验温度：

室温：23±2℃；低温：−30±2℃；高温：＋70±2℃。

（5）试验步骤

① 将纵向剪切夹具安在试验机上，紧固好连接部位，确保在试验过程中不会出现试样偏转现象。

② 将试样安装在剪切夹具上，刚性支撑边缘靠近隔热材料与铝合金型材相接位置，距离不大于 0.5mm 为宜，如图 11.2.1-13 所示。

③ 除室温外，试样在规定的试验温度下保持 10 min。

④ 以 5mm/min 的速度加至 100N 的预荷载。

⑤ 以 1～5mm/min 的速度进行纵向剪切试验，并记录所加的荷载和在试样上直接测得的相应剪切位移（荷载—位移曲线），直至出现最大荷载。纵向剪切试验的试样受力方式如图 11.2.1-14 所示。

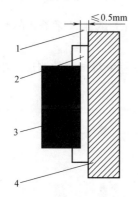

图 11.2.1-13　刚性支撑位置示意

1—隔热材料与铝合金型材相接位置；

2—铝合金型材；3—隔热材料；

4—刚性支撑

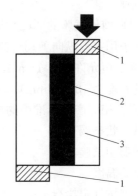

图 11.2.1-14　纵向剪切试验试

样受力方式示意

1—刚性支撑；2—隔热材料；

3—铝合金型材

（6）结果计算

单位长度上所能承受的最大剪切力及抗剪特征值的计算。

按下式计算试样单位长度上所能承受的最大剪切力，数值修约规则按《数值修约规则与极限数值的表示和判定》GB/T 8170 的有关规定进行，保留 2 位小数。

$$T = F_{Tmax}/L \tag{11.2.1-7}$$

式中　$T$——试样单位长度上所能承受的最大剪切力（N/mm）；

　$F_{Tmax}$——最大剪切力（N）；

　　$L$——试样长度（mm）。

按下式计算 10 个试样单位长度上所能承受的最大剪切力的标准差，数值修约规则按《数值修约规则与极限数值的表示和判定》GB/T 8170 的有关规定进行，保留 2 位小数。

$$s_T = \sqrt{\frac{1}{10-1}\sum_{i=1}^{10}(T_i - \overline{T})^2} \tag{11.2.1-8}$$

式中　$s_T$——10 个试样单位长度上所能承受的最大剪切力的标准差（N/mm）；

　$T_i$——第 $i$ 个试样单位长度上所能承受的最大剪切力（N/mm）；

　$\overline{T}$——10 个试样单位长度上所能承受的最大剪切力的平均值（N/mm），数值修约规则按《数值修约规则与极限数值的表示和判定》GB/T 8170 的有关规定进行，保留 2 位小数。

按下式计算纵向抗剪特征值，数值修约规则按《数值修约规则与极限数值的表示和判定》GB/T 8170 的有关规定进行，修约到个位数。

$$T_c = \overline{T} - 2.02 \times s_T \tag{11.2.1-9}$$

式中　$T_c$——抗剪特征值（N/mm）。

2）横向拉伸试验

（1）试样

① 按纵向剪切试验的"（2）试样"的①～④的规定加工试样（穿条式隔热型材拉伸试验可直接采用室温纵向剪切试验后的试样）。

② 试样最短允许缩至 18mm，但在试样切割方式上应避免对试样的测试结果（仲裁试验用试样的长度为 100±2mm）。

③ 试样按相应产品标准中的规定进行分组并编号。

（2）试样状态调节

同纵向剪切试验。

（3）试验温度

试验温度按规定执行。

（4）试验步骤

① 穿条式隔热型材拉伸试样：

将试样安装在剪切夹具上，刚性支撑边缘靠近隔热材料与铝合金型材相接位置，距离不大于 0.5mm 为宜，如图 11.2.1-13 所示。

除室温外，试样在规定的试验温度下保持 10min。

以 1～5mm/min 的速度进行纵向剪切试验，并记录所加的荷载和在试样上直接测得的相应剪切位移（荷载—位移曲线），直至出现最大荷载。纵向剪切试验的试样受力方式如图 11.2.1-14 所示。

并以 1～5mm/min 的速度进行纵向剪切试验（除非采用了室温纵向剪切试验后的试验），再按以下②、③的步骤进行横向拉伸试验。

② 将横向拉伸试验夹具安装在试验机上，使上、下夹具的中心线与试样受力轴线重合，紧固好连接部位，确保在试验过程中不会出现试样偏转现象。

③ 以 5mm/min 的速度，加至 200N 的预荷载。

④ 以 1～5mm/min 的速度进行拉伸试验，并记录所加的荷载，直至最大荷载出现，或出现铝型材撕裂。横向拉伸试验的试样受力方式如图 11.2.1-15 所示。

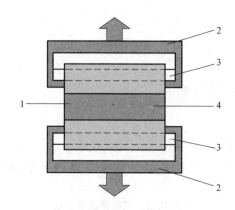

图 11.2.1-15　横向拉伸试验受力方式示意

1—铝合金型材；2—横向拉伸试验夹具；3—刚性支撑条；4—隔热材料

（5）结果计算

按下式计算试样单位长度上所能承受的最大拉伸力，数值修约规则按《数值修约规则与极限数值的表示和判定》GB/T 8170 的有关规定进行，保留 2 位小数。

$$Q = F_{Qmax}/L \qquad (11.2.1\text{-}10)$$

式中　$Q$——试样单位长度上所能承受的最大拉伸力（N/mm）；

$F_{Qmax}$——最大拉伸力（N）；

$L$——试样长度（mm）。

按下式计算 10 个试样单位长度上所能承受的最大拉伸力的标准差，数值修约规则按《数值修约规则与极限数值的表示和判定》GB/T 8170 的有关规定进行，保留 2 位小数。

$$s_Q = \sqrt{\frac{1}{10-1}\sum_{i=1}^{10}(Q_i - T\overline{Q})^2} \qquad (11.2.1\text{-}11)$$

式中　$s_Q$——10 个试样单位长度上所能承受的最大拉伸力的标准差（N/mm）；

$Q_i$——第 $i$ 个试样单位长度上所能承受的最大拉伸力（N/mm）；

$\overline{Q}$——10 个试样单位长度上所能承受的最大拉伸力的平均值（N/mm），数值修约规则按《数值修约规则与极限数值的表示和判定》GB/T 8170 的有关规定进行，保留 2 位小数。

按下式计算横向拉伸特征值，数值修约规则按《数值修约规则与极限数值的表示和判定》GB/T 8170 的有关规定进行，修约到个位数。

$$Q_c = \overline{Q} - 2.02 \times s_Q \tag{11.2.1-12}$$

式中 $Q_c$——横向抗拉特征值（N/mm）。

3. 试验报告

试验报告一般包括下列内容：

（1）依据标准编号。

（2）试样标识。

（3）材料名称、牌号。

（4）试样类型。

（5）试样的取样位置。

（6）所测性能结果。

### 11.2.2 钢材相关性能检测

1. 碳素结构钢

（1）检验项目、取样数量、取样方法和试验方法：

碳素结构钢的检验项目、取样数量、取样方法和试验方法应符合表 11.2.2-1 的规定。

检验项目、取样及试验方法 表 11.2.2-1

| 序号 | 检验项目 | 取样数量(个) | 取样方法 | 试验方法 |
|---|---|---|---|---|
| 1 | 化学分析 | 1（每炉） | GB/T 20066 | 第 2 章中 GB/T 223 系列标准、GB/T 4336 |
| 2 | 拉伸 | 1 | GB/T 2975 | GB/T 228.1 |
| 3 | 冷弯 | | | GB/T 232 |
| 4 | 冲击 | 3 | | GB/T 229 |

（2）拉伸和冷弯试验，钢板、钢带试样的纵向轴线应垂直于轧制方向；型材、钢棒和受宽度限制的窄钢带试样的纵向轴线应平行于轧制方向。

（3）冲击试样的纵向轴线应平行于轧制方向。冲击试样可以保留一个轧制面。

2. 优质碳素结构钢

优质碳素结构钢钢棒的检验项目和试验方法见表 11.2.2-2。

钢棒的检验项目、取样及试验方法 表 11.2.2-2

| 序号 | 检验项目 | 取样数量 | 取样部位 | 试验方法 |
|---|---|---|---|---|
| 1 | 化学成分 | 1 个/炉 | GB/T 20066 | GB/T 223（见第 2 章）、GB/T 4336、GB/T 11261、GB/T 20123、GB/T 20124、GB/T 20125、GB/T 21834、YB/T 4306 |
| 2 | 拉伸 | 2 个/批 | 不同根钢棒，GB/T 2975 | GB/T 228.1 |

续表

| 序号 | 检验项目 | | 取样数量 | 取样部位 | 试验方法 |
|---|---|---|---|---|---|
| 3 | 冲击 | | 1组/批 | 不同根钢棒,GB/T 2975 | GB/T 229 |
| 4 | 布氏硬度 | | 3个/批 | 不同根钢棒 | GB/T 231.1 |
| 5 | 顶锻 | | 2个/批 | 不同根钢棒 | YB/T 5293 |
| 6 | 低倍 | 酸蚀检验 | 2个/批 | 模铸:相当于钢锭头部不同根钢坯或钢棒连铸:不同根钢棒 | GB/T 226、GB/T 1979 |
| | | 超声检测 | | | GB/T 7736 |

### 3. 低合金高强度结构钢

低合金高强度结构钢钢材的检验项目、取样数量、取样方法和试验方法应符合表 11.2.2-3 的规定。

检验项目、取样及试验方法　　　　　　　　　　表 11.2.2-3

| 序号 | 检验项目 | 取样数量(个) | 取样方法 | 试验方法 |
|---|---|---|---|---|
| 1 | 化学成分(熔炼分析) | 1/炉 | GB/T 20066 | GB/T 223、GB/T 4336、GB/T 20125 |
| 2 | 拉伸试验 | 1/批 | GB/T 2975 | GB/T 228.1 |
| 3 | 弯曲试验 | 1/批 | GB/T 2975 | GB/T 232 |
| 4 | 冲击试验 | 3/批 | GB/T 2975 | GB/T 229 |
| 5 | Z向钢厚度方向断面收缩率 | 3/批 | GB/T 5313 | GB/T 5313 |
| 6 | 无损检验 | 逐张或逐件 | 按无损检验标准规定 | 协商 |
| 7 | 表面质量 | 逐张/逐件 | — | 目视及测量 |
| 8 | 尺寸、外形 | 逐张/逐件 | — | 合适的量具 |

### 4. 热轧型钢

1) 检验项目、取样数量、取样方法和试验方法

热轧型钢每批钢材的检验项目、取样数量、取样方法和试验方法应符合表 11.2.2-4 的规定。

检验项目、取样及试验方法　　　　　　　　　　表 11.2.2-4

| 序号 | 检验项目 | 取样数量(个) | 取样方法 | 试验方法 |
|---|---|---|---|---|
| 1 | 化学成分 | | 见相应牌号标准的规定 | |
| 2 | 拉伸 | 1 | | GB/T 228.1 |
| 3 | 弯曲 | 1 | GB/T 2975 | GB/T 232 |
| 4 | 常温冲击 | 3 | | GB/T 229 |
| 5 | 低温冲击 | 3 | | |
| 6 | 表面质量 | 逐根 | — | 目视、量具 |
| 7 | 尺寸、外形 | 逐根 | — | 量具 |

2) 工字钢、槽钢取样要求

热轧型钢的工字钢、槽钢在腰部取样。

### 5. 合金结构钢

合金结构钢的钢棒检验项目和试验方法见表 11.2.2-5。

检验项目、取样及试验方法　　　　　　　　　　　　　表 11.2.2-5

| 序号 | 检验项目 | | 取样数量 | 取样部位 | 试验方法 |
|---|---|---|---|---|---|
| 1 | 化学成分 | | 1 个/炉 | GB/T 20066 | GB/T 223 系列（见第 2 章）、GB/T 4336、GB/T 11261、GB/T 20123、GB/T 20124、GB/T 21834、YB/T 4306 |
| 2 | 拉伸 | | 2 个/批 | 不同根钢棒，GB/T 2975 | GB/T 228.1 |
| 3 | 冲击 | | 1 组 2 个/批 | 不同根钢棒，GB/T 2975 | GB/T 229 |
| 4 | 硬度 | | 3 个/批 | 不同根钢棒 | GB/T 231.1 |
| 5 | 低倍组织 | 酸浸检验 | 2 个/批 | ①模铸：相当于钢锭头部不同根钢坯或钢棒；②连铸：不同根钢棒 | GB/T 226、GB/T 1979 |
| | | 超声检测 | | | GB/T 7736 |

6. 耐候结构钢

（1）钢材的外观应目视检查。

（2）钢材的尺寸、外形应用合适的测量工具测量。

（3）每批钢材的检验项目、取样数量、取样方法和试验方法见表 11.2.2-6 的规定。

检验项目、取样及试验方法　　　　　　　　　　　　　表 11.2.2-6

| 序号 | 试验项目 | 试样数量 | 取样方法 | 试验方法 |
|---|---|---|---|---|
| 1 | 化学分析 | 1 个/炉 | GB/T 20066 | GB/T 223、GB/T 4336、GB/T 20125 |
| 2 | 拉伸试验 | 1 个/批 | GB/T 2975 | GB/T 228.1 |
| 3 | 弯曲试验 | 1 个/批 | GB/T 2975 | GB/T 232 |
| 4 | 冲击试验 | 1 组(3 个)/批 | GB/T 2975 | GB/T 229 |
| 5 | 晶粒度 | 1 个/批 | GB/T 6394 | GB/T 6394 |
| 6 | 非金属夹杂物 | 1 个/批 | GB/T 10561 | GB/T 10561 |

7. 不锈钢冷轧钢板和钢带

不锈钢冷轧钢板和钢带每批的检验项目、取样数量、取样方法和试验方法应符合表 11.2.2-7 的规定。

检验项目、取样及试验方法　　　　　　　　　　　　　表 11.2.2-7

| 序号 | 检验项目 | 取样方法及部分 | 取样数量 | 试验方法 |
|---|---|---|---|---|
| 1 | 化学成分 | 按 GB/T 20066 | 1 个 | 见 7.1 |
| 2 | 拉伸试验 | 按 GB/T 2975 | 1 个 | GB/T 228.1，YB/T 4334 |
| 3 | 弯曲试验 | 按 GB/T 2975 | 1 个 | GB/T 232 |
| 4 | 硬度 | 任一张或任一卷 | 1 个 | GB/T 230.1，GB/T 231.1，GB/T 4340.1 |
| 5 | 耐腐蚀性能 | 按 GB/T 4334 | 按 GB/T 4334 | GB/T 4334 |
| 6 | 尺寸、外形 | — | 逐张或逐卷 | 本标准 7.3 |
| 7 | 表面质量 | — | 逐张或逐卷 | 目视 |

8. 不锈钢热轧钢板和钢带

不锈钢热轧钢板和钢带每批的检验项目、取样数量、取样方法和试验方法应符合表 11.2.2-8 的规定。

检验项目、取样及试验方法　　　　　　　表 11.2.2-8

| 序号 | 检验项目 | 取样方法及部分 | 取样数量 | 试验方法 |
|---|---|---|---|---|
| 1 | 化学成分 | 按 GB/T 20066 | 1 个 | 见 7.1 |
| 2 | 拉伸试验 | 按 GB/T 2975 | 1 个 | GB/T 228.1 |
| 3 | 弯曲试验 | 按 GB/T 2975 | 1 个 | GB/T 232 |
| 4 | 硬度 | 任一张或任一卷 | 1 个 | GB/T 230.1,GB/T 231.1,GB/T 4340.1 |
| 5 | 耐腐蚀性能 | 按 GB/T 4334 | 按 GB/T 4334 | GB/T 4334 |
| 6 | 晶粒度 | 宽度 1/4 处 | 1 个 | GB/T 6394 |
| 7 | 尺寸、外形 | — | 逐张或逐卷 | 见 7.3 |
| 8 | 表面质量 | — | 逐张或逐卷 | 目视 |

# 11.3　其他材料性能检测

## 11.3.1　铝塑复合板的剥离强度试验

《夹层结构滚筒剥离强度试验方法》GB/T 1457，规定了夹层结构滚筒剥离强度的试验原理、试验设备、试样、状态调节、试验步骤、计算、试验结果及试验报告等。该标准适用于夹层结构中面板与芯子间胶结的剥离强度的测定，也适用于选择胶粘剂的其他组合件的剥离强度测定。

滚筒剥离强度是指夹层结构用滚筒剥离试验测得的面板与芯子分离时单位宽度上的抗剥离力矩。

1. 试验原理

用带凸缘的筒体从夹层结构中剥离面板的方法来测定面板与芯子胶结的抗剥离强度。面板一头连接在筒体上，一头连接上夹具，凸缘连接加载带，拉伸加载带时，筒体向上滚动，从而把面板从夹层结构中剥离开。凸缘上的加载带与筒体上的面板相差一定距离，夹层结构滚筒剥离强度实为面板与芯子分离的单位宽度上的抗剥离力矩。

2. 试验设备

（1）试验机应符合《纤维增强塑料性能试验方法总则》GB/T 1446 的规定：

① 试验机荷载相对误差不应超过 ±1%。

② 机械式和油压式试验机使用吨位的选择应使试样施加荷载落在满载的 10%～90% 范围内，且不应小于试验机最大吨位的 4%。

③ 能获得恒定的试验速度。当试验速度不大于 10mm/min 时，误差不应超过 20%；当试验速度大于 10mm/min 时，误差不应超过 10%。

④ 电子拉力试验机和伺服液压式试验机使用吨位的选择应参照该机的说明书。

⑤ 测量变形的仪器仪表相对误差均不得超过 ±1%。

⑥ 物理性能用试验设备应符合相应标准的规定。

⑦ 试验设备定期经具有相应资格的计量部门进行校准。

（2）上升式滚筒夹具见图 11.3.1-1。滚筒直径 100±0.10mm，滚筒凸缘直径 125±0.10mm，滚筒用铝合金材料，质量不超过 1.5kg。

（3）滚筒沿轴平行，用加工减轻孔或平衡块来平衡。

（4）加载速度 20～30mm/min，仲裁试验时，加载速度 25mm/min。

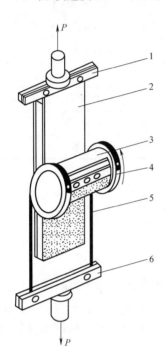

图 11.3.1-1　滚筒剥离装置

1—上夹具；2—试样；3—滚筒；

4—滚筒凸缘；5—加载带；

6—下夹具；P—载荷

3. 试验环境条件

1）实验室标准环境条件

温度：23±2℃；相对湿度 50%±10%。

2）实验室非标准环境条件

若不具备实验室标准环境条件时，选择接近实验室标准环境条件的实验室环境条件。

4. 试样

（1）试样形状尺寸见图 11.3.1-2，厚度与夹层结构厚度相同；当样品厚度未确定时，可以取 20mm，面板厚度小于或等于 1mm。

① 对于泡沫塑料、轻木等连续芯子，试样宽度为 60mm。

② 对于蜂窝、波纹等格子型芯子，试样宽度为 60mm，当格子边长或波距较大时（格子边长大于 8mm，波距大于 20mm），试样宽度为 80mm。

（2）对于正交各向异性夹层结构，试样应分纵向和横向两种。

（3）对于湿法成型的夹层结构制品，试样应分剥离上面板和下面板两种。

（4）用作空白试验的面板试样，其材料、宽度、厚度应与相应的夹层结构试样的面板相同（空白试验是指上升式滚筒对单面板进行试验，以获得克服面板弯曲和滚筒上升所需的抗力荷载）。

（5）试验数量，以 3 个试件为一组，分别测量正面纵向、正面横向、背面纵向、背面横向各组试件中每个试件的平均剥离强度和最小剥离强度。

5. 试样制备

（1）试样加工：

① 试样的取位区，一般宜距板材边缘 30mm 以上，最小不得小于 20mm。

② 若对取位区有特殊要求或需从产品中取样时，则按有关技术要求确定，并在试验报告中注明。

③ 纤维增强塑料一般为各向异性，应按各向异性材料的两个主方向或预先规定的方向（例如板的横向和纵向）切割试样，且严格保证纤维方向和铺层方向与试验要求相符。

④ 纤维增强塑料试样应采用硬质合金刀具或砂轮片等加工。加工时要防止试样产生

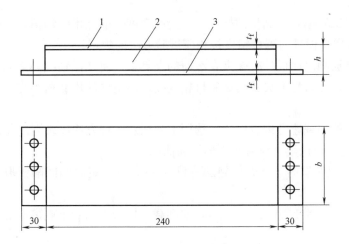

图 11.3.1-2　试样形状及尺寸

1—面板；2—芯子；3—被剥离面板

分层、刻痕和局部挤压等损伤。

⑤ 加工试样时可采用水冷却（禁止用油）。加工后应在适宜的条件下对试样及时进行干燥处理。

⑥ 对试样的成型表面不宜加工。当需要加工时，一般单面加工，并在试验报告中注明。

（2）当试样厚度小于 10mm 时，或夹层结构试样弯曲刚度较小时，在不受剥离的面板上，粘上厚度大于 10mm 的木质等加强材料，见图 11.3.1-3。胶结固化温度应为室温或比夹层结构胶结固化温度至少低 30℃。

（3）试样两头的非剥离面板及芯子应割掉 30mm，留下要剥离的面板，如图 11.3.1-2、图 11.3.1-3 所示。在要剥离面板的两头上钻孔，以便面板一头固定在滚筒上，另一头固支在上夹具上，见图 11.3.1-1。

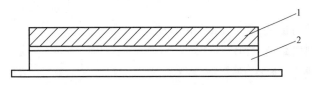

图 11.3.1-3　粘有加强材料的试样

1—加强材料；2—试样

6. 状态调节

（1）试验前，试样在实验室标准环境条件下至少放置 24h。

（2）若不具备实验室标准环境条件，试验前，试样可在干燥器内至少放置 24h。

（3）特殊状态调节条件按需要而定。

7. 试验步骤

（1）试样外观检查：试验前，试样需经外观检查，如有缺陷和不符合尺寸及制备要求者，应予作废。

（2）将合格试样编号，测量试样任意 3 处的宽度，取算术平均值。试样尺寸测量精确到 0.01mm，试样其他量的测量精度按相应试验方法的规定。

（3）将试样被剥离面板的一头夹在滚筒的夹具上，使试样轴线与滚筒轴线垂直，另一头装在上夹具中，然后将上夹具与试验机相连接，调整试验机载荷零点，再将下夹具与试验机连接。

（4）按规定的加载速度进行试验。选用下列任意一种方法记录剥离荷载：

① 使用自动绘图仪记录荷载—剥离距离曲线。

② 无自动距离装置时，在开始施加荷载 5s 后，按一定时间间隔读取荷载，不得少于 10 个读数。

（5）试样被剥离到 150～180mm 时，便卸载，使滚筒回到未剥离前的初始位置，记录破坏形式。

① 面板无损伤，则按上述（4）重复进行试验，记录抗力荷载。

② 面板有损伤（有明显可见发白和裂纹或发生塑性变形），应采用空白试验用的面板试样按上述（3）和（4）进行空白试验，记录抗力荷载。

8. 计算

（1）用下列任意一种方法求得平均剥离荷载和最小剥离荷载。

① 从荷载—剥离距离曲线上，找出最小剥离荷载，并用求积仪或作图法求得平均剥离荷载。

② 从所记录的剥离荷载读数中，找出最小剥离荷载，并取荷载读数的算术平均值为平均剥离荷载。

（2）根据面板损伤与否选择下列一种方法求得抗力载荷。

① 由上述面板无损伤所得的荷载—剥离距离曲线或载荷读数中求出抗力载荷。

② 由上述面板有损伤所得的荷载—剥离距离曲线或载荷读数中求出抗力载荷。

（3）平均剥离强度按下式计算：

$$\overline{M} = \frac{(P_b - P_0)(D - d)}{2b} \tag{11.3.1-1}$$

式中 $\overline{M}$——平均剥离强度（N·mm/mm）；

$P_b$——平均剥离载荷（N）；

$P_0$——抗力载荷（N）；

$D$——滚筒凸缘直径（mm）；

$d$——滚筒直径（mm）；

$b$——试样宽度（mm）。

（4）最小剥离强度按下式计算：

$$M_{min} = \frac{(P_{min} - P_0)(D - d)}{2b} \tag{11.3.1-2}$$

式中 $M_{min}$——最小剥离强度（N·mm/mm）；

$P_{min}$——最小剥离载荷（N）。

9. 试验结果

以各组 3 个试件的平均剥离强度的算术平均值和最小剥离强度中的最小值作为该组的检验结果。

10. 检测报告

检测报告的内容包括以下全部或部分：

（1）试验项目名称和执行标准号。

（2）试样来源和制备情况，材料品种及规格。

（3）试样编号、形状、尺寸、外观质量及数量。

（4）试验温度、相对湿度及试样状态调节。

（5）试验设备及仪器仪表的型号、量程及使用情况等。

（6）试验结果：

① 给出每个试样的性能值（必要时给出每个试样的破坏情况）、算术平均值、标准差及离散系数。

② 若要求给出平均值的置信度，按标准规定。

（7）试验人员、日期及其他。

## 11.3.2　石材的压缩强度试验

压缩强度试验方法

《天然饰面石材试验方法　第 1 部分：干燥、水饱和、冻融循环后压缩强度试验方法》GB/T 9966.1，规定了天然饰面石材的压缩强度试验所用设备及量具、试样、试验步骤、结果计算和试验报告。该标准适用于天然饰面石材干燥、水饱和、冻融循环后的压缩强度试验。

1. 设备及量具

（1）试验机：具有球形支座并能满足试验要求，示值相对误差不超过 ±1%。试验破坏荷载应在示值的 20%～90% 范围内。

（2）游标卡尺：读数值为 0.10mm。

（3）万能角度尺：精度为 2′。

（4）干燥箱：温度可控制在 105±2℃ 范围内。

（5）冷冻箱：温度可控制在 −20±2℃ 范围内。

2. 试样

1）试样尺寸

边长 50mm 的正方形或 $\phi$50mm×50mm 的圆柱体；尺寸偏差 ±0.5mm。

2）试样数量

每种试验条件下的试样取 5 个为一组。若进行干燥、水饱和、冻融循环后的垂直和平行层理的压缩强度试验需制备试样 30 个。

3）层理方向

试样应标明层理方向。有些石材，如花岗石其分裂方向可分为 3 种，裂理方向、纹理方向和源粒方向。若需要测定此 3 个方向的压缩强度，则应在矿山取样，并将试样的分裂方向标注清楚。

4）试样要求

试样两个受力面应平行、光滑，相邻面夹角应为 90°±0.5°。试样上不得有裂纹、缺棱和缺角。

3. 试验步骤

1）干燥状态压缩强度

（1）将试样在 105±2℃的干燥箱内干燥 24h，放入干燥器中冷却至室温。

（2）用游标卡尺分别测量试样两受力面的边长或直径并计算其面积，以两个受力面面积的平均值作为试样受力面面积，边长测量值精确到 0.5mm。

（3）将试样放置于材料试验机下压板的中心部位，施加荷载至试样破坏并记录试样破坏时的载荷值，读数值准确到 500N。加载速度为 1500±100N/s 或压板移动的速率不超过 1.3mm/min。

2）水饱和状态压缩强度

（1）将试样放置于 20±2℃的清水中，浸泡 48h 后取出，用拧干的湿毛巾擦去试样表面水分。

（2）用游标卡尺分别测量试样两受力面的边长或直径并计算其面积，以两个受力面面积的平均值作为试样受力面面积，边长测量值精确到 0.5mm。

（3）将试样放置于材料试验机下压板的中心部位，施加荷载至试样破坏并记录试样破坏时的载荷值，读数值准确到 500N。加载速度为 1500±100N/s 或压板移动的速率不超过 1.3mm/min。

3）冻融循环后压缩强度

（1）用清水洗净试样，并将其置于 20±2℃的清水中，浸泡 48h，取出后立即放入 −20±2℃的冷冻箱内冷冻 4h，再将其放入流动的清水中融化 4h。反复冻融 25 次后用拧干的湿毛巾将试样表面水分擦去。

（2）用游标卡尺分别测量试样两受力面的边长或直径并计算其面积，以两个受力面面积的平均值作为试样受力面面积，边长测量值精确到 0.5mm。

（3）将试样放置于材料试验机下压板的中心部位，施加荷载至试样破坏并记录试样破坏时的载荷值，读数值准确到 500N。加载速度为 1500±100N/s 或压板移动的速率不超过 1.3mm/min。

4. 结果计算

压缩强度按下式计算：

$$P = \frac{F}{S} \tag{11.3.2-1}$$

式中　$P$——压缩强度（MPa）；

$F$——试样破坏载荷（N）；

$S$——试样受力面面积（mm²）。

5. 试验报告

试验报告应包含以下内容：

（1）该组试样压缩强度的平均值和标准偏差。

（2）试样名称、品种、编号及数量。

（3）试样层理方向、状态等。

### 11.3.3　石材的弯曲强度试验

石材弯曲强度试验方法

《天然饰面石材试验方法　第 2 部分：干燥、水饱和弯曲强度试验方法》GB/T 9966.2，规定了天然饰面石材的弯曲强度试验所用设备及量具、试样、试验步骤、结果计算和试验报告。该标准适用于天然饰面石材干燥、水饱和弯曲强度试验。

1. 设备及量具

（1）试验机：具有球形支座并能满足试验要求，示值相对误差不超过 ±1％。试验破坏荷载应在示值的 20％～90％ 范围内。

（2）游标卡尺：读数值为 0.10mm。

（3）万能角度尺：精度为 2′。

（4）干燥箱：温度可控制在 105±2℃ 范围内。

2. 试样

1）试样尺寸

（1）试样厚度可按实际情况确定。

（2）当试样厚度 $H \leqslant 68$mm 时宽度为 100mm。

（3）当试样厚度 $H > 68$mm 时宽度为 $1.5H$。

（4）试样长度为 $10H + 50$mm。长度尺寸偏差 ±1mm，宽度、厚度尺寸偏差 ±0.3mm。

示例：试样厚度为 30mm 时，试样长度为（$10 \times 30 + 50$）mm ＝ 350mm，宽度为 100mm。

2）试样要求

（1）试样应标明层理方向。

（2）试样两个受力面应平整且平行。正面与侧面夹角应为 90°±0.5°。

（3）试件不得有裂纹、缺棱和缺角。

（4）在试样上下两面分别标记出支点的位置，见图 11.3.3-1。

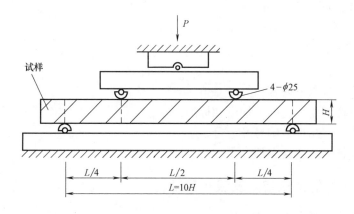

图 11.3.3-1　试样上下两面支点位置图

3）试样数量

每种试验条件下的试样取 5 个为一组。若进行干燥、水饱和条件下的垂直和平行层理的弯曲强度试验应制备 20 个试样。

3. 试验步骤

1）干燥状态弯曲强度

（1）在 105±2℃的干燥箱内干燥 24h 后，放入干燥器中冷却至室温。

（2）调节支架下的支座之间的距离（L＝10H）和上支座之间的距离（L/2），误差在±1.0mm 内。按照试样上的标记支点位置将其放在上下支架之间。一般情况下应使试样装饰面处于弯曲拉伸状态，即装饰面朝下放在下支架支座上。

（3）以 1800±50N/min 的速率对试样施加荷载至试样破坏。记录试样破坏荷载值，精确至 10N。

（4）用游标卡尺测量试样断裂面的宽度和厚度，精确至 0.1mm。

2）水饱和状态弯曲强度

（1）试验处理：将试样放在 20±2℃的清水中，浸泡 48h 后取出，用拧干的湿毛巾擦去试样表面水分，立即进行试验。

（2）调节支架下的支座之间的距离（L＝10H）和上支座之间的距离（L/2），误差在±1.0mm 内。按照试样上的标记支点位置将其放在上下支架之间。一般情况下应使试样装饰面处于弯曲拉伸状态，即装饰面朝下放在下支架支座上。

（3）以 1800±50N/min 的速率对试样施加荷载至试样破坏。记录试样破坏荷载值，精确至 10N。

（4）用游标卡尺测量试样断裂面的宽度和厚度，精确至 0.1mm。

4. 结果计算

弯曲强度按下式计算：

$$P_w = \frac{3FL}{4KH^2} \qquad (11.3.3-1)$$

式中　$P_w$——弯曲强度（MPa）；

　　　$F$——试样破坏荷载（N）；

　　　$L$——支点间距离（mm）；

　　　$K$——试样宽度（mm）；

　　　$H$——试样长度（mm）。

5. 试验报告

试验报告应包含以下内容：

（1）该组试样弯曲强度的平均值和标准偏差。

（2）试样名称、品种、编号及数量。

（3）试样层理方向、状态等。

### 11.3.4　石材的体积密度及吸水率试验

石材体积密度、吸水率试验方法

《天然饰面石材试验方法　第 3 部分：体积密度、真密度、真气孔率、吸水率试验方法》GB/T 9966.3，规定了天然饰面石材的体积密度、真密度、真气孔率、吸水率试验所用设备及量具、试样、试验步骤、结果计算和试验报告。该标准适用于天然饰面石材体积密度、真密度、真气孔率、吸水率试验。

1. 设备及量具

（1）干燥箱：温度可控制在 $105\pm2℃$ 范围内。

（2）天平：最大称量 1000g，感量 10mg；最大称量 200g，感量 1mg。

（3）液体天平。

（4）蒸馏水。

2. 试样

1）试样尺寸

体积密度、吸水率试样：试样边长为 50mm 的正方体或直径、高度均为 50mm 的圆柱体，尺寸偏差 $\pm0.5$mm。

2）试样数量

每组 5 块，试样不允许有裂纹。

3. 试验步骤

（1）将试样置于 $105\pm2℃$ 的干燥箱内干燥至恒重，连续两次质量之差小于 0.02%，放入干燥器中冷却至室温。称其质量，精确至 0.02g。

（2）将试样放在 $20\pm2℃$ 的蒸馏水中浸泡 48h 后取出，用拧干的湿毛巾擦去试样表面水分，立即称其质量，精确至 0.02g。

（3）立即将水饱和的试样置于网篮中并将网篮与试样一起浸入 $20\pm2℃$ 的蒸馏水中，称其试样在水中质量，注意称量时须先小心除去附着在网篮和试样上的气泡，精确至 0.02g。

4. 结果计算

（1）体积密度按下式计算：

$$\rho_h = \frac{m_0 \rho_w}{m_1 - m_2} \qquad (11.3.4\text{-}1)$$

式中　$\rho_b$——体积密度（$g/cm^3$）；

　　　$m_0$——干燥试样在空气中的质量（g）；

　　　$m_1$——水饱和试样在空气中的质量（g）；

　　　$m_2$——水饱和试样在蒸馏水中的质量（g）；

　　　$\rho_w$——室温下蒸馏水的密度（$g/cm^3$）。

（2）吸水率按下式计算：

$$W_b = \frac{m_1 - m_0}{m_0} \times 100 \qquad (11.3.4\text{-}2)$$

式中　$m_0$——干燥试样在空气中的质量（g）；

　　　$m_1$——水饱和试样在空气中的质量（g）。

（3）计算每组试样体积密度、吸水率的算术平均值作为试验结果。体积密度取 3 位有效数字；吸水率取 2 位有效数字。

5. 试验报告

试验报告应包含以下内容：

（1）该组试样的体积密度、吸水率平均值和标准偏差。

（2）试样名称、品种、编号及数量。

（3）试样层理方向、状态等。

# 11.4　密封胶与结构胶性能检测

### 11.4.1　密度的测定

《建筑密封材料试验方法　第 2 部分：密度的测定》GB/T 13477.2，规定了建筑密封材料密度的测定方法。该标准适用于测定非定形密封材料的密度。

1. 原理

在已知容积的金属环内填充等体积的试样，测量试样的质量。以试样的质量和体积计算试样的密度。

2. 标准试验条件

实验室标准试验条件为：温度 23±2℃，相对湿度 50％±10％。

3. 状态调节

试验前待测样品及所用器具应在标准试验条件下放置至少 24h。

4. 仪器设备

（1）金属环：如图 11.4.1-1 所示。

（2）上板和下板：用玻璃板，表面平整，与金属环密封良好。

（3）滴定管：容量 50mL。

（4）天平：感量 0.1g。

5. 试验步骤

1）金属环容积的标定

将金属环置于下板中部，与下板密切接合，为防止滴定时漏水，可用密封材料等密封下板与环的接缝处，用滴定管往金属环中滴注约 23℃的水，即将满盈时盖上上板，继续滴注水，直至环内气泡消除。从滴定管的读数差求出金属环的容积。

2）质量的测定

把金属环置于下板的中部，测定其质量。在环内填充试样，将试样在环和下板上填嵌密实，不得有空隙，一直填充到金属环的上部。然后用刮刀沿环上部刮平，测定质量。

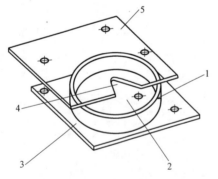

图 11.4.1-1　密度试验器具

1—铜环；2—填充试料；

3—下板；4—缺口；5—上板

3）试样体积的校正

对试样表面出现凹陷的试件，应采取以下步骤进行体积校正：

将上板小心盖在填有试样的环上，上板的缺口对准试样凹陷处，用滴定管往试样表面的凹陷处滴注水，直至环内气泡消除，从滴定管的读数差求出试样表面凹陷处的容积。

6. 结果计算

密度按下式计算，取 3 个试件的平均值。

$$\rho = \frac{m_1 - m_0}{V - V_c}$$ (11.4.1-1)

式中  $\rho$——密度（g/cm³）；

  $m_0$——下板和金属环的质量（g）；

  $m_1$——下板和金属环及试样的质量（g）；

  $V$——金属环的容积（cm³ 或 mL）；

  $V_c$——试样凹陷处的容积（cm³ 或 mL）；

7. 试验报告

试验报告应写明下述内容：

（1）依据的标准编号。

（2）样品的类型、名称和批号。

（3）密度，精确到 0.01g/cm³。

## 11.4.2 低温柔性的测定

《建筑密封材料试验方法 第 7 部分：低温柔性的测定》GB/T 13477.7，规定了建筑密封材料低温柔性的测定方法。该标准适用于测定单组分弹性溶剂型密封材料经高温和低温循环处理后的低温柔性。其他类型的密封材料也可参照采用。

该试验方法并非模拟实际应用条件，只是对测定建筑密封材料在低温下的弹性或柔性提供指导。该试验方法可用于区分弹性密封材料和老化过程中变硬、变脆及低温挠曲时开裂或失去粘结性的塑性密封材料，也可用于鉴别因过分拉伸而柔性变差、弹性胶粘剂含量极低的密封材料与含有低温变脆的胶粘剂的密封材料。

1. 原理

在规定条件下，用模框将密封材料试样粘附在基板上，经高温和低温循环处理后，在规定的低温条件下弯曲试样。报告密封材料开裂或粘结破坏情况。

2. 标准试验条件

实验室标准试验条件为：温度 23±2℃，相对湿度 50%±5%。

3. 仪器设备

（1）铝片：尺寸 130mm×76mm，厚度 0.3mm。

（2）刮刀：钢制，具薄刃。

（3）模框：矩形，用钢或铜制成，内部尺寸 25mm×95mm，外形尺寸 50mm×120mm，厚度 3mm。

（4）鼓风干燥箱：温度可调至 70±2℃。

（5）低温箱：温度可调至 -10±3℃、-20±3℃或 -30±3℃。

（6）圆棒：直径 6mm 或 25mm，配有合适支架。

4. 试件制备

（1）将试样在未开口的包装容器中于标准环境条件下至少放置 5h。

（2）用丙酮等溶剂彻底清洗铝片和模框。将模框置于铝片中部，然后将试样填入模框内，防止出现气孔。将试样表面刮平，使其厚度均匀达到 3mm。

（3）沿试样外缘用薄刃刮刀切割一周，垂直提起模框，使成型的密封材料粘牢在铝片上。同时制备 3 个试件。

5. 试件处理

（1）将试件在标准试验条件下至少放置 24h。其他类型密封材料在标准试验条件下放置的时间应与其固化时间相当。

（2）将试件按下面的温度周期处理 3 个循环：

①于 70±2℃处理 16h。

②于−10±3℃、−20±3℃或−30±3℃处理 8h。

6. 试验步骤

在第 3 个循环处理周期结束时，使低温箱里的试件和圆棒同时处于规定的试验温度下，用手将试件绕规定直径的圆棒弯曲，弯曲时试件粘有试样的一面朝外，弯曲操作在（1~2）s 内完成。弯曲之后立即检查试样开裂、部分分层及粘结损坏情况。微小的表面裂纹、毛细裂纹或边缘裂纹可忽略不计。

7. 试验报告

试验报告应写明下述内容：

（1）采用的标准编号。

（2）样品的名称、类型、批号。

（3）圆棒直径。

（4）低温试验温度。

（5）试件裂缝、分层及粘结破坏情况。

### 11.4.3 拉伸粘结性的测定

《建筑密封材料试验方法 第 8 部分：拉伸粘结性的测定》GB/T 13477.8，规定了建筑密封材料拉伸粘结性的测定方法。该标准适用于测定建筑密封材料正割拉伸模量以及拉伸至破坏时的最大拉伸强度、断裂伸长率与基材的粘结状况。

1. 原理

将待测密封材料粘结在两个平行基材的表面之间，制成试件。将试件拉伸至破坏，绘制力值—伸长值曲线，以计算的正割拉伸模量、最大拉伸强度、断裂伸长率表示密封材料的拉伸粘结性能。

2. 标准试验条件

实验室标准试验条件为：温度 23±2℃，相对湿度 50％±5％。

3. 仪器设备

（1）粘结基材：符合《建筑密封材料试验方法 第 1 部分：试验基材的规定》GB/T 13477.1 规定的水泥砂浆板、玻璃板或铝板，用于制备试件。基材的形状及尺寸如图 11.4.3-1 和图 11.4.3-2 所示，对每一个试件，应使用两块相同材料的基材。也可按各方商定选用其他材质和尺寸的基材，但镶填密封材料试样粘结尺寸及面积应与图 11.4.3-1 和图 11.4.3-2 所示相同。

（2）隔离垫块：表面应防粘，用于制备密封材料截面 12mm×12mm 的试件（如图

11.4.3-1 和图 11.4.3-2 所示）。

（3）防粘材料：防粘薄膜或防粘纸，如聚乙烯（PE）薄膜等，宜按密封材料生产商的建议选用。用于制备试件。

（4）拉力试验机：配有记录装置，能以 5.5±0.7mm/min 的速度拉伸试件。

（5）低温试验箱：能容纳试件在 −20±2℃ 的温度下进行拉伸试验。

（6）鼓风干燥箱：温度可调至 70±2℃，用于 B 法处理试件。

（7）容器：用于盛蒸馏水，按 B 法浸泡处理试件。

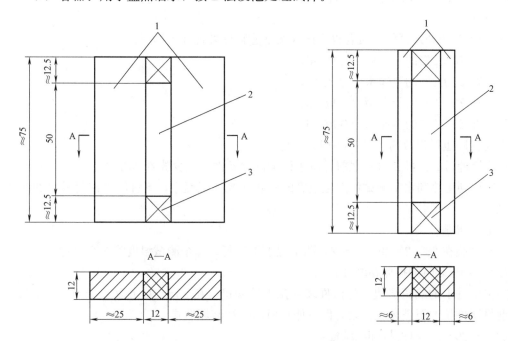

图 11.4.3-1　拉伸粘结性能试件（水泥砂浆板）　　图 11.4.3-2　拉伸粘结性能试件（铝板或玻璃板）

1—水泥砂浆板；2—密封材料；3—隔离垫块（6.2）　　　1—铝板或玻璃板；2—密封材料，3　隔离垫块（6.2）

4. 试件制备

（1）用脱脂纱布清除水泥砂浆板表面浮灰。用丙酮等溶剂清洗铝板或玻璃板，并干燥。

（2）按密封材料生产商的说明（如是使用底涂料及多组分密封材料的混合程序）制备试件。

（3）将密封材料和基材保持在 23±2℃，每种类型的基材和每种试验温度制备 3 块试件。

（4）按图 11.4.3-1 和图 11.4.3-2 所示，在防粘材料上将两块粘结基材与两块隔离垫块组装成空腔。然后将密封材料试样嵌填在空腔内，制成试件。嵌填试样时应注意下列事项：

① 避免形成气泡。

② 将试样挤压在基材的粘结面上，粘结密实。

③ 修整试样表面，使之与基材和垫块的上表面齐平。

将试件侧放，尽早去除防粘材料，以使试样充分固化或完全干燥。在养护期内应使隔离垫块保持原位。

当选择的基材尺寸可能影响试件的固化速度时，宜尽早将隔离垫块与密封材料分离，但仍需保持定位状态。

5. 试件处理

按各方商定可选 A 法、B 法处理试件。

1）A 法

将制备好的试件在标准试验条件下放置 28d。

2）B 法

先按照 A 法处理试件，接着再将试件按下述程序处理 3 个循环：

（1）在 70±2℃的干燥箱内存放 3d。

（2）在 23±2℃的蒸馏水中存放 1d。

（3）在 70±2℃的干燥箱内存放 2d。

（4）在 23±2℃的蒸馏水中存放 1d。

上述程序也可以改为（3）-（4）-（1）-（2）。

B 法处理后的试件在试验之前，应于标准试验条件下至少放置 24h。

B 法是利用热和水影响试件固化速度的一般常规处理程序，不宜给出密封材料的耐久性信息。

6. 试验步骤

（1）试验在 23±2℃和−20±2℃两个温度下进行。每个测试温度测 3 个试件。

（2）23±2℃时的拉伸粘结性：

除去试件上的隔离垫块，将试件装入拉力试验机，在 23±2℃下以 5.5±0.7mm/min 的速度将试件拉伸至破坏。记录力值—伸长值曲线和破坏形式。

（3）−20±2℃时的拉伸粘结性：

试验前，试件应在−20±2℃的温度下放置 4h。

除去试件上的隔离垫块，将试件装入拉力试验机，在−20±2℃下以 5.5±0.7mm/min 的速度将试件拉伸至破坏。记录力值—伸长值曲线和破坏形式。

7. 结果计算

1）正割拉伸模量

每个试件选定伸长时的正割模量按下式计算，取 3 个试件的算术平均值，精确至 0.01MPa。

$$\sigma = \frac{F}{S} \tag{11.4.3-1}$$

式中　$\sigma$——正割拉伸模量（MPa）；

　　　$F$——选定伸长时的力值（N）；

　　　$S$——试件初始截面积（mm²）。

2）最大拉伸强度

每个试件的最大拉伸强度按下式计算，取 3 个试件的算术平均值，精确至 0.01MPa。

$$T_S = \frac{P}{S} \tag{11.4.3-2}$$

式中　$T_S$——最大拉伸强度（MPa）；

$P$——最大拉力值（N）；

$S$——试件初始截面积（$mm^2$）。

3）断裂伸长率

每个试件的断裂伸长率按下式计算，以百分数表示，取 3 个试件的算术平均值，精确至 5%。

$$E = \frac{W_1 - W_0}{W_0} \times 100 \tag{11.4.3-3}$$

式中　$E$——断裂伸长率（%）；

$W_1$——试件破坏时的宽度（mm）；

$W_0$——试件的初始宽度（mm）。

8. 试验报告

试验报告应写明下述内容：

（1）实验室的名称和试验日期。

（2）采用的标准编号。

（3）样品的名称、类别（化学种类）、颜色和批号。

（4）基材类别。

（5）所用底涂料（如果使用）、所用配合比（多组分样品）。

（6）试件处理方法（A 法或 B 法）。

（7）每个试件在规定伸长率（60%、100% 或各方商定的伸长率）下正割拉伸模量和算术平均值。

（8）每种试件的最大拉伸强度和断裂伸长率的算术平均值。

（9）试件的破坏形式（粘结破坏/内聚破坏）。

（10）与标准规定试验条件的任何偏离。

### 11.4.4　定伸粘结性的测定

《建筑密封材料试验方法　第 10 部分：定伸粘结性的测定》GB/T 13477.10，规定了建筑密封材料定伸粘结性的测定方法。该标准适用于测定建筑密封材料在定伸状态下的拉伸粘结性能。

1. 原理

将待测密封材料粘结在两个平行基材的表面之间，制成试件。将试件拉伸至规定宽度，并在规定条件下保持这一拉伸状态。记录密封材料粘结或内聚的破坏形式。

2. 标准试验条件

试验室标准试验条件为：温度 $23 \pm 2\text{℃}$，相对湿度 $50\% \pm 5\%$。

3. 仪器设备

（1）粘结基材：符合《建筑密封材料试验方法　第 1 部分：试验基材的规定》GB/T 13477.1 规定的水泥砂浆板、玻璃板或铝板，用于制备试件。基材的形状及尺寸如图 11.4.4-1 和图 11.4.4-2 所示，对每一个试件，应使用两块相同材料的基材。也可按各方商定选用其他材质和尺寸的基材，但镶填密封材料试样粘结尺寸及面积应与图 11.4.4-1 和图 11.4.4-2 所示相同。

（2）隔离垫块：表面应防粘，用于制备密封材料截面 12mm×12mm 的试件（如图 11.4.4-1 和图 11.4.4-2 所示）。

（3）防粘材料：防粘薄膜或防粘纸，如聚乙烯（PE）薄膜等，宜按密封材料生产商的建议选用。用于制备试件。

（4）定位垫块：用于控制被拉伸的试件宽度，使试件保持伸长率为初始宽度的 25％、60％、100％或各方商定的宽度。

（5）拉力试验机：能以 5.5±0.7mm/min 的速度拉伸试件。

（6）鼓风干燥箱：温度可调至 70±2℃，用于 B 法处理试件。

（7）低温试验箱：能容纳试件在 −20±2℃的温度下进行拉伸试验。

（8）容器：用于盛蒸馏水，按 B 法浸泡处理试件。

（9）量具：精度为 0.5mm。

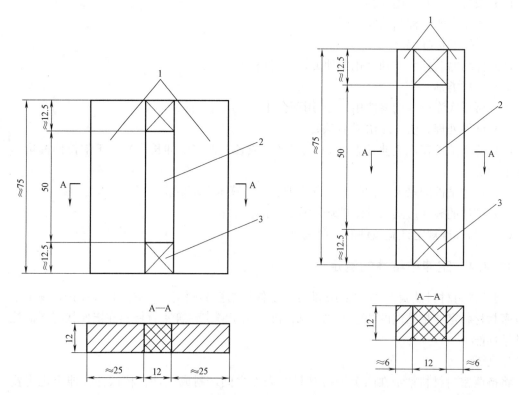

图 11.4.4-1　定伸粘结性能试件（水泥砂浆板）　　图 11.4.4-2　定伸粘结性能试件（铝板或玻璃板）
1—水泥砂浆板；2—密封材料；3—隔离垫块（6.2）　　1—铝板或玻璃板；2—密封材料；3—隔离垫块（6.2）

4. 试件制备

（1）用脱脂纱布清除水泥砂浆板表面浮灰。用丙酮等溶剂清洗铝板或玻璃板，并干燥。

（2）按密封材料生产商的说明（如是使用底涂料及多组分密封材料的混合程序）制备试件。

（3）将密封材料和基材保持在 23±2℃，每种类型的基材和每种试验温度制备 3 块试件。

（4）按图 11.4.4-1 和图 11.4.4-2 所示，在防粘材料上将两块粘结基材与两块隔离垫块组装成空腔。然后将密封材料试样嵌填在空腔内，制成试件。嵌填试样时应注意下列事项：

① 避免形成气泡。

② 将试样挤压在基材的粘结面上，粘结密实。

③ 修整试样表面，使之与基材和垫块的上表面齐平。

将试件侧放，尽早去除防粘材料，以使试样充分固化或完全干燥。在养护期内应使隔离垫块保持原位。

5. 试件处理

按各方商定可选 A 法、B 法处理试件。

1）A 法

将制备好的试件在标准试验条件下放置 28d。

2）B 法

先按照 A 法处理试件，然后将试件按下述程序处理 3 个循环：

（1）在 70±2℃ 的干燥箱内存放 3d。

（2）在 23±2℃ 的蒸馏水中存放 1d。

（3）在 70±2℃ 的干燥箱内存放 2d。

（4）在 23±2℃ 的蒸馏水中存放 1d。

上述程序也可以改为（3）-（4）-（1）-（2）。

B 法处理后的试件在试验之前，应于标准试验条件下至少放置 24h。

B 法是利用热和水影响试件固化速度的一般常规处理程序，不宜给出密封材料的耐久性信息。

6. 试验步骤

（1）试验在 23±2℃ 和 −20±2℃ 两个温度下进行。每个测试温度测 3 个试件。

（2）23±2℃ 时的定伸粘结性：

将试件除去隔离垫块，置入 23±2℃ 温度下的拉力试验机夹具内，以 5.5±0.7mm/min 的速度拉伸试件，拉伸伸长率为初始宽度的 25%、60% 或 100%（分别拉伸至 15mm、19.2mm 或 24mm），或各方商定的宽度，用定位垫块固定伸长并在 23±2℃ 下保持 24h。

除去定位垫块，检查试件粘结或内聚破坏情况，并用分度值为 0.5mm 的量具测量粘结或内聚破坏的深度。

（3）−20±2℃ 时的定伸粘结性

试验前，试件应在 −20±2℃ 的温度下放置 4h。

将试件除去隔离垫块，置入 23±2℃ 温度下的拉力试验机夹具内，以 5.5±0.7mm/min 的速度拉伸试件，拉伸伸长率为初始宽度的 25%、60% 或 100%（分别拉伸至 15mm、19.2mm 或 24mm），或各方商定的宽度，用定位垫块固定伸长并在 −20±2℃ 下保持 24h。

除去定位垫块，使试件温度恢复至 23±2℃，检查试件粘结或内聚破坏情况，并用分度值为 0.5mm 的量具测量粘结或内聚破坏的深度。

7. 试验报告

试验报告应写明下述内容：

（1）实验室的名称和试验日期。

（2）采用的标准编号。

（3）样品的名称、类别（化学种类）、颜色和批号。

（4）基材类别。

（5）所用底涂料（如果使用）、所用配合比（多组分样品）。

（6）试件处理方法（A法或B法）。

（7）定伸伸长率（％）。

（8）每个试件粘结和/或内聚破坏的深度。

（9）试件的破坏形式（粘结破坏/内聚破坏）。

（10）与标准规定试验条件的任何偏离。

### 11.4.5　弹性恢复率的测定

《建筑密封材料试验方法　第17部分：弹性恢复率的测定》GB/T 13477.17，规定了建筑密封材料在保持拉伸状态后的弹性恢复率的测定方法。适用于测定建筑密封材料的弹性恢复率。

1. 原理

将试件拉伸至规定宽度，在规定的时间内保持拉伸状态，然后释放。以试件在拉伸前后宽度的变化计算弹性恢复率（以伸长的百分比表示）。

2. 标准试验条件

实验室标准试验条件为：温度$23\pm2℃$，相对湿度$50\%\pm5\%$。

3. 仪器设备

（1）粘结基材：符合《建筑密封材料试验方法　第1部分：试验基材的规定》GB/T 13477.1规定的水泥砂浆板、玻璃板或铝板，用于制备试件。基材的形状及尺寸如图11.4.5-1和图11.4.5-2所示，对每一个试件，应使用两块相同材料的基材。也可按各方商定选用其他材质和尺寸的基材，但镶填密封材料试样粘结尺寸及面积应与图11.4.5-1和图11.4.5-2所示相同。

（2）隔离垫块：表面应防粘，用于制备密封材料截面$12mm\times12mm$的试件（如图11.4.5-1和图11.4.5-2所示）。

（3）定位垫块：用于控制被拉伸的试件宽度，使试件保持伸长率为初始宽度的25％、60％、100％或各方商定的宽度。

（4）防粘材料：防粘薄膜或防粘纸，如聚乙烯（PE）薄膜等，宜按密封材料生产厂的建议选用。用于制备试件。

（5）鼓风干燥箱：温度可调至$70\pm2℃$，用于B法处理试件。

（6）拉力试验机：能以$5.5\pm0.7mm/min$的速度拉伸试件。

（7）容器：用于盛蒸馏水，按B法浸泡处理试件。

（8）游标卡尺：精度为0.1mm。

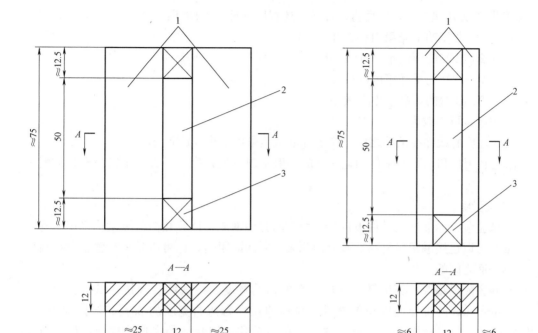

图 11.4.5-1　弹性恢复率用试件（水泥砂浆板）　　图 11.4.5-2　弹性恢复率用试件（铝板或玻璃板）
1—水泥砂浆板；2—密封材料；3—隔离垫块（6.2）　　1—铝板或玻璃板；2—密封材料；3—隔离垫块（6.2）

4. 试件制备

（1）用脱脂纱布清除水泥砂浆板表面浮灰。用丙酮等溶剂清洗铝板或玻璃板，并干燥。

（2）按密封材料生产商的说明（如是使用底涂料及多组分密封材料的混合程序）制备试件。

（3）将密封材料和基材保持在 $23 \pm 2℃$，每种类型的基材制备 6 块试件，3 块作为试验试件，另 3 块作为备用试件。

（4）按图 11.4.5-1 和图 11.4.5-2 所示，在防粘材料上将两块粘结基材与两块隔离垫块组装成空腔。然后将密封材料试样嵌填在空腔内，制成试件。嵌填试样应注意下列事项：

① 避免形成气泡。

② 将试样挤压在基材的粘结面上，粘结密实。

③ 修整试样表面，使之与基材和垫块的上表面齐平。

将试件侧放，尽早去除防粘材料，以使试样充分固化或完全干燥。在养护期内应使隔离垫块保持原位。

5. 试件处理

按各方商定可选 A 法、B 法处理试件。

1）A 法

将制备好的试件在标准试验条件下放置 28d。

2）B 法

先按照 A 法处理试件，然后将试件按下述程序处理 3 个循环：

(1) 在 70±2℃的干燥箱内存放 3d。

(2) 在 23±2℃的蒸馏水中存放 1d。

(3) 在 70±2℃的干燥箱内存放 2d。

(4) 在 23±2℃的蒸馏水中存放 1d。

上述程序也可以改为（3）-（4）-（1）-（2）。

B 法处理后的试件在试验之前，应于标准试验条件下至少放置 24h。

B 法是利用热和水影响试件固化速度的一般常规处理程序，不宜给出密封材料的耐久性信息。

6. 试验步骤

(1) 试验应在标准试验条件下进行。所有与弹性恢复率计算相关的测量均采用游标卡尺，测量既可以是接触密封材料的基材内侧表面之间的距离，也可以是未接触密封材料的基材外侧表面之间的距离。

(2) 除去隔离垫块，测量每一试件两端的初始宽度。将试件装入拉伸试验机上，以 5.5±0.7mm/min 的拉伸速度拉伸试件，拉伸伸长率为初始宽度的 25％、60％或 100％（分别拉至 15、19.2 或 24mm），或各方商定的百分比。用合适的定位垫块使试件保持拉伸状态 24h。

(3) 在试验过程中按《建筑密封胶分级和要求》GB/T 22083—2008 中 7.3 的规定观察试件有无破坏现象。若无破坏，去掉垫块，将试件以长轴向垂直放置在平坦的低摩擦面上，如撒有滑石粉的玻璃板上，静止 1h，在每一试件两端同一位置测量弹性恢复后的宽度。若有试件破坏，则取备用试件重复上述试验。若 3 块重复试验试件中仍有试件破坏，则报告本部分的试验结果为试件破坏。

7. 结果计算

每个试件的弹性恢复率按下式计算，以百分数表示：

$$R = \frac{W_e - W_r}{W_e - W_i} \times 100 \tag{11.4.5-1}$$

式中 $R$——弹性恢复率（％）；

　　$W_i$——试件的初始宽度（mm）；

　　$W_e$——试件拉伸后的宽度（mm）；

　　$W_r$——试件弹性恢复后的宽度（mm）。

计算 3 个试件的弹性恢复率的算术平均值，精确到 1％。

8. 试验报告

试验报告应写明下述内容：

(1) 实验室的名称和试验日期。

(2) 采用的标准编号。

(3) 样品的名称、类别（化学种类）、颜色和批号。

(4) 基材类别。

(5) 所用底涂料（如果使用）、所用配合比（多组分样品）。

(6) 试件处理方法（A 法或 B 法）。

（7）伸长率（％）。

（8）每一试件的弹性恢复率（％）（或试件破坏）。

（9）每组试件的弹性恢复率的算术平均值（％）（或试件破坏）。

（10）与标准规定试验条件的任何偏离。

### 11.4.6　剥离粘结性的测定

《建筑密封材料试验方法　第 18 部分：剥离粘结性的测定》GB/T 13477.18，规定了建筑密封材料剥离粘结性的测定方法。该标准适用于建筑密封材料的剥离强度和破坏状况。

1. 原理

将被测密封材料涂在粘结基材上，并埋入一布条，制得试件。于规定条件下将试件养护至规定时间，然后使用拉伸试验机将埋放的布条沿 180°方向从粘结基材上剥下，测定剥下布条时的拉力值及密封材料与粘结基材剥离时的破坏状况。

2. 标准试验条件

实验室标准试验条件为：温度 23±2℃，相对湿度 50％±5％。

3. 仪器设备

（1）拉力试验机：配有拉伸夹具和记录装置，拉伸速度可调为 50mm/min。

（2）铝合金板：材质符合规定要求，尺寸为 150mm×75mm×5mm。

（3）水泥砂浆板：具有粗糙表面，尺寸为 150mm×75mm×10mm。

（4）玻璃板：材质符合规定要求，尺寸为 150mm×75mm×5mm。鉴于密封材料的粘结性与粘结基材的性质有关，建议在可能的情况下，还要用建筑工程中实际使用的粘结基材代替上述（2）、（3）中描述的标准粘结基材进行剥离试验。常用的这类粘结基材包括砖、大理石、石灰石、花岗石、不锈钢、塑料、石片和其他粘结基材。可根据实际情况使用其他尺寸的试件进行试验，但密封材料的厚度应符合规定要求。

（5）垫板：4 只，硬木、金属或玻璃制成。其中，2 只尺寸为 150mm×75mm×5mm，用于铝板或玻璃板上制备试件，另 2 只尺寸为 150mm×75mm×10mm，用于水泥砂浆板上制备试件。

（6）玻璃棒：直径 12mm，长 300mm。不锈钢棒或黄铜棒：直径 1.5mm，长 300mm。

（7）遮蔽条：成卷纸条，条宽 25mm。

（8）布条/金属丝网：脱水处理的 8×10 或 8×12 帆布，尺寸为 180mm×75mm，厚约 0.8mm；或用 30 目（孔径约 1.5mm）、厚度 0.5mm 的金属丝网。

（9）刮刀、锋利小刀。

（10）紫外线辐照箱：箱内温度可调至 65±3℃。

4. 试件制备

（1）将被测密封材料在未打开的原包装中置于标准试验条件下 24h，样品数量不少于 250g。如果是多组分密封材料，还要同时处理相应的固化剂。

（2）用刷子清理水泥砂浆板表面，用丙酮或二甲苯清洗玻璃或铝基材，干燥后备用。根据密封材料生产厂的说明或有关各方的商定在基材上涂刷底涂料。每种基材准备两块板，并在每块基材上制备 2 个试件。

（3）在粘结基材上横向放置一条 25mm 宽的遮蔽条，条的下边距基材的下边至少 75mm。然后将在标准条件下处理过的试样涂抹在粘结基材上（多组分试样应按生产厂的配合比将各组分充分混合 5min 后再涂抹），涂抹面积为 100mm×75mm（包括遮蔽条），涂抹厚度约 2mm。

（4）用刮刀将试样涂刮在布条一端，面积为 100mm×75mm，布条两面均涂试样，直到试样渗透布条为止。

（5）将涂好试样的布条/金属丝网放在已涂试样的基材上，基材两侧各放置一块厚度合适的垫板。在每块垫板上纵向放置一根金属棒。从有遮蔽条的一端开始，用玻璃棒沿金属棒滚动，挤压下面的布条/金属丝网和试样，直至试样的厚度达到 1.5mm，除去多余的试样。

（6）将制得的试件在标准条件下养护 28d。多组分试件养护 14d。养护 7d 后应在布/金属丝网上覆涂一层 1.5mm 厚的试样。

（7）养护结束后，用锋利的刀片沿试件纵向切割 4 条线，每次都要切透试料和布条/金属丝网至基材表面。留下两条 25mm 宽的、埋有布条/金属丝网的试料带，两条带的间距为 10mm，除去其余部分。

（8）如果剥离粘结性试件是玻璃基材，则在（7）步骤之后，应将试件放在紫外线辐照箱，调节灯管与试件间的距离，使紫外线放置辐照强度为 2000～3000μW/cm$^2$，温度为 65±3℃。试件的试料表面应背朝光源，透过玻璃进行紫外线暴露试验。在无水条件下紫外线暴露 200h。

（9）将试件在蒸馏水中浸泡 7d。水泥砂浆试件应与玻璃、铝试件分别浸泡。

5. 试验步骤

（1）从水中取出试件后，立即擦干。将试料与遮蔽条分开，从下边切开 12mm 试料，仅从基材上留下 63mm 长的试料带。

（2）将试件装入拉力试验机，以 50mm/min 的速度于 180°方向拉伸布条/金属丝网，使试料从基材上剥离。剥离时间约 1min。记录剥离时拉力峰值的平均值。若发现从试料上剥落的布条/金属丝网很干净，应舍弃记录的数据，用刀片沿试料与基材的粘结面上切开一个缝口继续进行试验。

（3）对每种基材应测试两块试件上的 4 条试验带。

（4）计算并记录每种基材上 4 条试料带的剥离强度及其平均值和每条试料带粘结或内聚破坏面积的百分比。

6. 试验报告

试验报告应写明下述内容：

（1）采用的标准编号。

（2）样品的名称、类型、批号。

（3）基材类别。

（4）所用底涂料（如果使用）。

（5）每种基材上 4 条试料带的剥离强度（N/mm）及其平均值。

（6）每条试料带粘结或内聚破坏面积的百分率（%）。

（7）布条的破坏情况。

（8）与标准规定的试验条件的不同点。

### 11.4.7　污染性的测定

《建筑密封材料试验方法　第 20 部分：污染性的测定》GB/T 13477.20，规定了建筑密封材料污染性的测定方法。该标准适用于建筑接缝中密封材料对多孔基材（如大理石、石灰石、砂石或花岗石）污染性的测定，其中试验方法 A 适用于压缩条件下测定污染性的试验，试验方法 B 适用于非压缩条件下测定污染性的试验。

本试验方法是对因密封材料内部物质渗出使多孔基材表面产生早期污染的可能性的评价，本试验结果仅代表试验密封材料和试验基材，不能被用于推断其他配方的密封材料或其他多孔基材。

加速试验期间，如果密封材料对基材没有产生污染和变色，并不意味着试验密封材料经过长期使用后，不会对多孔试验基材造成污染和使其变色。多个国家的经验表明，采用相似的试验方法压缩试件能进一步加快污染的产生。

1. 原理

本试验方法测量接缝密封材料在规定条件下对多孔基材造成的肉眼可见的污染。

将密封材料填入两块多孔基材之间固化制成试件。将试件压缩（或不压缩）并经受热和/或低温和/或光辐射加速老化处理，老化处理后评价试验试件。通过目测基材表面产生的变化，测量最大和最小污染宽度及污染深度，记录基材外表面和本体内部的污染现象。

2. 标准试验条件

实验室标准试验条件为：温度 23±2℃，相对湿度 50％±5％。

3. 仪器设备

（1）基材：两块基材应为相同材料，尺寸为 75mm×25mm×12mm，如图 11.4.7-1 所示。

（2）隔离垫块：表面应防粘，用于制备密封材料截面 12mm×12mm 的试件，见图 11.4.7-1。

（3）防粘材料：防粘薄膜或防粘纸，如聚乙烯（PE）薄膜等，宜按密封材料生产商的建议选用。用于制备试件。

（4）遮蔽带：用于覆盖基材的试验表面，以防止制备试件时被密封材料沾污。

（5）鼓风干燥箱：温度可调至 70±2℃。

（6）低温试验箱：温度可调至 −20±2℃。

（7）夹具或其他：可使试件保持压缩状态。

（8）人工气候老化试验仪：荧光紫外—冷凝老化试验仪或氙灯老化试验仪。

（9）黑标温度计。

（10）量具：分度值为 0.5mm。

4. 试件制备

（1）每一个密封材料样品每一种加速老化条件需制备 4 个试件。

（2）制备试件需将两块试验基材和两块隔离垫块进行组装（见图 11.4.7-1），并平放在防粘材料上。

（3）按生产商的说明（如是否有底涂及多组分密封材料的混合程序）制备试件。

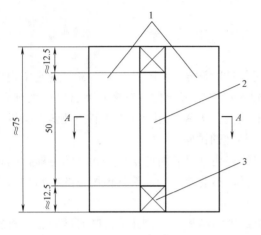

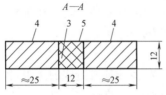

图 11.4.7-1　污染性试验用试件

1—基材；2—密封材料；3—隔离垫块

(6.2)；4—试验表面；5—修整表面

（4）按下列程序制备试件：

① 密封材料和基材应保持在 $23\pm2℃$。

② 两块基材的试验面应与密封材料的修整面相平。

③ 在基材的上表面粘贴遮蔽带，避免制备试件时沾污基材表面。

④ 将密封材料嵌填入由基材和隔离垫块组成的空腔内（避免形成气泡）。

⑤ 挤压密封材料至基材的内表面。

⑥ 修整密封材料表面，使之与基材上粘贴的遮蔽带和隔离垫块表面齐平。

⑦ 密封材料嵌填、修整完后，应立即除去遮蔽带。

⑧ 将试件侧放，尽早去除防粘材料，试件和隔离垫块应继续保持原位 48h，以使密封材料充分固化或完全干燥。

（5）将制备好的试件在标准试验条件下放置 28d。

5. 试验步骤

按各方商定可按下述方法 A（压缩试验）或方法 B（非压缩试验）的步骤进行试验。

1）方法 A（压缩试验）

（1）压缩

将所有试件按密封材料的位移能力（％）进行压缩。压缩率为 7.5％、12.5％、20％、25％或各方商定的幅度（表 11.4.7-1），用合适的夹具使密封材料试件保持压缩状态。

位移能力、压缩率和压缩后的接缝宽度的对应关系　　　　　　表 11.4.7-1

| 位移能力(％) | 压缩率(％) | 压缩后的接缝宽度(mm) |
|---|---|---|
| 7.5 | 7.5 | 11.1 |
| 12.5 | 12.5 | 10.5 |
| 20 | 20 | 9.6 |
| 25 | 25 | 9.0 |

（2）老化程序

① 老化程序规定

按各方商定，应按下述一个或多个老化程序进行试验。

② 热老化

将 4 个压缩试件放置在 $70\pm2℃$ 的干燥箱中，14d 时取出 2 个试件，28d 时再取出另外 2 个试件。

③ 温度老化

将 4 个压缩试件放置在－20±2℃的冰箱中，14d 时取出 2 个试件，28d 时再取出另外 2 个试件。

④ 人工气候老化

按各方商定，应从下述老化程序中选择一项对试件进行光曝露试验。

a. UV 荧光紫外—冷凝老化试验仪或潮湿曝露条件

在 UV 荧光紫外—冷凝老化试验仪中，密封材料表面与光源距离为 50mm，试验仪的每个循环设定为：紫外光照 8h 和 50±2℃冷凝 4h。

b. 氙灯老化试验仪和潮湿曝露条件

在氙灯老化试验仪中的试件，按《建筑密封材料试验方法　第 15 部分：经过热、透过玻璃的人工光源和水曝露后粘结性的测定》GB/T 13477.15—2017 中自动循环和人工循环的规定进行干燥期光照及湿态期（喷淋或在水中浸泡）循环曝露试验。

c. UV 荧光紫外—冷凝老化试验仪和干燥曝露条件

在 UV 荧光紫外—冷凝老化试验仪中，密封材料表面与光源距离为 50mm，试验仪的紫外辐照温度设定为 60±2℃。

d. 氙灯老化试验仪和干燥曝露条件

在氙灯老化试验仪中，试件在光照和 65±2℃下干燥曝露，温度由黑标温度计检测。

将 4 个压缩试件放置在人工气候老化试验仪中，试件表面朝向光源，14d 时取出 2 个试件，28d 时取出另外 2 个试件。

2）方法 B（非压缩试验）

老化程序

① 老化程序规定

按各方商定，应按下述一个或多个老化程序进行试验。

② 热老化

将 4 个压缩试件放置在 70±2℃的干燥箱中，14d 时取出 2 个试件，28d 时取出另外 2 个试件。

③ 温度老化

将 4 个压缩试件放置在－20±2℃的冰箱中，14d 时取出 2 个试件，28d 时再取出另外 2 个试件。

④ 人工气候老化

按各方商定，应从下述老化程序中选择一项对试件进行光曝露试验。

a. UV 荧光紫外—冷凝老化试验仪或潮湿曝露条件

在 UV 荧光紫外—冷凝老化试验仪中，密封材料表面与光源距离为 50mm，试验仪的每个循环设定为：紫外光照 8h 和 50±2℃冷凝 4h。

b. 氙灯老化试验仪和潮湿曝露条件

在氙灯老化试验仪中，试件按《建筑密封材料试验方法　第 15 部分：经过热、透过玻璃的人工光源和水曝露后粘结性的测定》GB/T 13477.15—2017 中自动循环和人工循环的规定进行干燥期光照及湿态期（喷淋或在水中浸泡）循环曝露试验。

c. UV 荧光紫外—冷凝老化试验仪和干燥曝露条件

在 UV 荧光紫外—冷凝老化试验仪中，密封材料表面与光源距离为 50mm，试验仪的紫外辐照温度设定为 $60\pm2℃$。

d. 氙灯老化试验仪和干燥曝露条件

在氙灯老化试验仪中,试件在光照和 $65\pm2℃$ 下干燥曝露,温度由黑标温度计检测。

将 4 个压缩试件放置在人工气候老化试验仪中,试件表面朝向光源,14d 时取出 2 个试件,28d 时再取出另外 2 个试件。

6. 污染性评定

老化试验结束后,将试件在标准试验条件下放置 1d,按方法 A 试验的压缩试件应事先解除压缩。

1) 检查基材表面

检查每块基材表面,判定密封材料是否已引起基材表面产生变化。如果有,用量具测量并记录试验基材表面的最大和最小污染宽度(图 11.4.7-2),精确至 0.5mm。

2) 检查基材深度

将基材从最大污染宽度处垂直于接缝敲开。若试验基材表面没有观察到污染,则将基材从中间敲成两块。检查基材本体内部,判定密封材料是否已引起基材本身变色。在密封材料接缝的中心(6mm 深处),用量具测量并记录渗透进基材本体的最大和最小污染深度(图 11.4.7-3),精确至 0.5mm。

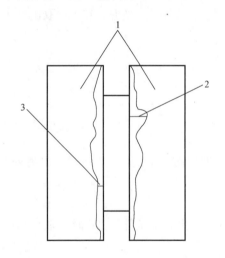

图 11.4.7-2 最小和最大污染宽度的测量
1—基材;2—最大污染宽度;3—最小污染宽度

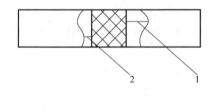

图 11.4.7-3 最小和最大污染深度的测量
1—最大污染深度;2—最小污染深度

7. 结果表示

(1) 判定每种试验条件下,两个试件中任何一个基材的最大和最小污染宽度及污染深度,测试报告样表示例见表 11.4.7-2(样表中仅列出污染宽度)。

(2) 对于某些密封材料,通过在暗室里用短波长紫外灯光来检验试件,可能会提高污染性检查的可信度和操作简便性。

(3) 通过用水(或染色的水)弄湿基材有时可能会改进疏水型污染性的检查方法。有些密封材料可能会严重污染整个基材,导致基材整体变色一致,难以检查污染性,在这种情况下,最好将基材表面与未经受曝露的进行对比。

**最大、最小污染宽度和污染深度测试报告样表**　　　　　　　表 11.4.7-2

| 曝露条件 | 试件 | 基材 | 老化处理时间 | | | |
|---|---|---|---|---|---|---|
| | | | 14d | | 28d | |
| | | | 最小污染宽度 mm | 最大污染宽度 mm | 最小污染宽度 mm | 最大污染宽度 mm |
| 70℃ | 1 | A | 2 | 8 | 4 | 15 |
| | | B | 3 | 5 | 8 | 12 |
| | 2 | A | 4 | 6 | 9 | 10 |
| | | B | 2 | 4 | 5 | 9 |
| | 报告 | | 2 | 8 | 4 | 15 |
| −20℃ | 1 | A | | | | |
| | | B | | | | |
| | 2 | A | | | | |
| | | B | | | | |
| | 报告 | | | | | |
| 氙灯 (湿曝露) | 1 | A | | | | |
| | | B | | | | |
| | 2 | A | | | | |
| | | B | | | | |
| | 报告 | | | | | |

8. 试验报告

试验报告应写明下述内容：

（1）实验室的名称和试验日期。

（2）采用的标准编号。

（3）样品的名称、类别（化学种类）、颜色和批号。

（4）所用基材，基材来源（产地）和试验表面加工状态。

（5）所用底涂料的名称、类型（如果使用）。

（6）所用的试验步骤（A 法或 B 法）。

（7）所用的压缩率（如果使用 A 法）。

（8）按有关各方商定的试验程序要点，即：

① 采用的具体老化程序，即热老化，和/或低温老化，和/或人工气候老化。

② 采用人工气候老化程序的类型：

a. UV 荧光紫外—冷凝老化试验仪和潮湿曝露条件。

b. 氙灯老化试验仪和潮湿曝露条件。

c. UV 荧光紫外—冷凝老化试验仪和干燥曝露条件。

d. 氙灯老化试验仪和干燥曝露条件。

③ 氙灯老化试验仪中所采用的水曝露的种类（喷淋或浸水）。

④ 氙灯老化试验仪中所采用的循环方法的种类（人工或自动）。

（9）每种试验条件下，任何一块基材的最大和最小污染宽度（mm）和污染深度（mm）。

（10）与标准规定试验条件的任何偏离。

### 11.4.8 硅酮结构胶与相邻接触材料的相容性

《建筑幕墙用硅酮结构密封胶》JG/T 475 中，"附录 B 与其他相邻接触材料的相容性"试验，适用于评估硅酮结构胶与其他相邻接触材料，如：硅酮结构胶、耐候密封胶、隔离材料、铝材、玻璃，也有制造商使用的其他材料（如预处理和清洁产品）的相容性，可以通过变色来鉴别。

1. 原理

通过无紫外线加热方法和有紫外线光照两种试验方法来检验相容性，紫外线暴露在使用中的危险应被足够地考虑，在某些情况下可能有必要采取两种试验方法。

2. 标准试验条件

实验室的标准试验条件：温度 $23\pm2℃$，相对湿度 $50\%\pm5\%$。

3. 无紫外方法

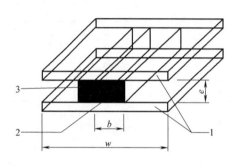

图 11.4.8-1 相容性试验的典型试件示意图
1—粘结基材；2—硅酮结构胶；3—衬垫，密封胶，其他材料；$b$—硅酮结构胶宽度；$e$—硅酮结构胶厚度；$w$—基材宽度

1）试件

如图 11.4.8-1 所示，准备 7 个试件，试件可采用符合图 11.4.8-1 的密封胶试件，在温度 $60\pm2℃$ 和相对湿度 $95\%\pm5\%$ 的条件下养护，5 个试件养护 28d，剩下 2 个试件养护 56d。

2）试验步骤

（1）强度

养护 28d 后 5 个试件根据规定进行拉伸试验，用于相容性试验的材料应在拉伸试验之前移除，使结果仅与硅酮结构胶和玻璃之间的粘结，与硅酮结构胶自身相关。如果样品中两种材料不能在无破坏的情况下分离，需要新增 5 个试件用于试验对比，第二组材料无须进行上述的处理。

（2）颜色

两个试件在整个 56d 养护周期内每 14d 检查颜色变化。

（3）试验结果

① 试验后的 $R_{w,5}$（23℃拉伸粘结强度标准值）不小于初始的 $0.85R_{w,5}$。

② 无颜色变化。

4. 紫外线光照方法

1）试件

如图 11.4.8-2 所示，准备 5 个试件，密封胶厚度 6～9mm，试件应在标准试验条件下按规定的方法养护，或与密封胶制造商的规定相一致。图 11.4.8-2 中的密封胶 2 和 3 是与硅酮结构胶 1 进行相容性检测的密封胶。

2）试验步骤

（1）不同的产品在养护 1～3d 后，试件应置于紫外灯泡下辐射：

① 光源：符合《塑料 实验室光源暴露试验方法 第 2 部分：氙弧灯》GB/T

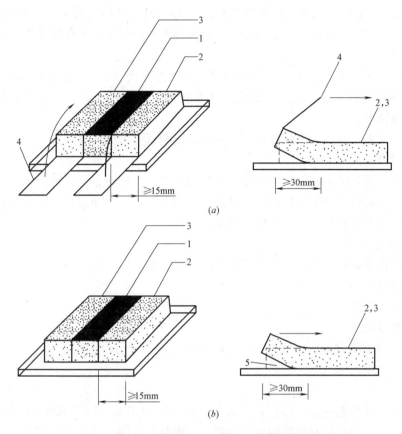

图 11.4.8-2　剥离试验——密封胶间试件示意图

(a) 布条剥离试验；(b) 切口剥离试验

1—硅酮结构胶；2—密封胶；3—密封胶；4—布条作用力；5—切割部位

16422.2 规定的氙灯或同等光源。

② 辐照强度：样品表面 $60\pm5W/m^2$（300～400nm）。

③ 温度：$60\pm2℃$。

④ 时间：$504\pm4h$。

(2) 如果产品 1 和 2 或 1 和 3 之间发生粘结，切口将其分离。进行：

① 布条剥离试验；

② 切口剥离试验。

3）试验结果

(1) 布条剥离试验将试件置于拉伸试验机，夹住布条从基材上 180°剥离。

(2) 切口剥离试验在基材和产品 2 和 3 的界面开切口，密封胶条手动从基材上 180°剥离。

(3) 记录在密封胶中的任何污染变色。

## 11.4.9　石材密封胶与接触材料污染性试验

《石材用建筑密封胶》GB/T 23261 中的"附录 A 石材用建筑密封胶与接触材料的污

染性试验方法"，规定了接缝密封胶对多孔性基材（如大理石、石灰石、砂石、花岗石）污染的加速试验程序。该试验方法适用于所有弹性密封胶和任何多孔性基材。

1. 概述

（1）试件应经受如下处理：12 个试件按 50％压缩并夹紧；1/3 试件保持受压状态放置于标准试验条件下 28d，1/3 试件保持受压状态放置于烘箱中 28d，1/3 试件保持受压状态放置于紫外线箱中。

（2）试验结果：目测产生的变化，用污染深度和宽度的平均值评价。

2. 意义和用途

建筑材料的污染是实际应用中不希望产生的现象。本试验方法评价由于密封胶内部物质渗出在多孔性基材上产生早期污染的可能性。由于这是一个加速试验，无法预测密封胶长期使用后使多孔性基材污染和变色的程度。

3. 标准试验条件

实验室的标准试验条件：温度 $23\pm2$℃，相对湿度 50％±5％。

4. 仪器设备

（1）鼓风干燥箱。

（2）紫外线箱。

（3）"C"形夹或其他使试件保持压缩的装置。

（4）防粘垫块。

5. 试件

（1）基材尺寸为 75mm×25mm×25mm，共需 24 块基材，用于制成 12 个试件。

（2）底涂料：当制造商推荐使用底涂料时，则每个试件的两块基材中，一块基材加底涂料，另一块不加底涂料，试验结束后，分别记录加底涂料和不加底涂料基材的污染值。

（3）在标准试验条件下，按下述方法制备试件，把遮蔽带贴在上表面防止密封胶固化于表面，打胶后立即将遮蔽带除去。

①制备试件前，用于试验的密封胶应在标准条件下放置 24h 以上。试验基材选用合适的清洁剂（对石材无污染、腐蚀）清洁。制备时单组分试样应用挤枪从包装容器中直接挤出注模，使试样充满模具内腔，避免形成气泡。多组分应按生产厂注明的比例，在负压约 0.09MPa 的真空条件下搅拌混合均匀，混合时间约为 5min。若事先无特殊要求，应在 20min 内完成注模和修整。

②污 S 染性试件可采用《建筑密封材料试验方法　第 8 部分：拉伸粘结性的测定》GB/T 13477.8 中的试件形状，仲裁试验应采用图 11.4.9-1 所示的试件形状。

6. 养护条件

污染性试件按下列条件养护：

（1）双组分密封胶标准试验条件下放置 14d。

（2）单组分密封胶标准试验条件下放置 21d。

（3）在不损坏试验条件的前提下，养护期间垫块应尽早分离。

7. 试验步骤

1）试验准备

（1）在容器中将符合《建筑涂料涂层耐沾污性试验方法》GB/T 9780 要求的污染源

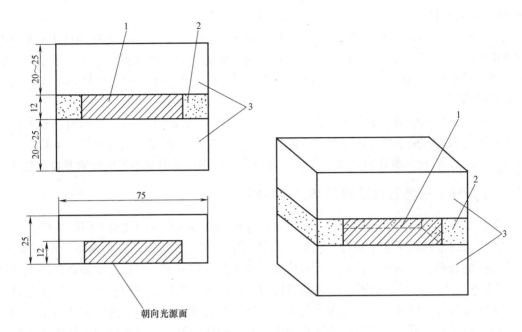

图 11.4.9-1　试件形状
1—密封胶；2—垫块；3—石材

100g 与 90g 水调成悬浮液，使用前应搅拌均匀。

（2）将 12 个试件压缩 50％并固定夹紧。

2）标准试验条件

（1）将 4 个压缩试件浸入已配制好的污染源的溶液中 10s，然后取出在标准试验条件下放置 2h。

（2）将试件放置于标准试验条件下，7d 后将试件取出，擦去污染源，观察并记录试件污染情况。

（3）重复上述步骤，28d 后取出结束试验。

3）加热处理

（1）将 4 个压缩试件浸入已配制好的污染源的溶液中 10s，然后取出在标准试验条件下放置 2h。

（2）将试件放置于 70±2℃的烘箱中，7d 后将试件取出，擦去污染源，观察并记录试件污染情况。

（3）重复上述步骤，28d 后取出结束试验。

4）紫外线处理

（1）将 4 个压缩试件浸入已配制好的污染源的溶液中 10s，然后取出在标准试验条件下放置 2h。

（2）将试件放置于紫外线箱中，胶面朝向光源，按《建筑用硅酮结构密封胶》GB/T 16776—2005 附录 A 的方法照射。每 7d 将试件取出，擦去污染源，观察并记录试件污染情况。

（3）重复上述步骤，28d 后取出结束试验。

5）结果评价

（1）取出试件冷却后，擦去污染源，用水冲洗表面，然后在标准试验条件下放置 1d，检查试件的每个基材表面，判定表面的任何变化，测量至少 3 点的污染宽度，记录测量的平均值，精确到 0.5mm。若使用底涂料，则需分别记录每个试件加底涂料和不加底涂料基材污染值。

（2）将基材从中间敲成两块（最后基材的尺寸为 40mm×25mm×25mm），若表面有污染，则从最大污染表面处敲开基材，测量至少 3 点的污染深度，记录测量的平均值，精确到 0.5mm。若使用底涂料，则需分别记录每个试件加底涂料和不加底涂料基材污染值。

### 11.4.10　干挂石材幕墙用环氧胶粘剂

干挂石材幕墙是指由金属框架、不锈钢挂件和建筑石材组成的建筑外围护结构。

干挂石材幕墙是近年来装饰工程中采用的施工工艺，其所用的胶粘剂质量至关重要，为严格控制胶粘剂产品质量，确保石材幕墙工程安全，制定了《干挂石材幕墙用环氧胶粘剂》JC 887—2001。该标准确立的试验项目和试验方法主要参照我国胶粘剂、树脂等材料的国家标准和行业标准，同时考虑到与干挂石材饰面材料和不锈钢配件标准的衔接。根据金属与石材幕墙工程技术规范结构安全计算，结合验证试验结果对胶粘剂的物理力学性能指标给予具体规定。

《干挂石材幕墙用环氧胶粘剂》JC 887，规定了干挂石材幕墙用环氧胶粘剂的分类、技术要求、试验方法、检验规则及标志、包装、运输和贮存。该标准适用于干挂石材幕墙挂件与石材间粘结固定用双组分环氧型胶粘剂。

1. 试验基本要求

1）标准试验条件

实验室标准试验条件：温度 23±2℃，相对湿度 50%±5%。

2）粘结试件基材

（1）石材基材

① 应选用具有足够强度的石材，石材品种推荐用丰镇黑或济南青。基材尺寸为 50mm×30mm×（20～25）mm，采用非抛光面粘结。

② 试件制备前，应用清水对石材进行清洗，然后在 105±2℃的烘箱内烘干 2h 后备用。

（2）不锈钢基材

① 采用符合《干挂饰面石材及其金属挂件　第三部分：金属挂件》JC/T 830.2 要求的奥氏体不锈钢材料，推荐用 1Cr18Ni9Ti 不锈钢。拉剪强度试件基材尺寸为 100mm×25mm×2mm，压剪强度试件基材尺寸为 50mm×30mm×（10～15）mm。

② 试件制备前，应先用 P120 纱布打磨被粘表面，干燥后备用。

3）试件制备

（1）试件制备前，试样应在标准试验条件下放置 24h 以上。

（2）按生产方给定的配比准确称量各组分试样后立即搅拌均匀，注意避免混入空气，然后尽快成型试件。

（3）浇筑成型时，预先将模具薄涂一层隔离剂，快速将搅拌好的胶粘剂倒入，用刮刀抹平，然后刮平。

（4）粘结成型时，将搅拌好的胶粘剂分别涂抹在两块粘结基材上，对合时轻轻揉压，确保粘结均匀。

（5）拉剪强度试件胶结面积为 25mm×12.5mm，压剪强度试件胶结面积为 50mm×20mm。共成型 4 组，石材—石材粘结试件和 1 组石材—不锈钢试件，每组 5 个试件。

4）固化条件

制备好的试件放置在标准条件下固化 48h 后测试和进行预处理。

2. 外观

打开原包装容器，人工搅拌后目测检查。

3. 适用期

按《建筑胶粘剂试验方法　第 1 部分：陶瓷砖胶粘剂试验方法》GB/T 12954.1—2008 中 5.6 的要求试验，恒温水浴温度为 23±0.5℃。

4. 抗剪强度

按《胶粘剂　拉伸剪切强度的测定（刚性材料对刚性材料）》GB/T 7124 试验，试验结果取 5 个试件的算术平均值。试验步骤如下。

1）试验步骤

（1）将试件对称地夹在夹具上，夹持处至距离最近的粘结端的距离为 50±1mm。夹具可使用垫片，以保证作用力在粘结面内。

（2）拉力试验机以恒定的测试速度进行试验，使一般破坏时间介于 65±20s。

（3）若拉力机可以恒定速率加载，则可以将剪切力变化速率定在每分钟 8.3～9.8MPa。

（4）记录试件剪切破坏的最大负荷作为破坏荷载。

（5）按《胶粘剂　主要破坏类型的表示法》GB/T 16997 中的规定，记录破坏类型。

2）结果表述

拉伸剪切强度由破坏荷载（N）除以剪切面积（mm$^2$）来计算。

5. 压剪强度

按《陶瓷砖胶粘剂》JC/T 547 的相关要求试验。试验步骤如下：

养护完毕后，利用压剪夹具将试件在试验机上进行强度测定，加载速度 20～25mm/min，压剪强度按下式计算，精确至 0.01MPa：

$$\tau_{压} = \frac{P}{M} \tag{11.4.10-1}$$

式中　$\tau_{压}$——压剪强度（MPa）；

$P$——破坏负荷（N）；

$M$——胶结面积（mm$^2$）。

1）标准条件

试件在标准条件下固化 48h 后，分别测试石材—石材、石材—不锈钢的压剪强度。

2）浸水

试件在标准条件下固化 48h，接着在 23±2℃的水中浸泡 168h，在 10min 内擦干试件表面水渍并进行测试。

3）热处理

试件在标准条件下固化48h，接着在80±2℃的烘箱中放置168h，在标准条件下冷却2h后测试。

4）冻融循环

试件在标准条件下固化48h，接着按《天然饰面石材试验方法　第1部分：干燥、水饱和、冻融循环后压缩强度试验方法》GB/T 9966.1—2001中4.3.1的要求进行冻融循环50次，在10min内擦干试件表面水渍并进行测试。冻融循环方法：将试件置于（20±2℃的清水中浸泡48h，取出后立即放入－20±2℃的冷冻箱内冷冻4h，再将其放入流动的清水中融化4h。

5）数据处理

试验结果取5个试件的算术平均值。如果出现可疑极值，按照粗大误差剔除准则，即Dixon准则取舍：若 $\dfrac{X_2-X_1}{X_5-X_1}\geqslant 0.642$，则舍去 $X_1$；若 $\dfrac{X_5-X_4}{X_5-X_1}\geqslant 0.642$，则舍去 $X_5$。其中，$X_1$、$X_2$、$X_3$、$X_4$、$X_5$ 为测试值（MPa），且 $X_1<X_2<X_3<X_4<X_5$。

### 11.4.11　硅酮结构密封胶

《建筑用硅酮结构密封胶》GB 16776，规定了建筑用硅酮结构密封胶（简称硅酮结构胶）的术语、分类和标记、要求、试验方法、检验规则、包装、标志、运输和贮存。该标准适用于建筑幕墙及其他结构粘结装配用硅酮结构密封胶。定义如下：

（1）密封胶：以非成型状态嵌入接缝中，通过与接缝表面粘结而密封的材料。

（2）单组分密封胶：无须混合直接可用的单包装密封胶。

（3）多组分密封胶：几种组分分别包装，按照供应商的要求将各组分混合后使用的密封胶。

1. 试验基本要求

1）标准试验条件

标准试验条件为：温度23±2℃，相对湿度50％±5％。

2）试验样品的准备

所有试验样品应以包装状态在标准试验条件下放置24h。双组分试验样品两组分的混合比例应符合供方规定，其中A组分（基胶）取样量至少500g。混合应在负压0.095MPa以下的真空条件下进行，混合时间约5min。

2. 邵氏硬度试验

在PE膜上平放金属模框（金属模框：内框尺寸130mm×40mm×6.5mm），将所有样品挤注在模框内，刮平后除去模框进行养护（双组分硅酮结构胶的试件在标准条件下放置14d；单组分硅酮结构胶的试件在标准条件下放置21d；在不损坏试件的条件下，养护期间挡块应尽早分离）。揭去PE膜制得试件，按《硫化橡胶或热塑性橡胶 压入硬度试验方法　第1部分：邵氏硬度计法（邵尔硬度）》GB/T 531.1采用邵尔A型硬度计试验如下。

1）邵氏硬度计的原理

邵氏硬度计的测量原理是在特定的条件下把特定形状的压针压入橡胶试样而形成压入深度，再把压入深度转换为硬度值。

2）邵氏硬度计的选择

使用邵氏硬度计，标尺的选择如下：

（1）D 标尺值低于 20 时，选用 A 标尺。

（2）A 标尺值低于 20 时，选用 AO 标尺。

（3）A 标尺值高于 90 时，选用 D 标尺。

（4）薄样品（样品厚度小于 6mm）选用 AM 标尺。

3）仪器

A 型邵氏硬度计包含了压足、压针、指示机构、弹簧和自动计时机构（供选择）。

4）调节

在进行试验前试样应在标准试验条件下调节至少 1h。

5）试验步骤

（1）概述

将试样放在平整、坚硬的表面上，尽可能快速地将压足压到试样上或反之将试样压到压足上。应没有振动，保持压足和试样表面平行以使压针垂直于橡胶表面，当使用支架操作时，最大速度为 3.2mm/s。

（2）弹簧试验力保持时间

① 按照规定加弹簧试验力使压足和试样表面紧密接触，当压足和试样紧密接触后，在规定的时刻读数。对于硫化橡胶标准弹簧试验力保持时间为 3s，热塑性橡胶则为 15s。

② 如果采用其他的试验时间，应在试验报告中说明。未知类型橡胶当做硫化橡胶处理。

③ 测量次数：

在试样表面不同位置进行 5 次测量取中值。对于邵氏 A 型、D 型、AO 型硬度计，不同测量位置两两相距至少 6mm；对于 AM 型，相距至少 0.8mm。

6）试验报告

（1）试验依据的标准名称及编号。

（2）样品详细情况：

① 样品及其来源的详细描述。

② 所知道的化合物的详细资料以及加工调节情况。

③ 试样的描述，包括厚度，对于叠层试样的叠层数。

（3）试验详细情况：

① 试验温度，当材料的硬度与湿度有关时，给出相对湿度。

② 样品制备到测量硬度之间的时间间隔。

③ 任何偏离标准要求的程序。

④ 标准有关程序未给出的详细情况，比如任何有可能影响到测量结果的因素。

（4）试验结果：各个压入硬度数值以及在弹簧试验力保持时间不到 3s 时每次读数的时间间隔，测量中值、最大值和最小值，相关的标尺。

3. 拉伸粘结性试验

1）试件的形状和尺寸

试件应符合图 11.4.11-1 的规定，基材按产品适用的基材类别选用：

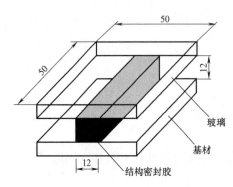

图 11.4.11-1　拉伸粘结试件

（1）M 类：符合《建筑密封材料试验方法　第 1 部分：试验基材的规定》GB/T 13447.1—2002，铝板厚度不小于 3mm。

（2）G 类：清洁、无镀膜的无色透明浮法玻璃，厚度 5～8mm。

（3）Q 类：供方要求的其他基材。

2）试件的制备和养护

（1）按《建筑密封材料试验方法　第 8 部分：拉伸粘结性的测定》GB/T 13477.8—2002 制备试件，每 5 个试件为一组。

（2）每个试件必须有一面选用 G 类基材。

（3）制备后的试件按以下条件养护：

① 双组分硅酮结构胶的试件在标准条件下放置 14d。

② 单组分硅酮结构胶的试件在标准条件下放置 21d。

③ 在不损坏试件的条件下，养护期间挡块应尽早分离。

3）试验步骤

（1）按《建筑密封材料试验方法　第 8 部分：拉伸粘结性的测定》GB/T 13477.8—2002 进行试验。粘结破坏面积的测量和计算，采用透明印刷有 1mm×1mm 网格线的透明膜片，测量拉伸粘结试件两粘结面上粘结破坏面积较大面占有的网格数，精确到 1 格（不足 1 格不计）。粘结破坏面积以粘结破坏格数占总格数的百分比表示。

（2）报告拉伸粘结强度，同时报告粘结破坏面积。

4）23℃时拉伸粘结性、最大拉伸强度时伸长率试验

试验温度 23±2℃，取一组试件按上述 3）试验步骤进行试验和报告；同时记录最大拉伸强度时的伸长率，报告最大拉伸强度时的伸长率的算术平均值。

4. 相容性试验

1）适用范围

（1）结构装配系统用附件同密封胶相容性试验方法，规定了结构装配系统附件（如密封条、间隔条、衬垫条、固定块等）同密封胶相容性试验方法及结果的评定，适用于建筑幕墙结构系统的选材。

（2）相容性试验方法是一项试验筛选过程。试验后粘结性和颜色的改变是一项可用来确定材料相容性的关键，实践表明试验中那些粘结性丧失和褪色的附件，在实际使用中也同样会发生。

（3）相容性试验观测以下指标：

① 密封胶的变色情况。

② 密封胶对玻璃的粘结性。

③ 密封胶对附件的粘结性。

（4）该试验方法没有考虑安全问题，进行试验时要自行考虑安全和健康问题。

2）试验原理

将一个带有附件的试验试件放在紫外灯下直接辐照，在热条件下通过玻璃辐照另一个

试件（图 11.4.11-2），再对没有附件的对比试样进行同样的试验，观察两组试件颜色的变化，对比试验密封胶同参照密封胶对玻璃及附件粘结性的变化。

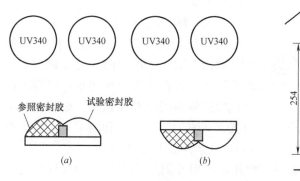

图 11.4.11-2　光照试件的放置

(a) 玻璃面在下方；(b) 玻璃面朝上

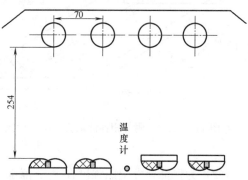

图 11.4.11-3　紫外线曝晒形式

3）意义和应用

（1）在结构胶粘结装配玻璃系统中，该密封胶用作装配系统结构的胶结，又用作该结构的第一道耐气候密封挡隔层，用作系统结构的装配，胶结接头的可靠性最为关键。

（2）在经过紫外线照射后，颜色的改变和粘结性的变化是判断密封胶相容性的两个标准。如果该项试验中附件导致结构胶变色或者粘结性变化，经验证明实际应用中也会出现类似的情况。

4）仪器设备和材料

（1）玻璃板：清洁的无色透明浮法玻璃，尺寸为 75mm×50mm×6mm，共 8 块。

（2）隔离胶带：不粘结密封胶，尺寸为 25mm×75mm，每块玻璃粘贴一条。

（3）温度计：量程 20～100℃。

（4）紫外线荧光灯：UVA-340 型。

（5）紫外辐照箱：箱体能容纳 4 支 UVA-340 灯，灯中心的间距为 70mm，同试件上表面的距离为 254mm（图 11.4.11-3），试件表面温度 48±2℃（距试件 5mm 处测量），可采用红外线灯或者其他加热设备保持温度。

（6）清洗剂：推荐用 50％异丙醇—蒸馏水溶液。

（7）试验密封胶。

（8）参照密封胶：与试验结构胶（或耐候胶）组成基本相同的浅色或半透明密封胶。如果没有，可由供应试验密封胶的制造厂提供或推荐。

5）附件同密封胶相容性试验

试件制备

（1）采用上述规定的玻璃，表面用 50％异丙醇—蒸馏水溶液清洗并用洁净布擦干净。

（2）按图 11.4.11-4 在玻璃的一端粘贴隔离胶带，覆盖宽度约 25mm。

（3）按图 11.4.11-4 制备 8 块试件，4 块是无附件的对比试件，另外 4 块是有附件的试验试件。将附件裁切成条状，尺寸为 6mm×6mm×50mm，放在玻璃板中间。对比试件和试验试件的制备方法完全相同，只是不加附件。

（4）将试验密封胶挤注在附件的一侧，参照密封胶挤注在附件的另一侧，用刮刀整理

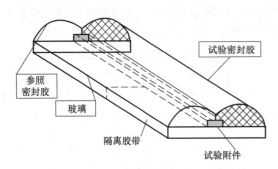

图 11.4.11-4　附件相容性试验的试件形式

密封胶使之与附件上端面及侧面紧密接触，并与玻璃密实粘结。两种胶的相接处应高于附件上端约 3mm。

6）试件的养护和处理

（1）制备的试件在标准条件下养护 7d。取两个试验试件和两个对比试件，玻璃面朝下放置在紫外辐照箱中；再放入两个试验试件和两个对比试件，玻璃面朝上放置（如图 11.4.11-2a 和图 11.4.11-2b 所示），在紫外灯下照射 21d。

（2）为保证紫外辐照强度在一定范围内，紫外灯使用 8 周后应更换。为保证均匀辐照，每两周按图 11.4.11-5 更换一次灯管的位置，去除 3 号灯，将 2 号灯移到 3 号灯的位置，将 1 号灯移到 2 号灯的位置，将 4 号灯移到 1 号灯的位置，在 4 号灯的位置安装一个新灯管。

（3）试验箱温度应控制在 48±2℃（距离试件 5mm 处测量），试件表面温度每周测一次。

7）试验步骤

（1）试件编号后将试件放在紫外灯下，按表 11.4.11-2 分别记录各试样的放置方向。

（2）试验后从紫外箱中取出试件，在 23℃下冷却 4h。

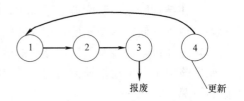

图 11.4.11-5　灯管位置及更新次序

（3）用手握住隔离胶带上的密封胶，与玻璃成 90°方向用力拉密封胶，使密封胶从玻璃粘结处剥离。

（4）按规定的方法测量并按下式计算试验胶、参照胶与玻璃内聚破坏面积的百分率。

$$C_F = 100\% - A_L \qquad (11.4.11-1)$$

式中　$C_F$——内聚破坏面积的百分率（%）；

　　　$A_L$——粘结破坏面积的百分率（%）。

（5）检查密封胶对附件的粘结性：与附件成 90°方向用力拉密封胶，使密封胶从附件粘结处剥离。

（6）按上述（4）测量并计算试验胶、参照胶与附件内聚破坏的百分率。

（7）观察试验胶、参照胶的颜色变化。

（8）按表 11.4.11-1 指标检查并记录试验胶与参照胶颜色的变化及其他任何值得注意的变化。

颜色变化的评定

表 11.4.11-1

| 级别 | 颜色变化 | 变色描述 |
|---|---|---|
| 0 | 无变色 | 颜色无任何变化 |
| 1 | 非常轻微的变色 | 只有非常轻微的变化，以至通常无法确定 |
| 2 | 轻微的变色 | 很淡的颜色——通常为黄色 |

续表

| 级别 | 颜色变化 | 变色描述 |
|---|---|---|
| 3 | 明显变色 | 较轻的颜色——通常为黄色、橙色、粉红色或棕色 |
| 4 | 严重变色 | 明显的颜色——可能是红色、紫色掺杂着黄色、橙色、粉红色或棕色 |
| 5 | 非常严重的变色 | 较深的颜色——可能是黑色或其他颜色 |

8）试验报告

紫外光曝露后附件同密封胶相容性试验的试验结果可按表 11.4.11-2 的格式报告。

附件相容性试验报告 表 11.4.11-2

| | | 试验试件 | | | | 对比试件 | | | |
|---|---|---|---|---|---|---|---|---|---|
| 试验密封胶：<br>基准密封胶：<br>附件类型： | | 玻璃面朝下 | | 玻璃面朝上 | | 玻璃面朝下 | | 玻璃面朝上 | |
| 试件编号 | | 1 | 2 | 3 | 4 | 5 | 6 | 7 | 8 |
| 颜色及外观变化 | 参照密封胶 | | | | | | | | |
| | 试验密封胶 | | | | | | | | |
| 玻璃粘结破坏百分率(%) | 参照密封胶 | | | | | | | | |
| | 试验密封胶 | | | | | | | | |
| 附件粘结破坏百分率(%) | 参照密封胶 | | | | | | | | |
| | 试验密封胶 | | | | | | | | |
| 说　　明 | | | | | | | | | |

试验开始时间＿＿＿＿＿　　试验标准＿＿＿＿＿　　登记号＿＿＿＿＿
试验完成时间＿＿＿＿＿　　用　　户＿＿＿＿＿　　试验者＿＿＿＿＿

9）试验结果的判定

结构装配系统用附件同密封胶相容性试验结果，按表 11.4.11-3 判定。

结构装配系统用附件同密封胶相容性试验判定指标 表 11.4.11-3

| 试验项目 | | 判定指标 |
|---|---|---|
| 附件同密封<br>胶相容 | 颜色变化 | 试验试件与对比试件颜色变化一致 |
| | 玻璃与密封胶 | 试验试件、对比试件与玻璃粘结破坏面积的差值不大于 5% |

5. 剥离粘结性试验

1）适用范围

实际工程用基材同密封胶粘结性试验方法，规定了实际工程用基材（如玻璃、铝材、铝塑板、石材等）与密封胶粘结性试验方法及结果的判定。适用于幕墙工程结构系统的选材。该试验方法通过剥离粘结试验后的基材粘结破坏面积来确定基材与密封胶的粘结性。

2）试验原理

采用实际工程用基材同密封胶粘结制备试件，测定浸水处理后的剥离粘结性。

3）意义和应用

在试验中基材产生的粘结破坏在实际工程中也会出现类似的情况。

4）仪器设备和材料

（1）基材：实际工程中与密封胶粘结的基材。

（2）清洁剂：供方推荐的清洁剂。

（3）密封胶：工程用密封胶。

（4）水：去离子水或蒸馏水。

（5）拉伸试验机：配有拉伸夹具和记录装置，拉伸速度可调至 50mm/min。

5）试验步骤

（1）用清洁剂清洗基材表面，用洁净的布擦干。是否使用底涂应按供方的要求。

（2）按《建筑密封材料试验方法　第 18 部分：剥离粘结性的测定》GB/T 13477.18 的规定制备试件，并按规定的方法操作后立即覆涂一层 1.5mm 厚的试验样品。试件按以下条件养护：双组分样品在标准条件下养护 14d；单组分样品在标准条件下养护 21d。

（3）养护后的试件按《建筑密封材料试验方法　第 18 部分：剥离粘结性的测定》GB/T 13477.18 的规定切割试料带并浸入水中处理 7d，从水中取出试件后 10min 内按该标准第 8 章进行剥离试验。剥离粘结破坏面积按标准规定测量，以剥离长度 X 试料带宽度为基础面积，计算粘结破坏面积的百分率及算术平均值。

6）试验报告

报告每条试料带剥离粘结破坏面积的百分率及试验结果的算术平均值（％），同时报告基材的类型，是否使用底涂。

7）结果的判定

实际工程用基材与密封胶粘结：粘结破坏面积的算术平均值不大于 20％。